U0309479

航天科技图书出版基金资助出版

系统工程原理与实践

陶家渠 著

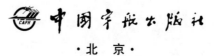

中国宇航出版社

·北 京·

图书在版编目（CIP）数据

系统工程原理与实践 / 陶家渠著. -- 北京:中国宇航出版社，2013.6（2020.12 重印）

ISBN 978 - 7 - 5159 - 0435 - 1

Ⅰ.①系… Ⅱ.①陶… Ⅲ.①系统工程 Ⅳ.①N945

中国版本图书馆 CIP 数据核字(2013)第 118484 号

责任编辑	阎 列 杨 洁
责任校对	祝延萍　　**封面设计**　文道思

出　版 **发　行**	**中国宇航出版社**		
社　址	北京市阜成路 8 号	**邮　编**	100830
	(010)68768548		
网　址	www.caphbook.com		
经　销	新华书店		
发行部	(010)68371900	(010)88530478(传真)	
	(010)68768541	(010)68767294(传真)	
零售店	读者服务部	北京宇航文苑	
	(010)68371105	(010)62529336	
承　印	天津画中画印刷有限公司		
版　次	2013 年 6 月第 1 版	2020 年 12 月第 2 次印刷	
规　格	880×1230	**开　本**	1/32
印　张	20.375	**字　数**	586 千字
书　号	ISBN 978 - 7 - 5159 - 0435 - 1		
定　价	145.00 元		

本书如有印装质量问题，可与发行部联系调换

航天科技图书出版基金简介

航天科技图书出版基金是由中国航天科技集团公司于2007年设立的，旨在鼓励航天科技人员著书立说，不断积累和传承航天科技知识，为航天事业提供知识储备和技术支持，繁荣航天科技图书出版工作，促进航天事业又好又快地发展。基金资助项目由航天科技图书出版基金评审委员会审定，由中国宇航出版社出版。

申请出版基金资助的项目包括航天基础理论著作，航天工程技术著作，航天科技工具书，航天型号管理经验与管理思想集萃，世界航天各学科前沿技术发展译著以及有代表性的科研生产、经营管理译著，向社会公众普及航天知识、宣传航天文化的优秀读物等。出版基金每年评审1～2次，资助10～20项。

欢迎广大作者积极申请航天科技图书出版基金。可以登录中国宇航出版社网站，点击"出版基金"专栏查询详情并下载基金申请表；也可以通过电话、信函索取申报指南和基金申请表。

网址：http：//www.caphbook.com

电话：（010）68767205，68768904

前　言

　　我从大学毕业后，分配到国防部第五研究院担任钱学森同志的学术秘书，并作为钱学森点名培养的学生，在他身边协助他工作十余年。这期间正是我国航天事业的开创时期。我国的航天事业是怎么按照钱学森建设总体部的思想和实践发展起来的；是怎么按照民主集中制原则集成广大科技工作者聪明才智，提出航天技术发展途径的发展战略思想和实践的；是怎么按照认识论规律，制定研究与研制工作条例和规章制度的思想和实践的；是怎么大力协同，组织举国力量，构建中国航天事业产业的思想和实践的。我亲身经历了那段历史，受益匪浅。

　　20世纪70年代初，钱学森离开七机部，赴国防科委任职。一周后，他专程回来对我说："到了国防科委，才发现我们这套做法，是很好的。"并嘱咐我："你要把我们这些年发展航天的这套做法，告诉给后面来的人。"这套做法是什么？他没有讲。这一叮嘱让我在后来的几十年不停地总结思索。"文化大革命"结束后，钱学森告诉我，是出来继续推广1963年已成功试点的计划协调技术的时候了。钱学森告诉航天部领导，要把计划协调技术在航天系统的研究院暨厂所全面推广，用以提高航天计划管理水平。不久，钱学森开始系统地研究系统工程，我也参加了讨论。钱学森在总结国际国内对系统工程不同认识后，提出了我们自己的定义和科学理论与实践结合的研究体系。这促成了后来的系统工程学会的成立。系统工程学会成立不久，钱学森又责成我为国防科委机关领导讲授系统工程。1982年，钱学森秘书王寿云同志又转达要我总结总体部的构建经验。钱学森离开七机部后，我努力沿着钱学森系统工程的思想与方法，在航天部机关继续为航天事业的发展尽微薄之力，从实践中又加深了对钱学森一系列系统工程思想的理解。

这就是我写这本书的初衷。年复一年，稿子不知写了多少遍，总是不满意。2011 年初，原航天工业总公司总经理、中国航天局局长、国际宇航科学院冯·卡门奖获得者、我的老领导刘纪原提议举办航天业务骨干培训班，要我讲钱学森的思想和系统工程，我奉命成文。稿子写成后，又经过一年的修改，终于可以提供给读者阅读参考或研究讨论了。本书的出版承蒙中国宇航出版社邓宁丰社长的鼎力支持，亲率多位同志对书稿悉心推敲，提出了宝贵意见，在此深表谢意。

全书分为 5 篇 14 章。

第一篇系统工程思想与方法；

第二篇系统工程总体；

第三篇预先研究与工程研制；

第四篇计划协调技术；

第五篇开创性科技的组织与管理的实践。

2010 年 10 月 31 日，钱学森离开了我们。钱学森逝世后第二天我写了一篇文章——《钱学森发展航天事业的科学思想体系》，这是我对钱学森长期以来在开创中国航天事业中所作贡献的较系统的回顾。我把这篇文章安排在本书的开始，以表达对我的老首长和导师的深深的怀念。钱学森的品德情操和言行，处处焕发出系统科学思想的光辉。

书中许多观点和错误在所难免，请读者批评指正。

作　者

2013 年 5 月

目　录

第二篇　系统工程总体

第三篇　预先研究与工程研制

第四篇 计划协调技术

第五篇　开创性科技的组织与管理的实践

钱学森发展航天事业的科学思想体系

钱学森同志在毛泽东主席的领导下，在周恩来和聂荣臻同志的直接领导和指教下，依靠全国人民的支持，开创了中国航天事业。他是中国航天事业的开创者、缔造者、领路人。

钱学森在开创、缔造和引领中国航天事业创建和发展的过程中，给我们积累了十分丰富和宝贵的思想、作风、方法和经验，形成了一整套钱学森科学思想体系。在我们深深怀念钱学森的今天，牢记他所留给我们的这些财富，将会不断激励我们为了国家的强大，去艰苦奋斗、激流勇进，开创新的征途。

钱学森发展航天的科学思想体系的核心是什么，是我长期思索的问题。

1970年6月，钱学森离开七机部，赴国防科委任副主任。一周后，钱学森专门回来嘱咐我："你要把我们这些年发展航天的这套做法，告诉给后面来的人。"这套做法是什么，他没有具体说，我理解他指的是一整套发展航天的科学思想体系。这个思想体系的核心是可以用来回答中国航天在发展的每个历史阶段，应该"干什么，不干什么，怎么干。"①

眼下，我认识到至少有5个方面。

一、中国的航天事业，是一项举国的事业

中国的航天事业是党中央毛主席、是全党全军全国关切的事业，

---

① 对于我国社会主义事业的发展，关键是要讨论、选择和决策"干什么，不干什么，怎么干"。——钱学森，引自1989年8月8日《人民日报》。

是一项举国的事业。因此，钱学森坚信最根本的一条是必须紧紧依靠党的领导和全国的支持。

二、制定一条中国航天自力更生独立自主的技术发展途径

1. 中国航天从成立那天起，一直都是自行设计起家的

中国航天始终不渝地坚持自力更生、独立自主。中间虽曾有过苏联援助的几种导弹实物和供仿照生产的图纸，但没有设计文件。我们在战略上完全没有走人家的技术路线，在投入力量仿制中，我们的最优秀的主力队伍还是奋斗在自行设计战线上。针对苏联援助的不给设计只给仿制图纸的资料，我们采取了"反设计"，从分析苏联导弹的使用性能入手，揣测人家的设计方法，以达到我国自行掌握这些导弹全部设计的本领，达到真正的引进消化吸收。所以，后来当苏联撕毁协议撤走专家时，我们反而更加大胆地放开前进了。

在钱学森领导下，中国航天从建立国防部第五研究院开始，始终在探索自己的发展道路。到1963年研究制定出了第一代地地导弹系列、地空导弹系列、海防导弹系列等技术发展途径，经党委讨论报中央批准，成为后来几个五年计划编制的依据。在探索中国航天发展的技术路线中，钱学森领导大家回答了中国航天"干什么，不干什么，怎么干"的问题，正是这条正确的技术路线，使中国航天事业大幅度地缩小了与发达国家的差距，走出了自己的道路。

2. 一切从中国实战的需要出发，再大的困难也要上

钱学森所遵循的研制、生产、使用的出发点或者说是唯一衡量的尺度，是一切从中国实战的需要出发。导弹武器是用于打仗的，只要战争需要，再大的困难也要上。

当时，苏联援助给我国的是第二次世界大战中，从德国缴获的V-2火箭的苏联改进型，推进剂是酒精和液氧。导弹发射前，要从

液氧车里把液氧一点一点地加注到火箭里，然后才能作战；液氧在常温下会不断挥发，作战时机不能等待；导弹飞行的横向控制是靠沿着两个无线电波束的中心线飞行，两束无线电波是靠地面无线电车辆并依托导弹正前方一大片平地来实现，地不平，波形畸变，就瞄不准目标了。因此，很不适合实战。当时美国正在研究中的洲际导弹，采用的推进剂和制导的方案有好几种，几种方案都投入资金加以研究。中国的导弹采取什么战术技术指标？在钱学森谆谆教导下，大家统一思想，一切从实战出发，采取可储存推进剂、采取完全不用无线制导的全惯性制导，从根本上排除了易遭敌方干扰的无线电制导和不能随时发射导弹的采用不可储存推进剂的发展路线。我们选择了当时国际上正在探索的难度最大，但最利于作战的技术路线。制导用的计算机也从地面，经集成电路化后装进了导弹内。技术路线一步走到了世界前列，绕开了外国当时研究中的许多弯路。这就科学地论证回答了中国干什么和不干什么的问题。并且，由此而形成我们从中程导弹、远程导弹到洲际导弹系列继承发展的巧妙路线。同样，钱学森还领导大家制定了中国自己的地空导弹和海防导弹系列化，组织了电子对抗队伍，一次又一次地击落了敌人的飞机。

3. 寻求中国航天技术发展途径，必须坚持技术民主集中制

在导弹领域，钱学森是大家公认的首屈一指的行家。为了回答中国航天"怎么干"，怎么走出中国航天自己的道路，钱学森有自己的想法。钱学森有许多规划性的经验公式和曲线，掌握了一套从大处远处设想科技发展的方法，但他总是发自内心地一而再、再而三地强调导弹是个大系统工程，所需专业知识很广很广，一定要依靠大家一起集思广益。

钱学森要求大家特别是技术领导、技术骨干、技术尖子都必须认真研究分析国外在相应专业技术领域的各种道路和想法，识别报道的真伪，不要盲从照搬；他号召大家"海阔天空"地敞开思路，

有创意有预见地提出中国自己应怎么发展的具体道路；以集体智慧来回答中国航天"干什么，不干什么，怎么干"的问题。对此，他总是以身作则，同一位又一位的技术领导、技术骨干面对面地仔细讨论。

钱学森不仅作总体布置，还分步骤地一个专题一个专题地深入到基层，去指导、去提问，并与大家一起讨论。为了使技术路线讨论研究得更深透、更无拘束，他开创了星期天下午在他办公室或他家的工作室，开专家"讨论例会"，对不同命题，请相应专业的专家来共同商讨。讨论的问题包括"导弹系列化发展专题"、"发动机推进剂走什么道路专题"、"惯性制导的发展道路专题"等。比如在研究采用什么惯性器件的讨论会上，大家甚至连苍蝇在空中停留的原理都讨论到了，一直讨论到由于当时电子元器件体积质量太大而暂时不可接受。事隔多年后，由于半导体技术突飞猛进，钱学森再次提出这种原理应用应该启动研究。这样一种集思广益、瞻前谋略、充分发扬民主的方式方法，是卓有成效的，它对指导中国航天的发展起着重大作用。事实上按此做出的发动机、国产集成电路的微计算机等，与当时世界水平相比并不逊色。

钱学森不但信任年长的专家，也放手让年轻人发挥他们的聪明才智。例如，在海防导弹的技术发展途径讨论中，钱学森在听取一位年轻人的意见后，让其执笔起草。我国自行研制可拦击高空高速飞机的地空导弹需要靶机，国外原本同意出口，但后来又不答应了；在此关键时刻，一位年轻人提出自行研制一种靶弹来代替靶机，飞得快、又便宜，钱学森给予了全力支持，要这位年轻人将起草的初步设计方案，征求导弹试验靶场同志的意见，然后组织力量研制。

在专家们初步统一了对"各类导弹系列技术发展途径的战略目标"认识之后，钱学森还坚持发动更多的群众骨干来进一步充分讨论，以求更加充实完善，并且统一职工的思想、振奋精神，以便在经中央批准后，持之以恒地向既定目标毫不动摇地坚持从事下去。实践证明，钱学森始终坚持走群众路线，坚持"领导、专家、群众"

相结合的技术民主集中制原则，从战略上为我国航天发展走对路子奠定了基础，并省人、省时、省下了大量经费。

在技术上充分发扬民主，"走群众路线，寻求中国自己的技术发展途径。"钱学森始终把这视为中国航天成功发展的法宝。

三、要造就一支航天人才队伍，选好各类专业的带头人是头等重要的工作

1. 领导者要身体力行，不停顿地为培养、调整、选拔、造就一支热爱祖国、专业对口、技术精湛的中国航天人才队伍而努力

航天事业需要上百位各类专业带头人。身负领导重任的钱学森，把选好各类专业的带头人视为他头等重要的工作。他十分重视造就一支专业齐全、热爱祖国、技术精湛人才队伍的建设。并且随着航天科学技术的发展，还需要不断地发掘、选拔和培养新的人才，特别是要选好各类新专业的学科带头人。

钱学森花了很多精力在人才选拔上，他通过找各类专家谈话，讨论相关的科学技术问题，阅读他们的报告，从中了解他们的想法、兴趣、专长和基础等方式。他还要求身边的助手在努力钻研和拓宽专业知识的同时，还要通过技术讨论的方式，了解领导、技术骨干、技术尖子的想法、兴趣、专长，乃至数学英语等基本功；并规定每双周的周五下午向他汇报对航天各种战略发展的看法和骨干人才的状况，敞开思路讨论。因而，在钱学森领导下的五院，自上而下都呈现出学术风气非常浓厚的环境。各级技术领导和骨干都以能提出自己的战略思维而欣慰，都以讲不出太多学术见解而愧疚。

钱学森不仅注重关心和培养各类专业的带头人和年轻"尖子"[①]，更重视导弹设计师队伍的人才建设，特别是领头人和领导班子的专

---

① 1961 年 6 月，聂荣臻副总理在人民大会堂召开的国防部五院全体干部会议上所作的报告中，提议钱学森等老专家要培养年轻"尖子"（学生）。

业知识结构和技术思路，考察他们能否真正抓住该导弹系统的主要矛盾，及其是否具备解决主要矛盾的主要技能。对不适合胜任的人员，在经过深思熟虑后果断提请党委决策，从组织上加以调整，以适应"经济基础"，并指定专人以理服人地加以贯彻。

及时果断地调任最能胜任解决该工程主要矛盾的对口专业的专家来从事领导工作，是钱学森的人事管理思想的核心。

航天事业是一项与时俱进的事业。解决了一个大工程的主要矛盾后，又接着要去解决下一个新的大工程的主要矛盾。因此，钱学森要求航天事业的各级领导者永远走在科技发展的最前沿，肩负起领导的责任，一浪一浪地推进中国航天事业向前发展。钱学森身体力行始终走在中国航天科技发展的最前沿，发挥着他的领导才能和艺术。他在领导大家制定了导弹系列技术发展途径后，就超前集中精力去研究洲际导弹弹头再入的防热问题；在这个问题有了解决方案和措施后，他又带领大家去研究导弹突防的问题……

1958 年，在我国导弹研制工作展开后，兼任中国科学院力学所所长的钱学森向中国科学院建议开展对卫星的研究。为此科学院成立了以他为组长的领导小组，负责筹建卫星研究工作。1961 年在钱学森和赵九章的倡导下，举办了 12 次星际航行座谈会，制定了我国的卫星研究规划，安排了预先研究。在国家经历了三年自然灾害的经济压缩发展之后，他于 1965 年向国家建议将人造卫星列入国家任务。而此时，他已经将运载火箭的研制任务与导弹研制任务一起作了统一的前瞻性安排了。他带领大家相继攻克了卫星和运载火箭技术中一个又一个的关键技术，例如 1966 年为解决运载火箭滑行段喷管控制的难题，他亲自提出了解决意见等。"文化大革命"中，不少领导干部被"打倒"停职期间，他就直接组织指挥全面工作，排除万难，使我国第一颗人造卫星发射成功。

1964 年，毛泽东主席指示开展反导弹研究任务，钱学森又一次地走在科技发展的最前沿，学习研究崭新的领域，凡事想在大家的前面，去领导新的反导弹研究的任务。

2. 倡导十分严谨的科学作风和勤俭节约的风尚

钱学森非常严谨的科学作风是众所周知的。与他谈话，向他汇报工作的同志，如果对某一问题，用"大概"、"可能"的字眼去阐述，是不能搪塞过关的。

钱学森号召大家学习德国终身科学家那种严谨的科学作风和把机理彻底搞懂的钻研精神；他不主张学习不少美国人那种因为投入资金多而常常不求甚解、凑凑合合动手就干而导致不断返工的粗糙作风；他还反对"小陋匠"作风。

钱学森心中时刻关心的是如何在技术上做到用最少的资金投入来发展航天事业。由于导弹鉴定与定型时，打靶试验的导弹数量很多，耗资巨大，钱学森要求加强科学研究，做到有根有据地最大限度地减少试验数量。他强调全力开展模拟打靶试验工作，并亲自进行指导，同时还专门调请了统计数学的教授来领导试验方法的理论研究。终于以非常少的试验发数，科学地达到了目的，为国家节省了大量经费，使部队早日得到装备。

四、构筑一个国家的航天事业完整的配套体系

航天事业是国家科技工业体系的一个有机组成部分。新型原材料、电子元器件、仪器仪表、大型精密复杂高难度设备、计量技术等，都需要全国各相关部门、工厂、企业、研究机构和高等院校围绕发展航天的总目标，大力协同协作配套。由于其中多数工作还必须从基础研究、基础材料、基础原料的试制做起，大型精密设备都是从零做起；因此，构建立足全部国产的、遍及全国的航天基础科研生产试验工业体系，是中国航天事业发展密不可分的重要组成环节。而处在直接受领中央发展航天事业的钱学森，在身兼党、政、军领导的周恩来总理和聂荣臻副总理等的全力支持下，肩负起了组织全国航天相关协作配套队伍的重任。

为了发展中国的航天事业，钱学森放眼全国，非常注意依靠和调动全国优秀的力量。从中国科学院、高校，到冶金、化工、建材、纺织、铁道、教育、几个机械部门，再到军事部门等，他都请求大家支持和帮助，和他们一起商量发展的技术途径。他善于科学地把航天的基础研究、应用研究、工程开发预先研究、产品研制、批量生产、大型试验等任务一一分解成各个领域大家的任务，又有机地把这些部门取得的成果严密地组织起来，以求发挥从中国科学院、高校、各工业部门，到军事部门的各自优势，避免重复劳动，组织形成中国国家的航天科技工业大系统工程体系。

为此，钱学森始终不渝地给予了有力的指导。例如，为了研制高性能的靶场光学经纬仪，钱学森建议国家请中国科学院组织队伍攻关。为协调该工程的指标、技术与进度，他提出将办公室设在了五院，便于亲自进行指导。为发展固体火箭，钱学森建议国家请一机部研制推进剂搅拌机，研制大直径发动机端盖的成形设备，也将办公室设在了五院，也便于由他亲自指导。

钱学森认为，科学技术存在的多头、分散问题，不是社会主义。

五、用系统工程方法，不断研究和提高科学管理水平，形成一套组织和管理的机构与制度

1. 以总体为核心的研究组织机构体系

五院成立之初，钱学森按系统工程思想成立了总体室和九个专业研究室。后来导弹设计研究任务分为地-地、地-空等不同系列型号时，他将每一系列型号都建立了总体设计部。在许多专业研究所里，也设立了总体研究室。从而使每项工程任务都有代表全局的统一构思、统一计划，形成了全套相互制约的岗位责任制。为了利于跨行政部门的技术协调，设置了总设计师系统，形成层层技术指挥责任体系，并明确了总体部、研究所技术领导的职责与设计师系统职责的区别。钱学森系统工程总体部的思想，对航天事业的发展起

到了重大的推进作用。

对于那些属于型号系统的单项指标的研究组织体系，则形成单项指标的总体和分散于各研究所的分总体或分系统。

2. 以预先研究阶段和研制阶段为特征的研究程序管理体系

1961年底，钱学森在基本明确了各类导弹系列的技术发展途径、在对科研队伍作出了重大调整安排之后说："我现在'改行'研究科学管理了。"他为了改变1958年大跃进带来的"边研究、边设计、边生产、边试验、边定型"的头脑发热局面，亲自带着身边的同志集中精力研究导弹武器管理的核心"研制程序"。在研究了美国和苏联的导弹研制步骤之后，他强调从中国自己的情况出发，遵循辩证唯物论和认识论的规律来研究导弹研制程序的规律。如"对不认识的关键技术，应首先投入少量经费加以攻克；对有把握、较成熟的技术项目，则应挪后展开安排"……从而提出了中国导弹的"研制八大阶段"和超前开展的"预先研究"等概念和内容；制定了法规性"条例"，以规范五院职工的行为。正是这样的科学管理，加强了责任制，节省了经费，大大加快了导弹研制的进程。

3. 以计划协调技术为核心的计划组织调度管理体系

钱学森在听取了国外资料中美国北极星导弹由于采用 PERT，可以按时完成导弹研制任务的点滴情况后，立即要求查阅资料，结合国情提出研究报告，提交党委通过，并亲自动员试点。1963年试点成功后，钱学森要求在全航天推广这一计划协调技术，但由于"文化大革命"搁浅了一段时间。十一届三中全会后，钱学森立即指示进行推广。这样先后为导弹、卫星和运载火箭的科学计划与调度决策，起到了重要作用，保证了洲际导弹等任务的按时发射和定型。后来，他又进一步提出了更高的要求。

4. 建立自己的创造性科学见解，努力研究科学管理的技术管理体系

钱学森对技术管理部门的要求很严，标准也很高。首先要求他

们善于"出主意和用人才"。他反复强调机关"不能人云亦云、要熟悉航天专业，要有自己的创造性见解"。例如，在论证导弹战术技术指标与方案过程中，基层通常会有多种不同的设想。作为总设计师的他，总是要求机关从技术上阐明理由，提出自己的分析和看法，许多意见经他权衡后采纳。又如，有机关同志提出"开展我国导弹抗干扰研究的建议报告"。他便立即责成组建落实，并定期向他报告进展。这为后来我国地空导弹屡屡击落敌机打下了基础。

用系统工程思想方法，不断研究调整航天管理体制结构、不断探索新的科学管理方法并付诸实施、不断提高航天领导者和领导机关管理人员的管理素质，是钱学森领导航天又好又快又省、不断前进的战略措施。

第一篇　系统工程思想与方法

引　言

　　本篇阐述系统、系统思想和系统工程的由来与发展，并介绍系统工程的主要方法。分为系统思想和系统工程、系统工程方法两章。目的是使读者从总体上准确理解与把握系统工程全局。

　　第1章系统思想和系统工程，介绍了系统思想，运筹学的由来与发展，以及系统工程组成中的许多方法学：线性规划与非线性规划、排队论、搜索论、博弈论、库存论、决策论、事理学、运筹学、控制论和大系统理论、信息论。阐述了系统工程形成与发展，从系统工程发展形成的系统科学、系统学、系统观，进而介绍了自然科学中的系统科学和最近构成的开放的复杂巨系统。

　　第2章系统工程方法，阐述了系统工程的基本观点——系统观及其十大特性：目的性、总体性、关联性、开放性、最优性、综合性、可分性、组织性、时序性、实践性。进而，阐述了系统工程的方法与步骤，包括系统工程的三维基本结构：时间维——工作阶段，逻辑维——思维过程，知识维——专业知识。最后，阐述了系统工程的几个基本原理及概念：反馈原理、线性规划、动态规划、协调原理、建模与仿真原理、综合评价的数学方法、系统动力学、信息论基础、信源学，以及从定性到定量综合集成方法。

第 1 章　系统思想和系统工程

1.1　引言

什么是系统工程？它是怎样形成和发展的？

在讲这个概念之前，先介绍一下国外对系统工程的研究历程。

一般认为系统工程起源于美国。有人把它的萌芽阶段，追溯到20 世纪初的泰勒（Taylor）系统，它从合理安排工序，提高工作效率入手，研究管理活动的行动与时间的关系，探索管理科学的基本规律。到了 20 世纪 20 年代逐步形成"工业工程"，主要是研究在空间和时间上的生产管理技术。

20 世纪 40 年代，运筹学因军事需要而产生，随后又被引入管理领域，使得管理工作与最优化产生了联系。

进入 20 世纪 50 年代以后，电子计算机投入使用，运筹学扩大了计算机的应用范围，也为系统分析提供了方法，于是产生了"系统工程"的概念。贝尔电话公司在发展美国微波通信网络时，为缩短科学发明投入应用的时间，在全国电视网采用新技术时引入了这个概念，并冠以"系统工程"的名称，同时采用了一套方法论：按照时间顺序，把工作划分为规划、研究、研制、研制阶段的研究和通用工程等 5 个阶段。战后麻省理工学院出版的《雷达丛书·第一卷》，名称就是雷达系统工程，以后在导弹研制领域里，也出版了名为《导弹系统工程》的图书。

1975 年，H·古德和 R·E·马乔尔出版了第一本以"系统工程"命名的图书。

20 世纪 60 年代初，自动控制理论从研究单输入、单输出系统的经典理论发展为研究多变量最优控制系统的现代控制理论。不少科学家从控制理论联系到更大的系统时，从另一个侧面，使系统工程形成了独立的学科。

美国电气电子工程师学会在科学与电子部门设立系统工程科学委员会，英国兰开斯特大学在 1965 年第一个开设了系统工程系，接着一些大学也相继开始设立系统工程系、专业或研究中心。从 1964 年起美国每年都举行系统工程年会，并出版专刊。1965 年出版了《系统工程手册》，它包括系统工程的方法论、系统环境、系统元件（主要叙述了军事工程及卫星的各个主要组成部件）、系统理论、系统技术和系统数学等。

系统工程如雨后春笋一般地在广泛的领域和世界许多国家发展起来。

1.2 系统和系统思想

什么是系统？系统是一个复杂的，处在一定的环境中的，由若干个可以相互区别、相互依赖和相互作用的要素，为达到所规定的目的结合而成的有机整体；而且这个系统本身又是它所从属的一个更大系统的组成部分。

系统作为一个概念，如果要追溯它的来由，不论在中国或是外国，都是很早就出现了。它几乎同哲学一样古老。

人类自有生产活动以来，无不在同自然系统打交道。

农业方面，《管子·地员》篇、《诗经》中的农事诗《七月》，秦汉汜胜之著《汜胜之书》等古书里，对农作物与种子、地形、土壤、水分、肥料、季节、气候等因素的关系，都有了辩证的叙述，能把各有关的食物关联起来考虑了。

医学方面，齐国名医扁鹊主张按病人的气色、声音、形貌进行综合辩证。用砭法、针灸、汤液、按摩、熨帖等多种疗法来治病。周秦至西汉初年古代医学总集《黄帝内经》里，强调了人体各器官的有机联系、生理现象和心理现象的联系以及身体健康与自然环境的联系。

天文学方面，我国古代天文学很早就揭示了天体运行与季节变化的关系，编制出历法和指导农事活动的二十四节气。

工程方面，战国时期秦国李冰设计修造了伟大的都江堰，包括了鱼咀岷江分水工程、飞沙堰分洪排沙工程和宝瓶口引水工程等3大主体工程和120个附属渠堰工程，工程之间的联系关系处理得恰到好处，形成一个协调运转的工程总体。可惜没有留下相关的著作供我们研究。

公元前约540～480年，古希腊唯物主义者德莫克里特写了一本书《宇宙大系统》，可惜没有留传下来。

从以上所举的领域，我们便可知道人类很早以前就已在不同程度上自发地应用朴素的系统概念和辩证的系统思维了。

古代的哲学家，很早就提出从整体上看问题的观点。从春秋末期老子强调的自然界的统一性，到南宋陈亮的理一分殊思想（理一是天地万物的理的整体，分殊是这个整体中每一事物的功能）都试图从整体角度说明部分与整体的关系。

然而，正如恩格斯在《自然辩证法》中指出的那样，由于科学水准之低下，人们还不可能把自然现象的内在总联系了解透彻。

这种情况一直延续到15世纪下半叶。15世纪下半叶开始，近代科学开始兴起，力学、天文学、物理学、化学、生物学逐渐从混为一体的哲学中分离出来。这样人们对客观事物的认识又有了巨大的飞跃。各门科学及其各自的分析研究与实验方法，得出了许多科学结论。这是划时代的进步。然而，由于这个时期，从方法论上侧重于撇开总体的联系去考察事物及其过程，因此反映到哲学上，就导致了形而上学的思维。这样，继续发展下去就正如恩格斯所讲的"阻碍了自己从了解部分到了解整体、到洞察普遍联系的道路"。

19世纪下半叶，自然科学取得了新的伟大成就。突出的就是能量转化、细胞和进化论的发现。这些自然科学的巨大进步，使人类对自然过程的相互联系之认识有了很大的提高。恩格斯在《路德维希·费尔巴哈和德国古典哲学的终结》一文里说："由于这三大发现和自然科学的其他巨大进步，我们现在不仅能够指出自然界中各个领域内过程之间的联系，而且总的说来也能指出各个领域之间的联系了，这样，我们就能够依靠经验自然科学本身所提供的事实，以近乎系统的形式描绘出一幅自然界联系的情况清晰图画。"因而辩证法就战胜了形而上学。

什么是辩证，恩格斯说："即从它们自身的联系进行考察。"

辩证唯物主义对物质世界的认识是：物质世界是由无数相互联系、相互依赖、相互制约、相互作用的事物和其发展过程所形成的统一整体。辩证唯物主义所体现的物质世界的事物各有特点又普遍联系形成统一整体的思想，也就是系统思想。所以，系统思想在本质上就是辩证唯物主义内容。

至此，举些系统和系统思想方面的例子，如：

太阳系就是由太阳、行星、卫星、彗星等组成的总体；

物体可剖分为分子、原子、基本粒子……

一部交响乐由好几个乐章组成；

一个钢铁联合企业包括炼铁厂、炼钢厂、轧钢厂、焦化厂等。

以上是物，下面是事：

盖房子要先打地基，砌一层砖，撑脚手架，砌二层砖……盖顶……从上而下内外装修……

上面这些事物中每个组成部分都有其自身的特点和特性。

然而事物组织成一个统一的整体的时候，是不是只同各个组成部分的特性有关呢？答案是否定的。

系统的性能不单同组成它的元素的性能有关，而且与它们之间的关联形式有关。

例如碳，同样是一群碳原子，由于原子排列结构不同，就出现不同性能：一种是金刚石，另一种是石墨。金刚石是立方晶体结构，外观透明，不导电，硬度很高；而石墨是鳞片状晶体结构，不透明，导电，硬度低。这就明显地反映出局部和整体、量变和质变的辩证关系。孤立起来，只能看到碳原子。有系统思想，就可以得出金刚石或石墨。

这就是自然界之物，再举一些事的例子。

例如一个小组的人员，由于相互关系处理得适当或不适当，可能会产生两种相反的结果：或者是"三个臭皮匠合成一个诸葛亮"，或者是"三个和尚没水喝"，这是两个不同的系统。

再举个中国古代的博弈的例子，战国时代齐威王和田忌赛马。双方各出上、中、下三匹马，齐威王的马实力较强，田忌三战三败。后来田忌以下马对齐威王的上马，以上马对中马，以中马对下马，结果以2：1获胜。这就是组织了不同的系统。

所以，人们在长期实践中形成了系统思想的概念，即把所要组织实现的一项任务看作一个系统，找到其所涉及的具有各自特性的元素，然后分析研究元素之间实质性的关联，并从总体的角度把系统中的包含人、物和信息在内的元素加以科学组织管理（处理和协调），以实现任务目标。

进入20世纪，现代科学技术突飞猛进的发展对系统思想作出了重大贡献：第一个贡献在于使系统思想方法定量化，和数学的结合，使之逐渐成为一套具有数学理论，能够从总体上定量处理系统各组成部分联系的科学方法；第二个贡献在于有了计算机，从而使许多定量化的系统思想方法的实际计算或模拟分析有了可能（没有解析方法的，可依赖计算机建立模型，进行模拟）。

系统思想一旦取得了数学表达形式和计算模拟工具，就发展成专门的科学了。

作如下小结。

恩格斯说："思维既把相互联系的要素联合为一个统一体，同样也把意识的对象分解为它们的要素。没有分析就没有综合。"

系统思想是进行分析与综合的辩证思维工具。它在辩证唯物主义那里取得了哲学的表达形式，在运筹学和其他系统科学那里取得了定量的表述形式，在系统工程那里获得了丰富的实践内容。

古代农业、工程、医药以及天文等方面的实践成就，产生了建立在这些成就之上的古代朴素的唯物主义自然观。近代自然科学的兴起，又使得形而上学自然观产生出来，它把自然界看做彼此隔离、彼此孤立、彼此不相依赖的各个事物或各个现象的偶然堆积。19 世纪自然科学的伟大成就，产生了建立在这一成就基础上的辩证唯物主义自然观，它是以实验资料来说明自然界是有内部联系的统一整体，其中各个事物、现象是有机地相互联系、相互依赖、相互制约的。20 世纪中期现代科学技术的成就，为系统思想提供了一些定量方法和计算模拟工具，这就使系统思想产生了从经验到哲理到科学，从思维到定性到定量的质变。

那么，人类进入 20 世纪以来，哪些因素和系统工程的演化发展有密切关系呢？系统思想怎样从定性变为定量，并在许多领域里发展成科学，发展成系统工程的呢？

1.3 系统思想在 20 世纪的蓬勃发展

1.3.1 运筹学的由来与战争

战争是阶级斗争的最高形式，它随着社会生产和科学技术的发展而不断发展。两次世界大战都是新的科学技术和科学方法的试验场。

1914 年到 1915 年英国人兰彻斯特首先应用数学方法描述两军对战的过程，从数量上论证了集中优势兵力作战的效果，后来成为著名的兰彻斯特方程。

第二次世界大战之前和战争过程中，参战各国都竭力把一些先进的科学技术直接应用在军事上。美英两国军队最初把数学分析方法用于雷达搜索飞机，后来发展到防空、反潜、布雷以及使用其他武器作战等各个方面，取得了一定成效。

运筹学这个名词由此产生。

运筹学（Operational Research），最早出现在英国，那时是一个小组的工作。从事这项工作的人绝大多数是自然科学家，领导人是一位著名物理学家。

在此简要介绍一下该门学科发展主要当事人之一哈罗德·兰德的回顾，这对于了解系统工程的发展过程也是有益的。

1933 年，希特勒上台，宣布决心建立一支空军，其力量相当于英、法两国空军之和。当时德国虽没有能力去攻击英国的领空，但设想中所要建立的空军，对德国来说，没有任何技术上和经济上的困难，只是时间迟早的问题。

而英国和欧洲大陆距离不超过 70 英里，德国轰炸机只需 17 分钟就能飞到。所以英国需要建立一支足以抵御德国攻击的防空体系。英国曾设想把警戒站设在欧洲大陆上，这样战斗机可以提前起飞，爬高，并迎击敌机，但是这一方案在政治上不方便，在军事上也不实际。因此对英国来说，还没有办法去防御德国的空袭，时间对英国非常不利。

1934 年，德国开始组建空军。英国仍找不到预警的有效方法。

英国于 12 月成立了防空科学调查委员会，以研究"当前的科学技术发展到底有多少能用来加强目前的各种防空办法"。

该委员会主席叫亨利·蒂泽德爵士。亨利爵士是个科学家，所以受到同行的尊重；而且第一次世界大战时，他还在皇家飞行队服役过，所以也受到军事同行的尊重。他的热心和富有见解，使他在运筹学的形成期间起了重要作用。

由于当时对防空问题没有明显解决办法，委员会就把注意力转移到是否可以制造一种不像战斗机那样需要有警戒时间但仍能打击敌机的有效武器。高射炮虽然不需要很长的预警时间，但由于后勤支援等原因而无法被采纳。这时委员会想到了"死光"：把驾驶员杀死或使他失去操纵能力，或者使来袭飞机不起作用。为此，委员会的成员请教了许多杰出的科学家和工程师。

1935 年初，他们拜访了罗伯特·沃森·瓦特，看他是否能提出发展死光的建议。沃森·瓦特虽然认为这种想法是不可能实现的，但他还是让下属对此问题作了一番研究。研究结果证实他最初的直观感觉是正确的。但是在研究期间他意识到：即使研究出了死光，还需要对飞机定位，才能向它发射死光。他告诉委员会，虽然无法提供他们需要的结果，但他所从事的研究工作倒可以提供一种用无线电的手段对飞机定位。委员会对此很感兴趣。瓦特的计算，再加上简单的实验，很有说服力。于是今天我们称之为雷达的研究工作全面展开了，实验只做了一个月，便可以探测到距离远达 39 英里的飞机。虽然当时工作精确度很差，无法进行测距，可靠性也很差，但总算在希特勒上台两年后，英国看到了解决其警戒问题的希望。

1936 年初，英国空军在东海岸建立了鲍西研究站（Bawdiey Research Station），用于空军和陆军从事战前雷达的实验。实验雷达可靠性很高，且探测飞机的距离可以达到 100 英里以上。

同年，英国成立了皇家空军战斗机司令部，专门负责国土防空。但因飓风式飞机和喷火式飞机尚未服役，这个司令部没有任何有效的战斗机。

而德国则积极参与西班牙内战，在实战条件下考验其驾驶员和飞机，发展其空战战术。

1937 年夏季，英国举行了首次重大防空演习，这样的演习英国战前进行了 3 次。这次演习使用了鲍西研究站的实验雷达，雷达站收到的信息送到总的防空警戒与控制系统。从预警角度看，这次演习是鼓舞人心的。但雷达接收到信息后，又经过复杂的控制、判断、显示、过滤和传输等环节，结果不十分令人满意。

当时战争可能在一年或最多两年之内就要爆发，而英国第一种合适的战斗机——飓风式飞机，要到年底才开始服役。所以那些负责人心中的问题是"我们能否赶上"，而不是"我们是否赶得够快了"。

1938 年，英国在沿岸又建了四个雷达站，希望对飞机定位与控制的系统在探测范围和效能上大大改进。同年 7 月举行了第二次重大防空演习，结果暴露出一个严重的新问题：从这些增设的雷达站接收到的附加的信息往往相互矛盾，需要进行协调。

战争迫在眉睫，急需采取某种新途径。于是，演习一结束，鲍西研究站站长 A·P 罗就宣称，这次演习虽然再次表明雷达系统探测飞机在技术上可行，但其使用方面的效果远达不到要求。因而他建议马上开展对雷达系统应用方面的研究，以区别技术方面的研究。结果就创造了"运筹学"这个新名词。第一个小组由 E·威廉斯领导，当天就从雷达研究组的科学家中选了一部分人组成，还拟定了初步的研究计划。这样，运筹学就作为一项自觉的活动开展起来了。

几周之内，由 G·A·罗伯茨领导的第二个小组被派往战斗机大队的作战室去观察和研究控制人员如何处理雷达网和皇家观察队提供的信息。其中一位成员 I·H·科尔从事关于白天作战中战斗机编队对付轰炸机编队的控制技术研究（指是利用阳光与飞行高度）。战争爆发后不久，他又从事夜间单一战斗机对付单一轰炸机的控制技术研究。

这一年，英国喷火式飞机也投入使用。

然而，当张伯伦去慕尼黑会见希特勒时，他的参谋们早就跟他说过，无论如何都要避免当年跟德国打仗。

1939 年夏，英国举行了他们战前最后一次防空演习。参加这次演习的有 33 000 人，1 300 架飞机，110 门高射炮，700 座探照灯和100 个阻塞气球。

这次演习表明，防空警戒与控制系统的应用问题有了很大改进。这两个运筹学小组的贡献很明显，于是皇家空军战斗机司令部的总指挥官休·道丁上将要求在战争爆发时将小组附属于他领导的总部。这一点得到了大家的同意，于是两组合并，由哈罗德·兰德领导。合并后的小组于 1939 年 9 月及时开展了新的工作，起初以司令部总部所在地斯坦莫尔命名，叫斯坦莫尔研究组，后来改名为运筹学研究组。

1939 年秋，德国向泰晤士河口湾空投水雷，袭击渔船。1939 年10 月德国空袭福思湾，运筹学小组对白天空袭的几乎每一次截击失败都作了分析，使雷达站的效率不断提高。之后小组的任务扩大，不仅包括警戒与控制系统的应用，还研究了防空战斗机的部署与控制。他们还指出，布雷飞机总是要在 2 000 英尺（1 英尺＝0.304 8 米）以下的高度飞行，它们的飞行轨迹是不完整的。他们认为，飞行轨迹断缺之处就可能是水雷投下的地方。据此，海军立即采取行动，立见奇效。虽不是十拿九稳，但很有帮助。

1940 年 5 月 15 日以前，这个小组的工作仅限于分析与鉴定复杂的人—机系统的效能，以及这种效能对空战战术的影响。而这之后，小组还要估计今后作战的结局，开始对决策工作起作用了。

1940 年 5 月，当德国对法国等发动攻势时，英国战斗机司令部立即动用 10 个中队与德国战斗机交战。但是，英国中队都由欧洲大陆上的机场来维护和操作，那里没有雷达及其指挥控制系统。在这样的条件下作战，道丁上将当然并不抱太多的幻想。5 月的情况证实了他的想法，英国每两天就损失掉大约 3 个中队。照此损失下去，司令部保卫英国国土的能力很快就会下降到难以忍受的程度。

5 月 14 日，道丁上将得知，法国总理要求给他增加 10 个飞行中队，而丘吉尔出自对盟国的忠心，决定同意这个要求。因此，道丁上将要求参加第二天召开的讨论此事的军事内阁会议。

第二天，即 5 月 15 日一早，道丁在参加内阁会议前两小时与兰德见面，说明了缘由后他说：“我知道你一直在研究我的作战问题，就此问题你们科学家们能提出些什么建议吗？如有办法的话立即就实施，因为再过两小时我就要去参加内阁会议。”

于是，在 E·C·威廉斯提议下，根据当时每天的损失率和补充率，做了一项快速研究。研究表明司令部力量损失比补充要快得多，而且，如果补充率不变，损失率加倍，司令部力量会下降得更多。为了易于表达和理解，他们还将结果用图表形式表示出来。

在内阁会议上，道丁对丘吉尔首相说：“如果按现在的损失率再继续两周，那么在法国或者英国将会连一架飓风式战斗机也没有了。”他凭自己的经验知道，人们要是听不进去就得让他们眼见为实才能说服。他于是把带去的图表摆在首相面前，这些图表神奇地说服了首相。结果，不仅没有派去法国要求增援的 10 个中队，就连当时已在法国的中队，除了保留 3 个以外，全部在几天内返回英国。

这项运筹学研究的真正价值也许不在于给总司令提供了有关部队的损失情况，因为这些情况总司令自己是了如指掌的，而其真正价值在于通过图表的形式有力地反对他认为是致命的决定。

英国战役，按英国说法是从 1940 年 7 月 10 日开始，德国认为 8 月 13 日开始，结束日期都是 9 月 15 日。

这是旗鼓相当的一场硬仗。英国的胜利来之不易，因为当时英国战斗机司令部的作战飞机约有 650～700 架，但在 8 月 24 日到 9 月 6 日的那段时间里，英国竟还处于被动不利地位！

战争的因素是复杂的，我们不想说运筹学研究赢得了这场战争；但在战争之前的一段时间里，可以从两件事肯定运筹学对此结局作出过重要贡献：

一件事是当时德国战斗机驾驶员不仅非常勇敢，而且驾驶技术高，战术经验丰富，能够选择对英国进攻的有利时间和地点。而英国驾驶员除了有在自己领空作战的优势外，则是借助警戒与控制系统。正是由于这个系统的帮助，当德国飞机来袭时，英军便可以利用阳光计算有利高度后飞到有利位置，从而取得战术上的优势。

另一件事是不增援法国 10 个中队，反而从法国撤回 10 个中队。如果道丁没能说服丘吉尔，那么英国飞机损失率每天可能增加到 3 个中队（36 架）。只要连续打一个星期，就要损失 250～260 架飞机和更为宝贵的训练有素的空军驾驶员。这样，英国战役必然以失败告终。

1941 年初，道丁上将从司令部卸任时，运筹学小组的领导人兰德代表小组给道丁写了一份送别书，感谢他对小组的支持，特别是小组成立早期的支持。道丁退还了这份送别书，在送别书的开头添了一句："谢谢。充分利用科学以适应作战需要会赢得这场战争。"

这个例子很好地反映出系统工程在战争中的作用和地位。也说明领导、小组成员以及其他方面人员之间的关系和作用。

除了英国，美国也发展了自己的运筹学。

1942 年春，美国成立了运筹小组，称为 Operations Research 小组。领导人是一名物理学家，半数以上成员是数学家，其余的人绝大多数是物理学家。

当时美国运筹学的早期的著名工作之一就是深水炸弹的起炸深度问题研究。事情源于当时潜艇在战争中发挥着关键性作用，因此反潜艇的工作变得至关重要。当时反潜艇主要是用飞机去侦察，侦察到潜艇后，用飞机投深水炸弹将其击沉。因此除了研究搜索方法外，还需探讨深水炸弹的有效使用。这种深水炸弹原先是海军用的，要炸沉潜入水中的潜艇，起炸深度定为 100 英尺。现在靠飞机投深水炸弹，如何有效地使用它呢？运筹工作者在对一些统计数字进行分析之后，作出如下决策：

1）仅当潜艇浮在水面，或刚开始下潜时，方投弹攻击；

2）起爆点为 25 英尺，这是当时炸弹所允许的最浅起爆点。根据这两条决策，被击沉的潜艇成倍地增加。

又如美国商船被敌人飞机炸沉的数量很多，有人便提出商船上要不要装高射炮的问题，当时为此争论不休。原因是当时高射炮能击落敌机的概率很低，只有 4%。况且高射炮价格昂贵，所以有人认为不划算。实际上，这是一个效能准则问题，数学科学家们认为这里最终目的或衡量效能的标准不是高射炮打下敌机数的多少，而是保护商船的效果。数学科学家们计算得出的结论是：装高射炮合理。因为虽然装了高射炮后能打下的敌机很少，但这样可以迫使敌机不敢低飞，使保护商船的效果由损失 25% 下降到 1%，很有利。

第二次世界大战结束后，1951 年，毛尔思和金伯尔总结了英美两国在二次世界大战期间所从事的运筹工作，写了《运筹学方法》一书，讲的是有关运筹学的军事应用。然而，书里的内容和我们今天所理解的运筹学的内涵已有着很大区别了。

下面分别介绍当时的其他几门学科，线性规划、非线性规划、排队论、搜索论、博弈论等。这几门学科都产生于迥然不同的实际问题，联系于性质各异的领域。

1.3.2　线性规划与非线性规划

早在 1939 年，苏联数学家康特洛维奇研究了一些生产组织与计划的问题，并将研究成果撰写成一本书，题为《生产组织与计划中的数学方法》。他研究了运输问题，即在满足供应和需求的情况下，某一产地的产品应该供应哪些销售地，并各供应多少，才能使所消耗的总运量最少；他还研究了下料问题，即当原材料和零件的尺寸给定后，如何裁割，才能用料最少。但康特洛维奇当时没有给出系统的有效的算法。后来又有其他人独立地探讨了这两个问题以及类似的其他问题。1947 年，丹西格等人创建了针对该类问题的有效算法——单纯形算法，把探讨这类问题的学科称为线性规划。

在经营管理工作中，遇到如何恰当地运转由人员、设备、材料、资金、时间等因素构成的体系，以便最有效地实现预定工作任务的问题属于统筹规划。这类统筹规划的数学描述是在一组约束条件下寻求函数（称为目标函数）的极值的问题。如果约束条件为线性等式及线性不等式，目标函数为线性函数时的求解方法，称为线性规划（Linear Programming）。线性规划在财贸计划管理、交通运输管理、工程建设、生产计划安排等方面具有广泛的应用。

如果上述统筹规划问题中，约束条件或目标函数不全是线性的，则称为非线性规划（Non-Linear Programming）。非线性规划在工程设计、运筹学、过程控制、经济学等领域有着广泛的应用。

1.3.3　排队论

早在 20 世纪初期，丹麦哥本哈根电话公司工程师爱尔郎就开始探讨电话交换台前打电话的人的呼叫、电话立即接通，电话占线、打电话的人就得等待的问题。这种现象可以归结为一个排队的模型，即顾客逐一来到服务台前，希望得到接待。如果服务台前已经有顾客，则需要排队等待。这种现象很普遍，如船舶到达港口等待停泊码头，病人到医院等待医生诊治，车床坏了等待工人前来修理等。

显然，如果占用服务台的时间和顾客的到达时刻能够严格控制，排队是可以避免的。但是由于通常无论是顾客相继到达的时间间隔，或者是顾客占用服务台的时间长度都是一个随机变量，因此排队不可避免。于是排队的长度、等待时间、服务台的忙闲情况，就成为排队论（Queuing Theory）所探讨的内容。

所以，排队论是研究当各类服务系统中的服务对象何时到达，其占用服务系统时间的长短均无从预先确知情况下的随机聚散现象。排队论以期通过对大量个别的随机服务现象的统计研究，找出反映这些随机现象平均特性的规律，从而改进服务系统工作能力的数学理论和方法。

1.3.4　搜索论

搜索论（Search Theory）是用来研究在寻找某种对象（如石油、矿物等）的过程中，如何合理地使用搜索手段（如用于搜索的人力、物力、资金和时间），以便取得最好的搜索效果的数学理论和方法。

1.3.5　博弈论

20 世纪 20 年代，数学家冯·诺依曼受经济问题的启发，研究了一类具有某种特征的博弈。如下棋中，一局棋的胜负就是局中双方所采取的策略的博弈。

冯·诺依曼所感兴趣的，是这种依赖于策略的博弈，这正是博弈论（Game Theory）的研究对象。当然所谓依赖于策略的博弈绝不局限于下棋，例如飞机侦察潜水艇这个问题，就可以作为一种博弈去探讨。蓝军的潜艇要通过运河，红军的飞机要往复巡逻侦察。此时局中双方是飞机与潜艇，一方得胜即为另一方失败。潜艇要选择在何处潜入水中，在何处浮出水面，有潜艇采取的策略；而飞机要选择在何处巡逻，也有飞机采取的策略。最终的结局将依赖于这种策略的选取。

所以，博弈论是用来研究对抗性竞争局势的数学模型，是探索最优对抗策略的一种数学方法。在这种竞争局势中，参与对抗的各方都有一定的策略可供选择，并且各方具有相互矛盾的利益。若仅有两方参与，则称为二人对策。若一人之所得即为对方之所失，则称为二人零和对策。二人零和对策与线性规划有密切关系。

1.3.6　库存论

在经营管理工作中，为了促进系统的有效运转，往往需要对元件、器材、设备、资金以及其他物资保障条件保持必要的储备。库存论（Inventory Theory）就是研究在什么时间、以什么数量、从什么供应源来补充这些储备，使得保存库存和补充采购的总费用最少的数学方法。

1.3.7　决策论

决策论（Decision Theory）是对经营管理系统的状态信息，可能据此选取的策略，以及采取这些策略对系统状态产生的后果进行综合研究，以便按照某种衡量准则选择一个最优策略的方法。其数学工具包括动态规划、马尔科夫过程等。

1.3.8　运筹学在战后的发展

第二次世界大战之后，武器装备的高速发展，对未来战争产生了很大的影响，洲际导弹只需约半个小时就能袭击万里之外的目标，精度达到百米级，威力达到百万吨级、千万吨级；大型运输机群一天之内能将整个师的兵力投入到千里之外；通信、控制、指挥高度自动化，实现了海陆空电四维空间作战。总之各种现代化技术已经改变了不少传统的战争模式与作战方法，现代战争对指挥员提出了快速、果断、高质量地有效指挥的要求。同时，现代战场的突然性、复杂性又给作战训练、后勤保障、组织管理方面带来了大量分析计算的繁重任务。因此各国都在要求采取科学方法和先进的计算工具，以适应这个变化并对整个部队进行有效的组织管理，从而促使军事系统工程的广泛应用与发展。

　　如果说从第二次世界大战时期的运筹学小组到 1951 年美国人毛尔思和金伯尔二人总结第二次世界大战时期的运筹工作写出的第一部著作——《运筹学方法》为第一个阶段的话，那么到现在军事系统工程——军事运筹学的发展就相当可观了。运筹学也已经把排队论、博弈论、线性规划都纳入了自己的研究领域。

1.3.9　事理学

　　如上所述，线性规划、非线性规划都与管理有关，排队问题又密切联系于客户服务，博弈论涉及军事和经济的需求，搜索论是对事物的查找，库存论是对人财物的管理，决策论也是对经营的管理，等。本书介绍这些理论方法的目的在于告诉读者，它们将被兼收并蓄而组成运筹学。那么，它们是怎样被兼收并蓄的呢？上述这些学科所研究的对象的本质在于：线性规划和非线性规划研究的是按照某种目标取得最优（总运输量最少或用料最省等）而对一类事情如何进行配置安排的问题；排队论是研究一类事情的活动规律，它的特征是具有拥挤现象；博弈论所研究的是一类依赖于策略的事情的竞争性活动规律；搜索是对事物的查找；库存是事情的管理；决策论也是对事业经营的管理。

　　由此可知，正像物理学是研究物质运动的规律那样，现在需要有一门科学来研究事情活动的规律。前者是物，后者是事，前者是运动，后者是活动，前者是物理，后者我们称它为事理。运筹学就是事理学。这样就把线性规划、非线性规划、整数规划、动态规划、排队论、博弈论等诸如此类的学科，都作为分支而统一起来。

　　由于世上事情太多太多，千差万别，因此研究事情活动的规律也会千差万别。我们上面介绍的这些应用数学分支除了还在被继续深化研究外，许许多多新的分支还迫切需要开创，它们又会交叉汇合相互渗透。所以，运筹学或者说事理学，发展的前景无量。

1.3.10　统一管理科学和事理学的运筹学

20 世纪初，特别是 50 年代以来，管理科学由于向量化方面急速迈进，迅速发展成为一个学科。它所研究的对象不仅包括人的因素，还包括物流（物质、设备、资金）和事流（信息流及决策）。对于物流，线性规划、排队论等都是有用的。库存论对物资储存的最经济测算问题很有用的。事流中决策是极为重要的，而博弈论可为它提供一些理论探讨的基础，等等。其实质都是为理事而寻找事理，以致两方有时已将运筹和管理看作同义语，运筹学成为了管理科学和事理学的统一。

1.3.11　控制论和大系统理论

1948 年维纳借用法国物理学家和数学家安培创造了控制论（Cybernetics）的名称（《控制论——关于动物体和机器的控制与操作的科学》）。控制论是关于怎样把机械元件与电气元件组合成稳定并且具有特定性能的系统的科学。它所研究的主要问题是一个系统的各个不同部分之间的相互作用的定性性质，以及整个系统的总的运动状态。

1954 年钱学森借鉴控制论中能够直接用在工程上设计被控制系统或被操纵系统的那些部分，将设计稳定与制导系统这类工程实践作为主要研究对象，创立了一门技术科学——《工程控制论》。

控制论的对象是系统。一部机器是一个系统，一个生物体是一个系统，一条生产线是一个系统，一个企业是一个系统，一项科学技术工程是一个系统，一部电力调节网是一个系统，一个经济协作区是一个系统，一个社会组织也是一个系统。有小系统，有大系统，也有把一个国家作为对象的巨系统；有工程的系统，有生物体的系统。为了实现系统自身的稳定和功能，系统需要取得、使用、保持和传递能量、材料和信息，也需要对其各个构成部分进行组织。生物系统的组织是一种自组织，能够根据环境的某些变化来重新组织自己的运动的工程系统是自动控制系统。

20 世纪 50 年代，研究者将控制论原理应用于生物系统和高级神经系统，于是诞生了生物控制论。

到 20 世纪 60 年代，现代控制理论发展形成了大系统理论（Theory of Large Scale System），其研究对象是规模庞大、结构复杂的各种工程的或非工程大系统的自动化问题。例如综合自动化的钢铁联合企业、全国或大区的铁路自动调度系统、区域电力网的自动调节系统、大规模情报自动检索系统、经济管理系统、环境保护系统等大系统。之后，大系统理论被推广到了既非工程又非生物的系统——经济系统，从而正在出现一个新的控制论分支——经济控制论。钱学森期待在社会主义条件下可以诞生一门新的科学——社会控制论。它将是面对社会巨系统，充分利用社会主义经济规律的调节作用，能够组织自觉运转的经济系统。

现代控制论发展迅速，在系统形式上，发展出了复杂系统、混杂系统、随机系统、大系统；在控制形式上，发展了最优控制、鲁棒控制、H_∞控制、自适应控制、学习控制、变结构控制、模糊控制、分布式控制等；在信号处理上，发展了建模、辨识与信号处理、模式识别、故障诊断等。

智能控制是指一个系统自身能感知环境的变化和自身结构性能的变化，从而改变、调整自身结构与参数，通过自学习、自组织、自修复、自识别而达到目标的自适应控制的能力，其相应的理论为智能控制理论。智能控制是一个非常大的研究方向。例如执行深空探测任务的探测器装载的计算机，如果感知信号后回传地球，地面将研究对策再发至探测器执行的话，由于路途遥远，时间已经来不及了。因此迫切需要一台智能计算机，它不但应能在长期工作期间随时感知自身器件的性能状态，在出现个别器件发生故障后，能立即自动地指挥调度健康的器件投入运行，而不影响计算机的整体运算功能；而且当它在完成既定任务时，如果遇到事先未曾预测的某种环境，它能用诸如演化的方法找到能够完成预期任务的程序和路径，确保飞行任务顺利完成。智能控制往往会遇到多目标的求解问题，需要与研究演化计算的数学家共同研究解决，这也是智能控制的一个重要发展方向。

1.3.12　信息论

信息论是研究信息传输与信息处理的基础理论。

1948 年，香农发表了《通信的数学理论》一文，随后十余年他又发表了一系列论文，形成了信息论。香农提出了信息熵、互信息、信道容量和率失真函数等重要概念，证明了三大编码定理——无失真信源编码定理、信道编码定理和限失真信源编码定理，给出了信道编码和信源编码所能达到性能的理论极限。1949 年，他还发表了《保密通信的信息理论》一文。为保密理论与密码学的发展奠定了理论基础。1961 年发表了《双路通信信道》，开拓了网络信息论。

60 余年来，众多学者针对香农提出的编码的理论极限，相继研究出了许多如何具体构造以实现接近极限的编码方法，使理论的广泛应用有了很大突破。

在无失真信源编码方面，1952 年 D·A·哈夫曼提出了哈夫曼编码，现已用于传真图像的压缩标准；1963 年 P·伊莱亚斯又提出算术编码，现已用于二值图像的压缩标准 JBIG；1965 年 A·N·柯尔莫哥洛夫提出了通用编码，现在通用编码中的 LZ 编码已广泛用于计算机文件的压缩。

在限失真信源编码方面，量化方法已成为语音和图像压缩的重要手段。如矢量量化算法已成为北美移动通信 IS-54 标准中语音压缩标准的算法；1955 年 P·伊莱亚斯提出有记忆信源的预测编码，现已发展成美国军用通信中语音压缩的标准算法；1969 年 T·S·黄首先提出了对有记忆信源进行变换编码的信源编码方法，现已成为电视图像压缩的各种标准，如电视电话/会议电视的视频标准 H.261、H.263 等，静态图像压缩标准 JPEG，动态图像压缩标准 MPEG-2、MPEG-4 等。

在信道编码方面，20 世纪 40 年代末，M·J·E·戈利和汉明最早提出的分组编码技术，现已系统地发展成为代数编码理论。汉明码、戈利码、Fire 码、BCH 码等分组编码都已在通信和计算机技术中广泛应用。1954 年 P·伊莱亚斯提出的卷积码，现已广泛应用在地面移动通信、卫星通信和深空通信中。近十年来，有两种编码——Turbo 码与 LDPC 码，其性能已接近香农极限，而被广泛用于通信标准中。其中 LDPC 码早在 1960 年已由加拉格尔发明，但其迭代译时的算法受当时计算机条件所限无法实现，直至 1995 年方实现。这种算法在实验室条件下，当码率为 1/2 的 LDPC 码时，码长非常长，在高斯信道条件下，保证通信系统误码率 $P_e = 10^{-5}$ 时，该系统所需的 E_b/N_0 与香农极限值的 E_b/N_0 仅相差 0.004 5 dB，也就是说，其所需发射功率最小。

在网络信息论方面，20 世纪 70 年代以来，随着通信网络的发展，特别是互联网与移动通信网络的众多需求，信息论从单信源单信道点对点的通信理论，向通信网的网络信息论发展，且已成为当今信息论研究的重点。其中，多址接入信道的容量定理为码分多址通信的多用户接收技术奠定了理论基础。

60 年来，信息论在理论方面，也有了长足发展。

首先，许多学者对香农信息论作了严格证明，相继有许多学者对理论作了拓展。

1957 年 E·T·杰恩斯提出了最大熵原理。它突出的应用实例是在最大熵谱估计方面。它在图像复原与重建，如卫星图片处理、图像匹配中有广泛应用，成为信号处理的重要方法。

1959 年 S·库尔贝克提出了鉴别信息（Discrimination Information）的概念和最小鉴别信息原理。1980 年 J·E·肖尔等人进而用纯数学方法给予了严格推导，完善了这一理论，并改称为交叉（Cross）熵和最小交叉熵原理；并将其成功地应用于信号处理的众多方面。

1965 年 A·N·柯尔莫哥洛夫提出关于信息量度定义的三种方

法——概率法、组合法、计算法。其中，组合法和计算法突破了原来香农统计方法的范畴，开创了非统计意义上不完全依赖于统计的组合信息论和算法信息论。在此理论指导下，1977 年，以色列人 A·兰普尔和 J·齐夫提出了新的通用编码，称为 LZ 编码，又称为字典码，这种编码方式编译简捷，易实现，获得了广泛应用。由于它已不需要已知信源概率分布的统计特性，从而超越了香农信息论所用的统计数学方法了，这为经济、社会等许多统计困难的系统工程提供了解决途径。1987 年 G·J·柴廷在 A·N·柯尔莫哥洛夫的基础上，系统地发展成为了算法信息理论。

这些成果大大丰富了信息论的概念、方法和应用范围。首先它把信息的统计定义推广到非统计意义上，并给出了量度；其次，信息量度的意义已不再限于信源编码和信道编码，而发展成为信息处理的一种准则。从而信息论已从通信的数学理论发展为信号与信息处理的基础理论。

1949 年香农提出的"保密系统的通信理论"奠定了密码学的理论基础。它对于当前信息化系统工程、互联网系统工程、金融系统工程乃至军事系统工程信息化战争中的信息安全、信息对抗等都非常重要，最后形成了一个独立分支——密码学理论。

总之，信息论方法有相当普遍的意义和价值。不仅在通信、计算机和自动控制等工程领域得到直接应用，还广泛地渗透到生物学、医学、语言学、社会学和经济学等领域。它在各系统工程中的应用还将不断拓展，尤其在复杂系统工程、通信计算机网络、信息的获取、信息传输、信息处理、信息提取、信息对抗等方面，都离不开信息论的各种基本方法。

1.3.13　系统工程的初期发展

20 世纪 60 年代，美国国防部有从事系统分析的相关人员 30 000 余人，1965 年建立了独立的系统分析部，现改为计划分析与鉴定部，三军又各设自己的系统分析机构，各兵种各级司令部也均设专门机构和人员，此外，还有像兰德公司这样的非盈利研究机构。政府部门、私营公司、大专院校等也都设有分析研究机构和专业人员为国防服务。

英国将系统工程应用到军事上也比较早，1965 年前，三军分别发展系统工程研究，1965 年国防部成立国防运用分析研究院对系统工程进行集中研究。

法国在总参谋部内设有运筹学领导委员会，下设运筹中心。三军各有一名副参谋长领导运筹学小组。

其他西方国家也都设有专门机构从事军事运筹学——军事系统工程工作。

苏联几个主要军事学院均设有运筹学部，由总参军事学院和科学技术委员会领导。各军兵种均各自负责自己的军事运筹，进行了军事预测、武器选择、战场经济、作战模拟、自动化指挥和网络法指挥战斗等工作。

现在美、苏等国政府均设有专门机构从事这项工作；一些大企业也都设立系统工程研究部，以制定出各种可供选择使用的方案，并协助实施所选择的方案，因此，被誉为智囊团。

1965 年，兰卡斯特大学成立了英国第一个系统工程系。以后其他学校也开设了相关系或专业。60 年代末到 70 年代初，在多次赴美考察后，英国的系统工程研究工作很快开展起来了。

日本在 20 世纪 60 年代末深感缺乏系统工程研究所造成的困难，因此从美国引进了这方面的技术和资料，并于 70 年代初出版了《系统工程讲座丛书》加速培养人才。据称，美国 70 年代初期有系统工程师 17.5 万人，而日本到 1975 年已有系统工程师 11 万人。

系统工程目前已在相当广泛的领域里发挥越来越大的作用。

阿波罗登月计划历时 11 年（1961—1972 年），涉及 42 万技术人员、2 万多家公司和工厂、120 所大学、300 多万个零部件、300 多亿美元资金，由于采取了系统工程的组织管理方法按期完成了。这当然只是一例。现在，系统工程已在许多工业企业、军事、农业、水利、能源、交通、全国电网、人口、环境保护等全国性的计划中被广泛采用和发展着。

以上 13 节内容扼要地分别介绍了运筹学、控制论和信息论演化的历史，以及阐述了系统工程的初期发展情况。

从中可以看出：运筹学、控制论、信息论在各自的发展过程中，互相渗透、互相借鉴，极大地推动着系统工程和系统学的成长和发展。

1.4 系统工程

系统工程，也就是处理系统的工程技术。

20 世纪 40 年代以来，国外在不同场合定量化应用系统思想时先后分别给它取了许多不同的名称：运筹学（Operations Research）、管理科学（Management Science）、系统工程（System Engineering）、费用效果分析（COST-Effectiveness Analysis）等。所谓运筹学，是指目的在于增加现有系统效率的分析工作；所谓管理科学，是指大企业的经营管理技术；所谓系统工程，是指设计新系统的科学方法；所谓系统分析，是指对若干可供选择的执行特定任务的系统方案进行选择比较；如果上述选择比较着重在成本费用方面，就是费用效果分析；所谓系统研究，是指拟制新系统的实现程序。现在看来，由于历史原因形成的这些不同名称，混淆了工程技术与其理论基础技术科学的区别。

"工程"一词最早出现在 18 世纪的欧洲，本来专指作战兵器的制造和服务于军事目的的工作。此后又引申出一种更普遍的看法：工程是指把各件有关的工作组织起来完成特定目的的任务，如水利工程、机械工程、土木工程、电力工程、电子工程、冶金工程、化学工程等。

当人类改造自然的技艺上升为有理论的科学时，才产生这些门类的工程技术。一旦人们用系统思想采取定量的方式，从完成具体特定目的的任务的总体出发，来研究最优的工作组织时，原来的工程便引申为系统工程了。如 1947 年雷达系统工程、导弹系统工程等，这些当然还都是一项项的工程实践活动。

为什么一直到这个时候，工程实践活动才从"工程"这个词，引申为"系统工程"这个词呢？简单地回答，就是生产和技术大大发展了，已经发展到需要系统工程的阶段，而且也有可能体现系统工程的阶段。

因为，人类的科学技术和生产能力已经到了重点要从解决硬技术转向重点解决软技术的阶段。也就是说，人们开始从重视有形产品阶段转向更加重视无形的产品。每件产品的销售价格中包括了原材料费用、加工费用、组装费用，一件产品的附加价值的比重变得越来越大，材料费越来越低工业化程度越高，原材料在销售价格中所占的比重越低，加工费、组装费所占的比重越高。例如在日本，1951—1955年，原材料占 54.9%，加工占 36.2%，组装占 8.9%，但到了 1961—1965 年间，原材料占 42%，加工占 41.3%，组装占 16.6%。

比重之所以发生变化的原因是产品复杂化程度提高，零部件越来越多。以日本为例，第二次世界大战之后，日本主要出口商品是自行车、缝纫机、照相机和摩托车。这些产品零部件数量，大都是 100～1 000 个量级。随着工业的发展，后来开始出口汽车，产品的零部件数量增加一个数量级。现在他们出口飞机、电子计算机，零部件数量则增至 1 万至 10 万的量级。美国阿波罗飞船和土星-V 运载火箭甚至有多达 700 万个以上零部件。

这就显示出社会产品日趋复杂化，人们已经不能只是简单追求每个零部件的性能了。这就需要人们去组织研究、组织研制和组织生产，当然还要预测复杂的市场需求，组织的好坏程度千差万别。因为一个高性能的复杂产品并不需要全都是由高性能的零部件组成，一个高效率的生产线并不都是高性能的加工设备，因此精明的领导人就很快感到系统地从总体上考虑问题的重要性。

同时由于生产的发展，过去在各个部门由于水平低下组织不成的系统，现在可以组织起来了。如 1 000 个零部件组成的产品，当它们的故障概率只能做到千分之一时，这个产品则经常处于低故障状态，就发挥不了作用，现在可靠性水平提高了，复杂的系统就有成功的可能了。

上述工业产品的生产可以类推到各行各业去。例如城市建设，城市里有很多建筑物、道路、汽车。过去建筑师的任务是建造出造型优美的房屋；汽车厂只要能造出汽车就行了；道路由土木专家来设计修筑。各干各的。然而，随着城市的发展，光靠上述这种个别的努力远远不够了，工业区、生活区的污染问题、噪声问题、交通问题、能源问题等都不能孤立起来处理：在建筑生活小区的同时，小孩上学要配套学校，吃饭要配套粮店菜店，取暖又要配套煤或石油气供应站等。这必然带来许多要协调的事。城市建设是一个系统工程被人们理解了，只是不同的人理解的深度不一。

于是可以从不同的实践活动得出各种专业的系统工程来：如工程体系的系统工程叫工程系统工程，生产企业或企业体系的系统工程叫经济系统工程，国家行政机关体系的运转叫行政系统工程，科学技术研究工作的组织管理叫科研系统工程，战争的组织指挥叫军事系统工程，后勤工作的组织管理叫后勤系统工程，计量体系的组织叫计量系统工程，质量保障体系的组织建立与管理叫质量保障系统工程，信息编码、传输、存贮、检索、读出显示系统的组织管理叫信息系统工程。所以系统工程便成为一个大门类的工程技术的总称。各门系统工程有自己特殊的问题，而他们的共同规律都是系统的组织管理技术。所以系统工程便是各类系统组织管理技术的总称。

综上，系统工程是一大门类的工程技术的总称，即为了实现各项任务，人们在每项任务开始前，直至其最终实现的整个过程中，借助于近代科学技术成就，不仅分析研究其全过程所涉及的各种因素及其自身规律，而且用系统思想定量地分析研究这些因素间的各种关联的规律，然后通过定量的分析与计算，寻求一种能把全过程中各因素最佳组织与管理的方式，使任务实现时某些事先约定的总体性能指标达到最优的一门总的工程技术。

将系统工程的各种概念加以整理可以得到：系统工程（System Engineering）是一门技术，是组织管理系统的规划、研究、设计、构造、试验和使用的技术，是一种对所有系统都具有普遍意义的科学方法。系统工程作为一项工程，把所有为了改造客观世界，从系统的角度来设计、建立、运转复杂系统的工程实践，都称为系统工程。

在科学技术的体系结构中，工程技术的理论基础是技术科学。例如，水利工程的理论基础是水力学、水动力学、结构力学、材料力学、电工等。钱学森对应把国外长期在事理中各种混乱的概念重新条理，提出系统工程技术的共同科学理论基础是系统科学。从而把工程任务的特定目的是系统的组织建立或者是系统的经营管理，都统一归入系统工程；把国外所谓的运筹学、管理科学、系统分析系统研究以及费用效果分析中的工程实践内容也统一归入系统工程；而把国外所谓的运筹学、管理科学、系统分析、系统研究以及费用效果分析中的数学理论和算法，线性规划、非线性规划、整数规划、动态规划、博弈论、排队论、库存论、决策论、搜索论、网络与图论等理论基础，统一归入广义的运筹学。除了运筹学外，系统工程的理论基础还有计算科学、控制论、信息论，它们属于系统工程的技术科学基础；同时还有从自然科学研究中不断演化出的有关复杂巨系统的突变论、协同论、耗散结构理论、系统动力学等，也属于系统工程的技术科学基础。这两者又不断相互渗透、融合，将逐步上升凝练形成一门新的作为系统科学的基础理论——系统学。

各类系统工程除了有共同的理论基础外，每门系统工程还有其特有的专业理论基础。工程系统工程特有的专业基础是工程设计，科研系统工程特有的专业基础是科学学，企业系统工程特有的专业基础是生产力经济学，信息系统工程特有的专业基础是信息科学和情报科学，军事系统工程特有的专业基础是军事科学，经济系统工程特有的专业基础是政治经济学，环境系统工程特有的专业基础是环境科学等。

　　系统工程的现代发展，使自然科学、工程技术与社会科学连接起来，现代数学理论和电子计算机技术通过各类系统工程，为社会科学研究添加了极为有用的定量方法、模型方法、模拟实验方法和优化方法。系统工程应用于企业经营管理已经成为现实，并将应用于更巨大的社会系统。我们把组织管理社会建设的技术称为社会系统工程。比如，实现四化就是一项极其伟大的社会工程，领导这一项工程的任何决策，不仅需要领导艺术，更需要领导科学；不仅要定性的材料，更需要定量的材料。用科学方法产生这些定量材料，并提供决策参考，是现代化建设必不可少的一个专门行业，这是为国民经济建设中的各级领导机关特别是中央一级机关当参谋的。这个行业所从事的科学研究活动，是综合利用自然科学、社会科学、工程技术特别是系统工程，为国民经济建设的重大抉择问题提出可供选择的方案。

　　我国社会主义建设对于系统工程的需要，犹如 19 世纪中叶资本主义社会对于工程技术的需要一样。今天，系统工程的自觉应用将对我国社会生产力的发展产生变革作用。这或迟或早将成为现实，取决于我们的认识和艰辛的实践。

1.5　系统科学、系统学、系统观

1.5.1　从系统工程到系统科学、系统学、系统观

　　科学体系分为基础科学、技术科学和应用技术 3 个层次，在其上是马克思主义哲学。

　　系统作为一个科学体系——系统科学体系，系统工程是从系统角度直接用以改造客观世界的应用技术。系统科学的技术科学正在从两大方面向横向开拓：一方面是从复杂的工程技术实践中，上升凝练出的技术科学，如运筹学、控制论、信息论等；而另一方面是来自自然科学对复杂系统规律和深化研究的技术科学，如非平衡热

力学、耗散结构理论、协同学、微波激励细胞分裂、生命现象的高阶环理论等。

钱学森提议将上述两方面关于系统的技术科学融汇贯通，综合发展，建立一门系统科学的基础科学，即一切系统的一般理论系统学。

然后再上层就是系统科学通向马克思主义哲学的桥梁——系统观，这样就形成了关于系统的整套科学体系，如图 1 - 1 所示。

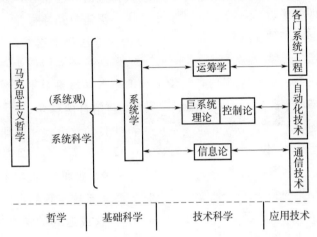

图 1 - 1　系统科学体系

关于系统观，我们将在第 2 章中关于系统工程的内容中介绍。

关于运筹学、控制论、信息论，我们将在第 2 章中介绍。

本节将侧重叙述由自然科学在研究复杂系统从无序到有序、从有序到无序的规律认识演变过程，以求促进系统科学的基础科学——系统学的发展。

1.5.2　自然科学中的系统科学

在研究复杂的巨系统时，不可能对系统中成千上万乃至亿万个因素作细节的微观研究，因此要依靠统计方法，避开不必要的细节，透彻地看到局部到整体的过渡，把握住主要的现象本质。

半个多世纪以来，从自然科学研究中，对于一切系统的一般理论，人们有了日益深入的认识，正在为系统学的逐渐形成和建立创造条件。

在自然界中，热力学第二定律指出，自然界的一切实际过程都是不可逆的，会使一部分能量变得不能再做有用功，这种现象称为能量的耗散。从微观上讲，在孤立系统中，各种自发过程总是要使系统的分子或单元的运动，从某种初始存在的有序状态或者说某种差别，即非平衡态，随着时间推移，不可逆地转变为最无序的平衡态，达到状态的稳定。

表示一个系统内分子运动的无序程度是熵。在一个与外界环境无任何联系的孤立系统内，分子运动的状况始终是从有序向无序，即熵增加的方向发展，这就是熵增加原理。熵只能增加，不能减少，熵的增加表示无序性的增加。孤立系统内不论初始状态如何，它都是要使系统达到其熵值为最大的状态，成为宏观上平衡的状态。如果由于扰动，系统偏离了平衡态，其熵减小了，系统将按熵增加原理回到原先的平衡态。熵最大的平衡态是稳定的状态，熵最大时分子最无序，因此，孤立系统是一个不可能自发地由无序转化为有序稳定状态的系统。

这种从有序转为无序的现象，在流体力学里，就是从层流到湍流（紊流）的现象。简单地讲，假设流体慢慢地流过一个物体，它的流动是有序的；假如流速增加到一定数值，稳定的、平稳的流动不可能持续下去，转而会发生紊乱的流动，叫湍流或紊流。这个临界参数被称为雷诺数。研究生态学的科学家发现非线性的差分方程里有一个参数，这个参数一旦接近于临界值的时候，就会突然出现许多紊乱的现象。美国人费根巴姆把这方面工作集合在一起，提出费根巴姆数，就是一个邻近紊乱出现以前的一个有普遍意义的常数。费根巴姆数的大小为 4.669 201 66… 这是从有序转向紊乱情况的一个关键数。

这些现象反映出了孤立系统所具有的一种规律或特性。

然而，生命的生长过程却能使各种食物中无序的原子分子经新陈代谢有节奏地变成生命自身生长和进化的有序发育的原子分子，这又是一类系统。

20 世纪 30 年代末，奥地利生物学家贝塔朗菲提出了一般系统论。他指出，现代生物学已进入分子生物学时代，但当生物作为一个整体时，我们仍然一无所知。他同时指出：生命现象是有组织的、有相互关联的，是有序的、有目的的。而无机世界总是越来越乱，越来越无序。他强调要有整体观、系统观；还指出系统有四个特性：组织性、相互关联性、有序性、目的性。

我们把这样一大类系统的内部从无序变为有序，大量分子按一定的规律运动的现象称为自组织现象。生命过程就是生物体持续进行自组织的过程。这一过程是系统内不平衡的表现，而且永远不会到达平衡。

自然界中无生命世界里，也都存在这种从无序到有序的自组织现象。例如天空中出现的鱼鳞云、六角形的雪花等。在化学实验中存在空间的有序性，例如 19 世纪利色根发现的碘化钾溶液加入到含有硝酸银胶体介质中形成有间隔规律的沉淀带，称为利色根现象。化学实验中也存在时间的有序性，例如苏联别洛索夫和扎鲍延斯基发现的丙二酸和硝酸铈铵溶于硫酸中，溶液开始呈黄色，几分钟后变清，再加入溴酸钠，则在黄色和无色之间振荡，周期约 1 分钟，这是离子浓度变化的振荡曲线，称为 B－Z 反应现象。在物理学实验中存在空间的有序性，例如 1900 年贝纳特发现的对流有序现象，当加热液体时，开始温度梯度不大，只有热传导，未见扰动；当温度梯度超过某一临界值时，静止的液体中突然出现许多规则的六角形蜂房对流格子，液体内部运动转向宏观有序。在物理学实验中，也存在时间的有序性，例如 20 世纪 60 年代出现的激光，当激光器输入功率小于某一临界值时，其发光原子各自独立发光，持续 10^{-8} 秒，波长只有约 3 米；当输入功率大于临界值时，这些原子集体一致地发出频率、振动方向都相同的相干光——激光，它们自组织成为非常有序的状态。

发生自组织现象的系统是与外界环境有联系的非孤立系统。仅仅和外界有能量交换而没有物质交换的系统称为封闭系统；而和外界既有能量交换，又有物质交换的系统称为开放系统。这两个系统一旦达到平衡态，不再交换能量和物质时，系统就不存在自组织现象。然而，这类非孤立系统在其发展的某一阶段可能达到一个非平衡的、但其宏观性质也不随时间变化的状态。这时系统不断地和外界环境交换着能量和物质，而且内部也不断地进行着宏观的自发的不可逆过程，如传热、发光、扩散及新陈代谢生长过程。这种稳定的非平衡态被称为定态。

非孤立系统的熵分为两部分：系统内部的不可逆过程引起的称为熵产生，系统和外界交换能量或物质而引起的称为熵流。系统的熵是这两者之和，前者恒正，后者可正可负，当后者为负的绝对值大于前者时，系统的熵不为零，熵减小了，系统就由原来的状态变为更加有序的状态。

可见，这是一类非孤立系统，它具有自己另一种规律或特性。

1945 年，比利时科学家普利高津研究了这类非孤立系统，提出耗散结构理论。他指出现实中出现的事物、生命，以及其他系统，总是非平衡态的。

普利高津研究了当系统在外界作用下稍微偏离一点平衡态的热力学，此时外界作用不大，引起系统内不可逆的响应也不大，偏离平衡态很小，外界作用与系统内不可逆响应两者呈简单线性关系。针对此线性非平衡态热力学，普里高津提出了最小熵产生原理。他指出在接近平衡态的条件下，和外界的作用相适应的非平衡定态的熵产生具有最小值。系统内部在偏离平衡态很小时，不可逆过程引起的熵产生恒大于零，而熵的增加随时间的变化小于等于零，即熵产生总要减小，从而在到达一个定态时，熵产生值最小，即选择了一个能量耗散最小的状态。所以，靠近平衡态的非平衡定态仍是稳定的。因为任何扰动，系统的熵增加必然要大于该定态的熵增加；而按最小熵原理，系统最后还是要回到该定态。该系统仍保持均匀的无序态而不产生自发的时空有序结构，即自组织现象不会发生。

接着，普利高津把研究拓展到远离平衡的热力学。当系统在外界作用下离开平衡态时，外界作用对系统影响很大，系统内部引起的响应和它已不成线性关系的状态。对于这类处于非线性非平衡态的系统，线性非平衡态热力学的最小熵产生原理已不成立，它超出了纯粹的热力学方法。

于是，外界对系统作用的控制参数值从小变到越来越大时，系统内部引起的响应相应的变化情景如下：当外界对系统作用的控制参数值逐渐增加时，对应的系统定态值也随之变化。控制参数在最初一段变化区间内，对应于平衡态的定态逐渐偏离平衡态，但系统的状态仍类似于平衡态且具有稳定性，是平衡态的延伸，称之为热力学分支，如图1-2所示。然而，当控制参数值再增加时，或者说此时有一个很小的扰动时，对应的系统的非平衡定态值，将会变得不稳定了，并发生突变；该值会突然跃迁到另外两个稳定的分支上。这两个分支上每一个点对应于某种时空有序状态。普里高津把这种远离平衡态的、稳定的、有序的物质结构，称为耗散结构。这两个分支称为耗散结构分支，这种现象称为分叉现象或分支现象。

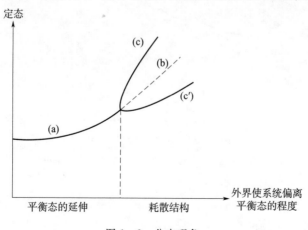

图1-2　分支现象

这样，在平衡态附近，发展过程主要表现为趋向平衡态或与平衡态有类似行为的非平衡定态，并总是伴随着无序的增加与宏观结构的破坏。而在远离平衡的条件下，非平衡定态可以变得不稳定，发展过程可能发生突变，因而导致宏观结构的形成和宏观有序的增加。

随着控制参数进一步改变，各稳定分支又会变得不稳定，形成二级分支或高级分支现象，呈现出有多种可能的有序结构，使系统表现出复杂的时空行为，如图1-3所示。越远离平衡态，分支越来越多，系统就具有越来越多互不相同的耗散结构。系统所处的结构处于随机状态而不可预测，又进入一种无序态，称为混沌状态。它和热力学平衡的无序态的不同在于，这种无序的空间和时间的尺度是宏观的量级，而热力学平衡的无序的空间和时间的尺度是分子的量级。

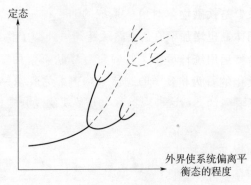

图1-3 高级分支现象

不论是平衡态还是非平衡定态，都是系统在宏观上不随时间改变的状态，而实际上由于组成系统的分子仍在不停地做无规则运动，因此系统的状态在局部上经常与宏观平衡态有暂时的偏离。这种自发产生的微小偏离被称为涨落。同时，宏观系统受外界作用也或多或少地有各种各样的扰动。这样，远离平衡态的系统的不稳定，发展到了耗散结构的出现。普利高津把这个过程称为通过涨落达到有序。在涨落的诸分量中，一旦有的涨落分量不很快衰减，反而随时间增长，以致达到宏观尺度，而使系统进入一种宏观有序状态，就形成了耗散结构。

普利高津成功地解释了非均匀物质的各种传递、输运现象。指出：生物不是封闭系统，是开放系统。系统内部产生熵，但向周围输送出去更大的熵。所以这就是生物的熵减少了的本质。他说，生命现象就是耗散结构。

与此同时，德国科学家哈肯提出协同学。他研究了集合论、突变论，研究了铁磁理论、超导理论、激光发射机理。

对容器里能产生激光的工作物质，加入一个泵激能量，当达到一定的阈值时，原来乱的、非相干的激光，变成相干激光了，变得有序了。哈肯认为激光是从无序到有序的转变。他还精确地指出：激光一定要有足够多的分子共同参与才能出现。少于这个数则不出现，多了则一定会出现。

铁磁现象，是铁磁物体达到居里点温度时，出现的磁性现象。

液体到固体，也增加了它们的有序性。

然后，哈肯运用统计力学方法，研究复杂系统从无序状态到有序结构状态变化的行为机理。严格证明出了在一定条件下，这种有序化的出现是必然的。

哈肯认为分子（或子系统）之间的相互作用或关联引起的协同作用使得系统从无序转化为有序。一般说来，系统中各个分子的运动状态由分子的热运动（或子系统的各自独立的运动）和分子间的关联引起的协同运动共同决定。当分子间关联能量小于独立运动能量时，分子独立运动占主导地位，系统处于无序状态（如气体）；当分子间的关联能量大于分子的运动能量时，分子的独立运动就受到约束，它要服从由关联形成的协同运动，于是系统就显出有序的特征。涨落是系统中各局部内分子间相互耦合变化的反映。系统在偏离平衡态较小的状态时，独立运动和协同运动能量的相对大小未发生明显变化，涨落相对较小。在控制参数变化时，这两种运动的能量相对大小也在变化，当控制参数达到临界值时，这两种运动能量的相对地位几乎处在均势状态，因此局部分子间可能的各种耦合相当活跃，使得涨落变大。每个涨落都具有特定的内容，代表着一种结构或组织的"胚芽状态"。涨落的出现是偶然的，但只有适应系统动力学性质的那些涨落才能得到系统中绝大部分分子的响应而波及整个系统，将系统推进到一种新的有序的结构——耗散结构。

哈肯认为，复杂系统里有亿万个组成部分，而且它们间的相互作用一定有几个环节是非线性的。系统的每一个自由度都可以写出一个方程式，在方程式的左边，是自由度参量的时间导数，右边是自由度参量和时间的一个非线性函数。有多少个自由度就有多少个方程

$$\frac{\mathrm{d}x}{\mathrm{d}t} = f_1(x,t)$$

$$\vdots$$

一个坐标轴表示一个自由度，所有的自由度参量就形成一个维数很大的多维空间。在统计力学中称为相空间。相空间里的一个点，就是系统的瞬间状态。

哈肯发现，这些自由度中，如果有一个或几个是不稳定的，那么不稳定的自由度就要把稳定的自由度拖着走，一直拖到相空间的某一点，这个点就是这个系统的一个稳定状态。有时这种稳定状态不是固定点，而是有振荡的，那么相空间里就有一个圈，它总是在这个圈里转。点和圈就是这个系统的有序状态，也就是这个复杂系统内部行为的目标。围绕这些稳定状态，还有一些涨落，使这些点或圈呈现模糊，但这无碍于系统中点和圈的存在，以及影响系统的有序性与目的性。离开了目的点或目的圈，系统就不稳定，系统自己只有拖回到这个点或圈，才会稳定。这也就是系统的自组织。

哈肯还发现有序状态的出现不仅仅限于开放系统，封闭系统中热平衡的状态下，有时也可能出现有序状态。他把封闭系统的这类

现象称为静态现象；而把开放系统的这类现象称为动态现象。例如，激光器是动态现象。

哈肯从理论上解决了这样一个问题：系统——不论封闭系统还是开放系统——都会有走向有序的现象。

德国科学家弗洛利希提出了微波激励细胞分裂学说。弗洛利希在哈肯的激光器产生激光机理研究的启发下，用毫米波去照射细胞，当毫米波被调到一个很窄的范围时，被照的酵母菌或大肠杆菌的繁殖速度一下子提高了好几倍。这表明，在生命现象里也出现了类似激光的现象。

德国科学家艾肯又提出了巨系统高阶环理论。艾肯在分子生物学方面建立了数学化的自组织系统模型，由此导出生物的一些生殖遗传、变异、进化的性状。使 20 世纪 30 年代末上述贝塔朗菲提出的问题有了解决途径。

上述的种种叙述说明自然科学中客观存在着无穷尽的系统科学，有待我们深入揭开挖掘，以大大丰富我们对系统科学的认知。

运用自然科学中的系统科学思想，钱学森提出了"钱学森猜想"："如果一个系统出现了从有序变到紊乱的趋势，把系统的联系切断几点，就好了。原系统是按层次组织的，如果要出现紊乱了，你就截断系统的某些联系，即增加层次，就可以防止紊乱的出现。"

1.5.3　开放的复杂巨系统

开放的复杂巨系统是指具有三性：巨大性、复杂性和开放性的系统。

1）巨大性。系统由子系统组成，如果子系统数量少，称为简单系统；如果子系统数量达到几十、上百，则称为大系统。子系统数量达上亿、上百亿、上万亿，就称为巨系统。这一特性呈现出系统的巨大性。

2）复杂性。系统中子系统种类繁多，达到上百种；同时系统从可观测的整体系统到子系统有很多层次，且对其中间层次有的并不认识，甚至连有几个层次也无法获悉；系统组分间的相互关联性纵横交错，有的已被认识，有的未能认识，有的有定性模型，有的没有定性模型；子系统间通信方式各异；各子系统的知识表达方式不同、获取知识方式也不同；由于系统包含知识领域广阔，在历史长河中形成的学科语言词汇各不相同，相互沟通理解也需时日；而且系统中子系统的结构还将随着系统的演变会有变化。这种子系统种类很多、层次结构错综变化、关联关系交叉的系统，称为复杂系统。这一特性呈现出系统的复杂性。

3）开放性。系统与其周围的环境有物质的交换、能量的交换和信息的交换。具体来说，如系统与系统中的子系统分别与外界有各种信息的交换；系统中的各子系统通过学习获取知识。由于人的意识作用，人要认识客观世界，不单靠实践，而且还要靠掌握人类过去创造出来的精神财富——知识，并加以主观运用；子系统之间的关系不仅复杂，而且随时间、情况等因人而异地有极大的易变性，这样的系统被称为开放系统。由于有这些交换，呈现出系统的开放性。

例如，生物体系统、人脑系统、人体系统、地理系统（包括生态系统）、社会系统、星系系统等都是开放的复杂巨系统。这些系统无论在结构、功能、行为和演化方面，都很复杂，以至于到今天，还有大量我们并不清楚的问题。如人脑系统，由于人脑的记忆、思维和推理功能以及意识作用，它的输入－输出反应特性极为复杂。人脑可以利用过去的信息（记忆）和未来的信息（推理）以及当时的输入信息和环境作用，作出各种复杂反应。从时间角度看，这种反应可以是实时反应、滞后反应甚至是超前反应；从反应类型看，可能是真反应，也可能是假反应，甚至没有反应。所以，人的行为绝不是简单的条件反射，它的输入－输出特性随时间而变化。实际上，人脑有 10^{12} 个神经元，还有同样多的胶质细胞，它们之间的相互作用是非常复杂的。

社会系统是以人为子系统主体而构成的系统，所以，社会系统可以称之为开放的特殊复杂巨系统。

钱学森提出，采取"从定性到定量的综合集成法"是研究解决开放的复杂巨系统的一个可行方法，其步骤如下：

1）明确任务和目的。

2）请有关专家提出建议。

3）搜集大量文献资料。

4）建立系统模型，模型的确立，需经计算机计算和实验验证，专家反复检验修改直至满意，用此模型仿真，经从定性到定量综合集成，得出任务和目的的解决方案。

对于"开放的复杂巨系统"，本书在钱学森从定性到定量的综合集成法基础上，提出综合演化集成法，设想步骤如下：

1）明确任务与目标。

2）将任务作多维分解。任务不只采取一种分解方案，而是采取多种分解方式，分解成多种分解方案，称之为多维方案。目的是避免任务分解时，可能伤及或切除某些本质特征。采用演化原理把那些保留任务与目标本质特征的分解方案遗传保留；把那些潜在可能伤及或切掉某些本质特征的分解方案淘汰。为了避免陷入求解漩涡，还要经常采取变异的方式改变系统的分解方案与层次划分方案。通过对这些多维分解方案分析比较，可以进而揭示巨系统内部更合理的结构特征，并对多维分解方案作出择优选择。这种选择不必作出唯一选择，可以作多个不同的优化选择。如巨系统有按功能如动力、控制分系统等分解的方案，又有按对抗性能如电子对抗、光对抗、机动对抗等分解的方案。因而构成始终并存的多维方案。这样做，实质也是运用耗散结构思想，寻找分解后的各分系统自身平衡圈和非平衡区。

3）贡献性分析。巨系统中子系统非常多时，要做子系统对任务与目标的贡献分析。不必要将那些贡献极微或甚微的子系统，占据我们在巨系统分析时的大量计算量和思考时间；因此要考察这些微小分系统或子系统变化状态对于上一级系统的统计贡献，避开陷入微小系统的每一个性细节，使系统分析简化。

4）同类巨大子系统的统计方法。遇有那种含有数量巨大的同类子系统，可以采取统计物理的方法计算。然后将结果提供给巨系统建立模型。

5）非线性分析。要对子系统类型——与任务与目标之间的贡献关系作线性与非线性特性的区分分析，提取那些在某种条件下，构成非线性关系的子系统类型，分析它们在非线性条件下的贡献量或突变性。

6）关联性分析。分析子系统与子系统之间的关联性，其线性与非线性的存在与否，以及存在时的跃变区。在理论、方法建模计算下，以实践数据与经验数据为依据，构筑仿真模型。

7）建立巨系统模型。由于在巨系统分解时采取了多维分解方案的思考，因此巨系统模型也是前述演化思考下的演化的模型。巨系统可以从其各种分解的子系统做起，然后综合集成以验证。

8）巨系统模型的验证与求解。巨系统模型可采用系统动力学思想求解；也可采用输入外部环境的和自身结构演变的各种演变策略去试探巨系统模型的缺陷或完备性。即用实践中的事实，去检验验证巨系统模型的正确性。

以上就是作者设想的用演化思想对开放式复杂巨系统的研究方法。可以称为从定性到定量的综合演化集成法或简称综合演化集成法。

此外，关于暂时尚无严格因果规律的巨系统应急求解问题作如下简单探讨。对于一项巨系统，其机理尚不成熟，学者们呈有各种不同的学术见解；对于各种现象的探测与捕捉突变信息的感知手段，其成功率、精度等级、虚警率和遗漏率各不相同。这时为实现巨系统的应急目标，需要寻找所有理论、方法、手段之间，在物质上、时序上、空间上、能量上、信息上的内在关联性，建立模型，然后不断缩小求解域；并在此基础上，采取对上述诸多理论、方法、手段的交叉预想，综合探求各种预想下的预测结果。在一旦遇到实际情况时，运用钱学森综合研讨厅思想可以作出应急决断，例如用以处理地震的预测。

参 考 文 献

[1] 钱学森，许国志，王寿云. 组织管理的技术——系统工程 [N]. 文汇报，1987 - 09 - 27.

[2] 钱学森. 大力发展系统工程，尽早建立系统科学体系 [N]. 光明日报，1979 - 11 - 10.

[3] 钱学森. 系统科学、思维科学和人体科学 [J]. 自然杂志，1981，1：3 - 9.

[4] 钱学森. 略谈系统科学. 中国百科年鉴. 北京：中国大百科全书出版社，1981.

[5] 钱学森. 再谈系统科学的体系 [J]. 系统工程理论与实践，1981，1：2.

[6] 钱学森. 系统思想、系统科学和系统论 [M] // 钱学森等. 系统理论中的科学方法与哲学问题. 北京：清华大学出版社，1984.

[7] 钱学森. 我对系统学认识的历程 [M] // 钱学森等. 论系统工程. 新世纪版. 上海：上海交通大学出版社，2007：3 - 12.

[8] 钱学森等. 一个科学新领域——开放的复杂巨系统及其方法论 [M] // 钱学森. 创建系统学. 新世纪版. 上海：上海交通大学出版社，2007：108 - 118.

[9] 钱学森. 再谈开放的复杂巨系统 [M] // 钱学森. 创建系统学. 新世纪版. 上海：上海交通大学出版社，2007：125 - 129.

[10] 钱学森. 关于大成智慧的谈话 [M] // 钱学森. 创建系统学. 新世纪版. 上海：上海交通大学出版社，2007：175 - 180.

[11] 钱学森. 研究复杂巨系统要吸取一切有用的东西 [M] // 钱学森. 创建系统学. 新世纪版. 上海：上海交通大学出版社，2007：188 - 189.

[12] 钱学森. 以人为主发展大成智慧工程 [M] // 钱学森. 创建系统学. 新世纪版. 上海：上海交通大学出版社，2007：214 - 216.

[13] ANDREW P S, JAMES E A J. Introduction to Systems Engineering [M]. John Wiley and Sons Ltd, 2000.（胡保生，等，译. 系统工程导

论．西安：西安交通大学出版社，2006).

[14] ALEXANDER K，WILLIAM N S. Systems Engineering Principles and Practice [M]．John Wiley and Sons Ltd，2003.（胡保生，等，译．系统工程原理与实践．西安：西安交通大学出版社，2006).

[15] SHANNON C E. MATHEMATICAL A Theory of Communication [J]．The Bell System Technical Journal，1984，27（3）：379－423，623－656.

[16] KULLBACK S. Information Theory and Statistics [M]．New York：John Wiley，1959.

[17] GALLAGER R G. Low－Density Parity－Check Codes [D]．Cambridge，MA：M. I. T. Press，1960.

[18] KAPUR J N. KESAVAN H. K. Entropy Optimization Principles with Applications [J]．Boston：Academic Press，1992.

[19] 周炯槃．信息理论基础 [M]．北京：人民邮电出版社，1983.

[20] 朱雪龙．应用信息论基础 [M]．北京：清华大学出版社，2004.

[21] 傅祖芸．信息论——基础理论与应用 [M]．第二版．北京：电子工业出版社，2009.

[22] 张三慧，沈慧君．热学 [M]．北京：清华大学出版社，2000.

[23] CHAITIN G J. Algorithmic Information Principles Theory [M]．Cambridge，Eng：Cambridge University Press，1987.

[24] THOMAS M R，JOY A T. Element of Information Theory [M]．Second Edition. New york：Wiley，2006.

[25] VERDU S. Fifty Years of Shannon Theory [J]．IEEE Transactions on Information Theory，1998，44（6）：2057－2058.

第 2 章　系统工程方法

2.1　系统观

从系统工程的定义可以引出系统工程的一些基本特征，而这些基本特征正是常用于处理系统工程问题的基本观点。它们是系统学的基本观点，是通向马克思主义哲学的系统观。

2.1.1　目的性

系统是指为了一个共同的目的，把有关的各部分（因素、要素）组织起来一起运行的整体。

系统工程是人造的工程，是为了达到某些特定目标而组织起来的。因此，每个具体的系统工程，都有其自身鲜明的目的性。

完成一项任务，如果目标不清楚，目的性不强，必然是盲目的，浪费是极大的。搞系统工程，如果不把目的性搞清楚，将犯战略性的错误。

曾有过这样的例子，有的人一直从事一项研究课题，几年后去问他研究该课题的目的时，他甚至还都说不清呢！他只会说这是领导布置的任务。到底为什么研究这个课题，他自己甚至都没有好好想过。

曾有过这样的例子，报告说双电机同步的研究任务完成了，同步精度如何如何之高。然而，正要采用它时，却发现此同步精度是在电机不加负载下做到的，一旦加上负载，全都达不到了。其原因就在于研究人员对双电机同步这项研究任务的目的性没有弄清楚，任务的指标要求规定得不完备。

　　所以，在开展一项系统工程之初，必须把任务的指标和要求每一款每一条目都搞清楚。复杂的系统工程，其指标和要求是相当多的，它本身已构成一个相互制约的体系，称为指标体系。

　　例如导弹的遥测系统，其指标体系至少有以下 20 余项：

1) 适用于导弹武器的类型；

2) 使用时间；

3) 弹上遥测头的体积、形状、质量、功耗；

4) 弹上遥测头的发射功率；

5) 弹上遥测头的结构形式；

6) 弹上遥测头的电磁相容性；

7) 弹上遥测头的可靠性；

8) 弹上遥测头环境条件、工作条件；

9) 弹上遥测头的保险期；

10) 遥测系统信息容量（缓变参数、速变参数、时间参数、数字参数、功率参数）；

11) 遥测系统传输精度；

12) 遥测系统通信距离；

13) 遥测系统数据实时处理能力；

14) 遥测系统数据事后处理能力；

15) 遥测系统实时显示能力；

16) 遥测系统记录能力；

17) 遥测系统自检能力；

18) 地面设备类型；

19) 地面设备环境条件、工作条件；

20) 地面设备的保修期、服役期；

21) 价格；

22) 其他。

　　为什么指标体系中一定要含以上各项，都是有充分的理论和实践依据的，是经过分析论证的。

这 20 余项参数具体应该定多少，为什么这么定，也都要作出详细的分析论证。这不仅是任务委托方要专门做的事，任务承担方也要懂得指标体系及其所选参数的确定缘由，以便把委托方的总意图贯彻到系统中去。这是一项严肃的工作，需要经过双方多次磋商协调，耗费相当长一段时间。因此这不是一项短时间内可以草率完成的工作，而是一个阶段性的工作，称之为指标论证阶段。

这样，对于领导者来说就应该懂得，既然指标是形成体系的，不是一页纸、几十页纸所能完整表达的，那么就要避免去说诸如："给我研制出一个作用距离为 100 千米的遥测。"而应当坚持说："请你们按某任务书的指标和要求研制。"

同样的，既然指标体系及其参数的形成是一个阶段性的工作，那么就不要简单地当即拍板定案，而应当要求专门的技术人员作出详细的分析论证，提出任务书，在经过双方甚至多方反复磋商协调后，再做出决定。

对于那些从未实践过的新工程，双方一时可能不能对其指标体系考虑得比较完备。有缺项或者不能确定某些具体参数，这都是自然的。但双方对此均不能掉以轻心，要把此事作为头等紧迫的工作，争取尽早创造条件摸清楚，必要时还要开展许多研究和试验来弄清它。这也是论证清楚目的性的指标为什么是一个重要阶段的主要缘由之一。

同时，在指标体系中，还必须把系统所处的环境条件分析清楚，这是系统目的性的必要条件。例如，处于空间环境运行中的卫星，要把空间环境分析清楚，包括引力场、高层大气、电离层、磁场、地球辐射带、空间碎片、太阳辐射、宇宙辐射、微流星、星空背景等。

2.1.2　总体性

总体性又称全局性、整体性、系统性。由于一个系统工程是由各种因素、各个部分组成的，这些因素和部分之间又有着或紧密或松散的各种关联，因此把各种因素、各个部分如何组织管理好，对系统的总体性能影响很大。所以在组织管理各种因素、各个部分时，或者说在协调各种因素和各个部分的关系和各种指标关系时，或者说在组织形成这个所需的最佳系统时，必须立足于系统工程的全局，从总体来衡量一切，即从所能达到的总体性能指标之优劣上来决定每个组织管理措施的取舍；而不能单从某一个部分、某一个指标来思考和解决问题，以免导致片面性。

例如，美国喷气推进实验室很早就在研究喷气发动机，取得了不错的性能。陆军希望他们研制一种下士导弹。导弹不光要有发动机，还要有弹头、弹体、控制系统等部件。但由于开始没有从总体考虑，而只是把现有部件拼凑在一起，设计好的导弹虽然可以实现飞行，但价格很贵，维修很不方便。可见，即使部件是好的，合起来后总体不一定好。

后来，又设计中士导弹，喷气推进实验室吸取了过去的经验，提出要全权参与导弹的整个设计，并要了解最终使用情况。因此，设计出的中士导弹性能有了很大改善。由此可以看出，只有搞好全局性的总体工作，设计性能才能改进提高。

美国阿波罗登月计划是应用系统工程取得成功的例子。日本一些学者参观了阿波罗计划所采用的硬设备和工艺后，认为没有日本造不出来的东西，但作为一个整体的计划，日本在设计和管理的技术——系统工程方面却不如美国，不掌握总体的组织（设计技术和管理技术）技术，复杂系统工程就搞不成。

有一次某个高等院校请作者参观他们研制的固体火箭发动机推进剂，说比冲可以达到 260 秒之高。但再一问推进剂的其他性能，不是还未试过，就是还待继续做工作。很显然，这离实用还有不少的差距。所以从单项指标来看，可能此推进剂性能很高，但综合推进剂的各项性能指标要求来衡量时，可能这种单项指标高的推进剂，还是不宜采用。可见，不从总体出发，片面追求单项性能，常常可能徒劳无功。

20 世纪 60 年代初，我国研制成功一种发动机，于是就有人提出以它为基础研制一种远程地空导弹。这个提议热闹了一阵，不久就下马了。其原因在于一个地空导弹武器系统，不是发动机能使它飞多远，就能打下多远的飞机，其命中精度主要是靠制导系统。这么远的距离，精度明显达不到。当然，还有许多其他的问题。这就说明，不从武器系统的总体使命和总体指标上来综合分析，就会导致挫折。

又如导弹所需要的电子系统要求具有极高的可靠性，如早些时候要求达到 0.999 9，而构成这个系统的电子管等元器件却很难都达到这样高的可靠性，有的只有 0.9。这怎么办？我们可以利用系统思想。将四个可靠性只有 0.9 的元件并联起来，就可达到 0.999 9 的可靠性，即

$$R_{系统} = 1 - (1 - R_{元件})^4 = 1 - (1 - 0.9)^4 = 0.999\ 9$$

因此，不要以为一个系统性能很高时，各部分就非都要是高性能的。在运用先进的总体技术把低性能的局部组织起来时，可以变为高性能的系统。系统工程的贡献也在于此。同理，高水平的系统工程的组织管理，可以使技术等级低的工人，生产出高性能的产品。

工业系统工程中总体人员的作用，就在于保证所要求的系统高性能条件下，能巧妙而科学地使各组成部分尽一切可能采用最一般性能、最便宜价格、最易实现且最少研制周期的部件，其他系统工程亦是如此。

2.1.3　关联性

系统各组成部分之间、系统各组成部分和外部各组成部分之间有着相互作用、相互依存、相互制约、相互协调、相互联系的关系，称之为系统的关联性。这种关联性，可以表现为系统在外界环境影响下的输入与输出之间的关系，也可表现为系统的所有组成部分中诸多参数和变量与系统的特定功能（即系统所规定的目的）之间的关系。

　　系统工程必须研究这些关联性，并想办法用定量的方式或者用图表等明确方式来表示它们。

　　例如，在第二次世纪大战期间，美国总统罗斯福下令生产50 000架飞机。当时很容易想到要完成这项任务，美国必须生产大量的铝，这当然是关联性了。但是却没有能立即进一步体会到建造冶炼铝的设备需要耗费大量的电力，需要输电线，而输电线要用铜。后来果然缺铜的现象发生了，由于事先没有准备，于是不得不向国库借用存银来代替铜。这件事，使美国管理工业生产的部门深切感到需要更加精确地了解有关工业生产各部门之间的关联性。

　　这种关联性是非常复杂的，例如国民经济是一个由许多部门组成的有机总体，各经济部门和各种产品之间在产品的生产和分配上存在着非常复杂的经济和技术联系。生产本身就包含着消费，生产过程同时也是消费过程。任何一个部门的发展计划都同其他部门的发展计划联系在一起，它们之间存在着一定的数量依存关系。

　　例如，为了采煤，要直接消耗电力，同时还要磨损设备，消耗钢材、木材等。

　　然而这种联系的复杂性，除了体现在相互之间上述这种直接消耗关系以外，还有间接消耗关系。还以采煤为例，采煤消耗的设备、钢材、木材是怎么生产出来的呢？它们的生产又需要消耗电力，这种电力消耗就是间接的消耗，是通过一个中间环节实现的间接消耗，称之为一次间接消耗。此外，在采煤设备的生产中，除了消耗电力外，还直接消耗钢材，而钢材生产时又直接消耗电力，这便是采煤对电力的二次间接消耗。像这样，还有三次消耗、四次消耗……可见，国民经济各部门之间存在着大量直接和间接的消耗关系，形成了一个异常复杂、互相影响、互相制约、环环相扣的连锁交叉反应，可谓牵一发动全身。这给我们的计划管理和经济分析工作中的综合平衡带来了很大困难。

　　为了解决这个问题，早在1931年，美国经济学家里昂节夫就开始研究美国经济结构，并于1936年发表了美国经济的1919年和

1929 年的投入产出表。这个表把 42 个生产部门要投入进去的原料和要生产出来的原料联系在一起，到 1951 年已能将 500 个部门的投入产出情况联系起来。

由于投入产出表反映了国民经济各部门之间的相互依存关系，因此可以用这个表来预测诸如当某一部门的产出变动时，其他部门将受到多大的影响。

美国经济 1939 年的投入产出表部分如表 2 - 1 所示。

表 2 - 1　美国经济 1939 年的投入产出表（部分）

部　门	每 1 000 美元的产品所需钢的吨数
建筑业	1.65
金属制造业	2.9
机动车辆和工业设备	2.5
商业和饮食业	0.23
化工	0.3
橡胶产品	0.2
木材、纸、印刷、家具	0.46
燃料和动力	0.22
农业	0.15
运输	0.28
其他	0.66

表中第一行，表明建筑行业每价值 1 000 美元的建筑物就需要消耗 1.65 吨钢，这个钢的需求包括直接需求和间接需求，因此比较准确。第五行，表明每生产 1 000 美元化工产品，需要 0.3 吨钢。

根据这些数据，美国劳动统计局在 1945 年宣称战后美国对钢的需求不是下降而是会超过第二次世界大战时的最高峰。他们根据投入产出表的计算预测 1950 年美国最少需 9 800 万吨钢，当时美国有些大企业持相反的意见。而实际上 1950 年美国生产了 9 680 万吨钢，虽略低于预测量，但由于当时美国全部设备都开工了，说明需要量比此产量还要高，因此预测是完全正确的。

　　用投入产出表还可预测工资变动时对物价的影响。例如，当工资增加 10％时，各类商品价格的上涨率如图 2－1 所示。

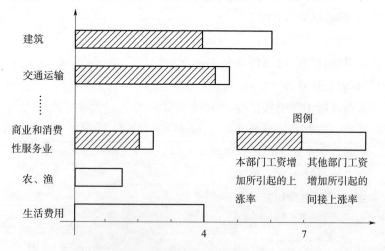

价格上涨率（百分比）

图 2－1　工资增加 10％所引起的各部门的产品的价格上涨率

　　同样，可预测军备开支对国民经济的影响。美国曾根据 1958 年的投入产出表分析如果将 20％的军费转用于民用，那美国国民经济各部门的产出将有如下变化：

　　1）航空（－16.05％）；

　　2）军火（－15.42％）；

　　3）研究和开发（－13.26％）；

　　4）电子设备（－5.4％）；

　　5）非铁金属（－2.21％）；

　　6）仪表（－1.59％）；

　　7）电机仪器（－0.92％）；

　　8）其他运输设备（－0.23％）；

　　9）钢铁（－0.04％）；

　　10）非电机机器（－0.03％）。

　　其他 46 个方面都是正增长，增长幅度大的部门为：

1）服装（1.66%）；

2）食物等（1.66%）；

3）牧畜屠宰（1.67%）；

4）烟叶（1.76%）；

5）民用服务（1.81%）；

6）农业性服务（2.14%）。

这也说明美国钢铁工业对军费依赖不大，而航空工业则对军费依赖很大，研究和开发原来也是大量为战争服务的。同时也说明美国扩军备战使劳动人民生活水平下降了。

以卫星设计为例，要保证星上各个部分之间电气的关联性，即不能相互干扰的应相互不受影响。比如各部分要消耗电能，所以电能分配和供应要安排好，否则耗能过多会导致电能供应不足。卫星各部分都有各自的外形尺寸、质量、重心、各种转动力矩等，都要协调好，温度也要平衡控制好。这些因素是互相制约的，就是单单几何尺寸协调一项，也是需要费很大力气来回反复协调。卫星的设计正是要把这些关联性协调得恰到好处。

就自然灾害而言，它是开放的包括人类活动在内的地球及地外复杂巨系统中物质运动、能量交换所形成的一种异常现象。

地球本身存在地核、地幔、地壳、大陆、陆盆、山脉、海洋、海盆、水圈、土壤圈、生物圈、对流层、平流层、中间层、热层、电离层、磁层、乃至与日月星等天体的相互作用与影响。它们造成了地震、滑坡、崩塌、泥石流、矿难、森林大火、干旱、洪涝、火山、海啸、赤潮、海平面上升、风暴潮、台风、温室效应等自然灾害。这种灾害有地质前兆异常、生物前兆异常、气象前兆异常、物理前兆异常、化学前兆异常、天文前兆异常等。

而这种自然界诸多因素除了相互之间存在着关联性外，时时刻刻又和人类活动关联在一起——人类的生产活动、社会活动对自然界会产生有意或无意的破坏和保护。所以，地球上的自然灾害是一个由如此众多而广泛的因素交叉关联在一起的复杂巨系统。

2.1.4　开放性

开放性又称环境适应性。任何一个系统都存在于一定的物质环境中，因此它必然要与外部环境产生物质的、能量的、甚至信息的交换，必须适应外部环境的变化，所以是一个开放性的系统。能够经常与外部环境保持最佳适应状态的系统，是一个环境适应性最佳的系统。不能适应环境变化的系统是没有生命力的。

例如，一个企业要了解同类型企业的动向、产业界的动向、内外贸易的需求、原材料的提供情况等环境变化，并能够从许多经营方案中选取能适应环境变化，同时可以达到企业预定目的的方案。

一个工程的计划要能保质保量按期完成，在编制计划时就应当选择那种能随时适应外部资源（人力、物力、财力）、环境（昼夜、晴雨等）变化的计划方案。

理论生物学从热力学角度分析得出生物通过和外界环境交换熵生存。生物系统本身在产生熵，也在向环境输出熵，由于输出大于产生，系统保留的熵在减少，于是自身走向有序的稳定结构。生物的遗传、变异的自适应能力等，都是开放性、都是对环境的适应性的结果。

2.1.5　最优性

设计、制造和使用一个工程或产品或是完成一项任务，都是有目的的，都希望它能实现特定的目的，或实现特定的功能。而实现的方法和途径通常是多种多样的。此时，人们总希望选择一个效果最好的实现方法和途径。于是，常会提到有所谓的最优计划、最优设计、最优控制、最优管理和最优使用等，或者简言之，应该选择最优的系统方案。这里可供使用的方法有很多，例如最优化方法、最优控制理论、决策论等。

需要指出的是，最优绝不意味着一个工程、一个产品或一项任务的所有组成部分方方面面的指标都越高越精才越好。而是指工程、产品或任务的整体指标性能最优，但局部不必最优，只要达到能满足整体性能要求即可。

怎样才算选择最优的系统方案呢？首先应事先规定出最优的目标要求，这种最优的目标可以是单一的，例如最省钱，或者最省某种物质，或者工期最短等。当然，这种最优的目标也可以是多个的，即多目标最优性。例如，既要省钱又要工期短。然而，这种多目标的约束条件常常是相互有矛盾的，采用了这种方案，某些约束条件满足得最好，另一些约束条件就稍差些；采用了另一种方案则反之。而且各种方案在实现任务预定的各种目的或功能时也有差别。因此，必须将方案和任务的最终目的结合起来寻找一个合理的、折中的优化方案；再加上有些评定标准一时很难定量描述，因此追求真正的最优就有难处了，因此提出了一种满意性的观点，意即只要这个系统大家认为满意就行了。这样做虽不如某些可以找出最优性方案的方法那么严格、精确，但却比较灵活、省劲。前者要付出很大的劳动，而寻找满意性方案的方法，则可把一些经验判断吸取进来，这类方法有启发式方法以及某些数字模拟方法等。

由于系统工程涉及很多人的因素，因此在考虑最优性时，往往有些方面会随人而异，即要考虑到这个系统工程的决策者及参与者的爱好、习惯、社会因素、心理状态等。有人不把这种情况叫最优性，称为情意性。例如美国的核能发电，科学家们已从技术上多方论证其合理性，但由于人们害怕污染，尽管能源紧张，目前仍得不到很大的发展。

2.1.6　综合性

综合性又称复杂性。系统都是复杂的。近代复杂的系统，涉及的知识很广，不但有技术因素，还有经济因素、社会因素，因此单凭几门学科的知识是不够的。由于一个人很难对所有学科做到门门精通，所以用系统工程解决问题时，非常强调组成学际小组，由各方面的专家和领导共同讨论研究解决。例如，英国第一个运筹学小组的领导是一位著名的物理学家，成员有两位数学家、两位普通物理学家、一位理论物理学家、一位天体物理学家、一位测量员、一位生物学家和一位军官。我国航天科研工作，则是以总体部的形式将成百上千各行各业的专家组织起来，用集体的智慧来完成对诸如运载火箭、卫星的总体设计和技术协调。

2.1.7　可分性

可分性又称协调性。系统是由许多不同的因素所组成的，这也正好反映了系统是可分的。人们常常在遇到一个复杂系统时感到束手无策，但如果将系统逐渐剖析，问题将会迎刃而解。

进行剖析时，会发现有些因素其实是一个子系统，它还可以被进一步细分，细分之后还有继续被细分的可能性，因此会出现多层的结构，亦即系统是逐级可分的。

这种逐级可分性，有利于我们先将复杂的大系统"分解"为若干简单的小系统，以便化整为零，用已有的方法分别将每一个小系统自身的关联特性先研究清楚——系统分析，再选择一种控制方式或组织管理方式，使小系统协调最优——系统综合，从而实现小系统的优化；然后，合零为整，根据大系统的总任务（总目的），研究大系统所含小系统之间的关联性及其对大系统总指标要求的贡献与影响——系统分析，再选择一种控制方式或组织管理方式，使大系统在总体上（总指标要求上）协调最优——系统综合，即可实现总体优化。当然，在总体优化时，常常为了总体的利益，要求某些甚至全部小系统牺牲其局部的最优，以实现总体的优化。

上面只描述了系统分解成小系统的情形。若小系统再细分成子系统（第三级），也可仿照上面的办法作分解——协调的优化，然后供小系统综合优化。这样，便形成三级的系统，同理，可以推出四级、五级乃至更多级。

当把大系统分解成若干个小系统后，在进行组织协调时可以有多种协调方式：典型的有集中协调控制方式、分散协调控制方式、多级协调控制方式。

集中协调控制方式如图 2-3 所示。

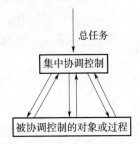

图 2-3 集中协调控制方式

集中协调控制方式中系统的协调控制由一个中央协调控制机构对整个被协调控制的对象或过程进行集中的检测和集中的协调控制。

分散协调控制方式如图 2-4 所示。

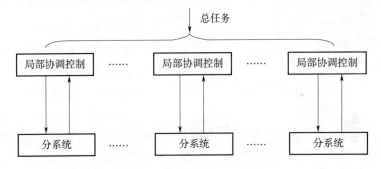

图 2-4 分散协调控制方式

分散协调控制方式中系统的协调控制是由若干分散的协调控制机构来共同完成，每个分散的协调控制机构只获取大系统中局部信息，进行局部检测，也只对大系统进行局部协调控制。例如，一般的城市交通管理是由分散在各路口的交通岗来共同完成的。

多级协调控制方式如图 2-5 所示。

多级协调控制方式是集中协调控制方式和分散协调控制方式的结合。

第一级是对第二级协调控制机构的协调控制机构。它进行上一

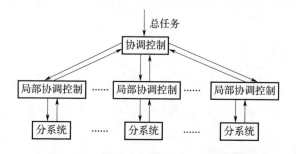

图 2 - 5　多级协调控制方式

级的决策，完成大系统全局的协调控制。一级又一级地延续，直到最后直接作用到被协调控制对象或过程的各局部协调控制机构（图 2 - 5 中只画了第二级）。

　　这种多级协调控制方式是大系统普遍采用的一种结构方式，例如在工程大系统方面，如冶金、化工生产过程综合自动化的多级计算机管理与控制系统通常为二级、三级或四级控制。第一级为公司的企业经营管理，第二级为工厂生产调度管理，第三级为车间工艺过程的控制。

　　在电力系统、铁路系统的计算机管理与控制方面，也采用多级协调控制方式。

　　在社会经济方面，国家行政管理系统具有中央、省、市、县等多级结构，军队组织体系具有军、师、团、营、连、排等多级结构。

　　在生物生态系统方面，例如人的中枢神经系统，具有类似的多级结构，低级中枢是脊髓，它分为颈、胸、腰、骶、尾等共 31 个神经节段，通过外周神经控制人体各有关部分。高级中枢包括延脑、中脑、桥脑、丘脑、大脑等多级，以大脑皮层为最高级中枢。

　　应当指出，系统的结构方式目前尚无一套完整的程式或模式，不同的人有可能采用不同的逐级分发，由此所得的效果自然也是不同的。因此产生了对一个大系统应该如何细分，从而在局部和总体上进行协调控制（即进行组织），达到最优效益的问题。所以，寻求大系统的最优分解结构的方法与理论，是大系统理论尚待解决的基本问题之一。

2.1.8　组织性

系统内部的结构是有组织的,不同的组织会表现出系统的不同特性,称之为系统的组织性。组织总是有序的,因此组织性也被称为有序性。

自然界石墨和金刚石是不同碳原子的组织排列结构。前者是鳞片状晶体结构,不透明、导电、硬度低;后者是立方晶体结构,外观透明、不导电、硬度很高。这种普通碳原子组合的质变说明了系统的组织力量。

能产生激光的工作物质,在泵源能量的供给下,可以从无序的结构变成有序的结构,从而发射出频率非常一致的激光,当然这种激光工作物质的原子数量还必须大于某个数值才行。这是系统的一种组织性。

手指刺破出血了,它会自己长好。这是因为皮肤具有自组织的能力,自己会有序地恢复长好,这种系统自己具有走向有序结构的能力是系统的自组织性。

原子弹要产生核聚变,需要核材料提炼到足够纯度,然后突然使其压缩到足够密度才会发生。这也是系统的组织性、有序性的体现。

战国时代田忌赛马,就是利用马匹系统的不同组织排列而获胜。

人们常批评市政工程,道路一会被挖开埋入自来水管道,再回填;一会又被挖开埋入通信管道,再回填;一会又被挖开埋入污水管道,再回填。这就是因为组织得不好。

毛泽东提出的"你打你的,我打我的"的军事战略,乃是军队系统工程战胜强大敌手的组织力量。

所以,运用系统的组织性可以使系统发挥出巨大力量,发挥出高效率、高效能;可以使系统发挥出其组成部分各自原本性能之外的、甚至完全达不到的性能,从量变发生质变。

　　组织性是一种约束性，也是一种纪律性，还是一种有序性。

2.1.9　时序性

　　恩格斯在《费尔巴哈和德国古典哲学的终结》中指出客观世界是一个相互联系的过程的集合体。他明确了系统是永远和时间联系在一起的，具有时序性。

　　"兵马未到，粮草先行"是古代兵法明确的时序性。

　　科索沃战争中，美军先侦察，再大规模电子干扰，再摧毁对方指挥控制中心，最后大规模攻击其他各种硬目标，这也是战争指挥中的时序性。"兵贵神速"讲的正是交战双方在时序性上的抗争。

　　有人工作井井有条，有人工作一团混乱；有人一生中充分利用了时间，有人一生中浪费了大量时间。差别就在于时序性安排。

　　一项任务中的工作有先有后，先行的工作完成之后，才能开始进行后继工作，这是时序性规律。

　　认识一桩事物的过程往往是有先有后地逐步了解，这是认识论规律；在向他人讲述一桩事物时也要按认识论规律依次表述，才能达到效果。这些讲的都是时序性。

　　时间是生命、时间是金钱、时间是军队，都是在讲利用时间、抓紧时间的重要性，实质在于对系统时序性的认识与安排。

　　时序性还包含着时间是不可逆转的规律，就如同下棋，一步走错，不能后悔，棋局只能从这步走错的棋子之后去挽回。任何一个系统都存在着理想的时序步骤，如果缺乏前瞻性，没有走对最佳的起步，于是只能从走偏的一步出发，继续找第二阶段的理想的时序步骤；如果第二步又走偏了，于是又只能从走偏的第二步出发，继续找第三阶段的理想的时序步骤，走第三步……不管怎样最终都会达到所追求的目标，只是时序性安排的好坏不同而已。然而，善于利用时序性而能高瞻远瞩看准前进时序步伐的人，能最有效地达到所期望的目标。

　　所以，系统是一个随时间推移而向前演变的过程。它不可能逆时而动，必须依次进行。这就是系统的时序性。

2.1.10　实践性

系统工程来源于千百年来人们的生产实践，是点点滴滴经验的总结，所以非常注重理论与实践的结合。如果离开了具体的项目和工程实践，也就谈不上系统工程的发展。因此为了改造客观世界，系统工程有鲜明的实践性。

上述系统工程的 10 个特性既是系统学的 10 个特性，也是系统观的基本观点。

在叙述了系统工程处理问题时常用的这 10 个观点之后，以导弹为例，介绍这 10 个特性是怎样贯穿在一个系统工程里的。

战略核导弹是由弹体、弹头、发动机、制导、遥测、外弹道测量和发射等分系统组成的一个复杂系统，而这种战略核导弹可能又是由核动力潜艇或战略轰炸机和战略核导弹构成的战略武器系统的组成部分。

导弹的每一个分系统可以被更细致地划分为若干装置，如弹头分系统是由引信装置、保险装置和热核装置等组成的。每一个装置还可以再细分为若干电子和机械构件。在组织研制任务时，一直细分到由每一个技术人员承担的具体工作为止。

可见导弹研制也采用多级协调控制方式。

导弹武器系统是现代最复杂的工程系统之一，要靠成千上万人的大力协同工作才能研制成功。研制这样一种复杂工程系统所面临的基本问题是：怎样把比较笼统的初始研制要求逐步地变为成千上万个研制任务参加者的具体工作，以及怎样把这些工作最终综合成一个技术上合理、经济上合算、研制工期短、能协调运转的实际系统，并使这个系统成为它所从属的更大系统的有效组成部分。

这样复杂的总体协调任务不可能靠一个人来完成，因为他不可能精通整个系统所涉及的全部专业知识，也不可能有足够的时间来完成数量惊人的技术协调工作。这就要求以一种组织机构、一个集体的形式来代替过去的单个指挥者，从而对这种大规模社会劳动进行协调指挥。其中技术协调指挥的这种组织被称为总体设计部或总体设计所。

总体设计部（所）由熟悉系统各方面专业知识的技术人员组成，并由知识面比较宽广的专家负责领导。总体设计部设计的是系统的总体，是系统的总体方案，是实现整个系统的技术途径。总体设计部一般不承担具体有形部件的设计，却是整个系统研制工作中必不可少的技术抓总单位。它需要从技术上分析论证：导弹的总质量是多少，各分系统的质量是多少，导弹总制导精度是多少，各分系统的精度是多少，导弹的总可靠性是多少，各分系统的可靠性是多少；在有的元器件不可靠，工作时失效的情况下，怎么组织安排备份冗余，才能使整个任务不受影响……总之，总体设计部分析论证了导弹的总体性能是怎样满足预定研制任务书要求的，也分析论证了各分系统的研制任务书；不仅如此，还要分析论证按选定的方案实现后，总的经济效益最好。

所以，总体设计部要求具有高度的总体观念，即全局观念，把系统视为所从属更大系统的组成部分来进行设计，对系统的全部技术指标和要求都首先从实现更大系统技术协调的观点来考虑。总体设计部对研制过程中分系统与分系统之间的矛盾、分系统与系统之间的矛盾，都首先从总体协调的需要来选择解决的方案，然后留给分系统研制单位或总体设计部自身去实施。总体设计部既要有高度的全局观念，同时它又最大限度地考虑和照顾到各分系统各自的特点、困难和反要求。这样做的目的，仍然是为了全局的利益。

总体设计部的这种实践，体现了一种科学方法，这种科学方法就是系统工程。

2.2 系统工程的方法与步骤

在从事系统工程的实践中，从正反两方面的经验教训中逐渐总结出了一套科学的普遍适用的工作方法和工作步骤。每当面对一项新的系统工程时，便利用这套方法和步骤的指导开展工作。这里着重介绍霍尔的方法，即霍尔三维结构。然而应当指出，在霍尔提出三维结构的同期，我国导弹武器系统的科研生产部门也总结提出了同样的方法与步骤。随着我们认识深度的逐渐提高，这里介绍的内容已经不局限于原有的霍尔方法了。

霍尔三维结构如图 2-6 所示。它用三维概括地表示出系统工程的步骤和阶段以及涉及许多专门知识的情况。一维是时间维，指的是从事一项系统工程的工作阶段划分；另一维是逻辑维，指的是思维过程的步骤；第三维是知识维，是指本项系统工程所涉及的专业知识。下面对这三维的内涵分别进行介绍。

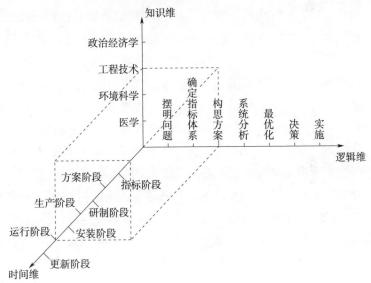

图 2-6　霍尔三维结构示意图

2.2.1　时间维——工作阶段

一项系统工程从开始到结束要经历 7 个时间阶段：指标阶段；方案阶段；研制阶段；生产阶段；安装阶段；运行阶段；更新

阶段。

（1）指标阶段

指标阶段即是指标论证阶段。一项系统工程应当有明确的指标体系，而指标体系是"需要"的愿望和现实的"可能"在以"需要"为矛盾的主要方面而进行综合平衡的结果。

"需要"是指通过调查，论证开展这项系统工程的价值及希望其在给定的日期、经费甚至物资、人力等条件下应达到的指标体系。

"可能"是指根据需要，是否可能变为现实，它包括技术上能否做到、时间上是否按期、经费上是否容许、人力、物资上是否具备等。

但是需要和可能的统一，并不可能也不要求在指标阶段全部完成。这种统一，实际上将贯彻于系统工程的整个进展过程，并且随着阶段的进展，将更加接近一致。否则将会导致该工程的危机和失败。

在指标阶段，首先需要把为什么"需要"论证清楚，即把必要性、迫切性及其开发方针政策，以及其他意图分析论证清楚，也要把指标体系及希望达到的参数或参数控制范围论证清楚。

这种对"需要"的论证工作，在本阶段的初期可能是十分模糊的，但在本阶段结束时必须明确。否则，本阶段不能结束。

在本阶段中，这种需要的愿望，是随着实现的可能在不断调整的。本阶段的结束是以固化需要作为标志的。换句话说，就是本阶段结束后，本系统工程的指标要求不能再变了。至于如何实现，则允许有许多途径和方案。本阶段结束意味着本系统工程是否上马的酝酿结束，工程打算上马了。

本阶段中，在实现可能性方面的工作是：

1）在指标要求比较含糊或者尚未形成完整体系之前，需要经过分析来预测各有关专业中哪些可能是关键技术，从而分别组织攻关。我们称之为单项技术（或单项课题）的攻关，即单项技术的预先研究。

我们之所以把这称为单项，是因为整个系统工程的指标体系尚未完全形成，不可能对该项技术提出比较完备的分指标体系。此时单项技术还形成不了系统工程的一个有机的分系统，只是一个自成单独一项的不够系统化的分系统。同时，因为这时这一特定的系统工程上马与否尚属酝酿之中，因此单项技术的立题的依据只能是、也只需是以这一特定系统工程以至这一类系统工程为背景进行预先研究。

这些单项技术之所以早在指标阶段，甚至更早就开展，主要是因为其难度大、工期长，大家对它到底何时能完成以及能达到什么样的指标，事先难以预测。为了减少整个工程的技术和计划的不确定性，即风险性，故预先开始研究。

随着单项技术攻关结果逐渐明朗，乃至完全给出结论，则有助于系统工程总的指标体系趋于完备，其每个具体参数也逐渐缩小了协调范围，乃至完全确定。

2）从系统工程论证希望达到的指标体系及具体实现途径方案的角度上讲，也希望把整个系统中某些局部的技术疑团搞清楚。因此，在指标阶段要对这些疑团即单项技术组织攻关。此时，这种单项技术的攻关可以是多途径多方案的探索。在该单项技术攻关中，只要有一、两种途径或方案得到突破，也就是其原理已通过试验得到证实已可看到有可能满足全系统工程指标体系的要求时，或者全系统工程的指标体系可降到与该单项技术所达到的指标相协调的程度时，指标阶段即可结束。

所以，指标阶段的结束，意味着担负实现该系统工程的负责人所组织的可行性论证结束。

（2）方案阶段

方案阶段即是方案论证和方案验证阶段，这一阶段是从总体上对系统工程的整体方案进行论证，并从中选出影响方案成败的骨干关键项目——支撑性课题或支撑性项目——进行预先研究。当这些支撑性项目的主要性能指标已经实现，而全系统其余的全部项目经理论分析论证、数学模拟计算，以及凭借过去的实践经验业已证实，只要下达展开工作的指令就一定能如期保质保量实现的时候，方案的验证工作即告结束，方案阶段也告结束了。

如果指标阶段结束时，还留有若干指标不够明确，若干具体参数还未最后协调妥当，或者还留有较大弹性范围的话，方案阶段结束后则不再允许留此缺口，全工程的指标体系应当完备了。如果对指标阶段定下的指标体系还有什么要补充修改的话，方案阶段还允许作最后一次调整。方案阶段结束后，工程将全面展开，原则上就不允许再变动总的指标参数了。

方案阶段结束，总体部门作出方案的总体报告，并向各分系统承担部门提出具体的正式研制任务书，工程的研制即可全面展开。

（3）研制阶段

根据总体方案以及各分系统研制任务书，对一切需要研制的实物全面展开研究、设计、试制、试验，做出可供生产的合格实物及制造说明书，并作出生产计划。

（4）生产阶段

生产出整个系统的产品，包括经过研制后投入生产的产品，也包括不需要研制即可直接投产的产品，生产阶段结束还应提出安装计划。

（5）安装阶段

本阶段的任务是对系统进行安装、保管和维护，并提出使用说明书。

（6）运行阶段

本阶段的任务是使系统按预定的指标体系的要求投入运行和使用。

（7）更新阶段

本阶段的任务是用新系统取代旧系统，或改进原系统使之更有效地运用。

2.2.2　逻辑维——思维过程

系统工程的每一个阶段从开始到结束，要完成的逻辑步骤共有7

个：摆明问题；确定指标体系；构思方案（系统综合）；系统分析；最优化；决策；实施。

（1）摆明问题

为了把本阶段所要研究解决的问题（任务）搞清楚，应当尽量全面地收集和准备好有关该问题（任务）的历史、现状及发展趋势的资料和数据。

例如，日本曾对打开女士手表销路问题进行过研究。过去认为要改进手表的功能不外乎从计时准确、耐用等方面着手，但是他们进一步调查后发现不少女士戴表不仅为了计时，而且更注重追求时髦、漂亮。因此一块手表往往戴几年就会被淘汰，所以生产一块耐用十几年的女士手表并没有多大意义。相反，在价格和款式上下功夫，却能争得销路。日本人明确了这个问题后，果然打入了国际市场。

（2）确定指标体系

为了解决本阶段的问题（完成本阶段的任务），需要论证提出应达到的目的（目标），而且要规定出衡量是否达到上述目的的标准（目标函数、指标体系）。

在本阶段问题摆明后，把评价系统工程在本阶段完成的指标体系选好，也有利于在下一步择优选取在本阶段的系统方案时，有一个评定标准。例如，前面提到第二次世界大战期间，对于商船上装高射炮是否合理的问题中，有一个效能准则。是以击落敌机的概率为指标，还是商船装了高射炮后被击沉概率作为指标，结论就完全不同。又如为了减少污染，改善环境质量，首先要有一系列的污染指标来表示环境质量。从大类来讲有大气污染（又细分为颗粒物质，SO_2，CO，NO_2，O_3 等指标），水质污染（又细分为悬浮固体物、生化需氧量、溶解氧等指标），还有土壤污染等。

要规定出衡量是否达到目的的标准，即用数量关系的形式确定指标体系，有时不是容易的事。但是一旦确立了标准，问题也许就迎刃而解了。例如，美国最早（1942 年 3 月）的一个运筹工作小组是为海军反潜战部队服务的，他们发现了一个极为浅显的事实：潜艇之所以可怕，无非是因为它能潜入水中，不容易暴露，所以便研究如何搜索之。这就发展为后来的搜索论，在这个工作中，数学家柯勃门发挥了很大作用，他引进一个重要概念，即效果衡量指标，为反潜的搜索问题确定了一个可用数量表示的评价指标。这个指标在反潜搜索问题中被称为扫率 S，用以衡量当一架飞机出去巡逻搜索潜艇时的搜索效果

$$S = \frac{CA}{NT}$$

式中　C ——遭遇到敌潜艇的次数；

　　　A ——担负搜索的面积；

　　　N ——在该搜索的区域内可能存在的敌潜艇的数目；

　　　T ——从事搜索所花的时间的总和。

（3）构思方案

为实现本阶段预期的指标体系，便要设想出各种（个数有限、也可能无限）的实施方案，包括采取什么方针政策，开展哪些工作、进行哪些控制、构成什么样的系统，以及同后面各个阶段的衔接等，每个方案都有各自的层次结构，也有与此相应的指标参数。

例如，能源系统工程中，为了满足将来对能源的需要，就要考虑有哪几种能源可供选择，如石油、煤炭、核能、水力、太阳能、地热、风力、潮水、沼气等。其中有的能源，如煤，可以直接燃烧提供热能，也可以让它去发电转化为电能，也可以产生煤气……每一种能源又涉及决定其直接开发量或者需要转换的数量等。如此排列组合起来便形成各种方案构思。当然这些方案构思的选择，首先应是可行的，即技术上最终能达到的、资源上最终有保证的，以及设备能力最终可提供的。

（4）系统分析

为了弄明白每一个方案究竟是怎样达到问题（任务）所期望达到的指标体系，就要将每一个方案分别进行剖析，通过建立各种概

况抽象出来的数学或物理化学生物模型进行计算，把方案中各组成部分的相互性能关系分析清楚，把方案中各组成部分乃至全体对实现总指标体系的影响和贡献分析清楚，把有关的各种外部环境对系统总体和各部分的影响分析清楚。

系统分析的例子前面举过，后面还要谈到。

（5）最优化

通过精心选择每个方案中的各种参数，使每个方案都能够最好地满足总的指标体系。

实际上，指标体系中各项指标之间往往是相互制约的，要选出一个对每项指标都最优的方案，一般是不可能的。因此，必须在各项指标之间有一定的折中，即用多目标最优化方法来选出最优的方案。

（6）决策

最优化的方案往往会有好多个，也可能是在一定范围内的无限个。这除了大家一般理解的多个方案外，有的是由于在一个方案的各项指标之间取了不同的折中设想而形成不同的最优方案，有的是目前的多目标最优化方法还不能解决择优而保留下来的多个方案。此外，也有的是由于方案的指标体系中，除了有定量指标外，还有一些定性的指标要求，如人和社会因素等。凡此种种，都必须由本系统工程的领导者根据更全面的要求（包括考虑本阶段与后续诸阶段的最优衔接）、领导者自身的领导能力和知识状况、组织指挥管理部门的状况、基层状况等一系列实际状况和因素，作出科学决策，选定一个或极少数几个方案来加以贯彻，或者在无可选择时考虑本系统工程的下马与返工重新研究论证。

（7）实施

将最后选定的本阶段的方案付诸实施。在实施中，实际的情况可能和方案设想不完全一致，那么就要按以上 6 个步骤不断加以补充调整，直至实现，于是整个逻辑维的 7 个步骤即告一段落。

前 6 个步骤的主要表现形式是软件，即呈现在纸面上的东西，而最后一个步骤的主要表现形式是硬件，即实物。

以上七个步骤是进展顺利时逻辑思维的先后顺序，若到了某一个步骤，发现问题较多，则需返工回到前面的某个步骤再重新往下进行。这种反复，是常常会发生的。

把思维过程和工作阶段综合起来可以用一个表（二维结构或叫工作矩阵）来表示（见表2-2）。表2-2中B1表示在方案阶段摆明问题，C6表示在研制阶段进行决策等。

表 2 - 2　二维结构

逻辑维 时间维	1 摆明问题	2 确定指标体系	3 构思方案	4 系统分析	5 最优化	6 决策	7 实施
A、指标阶段	A1	A2	A3	A4	A5	A6	A7
B、方案阶段	B1	B2	B3	B4	B5	B6	B7
C、研制阶段	C1	C2	C3	C4	C5	C6	C7
D、生产阶段	D1	D2	D3	D4	D5	D6	D7
E、安装阶段	E1	E2	E3	E4	E5	E6	E7
F、运行阶段	F1	F2	F3	F4	F5	F6	F7
G、更新阶段	G1	G2	G3	G4	G5	G6	G7

这种二维结构系统工程的方法和步骤，在我国的导弹武器系统领域里，研究人员积累了不少经验。

为了加深理解，以美国贝尔电话公司研制TD-2无线电接力系统为例，把整个过程串起来作一介绍。虽然用今天的眼光来看，他们做得还不算完美。

TD-2无线电接力系统的指标阶段是从1940年对系统的调研开始的，调研内容包括了解技术可能性（有没有新的设想及实现此设想的技术储备）和市场需要的情况。了解了这些情况后就进入方案阶段，对系统作进一步理论论证，提出一些初步要求，并用简单模型初步探讨系统应具有的一些功能和指标，但此时还有很多因素不清楚。1945年先着手建立一个实验系统TD-X。1946年开始研制阶段。在研制前，先建立评价系统的指标，并讨论其可行性，对成本进行估计，并在试制中收集新数据（包括实验系统的数据），为今后改进系统之用，同时进行生产。到 1949 年进入安装阶段，向制造厂商提供详细生产图纸，用户的实际操作和维护说明书等。1950 年 TD - 2 系统正式运行。在运行后数月内，使用专门设备检查系统运行情况，寻找系统薄弱环节，提出了不少改进方案。整个工作从 1945 年到 1958 年花费了 1 500 万美元。

2.2.3　知识维——专业知识

系统工程除有某些共性的知识外，还随工程不同使用不同的专业知识。霍尔当时把这些知识分成工程、医药、建筑、商业、法律、管理、社会科学和艺术等。按钱学森对系统工程的分类，对应于各类系统工程的专业知识分别有：工程系统工程——工程技术，科研系统工程——科学学，企业系统工程——生产力经济学，信息系统工程——信息学、情报学，军事系统工程——军事科学，经济系统工程——政治经济学，环境系统工程——环境科学，等等。

2.3　系统工程的几个基本原理及概念

如前文所述，系统工程属于工程技术，其技术科学是运筹学、控制论和信息论，其基础科学是系统学，它通向哲学的路径是系统观。由此可见，系统工程的内容极为丰富。

为了实现系统工程的目标，存在着许多不同的控制或组织策略。不同的控制或组织的策略所付出的代价不同，有的消耗能量少，有的完成周期短，有的投入人财物资源少，等等。要完成控制和组织都离不开信息的组织与传输，而这一切都是在内外部复杂干扰环境下进行的。

如何以最期望的代价达到调节控制的目的，采用控制论。常用的控制理论有维纳控制论、卡尔曼滤波、小波变换、H∞方法，以及模糊控制、大系统控制、突变论、智能控制与演化控制等。

如何以最期望的代价达到组织与管理理事的目的，采用运筹学。

常用的方法有线性规划、非线性规划、整数规划、动态规划、排队论、库存论、博弈论、网络与图论等。

如何以最期望的代价组织信息和传输信息，达到通信的目的，采用信息论。常用的方法有香农信息论，以及由此可以适应更多更复杂状况的理论和更逼近香农信息论理论极限的实现理论等。

本章将从运筹学、控制论和信息论不同侧面，重点遴选若干基本的基础性方法及其思想加以阐述。对于计划的编制、协调、调度及其优化控制，将在本书的第四篇计划协调技术中进行阐述。

2.3.1 反馈原理

反馈原理是一个相当普遍的原理，也是一个相当重要的原理，不论是生产系统的管理过程（见图 2-7），导弹系统的制导过程（见图 2-8），系统的设计过程（见图 2-9）决策者制定政策的过程（见图 2-10）、还是执行过程（见图 2-11），都是反馈管理（控制）的过程。

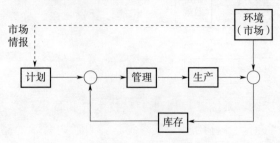

图 2-7 生产系统的管理过程

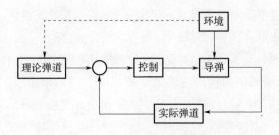

图 2-8 导弹系统的制导过程

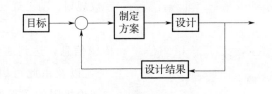

图 2-9　系统的设计过程

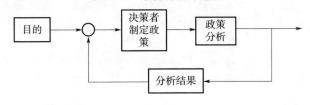

图 2-10　决策者制定政策的过程

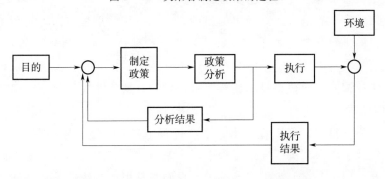

图 2-11　决策者制定政策并执行政策的过程

　　生产系统的管理过程如图 2-7 所示,其过程如下:计划部门根据市场情况确定指标,然后由工厂管理部门组织生产,把生产出来的产品供应市场,多余的产品入库保存(入库量可以是负的,即提取库存供应市场)。根据指标要求及库存结余,工厂管理部门将重新调整下一阶段的生产。

　　库存量的多少反映了市场当前供销的实际情况,管理部门根据这一信息对生产进行调整。这类反应实际情况的信息称为反馈信息。根据反馈信息对生产进行管理的过程,称为反馈管理。

　　对导弹的制导也是反馈控制,其过程如图 2-8 所示,为了使导弹按预先计算好的轨道飞行，需要首先计算出弹道，并控制导弹按此弹道飞行。但是当导弹在大气中飞行时，由于受大气环境的扰动影响，以及受控导弹的反应动作滞后，实际飞行弹道常常同计算出的理论弹道有偏差。制导过程就是根据此偏差（误差信号）重新调整控制作用，以纠正导弹飞行弹道的偏差。在这个控制系统中，实测的飞行弹道是反馈信息。

系统的设计过程如图 2-9 所示。设计的结果如果不符合系统的设计目标，那么就要修改、补充方案，如此不断修改、补充直至设计结果与设计目标（指标体系）相符为止，这里每次设计的结果便是反馈信息。

决策者政策的制定过程也是一个反馈的过程，如图 2-10 所示。政策制定出后是否达到预想的目的，应把分析结果反馈回去与预想的目的进行比较，如果相符即止，不符则修改政策。制定政策后，还要在实际中执行，要使执行的结果和预想目的相符，需要将执行结果反馈回去同预想目的比较，直至相符。这就形成了多路反馈管理，如图 2-11 所示。

应该指出，在工程技术、生产过程中，大家习惯用控制二字，在行政、组织与执行计划过程中，大家习惯用管理二字。二者本质上是一回事。在上述闭环系统中，它们都是根据系统输入的已知信息和系统输出的反馈信息比较后作出调整决策。

在分析了以上几个例子后，可以归纳叙述如下：

在系统工程中，常常需要管理某些事理量或物理量的变化，使它们按照另外一些事理量或物理量的变化而变化。我们把后者称为管理者，前者称为被调整量；或者把后者称为系统的输入量，前者称为系统的输出量。管理量使系统发生变化的作用称为管理作用。这样被调整量与管理量之间便构成函数关系。然而被调整量的改变不仅是由管理作用所引起，同时也受到加于系统任何一处的扰动作用。所谓扰动，是指那些力求破坏管理作用与被调整量之间函数关系的作用。

实现这种管理作用的系统，既可按开环原理组织，也可按闭环原理组织。用开环原理组织的系统叫开环系统，用闭环原理组织的系统叫闭环系统。被调整量的期待值与实际值总是有差异的，这个差值叫系统造成的误差。所以开环系统是不利用这种误差去纠正调整量的系统，而闭环系统正是利用了这种误差去补充管理被调整量，使之不断迅速地更接近系统期待值的系统。这就是用反馈来构成闭环。构成这种闭环的反馈原理是将调整量（输出量）经过系统内部的测量系统，以反函数的形式转换成相应的管理量，这个量叫反馈量。于是一个闭环系统就是在系统内部比较管理量与反馈量的差值，并利用这个差值，作为新的管理量，使被调整量的实际值更逼近期待值的系统。

系统工程中运用反馈原理的实质就是要建立能及时纠偏，提高管理作用效果（精度）的系统。

2.3.2　线性规划

（1）线性规划的定义

先举两个案例。

例 1　某造纸厂用废布、废纸、木材纸浆做原料，生产甲、乙两种纸。甲种纸每吨产值 50 元，乙种纸每吨产值 70 元，生产甲、乙两种纸，每吨所需原料的数量如表 2-3 所示。

表 2-3　生产 1 吨纸所需原料数量

类　型	废布	废纸	木材纸浆
甲种纸	4 t	18 t	3 t
乙种纸	1 t	15 t	9 t

现在有废布 100 t、废纸 660 t、木材纸浆 270 t，该厂应如何安排两种纸的生产，使产值最大？

用代数形式来描述这一问题。设该厂将生产 X t 甲种纸和 Y t 乙种纸。

生产 X t 甲种纸所需原料：废布 $4X$ t，废纸 $18X$ t，木材纸浆

$3X$ t。

生产 Y t 乙种纸所需原料：废布 Y t，废纸 $15Y$ t，木材纸浆 $9Y$ t。

生产两种纸共需要原料

$$
\begin{cases}
\text{废布} & (4X+Y)\text{ t} \\
\text{废纸} & (18X+15Y)\text{ t} \\
\text{木材纸浆} & (3X+9Y)\text{ t}
\end{cases}
$$

但是，这些原料数量不能超过现有的废布、废纸、木材纸浆数量，因此 X 和 Y 要满足不等式

$$
\begin{cases}
4X+Y \leqslant 100 \\
18X+15Y \leqslant 660 \\
3X+9Y \leqslant 270
\end{cases}
$$

两种纸的生产数量 X 和 Y 不可能是负数，因此 X 和 Y 还要满足：$X \geqslant 0$，$Y \geqslant 0$。

X 和 Y 要满足的这些不等式，统称为问题的约束条件。

生产 X t 甲种纸和 Y t 乙种纸总产值是 $(50X+70Y)$ 元。

我们的目标就是使总产值最大，因此 $(50X+70Y)$ 这个代数式被称为问题的目标函数。

综合起来，我们的问题是在现有的原料限制下，使生产的两种纸总产值最大。它的代数形式是：求未知数据 X 和 Y，它们满足

$$
\begin{cases}
4X+Y \leqslant 100 \\
18X+15Y \leqslant 660 \\
3X+9Y \leqslant 270 \\
X \geqslant 0 \\
Y \geqslant 0
\end{cases}
$$

使得

$$
50X+70Y = \max
$$

这里 max 是数学上达到最大值的记号。满足约束条件的 X, Y 称为容许解，其中使目标函数达到最大值的 X, Y 称为最优解。从

生产上说，一个容许解是一种安排方案，一个最优解就是一种最优方案。

例 2　制造某一种机床，需要甲、乙、丙三种不同尺寸的轴，其规格和需要量如表 2-4 所示。

表 2-4　三种不同尺寸轴的规格和需要量

种类	规格/m	每台机床所需件数
甲	3.1	1
乙	2.1	2
丙	1.2	4

这些轴要用一种圆钢来做，这种圆钢的长度是 5.5 m。如果要制造 100 台机床，最少要用多少根圆钢来制造这些轴？

一根圆钢原材料截成所需的甲、乙、丙三种轴的毛坯有表 2-5 所列出的不同截法。

表 2-5　圆钢截成轴的方法

截法序号	截 3.1 m 的根数（甲）	截 2.1 m 的根数（乙）	截 1.2 m 的根数（丙）	剩下料头的尺寸/m
1)	1	1	0	0.3
2)	1	0	2	0
3)	0	2	1	0.1
4)	0	1	2	1
5)	0	0	4	0.7

用这 5 种方式各截几根圆钢才能配成 100 套机床，并使花费的原材料总根数最少？

设用方式 1) 截取根数为 X_1；用方式 2) 截取根数为 X_2；用方式 3) 截取根数为 X_3；用方式 4) 截取根数为 X_4；用方式 5) 截取根数为 X_5；从表 2-5 可以看出，总计截出甲、乙、丙各轴的毛坯数是

$$3.1 \text{ m 的根数} = X_1 + X_2$$

$$2.1 \text{ m 的根数} = X_1 + 2X_3 + X_4$$

$$1.2 \text{ m 的根数} = 2X_2 + X_3 + 2X_4 + 4X_5$$

为了配成 100 套（每台机床 1 套），至少需要 3.1 m 的轴 100 根，2.1 m 的轴 200 根，以及 1.2 m 轴的根数 400 根。换言之，X_1，X_2，X_3，X_4，X_5 要满足下面的不等式

$$\begin{cases} X_1 + X_2 \geqslant 100 \\ X_1 + 2X_3 + X_4 \geqslant 200 \\ 2X_2 + X_3 + 2X_4 + 4X_5 \geqslant 400 \end{cases}$$

显然这些表示根数的未知数不能是负数，因此它们还要满足

$$X_1 \geqslant 0, \ X_2 \geqslant 0, \ X_3 \geqslant 0, \ X_4 \geqslant 0, \ X_5 \geqslant 0$$

以上这些等式和不等式就是问题的约束条件。

目的是要使原材料总根数最少，也就是使目标函数

$$X_1 + X_2 + X_3 + X_4 + X_5 = \min$$

式中，min 是最小值的记号。

多变量 X_1，X_2，$\cdots$，X_n 的一次方程 $a_1X_1 + a_2X_2 + \cdots + a_nX_n = b$（$a_1$，$a_2$，$\cdots$，$a_n$，$b$ 为常数）被称为线性方程。

$a_1X_1 + a_2X_2 + \cdots + a_nX_n \leqslant b$（或 $a_1X_1 + a_2X_2 + \cdots + a_nX_n \geqslant b$）被称为线性不等式。

通常，我们将线性方程和线性不等式统称为线性约束。如果我们引入辅助变量，不等式可以转化为方程。例如，右边大于左边的不等式，左边加上辅助变量 S，就可转化为方程

$$a_1X_1 + a_2X_2 + \cdots + a_nX_n + S = b$$

同样，左边大于右边的不等式，左边减去辅助变量 S，就可转化为方程

$$a_1X_1 + a_2X_2 + \cdots + a_nX_n - S = b$$

引入的变量 S，称为松弛变量，它不能取负值。进行计算时，总是要将不等式转化为方程。

一次函数 $c_1X_1 + c_2X_2 + \cdots + c_nX_n$ 称为线性函数。

如果变量总是不能取负值，就称之为非负变量。

上面两个例子提出了两个不同的生产安排问题，但当转化为代

数问题后，却是一个共性的问题，即：

求一些非负变量，它们要满足某些线性方程或者线性不等式，并使一个线性函数达到最大值（或最小值）。

这样的问题就称为线性规划。

（2）解线性规划的方法

解线性规划的方法——单纯形法，是 1947 年由美国数学家但泽克提出的。限于篇幅，这里仅通过几个简单例子说明这一方法的特点和思路。

对于两个变量的线性规划，可以用图解法。例如，我们要解下面线性规划问题

$$\begin{cases} 3X + 2Y \leqslant 48 \\ X + Y \leqslant 18 \\ X \geqslant 0 \\ Y \geqslant 0 \\ 10X + 5Y = \max \end{cases}$$

如图 2 - 12 所示，在二维坐标平面上，直线 BE 上的点满足方程 $3X + 2Y = 48$。而满足不等式 $3X + 2Y \leqslant 48$ 的点是这条直线下半平面（见图 2 - 12 中阴影部分）上所有的点。$X \geqslant 0$ 表示 Y 轴右侧的半平面，$Y \geqslant 0$ 表示 X 轴上面的半平面。因此，满足问题约束条件的所有容许解 (X,Y)，在坐标平面上，就是图 2 - 13 所示四边形 $ABCD$ 所围成区域内所有的点。显然，这个区域内有无穷多个点。由此可见，一个线性规划问题通常有无穷多个容许解。

那么哪一个点代表最优解呢？考察一下目标函数的变化。设目标函数 $10X + 5Y$ 的值为 Z，如果让 Z 取不同的值，例如，$Z = 0$，45，90，120，150，160 等，那么方程 $10X + 5Y = Z$ 就代表坐标平面上许多平行的直线。换言之，这些平行直线中，不同的直线上的点，将使目标函数取不同的值。从图 2 - 14 可以看出，与坐标原点 A 的距离越远的直线上的点，使目标函数的值越大。

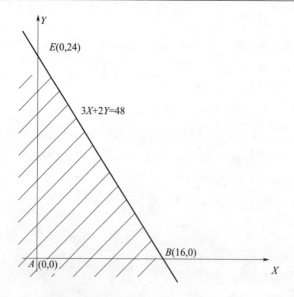

图 2 - 12　3X + 2Y ≤ 48 求解图示

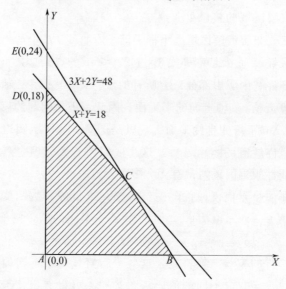

图 2 - 13　3X + 2Y ≤ 48，X + Y ≤ 18，X ≥ 0，Y ≥ 0 求解图示

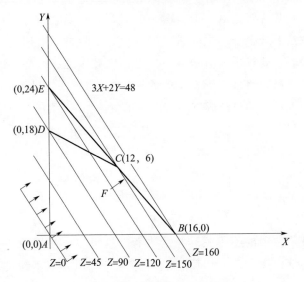

图 2-14　最优解寻找过程图示

因此，将 $10X + 5Y = 0$ 的直线沿着箭头所示方向平行移动，直至它与容许解区域的接触处于临界状态，也就是如果直线继续再平行移动，就要与容许解区域接不上了，这个临界点（图 2-14 上的 B 点）便是最优解。由此就可断定，最优解一定是容许解区域的边界点。至于容许解区域内部的某个点，例如点 F，它一定不能使目标函数达到最大值，这是因为点 F 的四周都是容许的点，过点 F 与 $10X + 5Y = 0$ 平行的直线一定还可以沿箭头方向平行移动，形成的直线仍与容许解区域接触，也就是还可找到容许解使目标函数更大。根据上面的证明可以论断，最优解一定存在于 A, B, C, D 这四个点之中。因此我们只要把这四点的坐标标出来，然后计算哪个点使目标函数取值最大，这一点便是最优解。具体计算如表 2-6 所示。

表 2-6　A, B, C, D 四个点目标函数取值

点	坐标 (X, Y)	目标函数取值
A	0, 0	$10 \times 0 + 5 \times 0 = 0$
B	16, 0	$10 \times 16 + 5 \times 0 = 160$
C	12, 6	$10 \times 12 + 5 \times 6 = 150$
D	0, 18	$10 \times 0 + 5 \times 18 = 90$

因此，最优解是 $X=16$，$Y=0$，此时目标函数达到最大值 160。

图解法对于多于两个变量的线性规划求解是不适用的，因为当变量较多时，要算出所有边界点的坐标极其困难。但是从边界点找最优解的论断，给多变量线性规划求解的一般方法提供了理论依据。

但泽克提出的单纯形方法可以简单叙述如下："从一个边界点开始，通过代数运算到另一个边界点，这个点使目标函数取值上升（如果是求最小值问题，将使目标函数取值下降）。从一个边界点到另一个边界点的运算，称为迭代。通过逐次迭代，最后找出最优解。"

我们仍通过上述例子说明迭代是如何进行的。为了运算方便，要将约束条件中的不等式转化为方程。这里只要增加一个新变量，即松弛变量，就能将一个不等式转化为一个等式。对不等式 $3X+2Y$ $\leqslant 48$，引入新变量 $S(\geqslant 0)$，就可转为方程 $3X+2Y+S=48$。对于不等式 $X+Y\leqslant 18$，引入另一个新变量 $T\geqslant 0$，就可转为方程 $X+Y+T=18$。

如果将这 3 个方程中变量 S 和 T 解出，原问题改写为

$$\begin{cases} S = 48 - 3X - 2Y \\ T = 18 - X - Y \\ Z = 10X + 5Y \end{cases}$$

这样，变量 S 和 T 以及目标函数的取值 Z 都由 X 和 Y 确定。如果让 $X=0$，$Y=0$，则有 $S=48$，$T=18$，$Z=0$。这是问题的一个容许解，在坐标平面上就是边界点 A。以它作为迭代开始的边界点。

下面进行迭代：从目前函数表达式看，如果能使 X 和 Y 值取值从零增大，Z 就能增大。我们首先选增大 X 的值，让 X 尽可能增大。但 X 的值将受上述两个方程的限制，从第一个方程来看，X 最多增大到 16，否则 S 就要取负值。同理，从第二个方程来看，X 最多增大到 18。因此，X 允许的最大值由第一方程决定。将第一个方程改写为

$$X = 16 - 2Y/3 - S/3$$

　　并将 X 这一表达式代入 T 和 Z 的表达式。原来的 3 个表达式
变为

$$
\begin{cases}
X = 16 - 2Y/3 - S/3 \\
T = 2 - Y/3 + S/3 \\
Z = 160 - 5Y/3 - 10S/3
\end{cases}
$$

　　如果取 $Y=0$，$S=0$，则有 $X=16$，$T=2$，得到另一容许解，
在坐标平面上就是边界点 B，此时目标函数值 $Z=160$。

　　现在再来考察目标函数的值是否还能增加。现在 Z 是由 Y 和 S 的
取值决定。Z 的表达式中，Y 和 S 的系数都为负，如果要使 Y 或者 S
从零增加，只会使 Z 减小，因此可以断定 Z 不能增大。这说明容许
解：$X=16$，$Y=0$，$S=0$，$T=2$ 就是最优解，Z 的最大值是 160。迭
代过程就终止。

　　上面所讲的迭代，就是表达式的变换。利用一个表达式可以算
出容许解区域的一个边界点坐标。变换表达式，就可以从一个边界
点转到另一个边界点。从上面例子可以看出，并不是每一个边界点
都要迭代到。可以通过目标函数表达式中变量的系数判断出是否已
得到最优解；如果不是，也能确定应如何迭代。但泽克单纯形方法
正是这样进行的，它有程序式的步骤。

　　对于变量较多的线性规划问题，迭代工作量很大，但用计算机
计算并不困难。

2.3.3　动态规划

　　为完成一项系统工程（任务），人们在执行过程中通常把它划分
为许多连续的阶段进行。每一阶段的开始，都要采取某种决定，以
管理（控制）该阶段的发展，从而达到某一结果。这种结果表示任
务完成的好坏，在许多情况下可以用数量指标来衡量。当这个量达
到最大或最小时，就意味着任务完成得最好。这样，便希望在客观
条件允许范围内选取合适的决定相应地去管理（控制）各阶段过程
的发展，使上述指标取得最优值。这就是决策过程的最优化问题，

即动态规划问题。

先举一个多阶段决策过程最优化的例子——最短线路问题——以便建立基本概念，然后归纳出最优化原理。

如图 2-15 所示，从地点 A_0 要铺设一条管道到地点 A_6，中间必须经过 5 个中间站。第一站可以在 A_1，B_1 两个地点中任选一个。同样，第 2、3、4、5 站可供选择的地点分别是：$\{A_2，B_2，C_2，D_2\}$，$\{A_3，B_3，C_3\}$，$\{A_4，B_4，C_4\}$，$\{A_5，B_5\}$，站与站之间的距离如图 2-15 中的数字所示。现在，要求选一条由 A_0 到 A_6 的铺管线路，使总的距离最短。

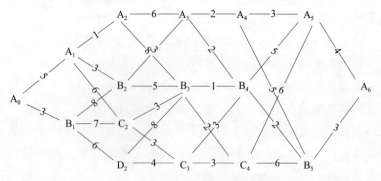

图 2-15　最短线路问题示例

下面对这个问题进行分析：铺管工作可以看成一个六阶段的过程，第一阶段是从起点到第一站，从 A_0 出发后到达第一站时有 A_1 和 B_1 两种选择。到了第一站 A_1 或 B_1，又要继续作出决定，如此继续，直至 A_6。这样，我们把在每一阶段（简称每一段）可作出不同决策去管理或控制它发展的过程称为多阶段决策过程。

多阶段决策过程的发展，可用各阶段状态的演变来描述。这些状态具有如下性质：如果给定某一阶段的状态，则在这个阶段以后，过程的发展不受这阶段以前各阶段状态的影响。所有各阶段状态都确定时，整个过程就随之确定，换句话说，整个过程每实现一次都可用一个状态序列来表示。

上述例子中，某阶段的状态就是该阶段线路的始点，它也是前阶段的终点。这些点确定了之后，亦即状态序列确定之后，整个铺管线路也就完全确定。当某阶段始点给定时，从这阶段以后铺管的线路不受以前线路（所通过的点列）的影响。

状态的上述性质意味着过程的过去历史只能通过当前的状态去影响它未来的发展，这一性质称为无后效性。要建立决定过程的动态规划模型，用状态描述的过程必须具有上述无后效性。在对实际过程建立动态规划模型时，状态的某种规定方式可能导致不满足无后效性，这时，必须改变其规定方式以满足无后效性的要求。

在多阶段决策过程中，过程的状态通常可用一个或一组变量表示，称为状态变量，如第 k 阶段状态变量为 x_k。在上例中，状态不是数字序列，而是各阶段出发的地点。这只要把第 k 阶段中各个出发点一一编上数字序列号码 1，2，…，写成 $i = 1$，2，3，…这样，第 k 阶段状态变量 x_k，使出发点 $i(i=1$，2，…）对应表示为 $x_k = i(i=1,2,\cdots)$。

上例中，因为起初 A_0 下标用了 0，没有用 1，所以 A_0 为 x_0；又如 A_2，B_2，C_2，D_2 中的下标 2 对应 k 阶段为 $2+1=3$，而 A，B，C，D 的 i 取 1，2，3，4。$k=2$，$i=3$，即为 C_2，即 $x_2 = 3$。

在普遍的情况下，状态变量可以是一个变量，或者是包含 N 个变量的一组数（N 维变矢量）。状态变量取值的集合称为状态集合。

在上述例子中，某阶段出发点的集合就是状态集合。

在每一阶段中，当状态给定后，我们可选取不同的决定，使以后各阶段的状态依不同方式演变。不同的决定也用一个数或一组数来表达。这些数称为决定变量，第 k 阶段的决定变量记为 u_k。上例中各阶段终点站址没有用数字序号表示，只要规定第 k 阶段的终点号码为 $i(i=1,2,\cdots)$ 时，$u_k = i(i=1,2,\cdots)$ 即可。

在普遍的情况下，决定变量也是一个数或者一个 n 维矢量，决定变量取值的集合称为允许决定集合。在上例中，各阶段终点的集合即是允许决定集合。

因为以状态描述的过程具有无后效性，所以在每阶段选择决定时，只需根据当前的状态而无需考虑过去的历史。在第 k 阶段，如果给出决定变量 u_k 随状态变量 x_k 变化的对应关系——函数 $u_k(x_k)$，就确定了根据不同的当前状态作出不同决定的规则。函数 $u_k(x_k)$ 称为第 k 阶段的决策。

假设过程的开始阶段为 0，最终阶段为 $N-1$，对于任何一个给定的 $k(0 \leqslant k \leqslant N-1)$，由第 k 阶段开始到最终阶段的过程称为原过程（即一个全过程）的 k-子过程。以 P_k 表示函数序列 $\{u_k(x_k), u_{k+1}(x_{k+1}), \cdots, u_{N-1}(x_{N-1})\}$，$P_k$ 称为 k-子过程决策。P_0 则为全过程决策。

可供选取的决策的集合称为允许决策集合。

给定 x_k 和 u_k，第 $k+1$ 阶段的状态 x_{k+1} 就完全确定，x_{k+1} 随 x_k 和 u_k 变化的关系可用下列公式表示

$$x_{k+1} = T_k(x_k, u_k) \tag{2-1}$$

它表示由 k 阶段到 $k+1$ 阶段的状态转移规律，称为状态转移方程。上例中对应的方程为

$$x_{k+1} = u_k \tag{2-2}$$

从 x_k 到 u_k 状态的距离 v_k 是 x_k 和 u_k 的函数—— $v_k(x_k, u_k)$，称之为各阶段的指标，即指标函数。

多阶段决定过程最优化的衡量指标 V 应具备下列性质。

1）它是定义在原过程和所有 k-子过程上确定的函数，即对所有 $0 \leqslant k \leqslant N-1$，$V_k(x_k, u_k, \cdots, x_N)$ 是确定的函数；

2）它满足递推关系 $V_k(x_k, u_k, \cdots, x_N) = \psi_k[x_k, u_k, V_{k+1}(x_{k+1}, u_{k+1}, \cdots, x_N)]$；

3）函数 $\psi_k[x_k, u_k, V_{k+1}]$ 对其变元 V_{k+1} 是严格单调上升的。

在大多数实际问题中，指标取各阶段指标和的形式，即

$$V_k(x_k, u_k, \cdots, x_N) = \sum_{j=k}^{N-1} v_j(x_j, u_j) \tag{2-3}$$

因此，上述条件 2），3）均可满足。

由指标 V 的性质可知，设开始状态 x_0 给定，则指标 V_0 是决策

P_0 的确定的函数，那么最优化的任务就在于在问题条件规定的允许决策集合中求出使指标 V_0 取最大值或最小值的最优决策。

下面我们以上面所举例子来说明动态规划方法求多阶段决定过程最优决策的基本思想。

在第 1 阶段，线路有两种选择（$A_0 - A_1$）和（$A_0 - B_1$）；

在第 2 阶段，如起点在 A_1，线路有（$A_1 - A_2$），（$A_1 - B_2$），（$A_1 - C_2$）三种选择；如起点在 B_1，线路有（$B_1 - B_2$），（$B_1 - C_2$），（$B_1 - D_2$）三种选择。因此，两段合起来共有 2×3 种不同线路。

依此类推，可见由 A_0 到 A_6 六段合起来共有 48 种不同线路。对每一线路，把其上各段距离加起来，就得到相应的指标函数值，比较这 48 条线路的不同指标值（起止距离），选出对应于最小值的线路，就是最短线路。经过计算，这条最短线路为：

$$A_0 - A_1 - B_2 - A_3 - B_4 - B_5 - A_6$$

相应的最短距离为 18。这种解法叫穷举法。可以看出，段数很多、各段的不同选择很多时，其计算量将变得极其庞大。

现在换个方法，利用最短线路的特性来解决这个问题。最短线路具有这样的特性：如果最短线路 P_k 在第 k 站通过点 u_k，则此 P_k 线路在由 u_k 出发到终点所截下的部分，正是从 u_k 到终点的所有可能选择的不同线路中的距离最短的线路。例如，如果最短线路在 $k = 3$ 时通过 A_3，它从 A_3 到 A_6 所截下的部分的子线路是 $A_3 - B_4 - B_5 - A_6$，此子线路是从 A_3 到 A_6 的所有可供选择的不同子线路中最短的。

现在，假定我们还未找到最短线路，我们的找法是从终点 A_6 逆向一个阶段一个阶段地找。从终点 A_6 依逆向有 A_5 和 B_5 两条通路。

由点 A_5 到 A_6 只有一种选择 $A_5 - A_6$，其距离为 4。在图 2-16 中，把 A_5 和 A_6 用直线连接，在点 A_5 处的圆圈内填上数 4，表示由 A_5 到终点的最短距离为 4。如果最短线路一旦通过 A_5，则它在 A_5 以后必取线路 $A_5 - A_6$。

同样，如最短线路通过 B_5，则其末段子线路必为 $B_5 - A_6$，相应距离为 3。在图上以直线连接点 B_5 和 A_6，在 B_5 处的圆圈内填上数字 3。

随后考虑倒数第二站，A_4 到 A_6 的线路有两种可能选择：A_4 — A_5 — A_6 和 A_4 — B_5 — A_6。前一线路的距离为 A_4 — A_5 的距离 3 加上 A_5 圆圈内数 4，即 $3+4=7$；后一线路的距离为 A_4 — B_5 的距离 5 加上 B_5 圆圈内数 3，即 $5+3=8$。根据上述特性可知，如果最短线路通过 A_4，则它在 A_4 后的部分必取这两线路之较短者（通过 A_5 者）的前一线路。把 A_4 和 A_5 用直线连接，在点 A_4 处填上数字 7，它表示由 A_4 出发的最短子线路的距离。同样，由 B_4 到 A_6 的线路也有通过 A_5 或 B_5 两种选择，可以算出 B_4 到 A_6 的最短子线路是通过 B_5 的线路，相应的距离为 $2+3=5$，如果最短线路通过点 B_4，则它在 B_4 以后的部分必是这条子线路。在图 2-16 上用直线连接 B_4 和 B_5，在 B_4 处的圆圈内填上数字 5。对点 C_4 进行类似的分析可得，C_4 应以直线与 B_5 连接，C_4 处的圆圈内应填上数字 9。

第三步考虑倒数第三站。A_3 到 A_6 的线路可经过 A_4 或 B_4，A_3A_4 间距离加上 A_4 处的数字为 $2+7=9$，表示由 A_3 经 A_4 并在 A_4 后走由 A_4 出发到终点的最短子线路以到达终点的距离；A_3B_4 间距离加上 B_4 处的数字为 $2+5=7$，表示由 A_3 经 B_4 并在 B_4 后走由 B_4 到终点的最短子线路以到达终点的距离。仍根据上述特性可知，由 A_3 出发的最短子路线应为这两线路之较短者，即经过 B_4 的后一路线，相应的距离是 7；并且如果最短线路通过 A_3，它在 A_3 以后的部分必是这一子线路。在图上以直线连接 A_3B_4，并在 A_3 处的圆圈内填上数字 7。照此方法依次类推，把每一点处的数字都算出填好，每一点都和由它出发的最短子线路上下一站的点用直线连接好，最后得出全图（见图 2-16）。由 A_6 出发，沿各点间连线走到 A_0 的连线即最短线路（图 2-16 中以粗线表示），A_0 处数字即相应的最短距离。这就是求最短线路的动态规划法。

动态规划法比穷举法有什么优势呢？首先，在穷举法中，要进

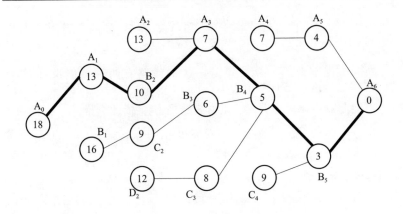

图 2 - 16　求最优决策

行 47 次比较运算和 138 次加法运算。而在动态规划法中，只需进行 15 次比较运算和 28 次加法运算，可见计算量减少了，而且随着段数的增加，减少的数量将呈指数规律增长。其次，动态规划法的计算结果不仅得到了 A_0 出发的最短线路，而且得到了从所有各中间站出发的最短线路，即全部的最短子线路。这对许多实际问题的解决都是很有帮助的，在这种问题中，希望知道的不仅是从某一段的某一状态出发的最优决策，而且是从各段的各种状态出发的最优决策。也就是说，要求的是一族而不是一个最优决策，动态规划使我们能求出整族的最优决策。

　　从这个例子还可以看出，多段过程的最优决定和单段考虑的最优决定一般是不同的。从 A_0 出发，如只考虑一段，最优决定是走 $A_0 - B_1$；但对到达 A_0 的最短线路来说，第一段的最优决定却是 $A_0 - A_1$。对于多段决定过程来说，只顾眼前效益的最优决定，和把眼前效益与未来效益结合起来考虑的最优决定，一般是不同的。动态规划是从全过程来考虑最优的。

　　通过上面这个例子，我们可将动态规划的基本思想推广到一般情况，并用公式来表示。为此，需先把具体问题化成动态规划模型，即须规定过程的分阶段（分段）、状态变量和决定变量，给出转移方程、允许决定集合和指标函数等。

　　上述例子中，以 x_0 表示初始状态，它取唯一值 $x_0 = 1$ 表示起点 A_0。x_0 的下标 0 指初始，即 A_0 的下标 0，$x_0 = 1$ 的 1 表示是第一号起点 A_0。x_1 表示第二段状态的起点，x_1 的下脚是 1，表示是第二段（1+1=2）起点，它有两个可取的值 $x_1 = 1$，2，分别表示第二段的两个可能起点：第一号是 A_1 和第二号是 B_1。依此类推。

　　再考虑 $u_0(x_0)$，即 $u_0(1)$，表示初始（第一段）决定，它取两个序号值 1，2，分别表示由 A_0 出发到下一站有两条可能线路：$A_0 - A_1$ 到第 1 终点站，即 $u_0(1) = 1$；和 $A_0 - B_1$ 到第 2 终点站，即 $u_0(1) = 2$。

　　$u_1(x_1)$ 表示状态 x_1 下的第一段决定，$u_1(1)$ 可能取三个序号值 1，2，3，分别表示由 A_1 出发到达下一站的三条不同线路：$A_1 - A_2$，$A_1 - B_2$，$A_1 - C_2$。$u_1(2)$ 也可取三个序号值 2，3，4，分别表示由 B_1 出发到达下一站的三个可能的不同线路 $B_1 - B_2$，$B_1 - C_2$，$B_1 - D_2$。以此类推。这里的序号 1 对应终点站 A_2 中的 A；序号 2 对应终点站 B_2 中的 B；序号 3 对应终点站 C_2 中的 C；序号 4 对应终点站 D_2 中的 D。

　　把 $u_k(x_k)$ 改写为不同 x_k 取某一 i 值下的可取值，用 $U_k(x_k)$ 表示。当 x_k 取某一 i 值时为可取值小集合；取各种 i 值时，再集合起来，称为可取值大集合，即可取值集合。例如：

　　$U_0(x_0)$，即 $U_0(1)$ 表示 $u_0(1)$ 的可取值集合，即 $U_0(1) = \{1, 2\}$。同样，以 $U_1(x_1)$ 表示 $u_1(x_1)$ 的可取值集合，则 $U_1(x_1 = 1) = U_1(1) = \{1, 2, 3\}$，而 $U_1(x_1 = 2)$ 即 $U_1(2) = \{2, 3, 4\}$；这表示它由两个可取值集合 A_1 和 B_1 组成：A_1 的可取值集合为 $\{A_2, B_2, C_2\}$，B_1 的可取值集合为 $\{B_2, C_2, D_2\}$。以此类推。

　　在第 k 段，$U_k(x_k)$ 表示 $u_k(x_k)$ 的可取值集合，称为第 k 段允许决定集合。

　　这样定义 x_k 和 $u_k(x_k)$ 后，容易看出状态转移方程为

$$x_{k+1} = u_k \quad k = 0, 1, 2, \cdots, 5 \tag{2-4}$$

式中，$u_k \in U_k(x_k)$。

　　由 x_0 出发，当 u_0 取 $U_0(x_0)$ 的全部值时，x_1 将取 1，2 两值，以

X_1 表示此两值的集合 {1，2}，表示第一段可以达到的全部状态，称之为第一段可达状态集合。同样，由 x_1 出发，当 u_1 分别取 $U_1(x_1)$ 的全部值的组合时，x_2 将取 4 个值 1，2，3，4，以 X_2 表示此四值的集合 {1，2，3，4}，即第二段可以达到的全部状态，称之为第二段可达状态集合。

　　一般地，在第 k 段，X_k 称为第 k 段可达状态集合。x_0 则表示初始状态集合，本例中 X_0 只含一点 {1}。

　　本例的全体允许决定集合 U_k 和可达状态集合 X_k 可列表如表 2-7 所示：

表 2-7　全体允许决定集合 U_k 和可达状态集合 X_k 列表

k		0	1	2	3	4	5	6
X_k		{1}	{1, 2}	{1, 2, 3, 4}	{1, 2, 3}	{1, 2, 3}	{1, 2}	{1}
U_k	$X_k = 1$	{1, 2}	{1, 2, 3}	{1, 2}	{1, 2}	{1, 2}	{1}	—
	$X_k = 2$	—	{2, 3, 4}	{1, 2}	{2, 3}	{1, 2}	{1}	—
	$X_k = 3$	—	—	{2, 3}	{2, 3}	{1, 2}	—	—
	$X_k = 4$	—	—	{2, 3}	—	—	—	—

　　本例的评价指标是距离，设 v_0，v_1，$\cdots$，v_5 表示各段距离，V_0 表示总距离，则

$$V_0 = \sum_{k=0}^{5} v_k \qquad (2-5)$$

从图 2-11 可得，v_k 作为 x_k 和 u_k 的函数 $v_k(x_k, u_k)$，取值如表 2-8 所示。这里 $v_k(x_k, u_k)$ 表示由状态点 x_k 出发，采取决定 u 之后到达下一段状态点时，两点间的距离。

　　至此，我们已把一个具体问题转化为动态规划模型。有了这个模型，我们就可把前面所求最短线路的方法用公式的形式表现出来。

　　以 P_0 表示允许决策 {$u_0(x_0)$，$u_1(x_1)$，$\cdots$，$u_5(x_5)$}，给出了某一个 P_0，就相当于给出一条由 A_0 到 A_6 的线路。

表 2-8　函数 v_k (x_k, u_k) 取值表

x_k	u_k \ k	0	1	2	3	4	5
1	1	5	1	6	2	3	4
	2	3	3	8	2	5	—
	3	—	6	—	—	—	—
	4	—	—	—	—	—	—
2	1	—	—	3	—	5	3
	2	—	8	5	1	2	—
	3	—	7	—	2	—	—
	4	—	6	—	—	—	—
3	1	—	—	—	—	6	—
	2	—	—	3	3	6	—
	3	—	—	3	3	—	—
	4	—	—	—	—	—	—
4	1	—	—	—	—	—	—
	2	—	—	8	—	—	—
	3	—	—	4	—	—	—
	4	—	—	—	—	—	—

譬如我们在例子中给出的 $U_0(x_0)$，$\cdots$，$U_5(x_5)$ 的取值如下

$$U_0(x_0) = \frac{x_0}{U_0} \begin{array}{|c} 1 \\ \hline 2 \end{array}$$

$$U_1(x_1) = \frac{x_1}{U_1} \begin{array}{|c|c} 1 & 2 \\ \hline 3 & 3 \end{array}$$

$$U_2(x_2) = \frac{x_2}{U_2} \begin{array}{|c|c|c|c} 1 & 2 & 3 & 4 \\ \hline 2 & 2 & 2 & 2 \end{array}$$

$$U_3(x_3) = \frac{x_3}{U_3} \begin{array}{|c|c|c} 1 & 2 & 3 \\ \hline 2 & 2 & 2 \end{array}$$

$$U_4(x_4) = \frac{x_4}{U_4} \begin{array}{|c|c|c} 1 & 2 & 3 \\ \hline 2 & 2 & 2 \end{array}$$

$$U_5(x_5) = \begin{array}{c|c|c} x_5 & 1 & 2 \\ \hline U_5 & 1 & 1 \end{array}$$

其中一条决策，例如 P_0，即表示线路 $A_0 - A_1 - B_2 - A_3 - B_4 - B_5 - A_6$。

它是这样得出来的：当 $U_0 = 1$ 时，由公式（2-4）得 $x_1 = u_0 = 1$（起点 A_1）。根据上面的表格中的 $U_1(x_1)$，知 U_1 中可取 3 个点；3 个点中之 2 为 B_2 点。而由公式（2-4）得 $x_2 = 2$（即起点 B_2），接着找 A_3…如此类推即得线路 P_0。

由于 $U_0(x_0)$，$U_1(x_1)$ 从表中还可给出另外许多组数，因此可以得出许多不同的决策线路。而每一条线路都可求出相应的指标 V_0 值，这是因为指标 V_0 是决策 P_0 的函数。

同样，如以 P_k 表示 $k-$ 子过程决策，V_k 表示 $k-$ 子过程的指标值 $V_k = \sum\limits_{j=k}^{5} v_j$，则 V_k 是 P_k 的函数。

前面我们已经讲到，如果从 A_0 到 A_6 的最短线路在第 k 段经过 u_k，即 x_{k+1}，则此线路在由 u_k（即 x_{k+1}）到 A_6 的后截部分，必是 u_k 即 x_{k+1} 到 A_6 最短线路。

用动态规划术语来讲，就是如果与最优决策 P_0^* 在 u_k 即 x_{k+1} 后面的部分（系 $k-$ 子过程决策之一，$k = 0,1,2,\cdots$），必构成由 u_k 出发的后部 $k-$ 子过程的最优决策。这性质不仅对整个全过程的最优过程成立，而且对任意的子过程的最优过程也成立。也就是说，设 $P_k^*(x_k)$ 是由 x_k 出发的 $k-$ 子过程上的最优决策，如其相应的线路经过状态 x_{k+n}，则 $P_k^*(x_k)$ 在 x_{k+n} 以后截下的部分，构成由 x_{k+n} 出发的 $(k+n)-$ 子过程的最优决策。

利用此性质，我们可以由后部子决策逐步逆序向前递推以求得全过程的最优决策，即从倒数第一段开始，利用 $P_{k+1}^*(x_k)$ 求 $P_k^*(x_k)$。但因与 P_0^* 相应的过程所经过的状态 x_1^*，x_2^*，…事先不知道，所以在求上述那些后部最优子决策时，须对各段的可能状态（即各段可达状态集内所有点）求最优子决策，最后再由起始条件确定一条通过确定的各段状态的最优过程。为此，在 X_k 内取 x_k，$P_k(x_k)$ 可看作由 $u_k(x_k)$ 和 $P_{k+1}(x_{k+1})$ 组合而成

$$P_k(x_k) = \{u_k(x_k), P_{k+1}(x_{k+1})\} \tag{2-6}$$

式中，x_k，u_k，x_{k+1} 满足公式（2-4）。

与此相应

$$V_k(x_k, P) = V_k(x_k, u_k) + V_{k+1}(x_{k+1}, P_{k+1}) \tag{2-7}$$

设对所有 X_{k+1} 内的 x_{k+1} 都已求出最优后部子决策 $P_{k+1}^*(x_k)$，令

$$P_k^*(x_k) = \{u_k(x_k), P_{k+1}^*(x_{k+1})\} \tag{2-8}$$

它的变动范围是 $P_k(x_k)$ 的变动范围的一部分，我们可以在这缩小了的范围内去求 $P_k^*(x_k)$，而这样做又相当于在 $U_k(x_k)$ 中找 $u_k(x_k)$，使

$$V_k(x_k, P^*) = v_k(x_k, u_k) + V_{k+1}(x_{k+1}, P_{k+1}^*) \tag{2-9}$$

达到最小。这样，求出的 $u_k^*(x_k)$ 和已有的 $P_{k+1}^*(x_{k+1})$ 就组成了 $P_k^*(x_k)$。

令 $f_k(x_k) = V_k(x_k, P_k^*)$，式（2-9）可以改写为

$$f_k(x_k) = \min_{u_k}\{v_k(x_k, u_k) + f_{k+1}(x_{k+1})\}, f_6(x_6) = 0 \tag{2-10}$$

式中，$k = 5, 4, 3, 2, 1, 0$；x_k 是 X_k 内的点；对 u_k 求最小值时，u_k 的变动范围是 $U_k(x_k)$；$x_{k+1} = T_k(x_k, u_k) = u_k$。

由 $k = 5$ 开始，应用公式（2-10）进行递推计算，直到求出 $f_0(x_0)$ 时，就得出全过程的最优决策和相应的指标值。

下面利用其中的几步进行简单说明。

$k = 5$，X_5 有两个点。$x_5 = 1$ 时，$U_5(1)$ 只含一个点 $u_5 = 1$，由表 2-8 可知 $v_5(1,1) = 4$，因此

$$f_5(1) = \min_{u_5} v_5 = 4$$

类似地，$U_5(2)$ 也只含一个点 $u_5 = 1$，由表 2-8，$v_5(1,2) = 3$，因此可得 $f_5(2) = 3$。

转而求 $k = 4$ 的情况，X_4 有三个点。$x_4 = 1$ 时，$U_4(1)$ 有两个点 1，2，由表 2-8，$v_4(1,1) = 3$，$v_4(1,2) = 5$，因此

$$f_4(1) = \min_{u_4}\{v_4 + f(u_4)\} = \min\{3+4,5+3\} = 7$$

相应的 $u_4^*(1) = 1$。

同样可得

$$f_4(2) = 5，u_4^*(2) = 2；f_4(3) = 9，u_4^*(3) = 2$$

依此类推，全部计算结果如表 2-9 所示。

表 2-9　对应 x，k 取值的 f，u^* 计算结果

k＼x	0		1		2		3		4		5	
	f	u^*	f	u^*	f	u^*	f	u^*	f	u^*	f	u^*
1	18	1	13	2	10	1	7	2	5	2	3	1
2	—	—	16	3	10	1	6	2	5	2	3	1
3	—	—	—	—	9	2	8	2	9	2	—	—
4	—	—	—	—	12	3	—	—	—	—	—	—

可以看出，图 2-16 中各圆圈中之数字即该段该点的 f 值。

至此，我们已阐明了如何把一个具体的多段决定过程最优化问题转化成一动态规划模型，然后建立相应的公式化方程组，把原问题的求解化成一组方程的递推解算。

对于一般的多段决策过程最优化，可以用类似办法处理：在规定了段序 k，状态变量 x_k，决定变量 u_k 后，由题意给出允许决定集合 $U_k(x_k)$，状态转移规律 $x_{k+1} = T_k(x_k,u_k)$，$k = 0,1,\cdots,N-1$，初始状态集 X_0 及各段可达状态集 X_k，指标函数 $V_k = \psi_k(x_k,u_k,V_{k+1})$ 等。令 P_k^* 是最优 k-子过程决策，$f_k(x_k) = V_k(x_k,P_k^*)$ 是相应的指标最优值。则求最优决策问题就转化为下列方程的求解

$$f_N(x_N) = 给定函数$$

$$f_k(x_k) = \min_{u_k}(\text{或}\max)(\psi_k\{x_k,u_k,f_{k+1}[T_k(x_k,u_k)]\}) \quad (2-11)$$

式中，$k = N-1,N-2,\cdots,0$；x_k 在 X_k 内取值，而对 u_k 求最小（或最大）在 $U_k(x_k)$ 内进行。这组方程称为动态规划基本方程。

利用这个基本方程即可递推出最优决策。它所运用的最优化原理就是前面已经多次提到的一句简单明了的话：

不论初始状态和初始决定如何，对于先前的决定所造成的状态而言，后面的所有决定必须构成一最优决策。

换句话说，最优化原理的含义就是最优决策与系统过去的历史无关，它只取决于系统当前的状态及目标。

2.3.4 协调原理

系统的各个局部称为分系统。只有分系统能够协调地工作时，才能实现整个系统的最优管理（控制）。

例如，安排两个车间各自生产两种不同的产品，其产量 X_1 和 X_2 待定，每个产品的产值都是 100 万元。生产 X_1 需要原料 $1X_1$ 份，生产 X_2 需要原料 $2X_2$ 份，但是原料的总量是有限的，共 8 份，车间的生产能力也是有限的，分别是 $X_1 \leqslant 4$ 和 $X_2 \leqslant 3$。怎样安排这两个车间的生产计划，才能使总产值最高呢？

下面用数学式来表示。总目标是总产值最高

$$100X_1 + 100X_2 = \max$$

约束条件是

$$\begin{cases} X_1 \leqslant 4 \\ X_2 \leqslant 3 \\ 1X_1 + 2X_2 \leqslant 8 \end{cases}$$

两个车间由上级机关管理，如图 2-17 所示。每个车间都有各自的决策者，他们的目标是根据来料情况，充分利用车间的条件使本车间产值最高。上级决策者的总目标是全厂的总产值最高，但是要受原料数量的限制。上级决策者的作用是协调——协调原料的分配，使总产值最高。

原料限制是 $1X_1 + 2X_2 \leqslant 8$，上级决策者协调时，若原料的分配是

$$\begin{cases} 1X_1 \leqslant 2 \\ 2X_2 \leqslant 6 \end{cases}$$

那么各个车间的最优化决策问题求解如下。

车间一：

目标：$100X_2 = \max$；

原料限制：$1X_1 \leqslant 2$；

生产能力限制：$X_1 \leqslant 4$。

车间二：

目标：$100X_2 = \max$；

原料限制：$2X_2 \leqslant 6$；

生产能力限制：$X_2 \leqslant 3$。

各车间根据目标及限制条件，可以分别作出最优决策

$$\begin{cases} X_1 = 2 \\ X_2 = 3 \end{cases}$$

总产值是

$$100X_1 + 100X_2 = 200 + 300 = 500$$

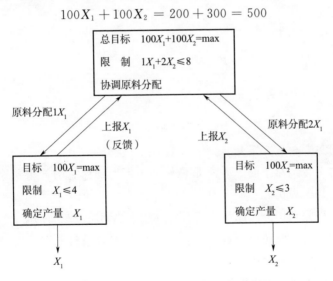

图 2-17　上级机关原料协调分配示意图

原料协调分配还能有如下不同方式，从而导致不同的生产结果。

1）若原料分配是

$$\begin{cases} 1X_1 \leqslant 3 \\ 2X_2 \leqslant 5 \end{cases}$$

其结果是

$$\begin{cases} X_1 = 3 \\ X_2 = 2.5 \\ 100X_1 + 100X_2 = 550 \end{cases}$$

2）若原料分配是

$$\begin{cases} 1X_1 \leqslant 4 \\ 2X_2 \leqslant 4 \end{cases}$$

其结果是

$$100X_1 + 100X_2 = 600$$

3）若原料分配是

$$\begin{cases} 1X_1 \leqslant 4 \\ 2X_2 \leqslant 3 \end{cases}$$

其结果

$$\begin{cases} X_1 = 4 \\ X_2 = 1.5 \\ 100X_1 + 100X_2 = 550 \end{cases}$$

可见，最优方案是 $X_1 = 4, X_2 = 2$。

这个方案对车间二并不是最好的，不能确保它的产值最高，但却是全局的最优。

上面是利用分配原料或资源的办法来协调两个车间的生产。

协调的手段还可以有其他方法，例如控制原料或资源的价格也可以作为协调的手段。

车间需要向上级购买原料，若原料价格为 Y 万元，则各车间的目标分别变为

$$\begin{cases} 100X_1 - YX_1 = \max \\ 100X_2 - YX_2 = \max \end{cases}$$

式中　　$100X_1$，$100X_2$ ——产值；

YX_1，YX_2——原料成本。

若原料价格较低，则各车间的主要考虑将是如何充分利用生产能力来安排产量 X_1 和 X_2，这样各车间所需原料的总和就有可能会超过总的限额；反之，若原料价格较高，则各车间将会考虑原料成本导致的低产值而重新安排各自的产量。这样就能达到限制用料的目的。适当调整价格，就能做到在原料限制的条件下总产值最高。必须指出，Y 并不是真正的价格，它只是作为上级协调的一个因素，故称影子价格，如图 2-18 所示。

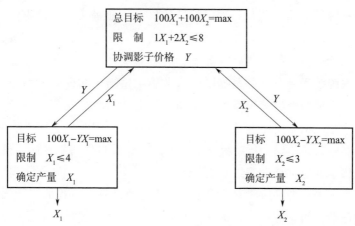

图 2-18　用影子价格来协调分配示意图

2.3.5　建模与仿真原理

用数学方法来抽象地表述现实的系统工程，称为建模。它要求首先定性地把系统中各种因果变量间的关联性和演变规律描述出来，称为概念模型；然后加以数字量化，即建立数学模型。由于变量之间的相互关联和演变规律各异，有的用代数方程、几何方程即可表述；有的则要用微分方程、偏微分方程、差分方程、积分方程、逻辑代数式、统计数学乃至模糊数学公式等数学工具表述。复杂系统工程则用多种数学工具综合表述。在这些数学关系式中，众多的系数在实际中是已知的，或可以用实验方法求得的。这套数学关系式，反映了系统的本质特性。我们把这个过程称为数学建模过程。这种建模的理论称为模理论。

把现实的系统抽象为模型时，采用语义明确、规范易懂、简洁实用的语言十分重要。它有利于概念模型准确高效地转换为数学模型，也有利于仿真过程中，方方面面人员都能正确迅速地理解各种假定和结果的含义。

如果系统中有些因果变量不能定量地转化为数量关系式，我们就将其逻辑因果关系加以描述。有时人们对此种变量虽不能定量化，但却有等级的感性认识，如很好、较好、一般等。于是，我们可以给出很好、较好、一般的概念定义，从而给出等级划分：一级、二级、三级……n 级。然后，将其加入运算或评比。建立这种等级划分是系统工程面对复杂系统中尚未准确定量描述的因果关系的重要方法，它可为今后该项系统工程的研究深化和数量化打下基础；而这恰恰是该项系统工程研究发生质变的开始。因为，系统工程面对各种实际对象不同，所用数学工具不同，涉及自然科学、社会科学、地理科学、思维科学等的专业学问。

系统工程要求所建立的模型能真实地反映系统工程的实际状况，否则徒劳无用。所以，必须按照模型是否符合真实状况的总原则检验模型的正确性，作出反复的检验和验证。故建模并非易事。如果大模型中，某些分模型已久经考验，那么只需对那些不成熟的分模型进行检验验证，以减轻工作量。系统工程完成建模后，就可以利用计算机计算模型所受外界环境影响的后果，系统内各因素变化制约的后果，以及人为加入策略控制后模型中的有关因素变化的后果，从而观察与分析系统的目标实现的预期。这就是系统工程的仿真研究。

这种仿真研究比起真实系统工程用实物研究而言，所花费的代价最低，而且可以不停顿地上百上千次地修改，以探索最佳期望的结果。而真实的系统工程，则不可能如此频繁地实践来探求优化途径，有的甚至一次也不允许试探。特别是巨系统工程，如三峡大坝的建设方案，社会的大改革的政策方案等，是不可能用实际行为去试探的，只有靠建模仿真才能模拟分析系统的效果和可能出现的各种突发状况及其应对措施。例如，地空导弹要打不同飞行高度、不同飞行速度的飞机，飞机又以不同速度机动飞行，会以各种不同方式作突然机动拐弯。即使打几百发导弹也试验不到所有这么多种的打击命中效果的情况。然而，建立了地空导弹的数学模型和飞机的数学模型后，可以打几千次甚至上万次。这就是仿真的意义之一。

前面讲的是系统工程建模仿真中的纯数学仿真。如果系统工程中有一部分单纯用数学仿真的逼真程度还不如真实的实物或某种等效的物理量实物，那么可以用真实实物或等效的物理量实物的模拟仿真代替数学仿真，构成半实物半数学仿真或半模拟半数学仿真。

在复杂系统的建模与仿真过程中，基于演化数学、智能科学（采用多智能体）的仿真、控制、推理、优化、可视化的发展迅速。美国基于网络的仿真，在聚合级仿真、分布式交互仿真和先进平行交互仿真基础上，提出了分布仿真的高层体系结构并发展形成了IEEE 1516 工业标准。

2.3.6　综合评价的数学方法

系统的好坏必须有一个评价标准，或者说必须有一个指标去衡量，例如，成本最低、产值最高、运行费最省、工期最短、材料最省、可靠性最高、寿命最长、环境污染最少等。正如前面已经阐明了的，用单项指标去评价系统是远远不够的，复杂系统的评价是形成一个指标体系。例如，汽车的评价指标体系包括价格、耗油量、最高时速、保养费、外观、载质量、安全性、舒适程度等。我们可以分别用 u_1，u_2，$\cdots$，u_n 表示各项指标，其中有关经费的指标可用其倒数表示，例如价格指标用价格的倒数表示，愈便宜则指标愈高，评价愈好。

对于指标体系中的单个指标来说，系统实现的好坏是容易衡量的。问题是如何对全部指标作出一个综合的评价。困难的原因是诸指标间未能构成明确的、定量的数学关系。

那么，怎么来综合地评价一个系统呢？无非是详细分析各个指标对总性能的贡献以构成定量的数学关系。这有许多办法。

一种常用的方法是先把各项指标与期望的基准值相比，从而变为百分数或相对值，然后取它们的算术平均值。例如如果汽车运输的价格、时速、载质量分别为 3 000 元，100 km/h，1 t，则 $u_1 = \dfrac{1}{3\,000}$，$u_2 = 100$，$u_3 = 1$。若基准值分别为 $u_{1n} = \dfrac{1}{3\,000}$，$u_{2n} = 100$，$u_{3n} = 1$，则综合评价指标为

$$U = \frac{1}{3}\left(\frac{u_1}{u_{1n}} + \frac{u_2}{u_{2n}} + \frac{u_3}{u_{3n}}\right)$$

$$= \frac{1}{3}\frac{u_1}{u_{1n}} + \frac{1}{3}\frac{u_2}{u_{2n}} + \frac{1}{3}\frac{u_3}{u_{3n}}$$

$$= \frac{1}{3}\times 1 + \frac{1}{3}\times 1 + \frac{1}{3}\times 1 = 1$$

若 $u_1 = \dfrac{1}{3\,600}$，$u_2 = 100$，$u_3 = 0.8$，则

$$U = \frac{1}{3}\times\frac{3\,000}{3\,600} + \frac{1}{3}\times\frac{100}{100} + \frac{1}{3}\times\frac{0.8}{1} = 0.878$$

这说明综合评价指标差。

公式中的 $\dfrac{1}{3}$ 的物理意义是各项指标在综合评价指标中所占的比重。三项指标，每项平分各占 $\dfrac{1}{3}$。若认为价格指标比较重要，我们可以加大价格指标所占的比重，例如 u_1 占 0.6，u_2 占 0.2，u_3 占 0.2，则

$$U = 0.6\times\frac{3\,000}{3\,600} + 0.2\times\frac{100}{100} + 0.2\times\frac{0.8}{1} = 0.860$$

式中，0.6，0.2，0.2 是各项指标在综合评价指标 U 中所占的比重，称为加权系数。加权系数的总和必须为 1。U 愈大则综合评价愈高。

2.3.7　系统动力学

（1）系统动力学简介

系统动力学（system dynamics，SD）是系统科学理论与计算机仿真紧密结合，研究系统反馈结构与行为的一门科学，是系统科学与管理的一个重要分支。

系统动力学认为系统的行为模式与特性主要取决于其内部结构。反馈是指 X 影响 Y，反过来 Y 通过一系列的因果链来影响 X；但不能仅通过孤立分析 X 与 Y 或 Y 与 X 的联系来分析系统的行为，只有把整个系统作为一个反馈系统时才能得出正确的结论。

系统动力学是在总结运筹学的基础上，为适应现代社会系统的管理需要而发展起来的。它不是依据抽象的假设，而是以现实世界的存在为前提，不追求最佳解，而是从整体出发寻求改善系统行为的机会和途径。从技巧上说，它不是依据数学逻辑的推演而获得答案，而是依据对系统的实际观测信息建立动态的仿真模型，并通过计算机试验来获得对系统未来行为的描述。简单而言，系统动力学是研究社会系统动态行为的计算机仿真方法。具体而言，系统动力学包括以下几点：

1）系统动力学将生命系统和非生命系统都作为信息反馈系统来研究，并且认为，在每个系统之中都存在着信息反馈机制，而这恰恰是控制论的重要观点，所以，系统动力学是以控制论为理论基础的；

2）系统动力学把研究对象划分为若干子系统，并且建立起各个子系统之间的因果关系网络，立足于整体以及整体之间的关系研究，以整体观替代传统的元素观；

3）系统动力学的研究方法是建立计算机仿真模型——流图和构造方程式，实行计算机仿真试验，验证模型的有效性，为战略与决策的制定提供依据。

系统动力学模型可作为实际系统，特别是社会、经济、生态复杂大系统的实验室。系统动力学研究处理复杂系统问题的方法是定性与定量结合、系统综合推理的方法，其建模过程就是一个学习、调查、研究的过程。

（2）系统动力学的发展历史

第一阶段：20 世纪 50—60 年代诞生。

系统动力学的出现始于 1956 年，其创始人为美国麻省理工学院的福瑞斯特教授。初期系统动力学主要应用于工业企业管理，处理诸如生产与雇员情况的波动、市场股票与市场增长的不稳定性等问题。福瑞斯特教授在 1958 年发表、1961 年出版的《工业动力学》成为系统动力学理论与方法的经典论著。

第二阶段：20 世纪 70—80 年代发展成熟。

这一时期的标志性成果是系统动力学世界模型与美国国家模型的研究。1971 年福瑞斯特教授的《世界动力学》，把系统动力学方法论应用于对全球人口、污染、资源枯竭、生活水平的动态影响的研究。

他的研究小组先后建立了世界动力学模型 WORLD Ⅱ 和 WORLD Ⅲ，引起了广泛关注与持续讨论。后续还出版了《增长的极限》等著作。

第三阶段：20 世纪 90 年代至今广泛应用。

在这一阶段，系统动力学在全世界范围内得到广泛的传播，其应用范围更广泛，并且获得了新的发展。从公司的战略到艾滋病病毒与人类免疫系统间的斗争。系统动力学也被用于各种产业——上至航天飞行器，下到锌工业，以及从艾滋病到福利改革的各种问题。

（3）系统动力学的适用场合

系统动力学擅长处理周期性问题，擅长处理长期性问题，适合进行数据缺少条件下的研究，擅长处理高阶、非线性、时变问题，同时常被用来进行情景分析。

（4）系统动力学的研究步骤

①系统的建模

系统动力学建模的步骤见表 2 - 10，其建模过程如图 2 - 19 所示。

表 2 - 10　系统动力学建模的步骤

建模的步骤	包含的问题和使用的主要工具
1. 明确问题，确定系统的边界	1) 选择问题：问题是什么？为什么它是一个问题 2) 关键变量：关键变量是什么？我们必须考虑的概念是什么 3) 时限：问题的根源应追溯到多久以前？我们应考虑多远的将来 4) 参考模式：关键变量的历史行为是什么？将来它们的行为会怎样
2. 提出动态假设	1) 现有的理论解释：对存在问题的行为现在的理论解释是什么 2) 聚焦于系统的内部：提出一个由于系统内部的反馈结构导致动态变化的假设 3) 绘图：根据初始假设、关键变量、参考模式和其他可用的数据建立系统的因果结构图，这一过程中可以使用的工具包括系统边界图、子系统图、因果回路图、存量流量图、政策结构图以及其他可以利用的工具
3. 写方程	1) 明确决策规则 2) 确定参数、行为关系和初始化条件 3) 测试目标和边界的一致性
4. 测试	1) 与参考模式比较：模型能完全再现过去的行为模式吗 2) 极端条件下的强壮性分析：在极端条件下模型的行为结果符合现实吗 3) 灵敏度：模型的各个参数、初始化条件、模型边界和概括程度的灵敏度如何 4) 其他测试
5. 政策设计与评估	1) 具体化方案：可能产生什么样的环境条件 2) 设计政策：在现实世界中我们可以实施哪些新的决策规则、策略和结构？它们怎样在模型中表示 3) "如果，则"分析：不同的方案和不确定条件下，各种政策的强壮性如何 4) 灵敏度分析：不同的方案和不确定条件下，各种政策的强壮性如何 5) 政策的耦合性：这些政策相互影响吗？相互抵消吗

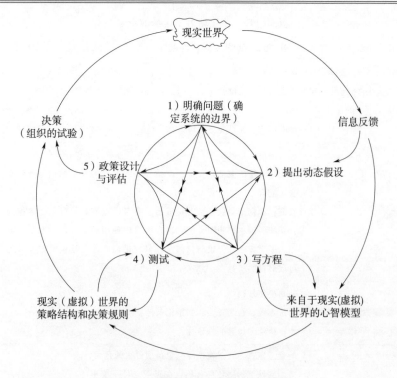

图 2-19　系统动力学建模过程示意图

②系统动力学的研究步骤

系统动力学的研究步骤如下：

1）根据现实问题抽象出因果关系图；

2）将因果关系图转化为存量流量图；

3）建立系统动力学方程；

4）模型测试；

5）政策设计（设计输入）。

（5）系统动力学研究举例

如图 2-20 所示的基本人口系统，变量由因果链联系，因果链由箭头表示。每条因果链都具有极性，表示原因（因果链始端）变化时，结果（因果链箭头端）会发生什么变化。正因果链表示原因增加时，结果也会增加；负因果链则相反。在本例中，出生速率由人口数量和出生比例决定，人口数量或者出生比例的增加都会导致出生速率的增长。此外，重要回路可用回路标识符标示出，有正、负反馈回路之分。

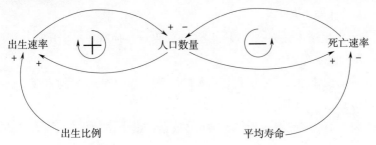

图 2-20　基本人口系统因果链图

如图 2-21 所示，状态变量包括人口总数，表示系统的积累效应，反映物质、能量、信息等对时间的积累。速率变量包括出生速率、死亡速率，表示系统累计效应变化的快慢。辅助变量包括出生比例、平均寿命，是表达决策过程的中间变量。

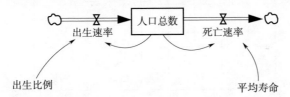

图 2-21　人口状态存量流量图

仿真考察时间段如图 2-22 所示。

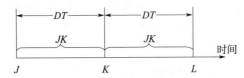

图 2-22　仿真考察时间段示意图

得到如下动力学方程①。

___

① 在动力学模型的仿真语言中，小黑点后一位表示时刻，后两位表示时段。

　　L（水平方程）：

人口总数 . K 时刻＝人口总数 . J 时刻 ＋（出生速率 . JK 时
　　　　　　　段－死亡速率 . JK 时段）×时长 DT

　　R（速率方程）：

　　出生速率 . KL 时段 ＝ 人口总数 . J 时刻×出生比例

　　R（速率方程）：

　　死亡速率 . KL 时段 ＝ 人口总数 . K 时刻 ／ 平均寿命

仿真结果如下。

利用 2008 年国家统计局的相关数据：出生比例 12.14‰，平均寿命 71.4 岁，人口总数 13.280 2 亿。得出仿真结果如图 2-23 所示。

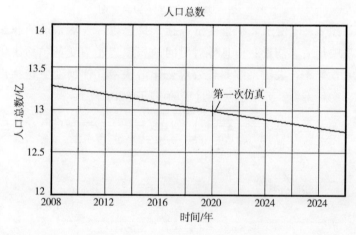

图 2-23　人口总数仿真结果示意图

　　仿真模型建立后，就可以开展政策设计，一般来说，政策可以通过调整系统的参数对系统施加影响。

　　从方程

$$出生速率＝人口总数×出生比例$$
$$死亡速率＝人口总数／平均寿命$$

可以看出，通过政策设计调整出生比例以及平均寿命的数值，就可影响人口总数的发展趋势。例如调整计划生育政策，就是在调整出生比例的数值；提高医疗保障水平，平均寿命也会随之上升。

为说明系统动力学原理，我们假设将出生比例调整为 $25.0‰$，平均寿命调整为 74.95 岁后的仿真结果及与调整前的仿真结果的对比如图 2-24 所示。图中上升线为新的仿真结果，图中下降线为原始的仿真结果。从图中可以看到，通过政策设计改变上述两个参数的数值，就能将人口总数的下降趋势调整为上升趋势了。

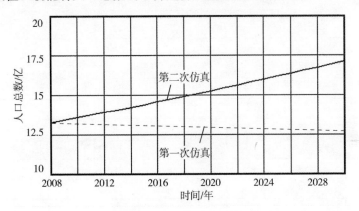

图 2-24　两次仿真结果的对比

通过设定人口的目标值，再微调相关控制参数（在此例中为出生比例和平均寿命），直到得出合适的仿真结果。微调确定下来的控制参数便可作为政策制定的重要参考。

在上述假设的人口政策调整下，人口计算部分结果如表 2-11 所示。

表 2-11　人口计算部分结果

时间/年	人口总数/亿
0	13.280 2
1	13.255 4
2	13.230 7
3	13.206 0
4	13.181 4
5	13.156 8
6	13.132 2
7	13.107 7

续表

时间/年	人口总数/亿
8	13.083 3
9	13.058 9
10	13.034 5
11	13.010 2
12	12.985 9
13	12.961 7
14	12.937 5
15	12.913 4
16	12.889 3
17	12.865 2
18	12.841 2
19	12.817 3
20	12.793 4
21	12.769 5
22	12.745 7
23	12.721 9
24	12.698 2
25	12.674 5
26	12.650 8
27	12.627 2
28	12.603 7
29	12.580 2
30	12.556 7
31	12.533 3
32	12.509 9
33	12.486 5
34	12.463 3
35	12.440 0
36	12.416 8
37	12.393 6

2.3.8 信息论基础

信息论是关于信息的理论，其理论基础是在香农研究通信系统时建立的。香农在 1948 年发表的信息论奠基性论文《通信的数学理论》中提出了两个重要的概念：熵和互信息。他利用这两个概念对通信系统进行理论分析，取得了通信技术史上划时代的重要成果。香农给出的通信系统模型如图 2 - 24 所示。

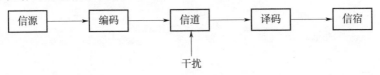

图 2 - 24　通信系统模型（香农模型）

这是一个单向通信系统，信息从信源送到信宿。信源是产生信息的来源，信源的信息以消息（符号）的形式送出，信宿是该信息的接收者，信道是传送载荷信息的信号所通过的通道，编码泛指把信源输出变换成适合于信道传输的信号，译码是编码的反变换。

通信系统的实质性问题是研究信源和信宿、信道以及编、译码问题，将它作为研究信息论的出发点。信源的核心问题是它包含的信息到底是多少？应把它定量地表示出来，也就是要规定信息量。信宿的问题是能收到或提取多少信息。信道的问题主要是它最多能传送多少信息？这就是信道容量。另一类与信源有关的问题是失真函数，它研究在规定失真下必须传送的最小信息量。

最后就是编码问题。编码主要可分为信源编/译码与信道编/译码。信源编码是针对信源的编码，要研究如何编码才能有效地表达信源的信息，以提高传输信息的有效性。根据信宿收到的信息与信源发出的信息是否有失真的要求，信源编码又可分为无失真信源编码与限失真信源编码。信道编码与信道有关，它是对信源编码的输出进一步进行编码，以提高抗信道干扰的能力，从而提高信息传输的可靠性。

总之，编、译码问题，是在理论上研究如何编码才能使信源的信息被充分表达，信道的容量才能被充分利用，这些编/译码的方法是否存在。为了研究这些问题，有三个编码定理需要介绍，即信源编码定理（包括无失真信源编码定理与限失真信源编码定理）和信道编码定理。这些编码定理只解决编码器的存在性。

下面进一步从离散随机变量入手，扼要介绍信息论中最基本的四个概念：信息熵、互信息、信道容量 C 及率失真 R（D）函数，简述香农的三大编码定理，以深入理解信息论的核心思想。

（1）信息熵

①单消息离散信源的自信息量

单消息（符号，下同）离散信源用随机变量 X 来描述，它有 n 个可能的取值，分别为 x_1，x_2，x_3，$\cdots$，x_n，各取值出现的概率分别为 $p(x_1)$，$p(x_2)$，$p(x_3)$，$\cdots$，$p(x_n)$。$p(x_i)$ 越小，则该随机变量出现 x_i 值的随机事件所包含的自信息量 $I[p(x_i)]$ 越大。所以，$I[p(x_i)]$ 应是 $p(x_i)$ 的递减函数。另外，由统计独立的两个不同单消息所提供的自信息量应是它们分别提供自信息量之和，即信息应满足可加性。由于同时满足递减性和可加性的函数是对数函数。因而可用该随机事件出现概率的对数的负值来定义单消息离散信源的自信息量，即

$$I[p(x_i)] = -\log p(x_i)$$

由统计相关的两个不同单消息所提供的自信息量有两类：一是条件自信息量，一是联合自信息量。

在已知一随机变量 X 取值为 x_i 的条件下，另一随机变量 Y 取值 y_j 的自信息量，称为条件自信息量，表示为

$$I[p(y_j \mid x_i)] = -\log p(y_j \mid x_i)$$

在一随机变量 X 取值为 x_i，另一随机变量 Y 取值 y_j，两者同时出现的自信息量，称为联合自信息量，表示为

$$I[p(x_i, y_j)] = -\log p(x_i, y_j)$$

②单消息离散信源的信息熵

若单消息的离散信源 X 具有有限个可能的取值 $x_i(i = 1, 2, \cdots,$

n)，X 的概率分布为 $[p(x_1)，p(x_2)，\cdots，p(x_n)]$。

此信源输出的信息量，则是上述单消息自信息量的数学期望，被定义为单消息离散信源的信息熵 $H(X)$

$$H(X) = -\sum_{i=1}^{n} p(x_i)\log p(x_i)$$

③联合熵及条件熵

考虑两个单消息离散信源，分别用离散随机变量 X 和 Y 描述，它们的可能取值分别是 $x_i(i=1,2,\cdots,n)$ 和 $y_j(j=1,2,\cdots,m)$。X 的概率分布为 $[p(x_1)，p(x_2)，\cdots，p(x_n)]$，$Y$ 的概率分布为 $[p(y_1),p(y_2),\cdots,p(y_m)]$。

两个单消息联合出现的信息熵称为联合熵。它是二元随机变量不确定性的量度，其表示式为

$$H(X;Y) = -\sum_{i=1}^{n}\sum_{j=1}^{m} P(x_i,y_j)\log P(x_i,y_j)$$

在已知一个单消息条件下，另一个单消息的信息熵称为条件熵。它表示已知一随机变量的情况下，对另一随机变量不确定性的量度，说明如下。

在给定一随机变量 X 取值为 x_i 的条件下，另一随机变量 Y 的熵为 $H(Y \mid X = x_i)$

$$H(Y \mid X = x_i) = -\sum_{j=1}^{m} p(y_j \mid x_i)\log p(y_j \mid x_i)$$

再将 $H(Y \mid X = x_i)$ 在所有可能的 x_i 值（$i=1,2,\cdots,n$）情况下，对 $p(x)$ 取数学期望，就得到给定随机变量 X 下，另一随机变量 Y 的条件熵 $H(Y \mid X)$

$$H(Y \mid X) = \sum_{i=1}^{n} p(x_i)H(Y \mid X = x_i)$$

$$= -\sum_{i=1}^{n}\sum_{j=1}^{m} p(x_i)p(y_j \mid x_i)\log p(y_j \mid x_i)$$

$$= -\sum_{i=1}^{n}\sum_{j=1}^{m} p(x_i,y_j)\log p(y_j \mid x_i)$$

同样，可得到

$$H(X \mid Y) = -\sum_{i=1}^{n} \sum_{j=1}^{m} P(x_i, y_j) \log P(x_i \mid y_j)$$

一般情况下，联合熵、无条件熵和条件熵有如下关系

$$H(X;Y) = H(X) + H(Y \mid X) = H(Y) + H(X \mid Y)$$

$$H(X) \geqslant H(X \mid Y)$$

$$H(Y) \geqslant H(Y \mid X)$$

这表明条件熵在平均意义上总是小于无条件熵。从直观上解释，对随机变量 X 的了解，平均来讲总能使 Y 的不确定性减少；同样，对 Y 的了解，也会减少 X 的不确定性。

（2）互信息

对于两个存在统计依赖关系的随机变量 X 和 Y，在获知一随机变量（如 Y）的取值条件下的条件熵 $H(X \mid Y)$ 总是不大于另一随机变量（如 X）的无条件熵 $H(X)$。也就是说，未知 Y 时，X 的不确定度为 $H(X)$。已知 Y 后，X 的不确定度变为 $H(X \mid Y)$，且有 $H(X \mid Y) \leqslant H(X)$。这样，在了解 Y 后，X 的不确定的减少量为 $H(X) - H(X \mid Y)$，这个差值实际上也是已知 Y 的取值后所获得的有关 X 的信息量 $I(X;Y)$

$$I(X;Y) = H(X) - H(X \mid Y)$$

同理，在了解 X 后，Y 的不确定度的减少量为 $H(Y) - H(Y \mid X)$，这个差值实际上也是已知 X 的取值后所获得的有关 Y 的信息量 $I(Y;X)$

$$I(Y;X) = H(Y) - H(Y \mid X)$$

可以证明

$$I(X;Y) = I(Y;X)$$

于是，我们定义 $I(X;Y)$ 为两个离散随机变量 X 和 Y 之间的互信息

$$I(X;Y) = H(X) - H(X \mid Y)$$

$$= -\sum_{i=1}^{n} p(x_i)\log p(x_i) + \sum_{i=1}^{n}\sum_{j=1}^{m} p(x_i, y_j)\log p(x_i \mid y_j)$$

$$= \sum_{i=1}^{n}\sum_{j=1}^{m} p(x_i, y_j)\log \frac{p(x_i, y_j)}{p(x_i)p(y_j)}$$

因此，互信息 $I(X;Y)$ 表示两个统计相关的离散随机变量 X,Y 之间相互提供的信息量。

上述互信息 $I(X;Y)$，可以写成 P 和 Q 的函数

$$I(X;Y) = I(\boldsymbol{P},\boldsymbol{Q})$$

式中 $\boldsymbol{P}$——随机变量 X 的概率矢量，$\boldsymbol{P} = [p(x_1), p(x_2), \cdots, p(x_n)]$；

$\boldsymbol{Q}$——两个随机变量 X 和 Y 的条件概率矩阵，$\boldsymbol{Q} = [q(y_j \mid x_i)]_{i,j}$，即对应不同 i 和 j 有不同 $q_{i,j}$ 值所组成的矩阵。

可以证明，互信息 $I(\boldsymbol{P},\boldsymbol{Q})$ 是 P 的上凸函数，是 Q 的下凸函数。这表明，在已知 Q 的条件下，变更 X 的概率分布 P，能得到最大的互信息；或者，在给定 P 的条件下，变更 Q 值，能得到最小的互信息。

（3）信道容量

信道是载荷信息的信号所通过的通道。

信道模型示意图如图 2-25 所示。

输入信号 ——————→ 信 道 ——————→ 输出信号

图 2-25 信道模型示意图

可以按信道输入/输出信号的数学特点及输入/输出信号之间关系的数学特点对信道进行分类。

1）根据信道输入和输出信号是离散、还是连续信号来划分。信道的信号输入可归结为随机过程，常可分解成在时间上离散的随机序列，此随机序列中的每个随机变量的取值可以取自离散的可数集，也可以是连续的不可数集。同样，输出随机过程也可分解成随机序

列，其中每个随机变量也有离散和连续之分。

2）信道按输入/输出之间关系的记忆性来划分。如果信道当前时刻的输出只与信道当前时刻的输入有关，而与其他时刻的输入无关，则称此信道是无记忆的。如果信道当前时刻的输出不但与当前时刻的输入有关，还与以前的输入有关，则称此信道为有记忆的。

3）信道按其输入/输出信号之间的关系是否是确定关系来划分。此分类方法可将信道分成有噪声信道和无噪声信道。对于无噪声信道，输入/输出信号之间有确定的关系。对于有噪声信道，输入/输出信号之间是概率关系。对于有噪声离散信道，输入/输出信号之间的关系可以用条件概率来描述，只要确定了这种条件概率，信道的特性就被确定下来了。

下面，我们以有噪声离散无记忆信道为主，研究信道能传送的最大信息量（即信道容量）。这里需要借助互信息的概念获得信道容量的量度。

从简单的单消息所构成的有噪声离散无记忆信道入手，可扩展到较复杂的信道。

设信道的输入和输出分别用离散随机变量 X 和 Y 描述，它们的可能取值分别是 $x_i(i=1,2,\cdots,n)$，$y_j(j=1,2,\cdots,m)$。输入 X 的概率分布是 $\boldsymbol{P}=[p(x_i),i=1,2,\cdots,n]$，信道的条件概率矩阵（即转移概率矩阵）为 $\boldsymbol{Q}=[q(y_j\mid x_i)]_{i,j}$。

信道输入/输出之间的互信息就是从信道输出 Y 可以得到的关于信道输入 X 的信息量。它是信道输入 X 的概率分布 $\boldsymbol{P}$ 与信道的转移概率矩阵 $\boldsymbol{Q}$ 的函数。

根据互信息 $I(\boldsymbol{P},\boldsymbol{Q})$ 是 $\boldsymbol{P}$ 的上凸函数的性质，对于给定信道，其信道的转移概率矩阵 $\boldsymbol{Q}$ 是已知的，于是变更信道输入 X 的概率分布 $\boldsymbol{P}$，可使 X,Y 之间的互信息最大，此最大互信息就是信道能传送的最大信息量，这就是信道容量 C，即

$$C=\max_{\boldsymbol{P}}I(\boldsymbol{P},\boldsymbol{Q})=\max_{p(x_i)}I(X;Y)\text{（比特/符号）}$$

需指出的是，给定信道的转移概率特性，仅当信道输入序列在

满足一定的概率分布条件时，才能充分利用信道传输信息的最大速率，即信道容量。

（4）信道编码定理（香农第二编码定理）

在实际信道传输中，受到噪声的干扰是不可避免的，它会造成信道输出与输入之间有差错，引起误码。为增强信息传输时的抗噪声干扰能力，提高信道传输信息的可靠性，将要传送的消息在送入信道前先进行信道编码，在接收端采用适当的信道译码，如图 2－26 所示，则消息有可能得到无误码传输。也就是说，通过不可靠的信道，可以实现可靠的无误码传输。这一结论在用定理形式严格地表述后被称为噪声信道编码定理。

图 2－26 包含信道编码与信道译码的通信系统框图

噪声信道编码定理又称香农第二编码定理，其具体表述为：

若有一有噪离散无记忆信道，其信道容量为 C（单位为比特/符号）。信道待传送的每符号所含信息量 R，简称为信息率（单位为比特/符号）。只要 $R<C$，总可以找到一种编码，当编码输入序列长度 L 足够大时，译码差错概率 $P_e<\varepsilon$，ε 为任意大于零的正数。当 $R>C$ 时，任何编码的 P_e 必大于零，而当 $L\to\infty$，$P_e\to1$。

香农信道编码定理指出：只要信道实际的信息率 R 小于信道容量 C，就有可能近似无差错传输，此无差错可通过适当的信道编码来实现。60 多年来，编码理论家着重探索逼近于香农极限的实用码，即寻找出一种可实现的编/译码器，而能以接近香农容量的信息率，进行近似无误码的通信。

（5）无失真信源的编码定理

①熵率及冗余度

若信源输出消息序列中的各符号之间有相关性，$H(X)=H(x_1,$ $x_2,\cdots,x_n)$。我们定义上述信源输出消息（符号）序列，平均每发出

一个符号，所含平均信息量为 $H_\infty(X)$，这是实际信源的信息熵

$$H_\infty(X) = \lim_{n \to \infty} \frac{1}{n} H(x_1, x_2, \cdots, x_n)$$

它表示信源无限记忆长度的消息序列平均每发出一个符号所含最小信息熵。

如果信源输出的消息序列中的各符号之间完全独立，且呈等概率出现，则信源平均每符号所含的熵最大，用 $H_0(X)$ 表示。

把信源这一给出熵的能力称为熵率或信源效率 η

$$\eta = \frac{H_\infty(X)}{H_0(X)}$$

这样，信源相对冗余度为 $1 - \eta$。

从上述公式可见，若信源输出消息序列中的各符号之间统计相关，在考虑该信源的全部概率特性后，信源平均每发出一个符号所含最小信息熵应为 $H_\infty(X)$。这就是说，在理论上只需在信道中传送 $H_\infty(X)$ 的平均信息量，在接收端利用已知的信源统计相关的记忆特性，即无限维的全部概率特性，就可恢复出信源的全部信息。但是，若不利用信源的统计关联特性，认为该消息序列中各符号之间统计独立，且符号集之中的各符号是等概率出现的，则认为信道中传送的是信源平均每个符号提供的最大信息熵 $H_0(X)$。二者相比较，若不考虑、不利用信源的统计特性时，信道多传送的信息量为 $H_0(X) - H_\infty(X)$。信道多传送的信息量与最大信息熵之比值即为信源相对冗余度。

在实际信源中，包含了大量的冗余信息，而这些冗余信息不必传送。为了进行有效的传输，在进行信道传输之前，先将冗余信息从信源输出消息中去除，即对信源输出消息序列进行冗余度压缩，用压缩后的码字有效地表示信源的消息（符号），也就是用尽量少的比特数来表示信源消息，然后将压缩后的二进制数据通过信道传输，在接收端再从压缩后的二进制序列中恢复出原始信源消息（符号）。这就是信源编、译码的核心思想。

数据压缩又有无失真与有失真压缩之分。无失真压缩要求从信

宿收到的消息序列与信源输出消息序列无失真。包含信源编、译码器及广义信道的通信系统模型，如图 2 - 27 所示。

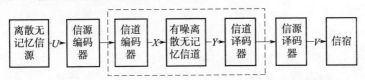

图 2 - 27　包含信源编、译码器及广义信道（虚框内）的通信系统模型

在图 2 - 27 中，设由信道编、译码器及有噪离散无记忆信道构成广义信道，由于信道编、译码器的作用，广义信道可近似认为无差错传输。

图 2 - 27 中的信源编码器对信源熵为 $H(U)$ 的信源输出消息（符号）序列进行压缩编码。

图 2 - 27 中，有如下假设：

1）信源编码器输出的是二进制信号形式；

2）信源译码具有唯一的译码，从编码后的二进制序列中恢复出原始信源序列；

3）信源编码器对每个信源符号编码后平均比特数，称为编码器的信息率 R，其单位是比特/符号。

②无失真离散信源编码定理（香农第一编码定理）

一离散无记忆信源的信息熵为 $H(U)$，如果信源编码器的信息率 $R > H(U)$，存在无失真信源编码；反之，若 $R < H(U)$，不存在无失真信源编码。

此定理指出，无失真信源编码是寻找信息率 R 趋近于信息熵 $H(U)$ 的编码。故又称此信源编码为熵编码。

（6）限失真信源编码定理

上述无失真信源编、译码要求无失真或失真无限小，但在实际问题中，接收端信宿 V 与发送端信源 U 之间存在一定的失真是允许的。若传输的信息允许有一定的失真，则信源编、译码器可进行限失真的数据压缩编、译码，从而降低信道传输信息的速率，提高传输信息的有效性。为此，需研究在客观信源和信宿之间给定最大允许失真 D 的条件下，求出信宿 V 与信源 U 之间的最小互信息，即从信宿 V 获得的信源 U 的最小信息量，其单位是比特/符号，从而得到相应信源压缩编码器给出的平均每个信源符号的最小编码比特数 $R(D)$，单位是比特/符号。为此，我们给出图 2-28 所示的通信系统模型，讨论限失真的信源编译码问题。需要指出的是，信道的范围没有确定规则，由分析方便与否而定。

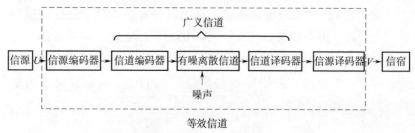

图 2-28　通信系统模型

图 2-28 中，由信道编码器、有噪离散信道、信道译码器组成广义信道。假设广义信道是无差错传输的信道（由于信道编、译码的作用，可认为广义信道无差错传输）。图中由虚线框出的等效信道包括信源编码器、信源译码器及广义信道。

若离散信源的输出 U 经过等效信道传输后的输出为 V，U 与 V 之间存在失真，则此失真是由信源编、译码器产生。此等效信道的特性取决于有失真的信源编、译码器，失真的大小可通过该信道的输入 U 与输出 V 的转移概率 $P(V \mid U)$ 来表示，也称此转移概率 $P(V \mid U)$ 的等效信道是试验信道。需要指出的是，改变 $P(V \mid U)$ 相当于改变有失真的信源编码方式。

下面，先给出允许失真 D 和率失真 $R(D)$ 函数的定义，再简述限失真信源编码定理（香农第三编码定理）。

①允许失真 D

在通信系统的离散信源 U 和信宿 V 的联合空间上定义一失真测度 $d(u_i, v_j)$，即若发送 u_i，得到 v_j，若 $u_i = v_j$ 则无失真；若 $u_i \neq$

v_j 则有失真。表明两者之间存在一个距离，用失真测度 $d(u_i, v_j)$ 表示

$$d(u_i, v_j) \begin{cases} = 0, \text{表示 } u_i = v_j \\ > 0, \text{表示 } u_i \neq v_j \end{cases}$$

对所有情况的统计平均失真，表示为 $\overline{d}$

$$\overline{d} = \sum_{i=1}^{n} \sum_{j=1}^{m} P(u_i, v_j) d(u_i, v_j)$$

如果我们设定允许失真为 D，它是上述失真函数 $\overline{d}$ 的上界

$$D \geqslant \overline{d} = \sum_{i=1}^{n} \sum_{j=1}^{m} P(u_i, v_j) d(u_i, v_j)$$
$$= \sum_{i=1}^{n} \sum_{j=1}^{m} P(u_i) P(v_j \mid u_i) d(u_i, v_j)$$

②率失真 $R(D)$ 函数

由上式可知，要求平均失真 $\overline{d}$ 小于或等于某个定值 D，即 $\overline{d}$ $\leqslant D$，就要对 $P(v_j \mid u_i)$ 施加上式的限制。对于所有可能的 $P(v_j \mid u_i)$ 加以分类，把由上式求得的 $\overline{d} \leqslant D$ 的那些 $P(v_j \mid u_i)$ 的集合称为 P_D，我们可在 P_D 集合中选某一个 $P(v_j \mid u_i)$ 组合，使 $I(U; V)$ 极小，这时的互信息 $I(U; V)$ 称为在 $\overline{d} \leqslant D$ 的要求下从信宿 V 获得信源 U 的最小信息量（比特/符号），从而得到信源编码器对每个信源符号编码的平均最小比特数（比特/符号），即

$$R(D) = \min_{P(v_j \mid u_i) \in P_D} I(U; V)$$

式中，$R(D)$ 称为信息率失真函数，简称为率失真函数。

在数学上，$R(D)$ 是在失真限于 D 以及信源 $P(u_i)$ 已给条件下，变更 $P(v_j \mid u_i)$，使互信息 $I(U; V)$ 极小。改变 $P(v_j \mid u_i)$ 相当于改变信源编码方式，选择一种编码方式，最终使 $I(U; V)$ 极小。也就是说，$R(D)$ 是在失真限于 D 的条件下，有失真的信源编码器输出的信息率（对每个信源符号编码的比特数）的最小值。需要指出的是，$R(D) < H(U)$。

③限失真信源编码定理（香农第三编码定理）

对于离散无记忆信源，其信源编码限定失真不超过 D ；如果信源编码器的信息率 R 大于限失真信源的率失真函数 $R(D)$ ，即 $R > R(D)$ ，则最有效的限失真信源编、译码存在；反之，若 $R < R(D)$ ，则这样的编、译码不存在。

上述定理指出，限失真信源编码的方向是寻找信息率 R 趋近于 $R(D)$ 的编码。

信源编码定理告诉我们，当信源特性已知和失真函数给定时，离散信源的信息熵和 $R(D)$ 函数是实际上能达到的界限，也就是说，只要在极限意义上的信息率略大于信源的信息熵或 $R(D)$ 值，总可以找到一些编码方法，使译码结果可以任意逼近无失真或限定失真值。

（7）连续随机变量下的熵与互信息

①连续随机变量下的微分熵

按离散随机变量 X 的熵的定义，演绎到连续随机变量 X 的熵，将有如下结果：

设连续随机变量 X 的可能取值在整个实数域上，即 $x \in (-\infty, +\infty)$ ，其概率分布密度函数为 $p(x)$ 。若将 X 的值域分成间隔为 Δx 的小区间，则 X 的值在小区间 $(x_i, x_i + \Delta x)$ 内的概率近似为 $p(x_i)\Delta x_i$ 。于是，熵的近似值为

$$H_{\Delta x}(X) = -\sum_{i=-\infty}^{\infty} p(x_i)\Delta x \log[p(x_i)\Delta x]$$

当 $\Delta x \rightarrow 0$ 时，有

$$\lim_{\Delta x \rightarrow 0} H_{\Delta x}(X) = \lim_{\Delta x \rightarrow 0}\left\{ -\sum_{i=-\infty}^{\infty} p(x_i)\Delta x \log[p(x_i)\Delta x]\right\}$$

$$= -\int_{-\infty}^{+\infty} p(x)\log p(x)\mathrm{d}x - \lim_{\Delta x \rightarrow 0}\log\Delta x \int_{-\infty}^{+\infty} p(x)\,\mathrm{d}x$$

$$= -\int_{-\infty}^{+\infty} p(x)\log p(x)\mathrm{d}x - \lim_{\Delta x \rightarrow 0}\log\Delta x$$

可以看出，当 $\Delta x \rightarrow 0$ 时，上式中后一项极限值为无穷大。因

此，按照离散熵的概念，连续变量的熵应为无穷大，失去意义。香农就干脆取前一项作为连续分布随机变量的熵

$$h(X) = -\int_{-\infty}^{+\infty} p(x)\, \log p(x)\, \mathrm{d}x$$

这一熵的概念与（离散）熵的概念不同。为了加以区别，称为微分熵，作为对连续随机变量不确定程度的一种相对度量。幸好此最后一项只是与间隔值 Δx 量有关，与概率分布密度函数 $p(x)$ 无关。

②连续随机变量下的互信息

按离散随机变量 X ，Y 的熵的定义导出的互信息，在演绎到两个连续随机变量 X ，Y 的互信息时，当 $\Delta x \to 0$ ，$\Delta y \to 0$ 时，引起的两无穷大的极限值 $\lim\limits_{\Delta x \to 0}(\log \Delta x)$ 和 $\lim\limits_{\Delta y \to 0}(\log \Delta y)$ ，由于它们在互信息公式的对数项中相除，求解时已对消了。因此直接可以得出两个连续分布随机变量之间的互信息表达式，它与微分熵概念得出的结果一致

$$I(X;Y) = \iint p(x,y) \log \frac{p(x,y)}{p(x)\,p(y)} \mathrm{d}x\mathrm{d}y$$

式中　$p(x,y)$ ——联合概率分布密度函数；

　　　$p(x)$ ，$p(y)$ ——分别为 X 和 Y 的边际概率分布密度函数。

且有

$$I(X;Y) = I(Y;X)$$

（8）交叉熵

①离散随机变量的情况

设随机变量 X 的可能取值为 $\{a_1, a_2, a_3, \cdots, a_k\}$ ，它有两个概率分布，分别为 $P(x)$ 及 $Q(x)$

$$\begin{bmatrix} X \\ P(x) \end{bmatrix} = \begin{bmatrix} a_1 & a_2 & \cdots & a_k \\ p(a_1) & p(a_2) & \cdots & p(a_k) \end{bmatrix}$$

$$\begin{bmatrix} X \\ Q(x) \end{bmatrix} = \begin{bmatrix} a_1 & a_2 & \cdots & a_k \\ q(a_1) & q(a_2) & \cdots & q(a_k) \end{bmatrix}$$

随机变量 X 从一种概率分布 $P(x)$ 转为另一种概率分布 $Q(x)$ ，

当出现观察结果 $X = a_k$ 时，它所包含的自信息量分别为 $-\log p(a_k)$ 及 $-\log q(a_k)$，从 $p(a_k)$ 到 $q(a_k)$ 的自信息量差为 $\log \dfrac{q(a_k)}{p(a_k)}$。对于各种 $k = 1, 2, \cdots, K$ 的观察情况，取 $Q(x)$ 下的数学期望，就得到了 X 随机变量的两种概率分布从概率分布 $P(x)$ 到概率分布 $Q(x)$ 所获得的平均信息量。这一从 $P(x)$ 到 $Q(x)$ 两个概率分布之间差异性的度量称为交叉熵，又称相对熵，记作 $I(q, p; X)$，简记为 $I(q, p)$

$$I(q, p; X) = \sum_{k=1}^{K} q(a_k) \log \frac{q(a_k)}{p(a_k)}$$

交叉熵 $I(q, p; X)$ 是有方向性的，故又称为方向散度。因为一般情况下，$I(q, p; X) \neq I(p, q; X)$。下面举例说明。

设离散随机变量 X 有两个概率分布 $P(x)$ 和 $Q(x)$

$$\begin{bmatrix} X \\ P(x) \end{bmatrix} = \begin{bmatrix} 0 & 1 \\ 1-r & r \end{bmatrix}$$

$$\begin{bmatrix} X \\ Q(x) \end{bmatrix} = \begin{bmatrix} 0 & 1 \\ 1-s & s \end{bmatrix}$$

设 $r = 1/2, s = 1/4$，求 $I(q, p; X)$ 和 $I(p, q; X)$。

求解过程为

$$I(q, p; X) = \sum_{i=1}^{2} q_i \log \frac{q_i}{p_i}$$

$$= (1-r) \log \frac{1-r}{1-s} + r \log \frac{r}{s} = 0.207\,5 \text{ 比特}$$

$$I(p, q; X) = \sum_{i=1}^{2} p_i \log \frac{p_i}{q_i}$$

$$= (1-s) \log \frac{1-s}{1-r} + s \log \frac{s}{r} = 0.188\,7 \text{ 比特}$$

在方向散度基础上，定义两个概率分布之间的散度 $J(q, p; X)$ 为

$$J(q, p; X) = I(q, p; X) + I(p, q; X)$$

它是无方向性的，对两个概率分布是对称的。

②连续随机变量的情况

设连续随机变量 X 有两个概率密度分布函数分别为 $p(x)$ 及 $q(x)$。仿照离散随机变量的情形，将对数似然比 $\log \dfrac{q(x)}{p(x)}$ 对 $q(x)$ 取数学期望，定义为连续随机变量 X 的两个概率分布密度函数之间的交叉熵，记作 $I(q,p;X)$

$$I(q,p;X) = \int q(x) \log \frac{q(x)}{p(x)} \mathrm{d}x$$

连续随机变量 X 的两个概率密度函数之间交叉熵的含义与离散随机变量的相同。

定义两个概率分布之间的散度 $J(q,p;X)$

$$J(q,p;X) = I(q,p;X) + I(p,q;X)$$
$$= \int [q(x) - p(x)] \log \frac{q(x)}{p(x)} \mathrm{d}x$$

举例说明如下：

例 1：一个二维随机变量 X 和 Y 有两种概率分布，其中一种的概率分布，X 与 Y 是相关的，其二维概率分布密度函数 $q(x,y)$ 是正态分布，则

$$q(x,y) = \frac{1}{2\pi\sigma_x\sigma_y(1-\rho^2)^{1/2}} \exp\left[- \frac{1}{2(1-\rho^2)}\left(\frac{x^2}{\sigma_x^2} - 2\rho\frac{xy}{\sigma_x\sigma_y} + \frac{y^2}{\sigma_y^2}\right)\right]$$

式中　σ_x^2，σ_y^2——分别是 X 与 Y 的方差；

　　ρ——X 与 Y 的相关系数，$0 \leqslant |\rho| \leqslant 1$。

而另一概率分布为，X 与 Y 是统计独立，其概率分布密度函数分别为

$$g(x) = \frac{1}{\sigma_x\sqrt{2\pi}}\exp\left\{-\frac{x^2}{2\sigma_x^2}\right\}$$

$$h(y) = \frac{1}{\sigma_y\sqrt{2\pi}}\exp\left\{-\frac{y^2}{2\sigma_y^2}\right\}$$

$$p(x,y) = g(x)h(y)$$

求交叉熵 $I(q,p;XY)$ 及散度 $J(q,p;XY)$。

解：
$$I(q,p;XY) = \iint q(x,y)\log\frac{q(x,y)}{g(x)h(x)}\mathrm{d}x\mathrm{d}y$$

经计算

$$I(q,p;XY) = -\frac{1}{2}\log(1-\rho^2)$$

此交叉熵仅是相关系数 ρ 的函数，$0 \leqslant |\rho| \leqslant 1$。

散度

$$J(q,p;XY) = \rho^2/(1-\rho^2)$$

例 2：在例 1 基础上，在通信系统中，若 X 是发送信号，X 经信道传输，受到加性高斯噪声 N 的干扰，接收信号则为 Y，$y = x+n$。设 X 与 N 统计独立。在 $q(x,y)$ 分布下，二维概率分布密度函数

$$q(x,y) = g(x)h(y\mid x) = g(x)h(y-x)$$

$$q(x,y) = \frac{1}{\sigma_x\sqrt{2\pi}}\exp\left(-\frac{x^2}{2\sigma_x^2}\right)\frac{1}{\sigma_y\sqrt{2\pi(1-\rho^2)}} \cdot$$

$$\exp\left[-\frac{1}{2\sigma_y^2(1-\rho^2)}\left(y-\frac{\rho\sigma_y}{\sigma_x}x\right)^2\right]$$

在 $p(x,y)$ 分布情况下，X 与 Y 相互统计独立

$$p(x,y) = g(x)h(y)$$

其中

$$\int q(x,y)\mathrm{d}x = h(y)$$

$$\int q(x,y)\mathrm{d}y = g(x)$$

求交叉熵 $I(q,p;XY)$ 及散度 $J(q,p;XY)$。

解：在例 1 基础上，经计算可求得

$$I(q,p;XY) = \iint q(x,y)\log\frac{q(x,y)}{p(x,y)}\mathrm{d}x\mathrm{d}y$$

$$= \iint q(x,y)\log\frac{q(x,y)}{g(x)h(y)}\mathrm{d}x\mathrm{d}y$$

$$= -\frac{1}{2}\log(1-\rho^2)$$

其中
$$\rho \frac{\sigma_y}{\sigma_x} = 1$$

$$\rho^2 = \frac{\sigma_x^2}{\sigma_y^2} = \frac{S}{S+N}$$

式中　S ——信号功率，$S = E(x^2)$；

　　　N ——噪声功率，$N = E(n^2)$。

$$I(q,p;XY) = -\frac{1}{2}\log\left(1 - \frac{S}{S+N}\right) = \frac{1}{2}\log\left(1 + \frac{S}{N}\right)$$

上式就是加性噪声信道的最大互信息，即信道容量的计算公式。

散度为

$$J(q,p;XY) = \frac{S}{N}$$

从上例可以看出当 X 和 Y 的联合概率分布密度函数由独立变为不独立时，所得到的交叉熵即为 X 和 Y 不独立时香农定义下的互信息。

综上所述，从统计数学的角度看，信息论的三个有关信息量的基本概念给出了三个统计量，代表了三种量度，其中：熵是系统无序性的量度，交叉熵是两种概率分布之间差异性的量度，互信息是两个随机变量之间统计依存性的量度。

（9）最大熵原理

①非适定问题

求问题解的已知条件不足称为欠定。数学家哈达马（Hadamard）把由于欠定导致的解不唯一或不连续（即解不连续依赖于条件的变化）的问题称为非适定问题。

例如，有一离散随机变量 X，它有几个可能的离散值，已知它们出现的概率 p_i 之和为 1，即

$$\sum_{i=1}^{n} p_i = 1$$

式中，$p_i \geqslant 0, i = 1, 2, \cdots, n$，各 p_i 值均是未知的。

要求对此随机变量 X 的各概率值作出估计，即求 X 分布的解。

显然，此约束的已知条件——概率 p_i 之和为 1，对求解随机变量 X 的分布是不充分的，可能有无数的分布均能满足此约束条件，即满足此约束条件的解不是唯一的，其中哪个分布是最大可能的解呢？

又如，物理系统有大量粒子在无规则运动，其中粒子的能量级别有 $\varepsilon_1, \varepsilon_2, \varepsilon_3, \cdots, \varepsilon_n$，当系统总的平均能量已知时，要估计具有上述各种能量级别的粒子数量的比例。这就是统计力学中的麦克斯威尔-波尔兹曼分布，求此分布是一个非适定问题。

又如，若平稳随机过程的所有时间序列的自相关函数 $R(n)$ 已知时，其中离散时间间隔是均匀的，n 代表序列中出现的序号，$n = 0$，$1, 2, \cdots, \infty$，则可求出该平稳随机过程的功率谱密度。然而，实际中，常常只能给出有限个序号的 $R(n)$ 值；要求在保证一定精度下，估计此随机过程的功率谱，这是功率谱估计的非适定问题。

在科学研究和工程实际中这类非适定问题经常遇到，在大系统工程中更是如此。如在地球物理学中，利用地震勘探法确定地层构造；计算机层析术中，利用扫描投影数据，构造断层图像；语音识别中，根据语音信号估计声道参数；图像处理中，对散焦或目标位移造成的蜕化图像进行复原等，均是非适定问题。所以，这是系统工程需要研究的一个重要问题。

②最大熵原理

E·T·杰恩斯在 1957 年提出了最大熵原理："在只掌握部分约束条件的情况下，要对随机变量或随机过程的分布作出推断，则应该从符合这些已知约束条件的各种随机变量中选择它的熵值为最大的这一种概率分布，作为最佳估计。这是可以作出的唯一的不偏不倚的选择。"此解称为最大熵解。

最大熵原理的数学推导要占用很大篇幅，这里只介绍其主要思想。用最大熵解，意味着此解是在满足约束条件下选择了不确定性最大的分布；之所以不选其他任何分布，正是因为选择了其他任何分布都意味着增添了其他的约束条件。

下面举例说明利用最大熵原理对非适定问题的求解。

例 1：如前面提到的，已知一离散随机变量 X 满足

$$\sum_{i=1}^{n} p_i = 1 , \ p_i \geqslant 0 , \ i=1, \ 2, \ \cdots, \ n$$

要求作出对 X 的概率分布的最佳估计。

解：用拉格朗日方法即可求出符合上述已知约束条件的具有最大熵的 X 概率分布为均匀分布，$p_1 = p_2 = \cdots = p_n = 1/n$，其最大熵为 $H(X) = -\sum_{i=1}^{n} p_i \log p_i = -\sum_{i=1}^{n} \frac{1}{n} \log \frac{1}{n} = \log n$。

最大熵原理指出：对于随机变量 X，在只知其约束条件为 $\sum_{i=1}^{n} p_i = 1$ 下，其分布的最佳估计是选择具有最大熵 $H(x) = \log n$ 的均匀分布。这是因为如果再添加其他约束条件，通过数学计算，可以证明其最大熵会减少。

例 2：连续随机变量 X，其概率分布密度函数 $p(x)$ 未知，只知约束条件有

$$\int_{-\infty}^{\infty} p(x)\mathrm{d}x = 1$$

$$\int_{-\infty}^{\infty} xp(x)\mathrm{d}x = m$$

$$\int_{-\infty}^{\infty} (x-m)^2 p(x)\mathrm{d}x = \sigma^2$$

要求作出对 $p(x)$ 的最佳估计。

解：连续随机变量 X 的微分熵为 $h(X) = -\int_{-\infty}^{\infty} p(x)\log p(x)\mathrm{d}x$，用最大熵原理求 $h(X)$ 为最大时的 $p(x)$ 解。

数学上可以证明，在平均功率受限的条件下，具有均值为 m，方差为 σ^2 的高斯分布的连续随机变量 X 的熵最大。其最大熵为

$$h(X) = \log(\sqrt{2\pi e\, \sigma^2})$$

此高斯分布的概率密度函数为

$$p(x) = \frac{1}{\sqrt{2\pi\sigma^2}}\exp\left[-\frac{(x-m)^2}{2\sigma^2}\right]$$

从上述两例看出，最大熵原理是对非适定问题的求解方法。它是在给定部分约束的条件下，选择具有最大熵的概率分布作为解。这个解是从所有可能解中选出的最好的、唯一的无偏的解。因为满足约束条件的非适定问题的解有无限个，而符合最大熵原理得出的解是唯一的。杰恩斯经过计算提出了熵集中定理，指出：符合约束条件的大多数的概率分布，其熵值与最大熵值接近；符合约束条件的大多数概率分布与具有最大熵的概率分布接近，而远离最大熵值的那些可能的概率分布，在所有可能的概率分布中所占的比例很小；而最大熵解是使这一分布的概率为最大的解。

③最大熵谱估计

通常对于随机信号的自相关函数，只能测到一段数据，得不到全部数据；然而，需要作出对随机信号功率谱的估计。1967年 J•P•勃格用最大熵原理给出了这种情况下的谱估计问题的解决方法，具体如下。

假设 $r_0, r_1, \cdots, r_P$ 为已知随机信号的 $p+1$ 个自相关函数值，$E\{x_n x_{n+k}\} = r_k$，$k = 0, 1, \cdots, p$；根据此已知的比较可靠的自相关函数的部分数据要寻找满足此 $p+1$ 个值约束条件的具有最大熵的随机过程。

从数学上可以证明，满足此约束条件的最大熵的随机过程，就是 p 阶高斯马尔可夫过程。于是，在得知此最大熵随机过程为高斯马尔可夫过程后，就可得知此最大熵随机过程的功率谱的估计值表达式为

$$S(\hat{\omega}) = \frac{\sigma^2}{\left| 1 + \sum_{k=1}^{P} a_k e^{-j\omega_k} \right|^2}$$

此最大熵谱密度满足已知约束条件；可以根据 $p+1$ 个已知自相关函数 $r(k)$ 得到 $p+1$ 个方程，正好可求解出表达式中 $p+1$ 个未知量 $a_1, a_2, \cdots, a_P, \sigma^2$；并可由已知的 $r_k(k = 0, 1, \cdots, p)$ 值外推出

$p+1$ 以外的自相关函数值。

数学上，可以证明此估计是渐近无偏和渐近正态的，当 p 值足够大时，其估计方差也趋于零。上述最大熵谱估计是在充分利用已有知识又不牺牲分辨率的条件下，所可能得出的最合理估计。

最大熵谱估计技术已广泛应用于地震记录分析、雷达、声呐、语音识别、海洋勘探、生物学等系统工程各个方面，并取得了令人满意的结果。

(10) 最小交叉熵原理

当同一随机变量 X 有两个概率分布密度函数：一个已知为 $p(x)$，另一未知为 $q^*(x)$。对于 $q^*(x)$，还已知随机变量 X 的若干函数 $f_m(x)$ 在 $q^*(x)$ 分布情况下的数学期望为 $\int q^*(x) f_m(x) \mathrm{d}x = C_m$（$m=1, 2, \cdots, M$）。要求作出未知概率分布密度函数 $q^*(x)$ 的估计。

对于这类特定的非适定问题，可以采用最小交叉熵原理解决。

最小交叉熵原理指出，应该在所有满足下述约束条件

$$\int q(x) f_m(x) \mathrm{d}x = C_m , \quad m = 1, 2, \cdots, M$$

$$\int q(x) \mathrm{d}x = 1$$

的诸多概率分布密度函数 $q(x)$ 中，选择一个能使交叉熵

$$I[q(x), p(x)] = \int q(x) \log \frac{q(x)}{p(x)} \mathrm{d}x$$

为最小值的解，作为 $q(x)$ 的最佳估计 $q^*(x)$。此 $q^*(x)$ 最接近于 $p(x)$。

最小交叉熵原理是 1959 年库尔贝克直观地由交叉熵概念出发推断出来的。

到 1980 年，J·E·肖尔和 R·W·约翰逊为证明这一原理，又进一步从数学上作了严格推导。他们首先提出了四条公理，然后以此来推导 $q(x)$ 的泛函表示式 $F[q(x), p(x)]$ 应取的形式。

这四条公理是：唯一性（要求解是唯一的），不变性（指坐标变换下的解是不变的），系统独立性，子集独立性。

如果泛函 $F[q(x), p(x)]$ 取最小值所得的解满足上述四条公理，则此泛函 $F[q(x), p(x)]$ 解必取交叉熵的形式，即此泛函等价于交叉熵。证明指出，只有交叉熵（或其等价泛函）取最小所得的解，才能满足这四条公理。这意味着其他泛函取最小所得的解，不满足上述四条公理的一部分或全部。因此，由最小交叉熵原理求得的解是最佳的。

值得指出的是，由最大熵原理得到的最大熵解，也是满足上述四条公理的。

最小交叉熵原理已广泛应用于语音识别、基于矢量量化的语音编码、数字图像处理、模式识别与模式分类等信号处理的各个方面。

2.3.9　信源学

（1）约定集

人们要互通消息，必须对语义有共同的理解基础。我们学习单字/字母，共同了解单字/字母所代表的含义。英文单个字含义少，中文单个字含义多。学习一个词，它由好几个单字/字母组成，代表了一种含义。如果用一个字涵盖了多个单字/字母来表示一种较复杂的含义，也是可以的，不过必须事先双方约定好，如英文中的缩写词，汉语中的文言文，这种方式可以节省交流时间和成本。人类之所以要学习，就是要获得共同约定这个字或字组（词）代表的含义。

极而言之，如果用一个字代表几百个单字（字母），对方能理解你一个字所代表的正是事先约定的那个含义；那么在交流中或信道通信中，需要传送的只需一个双方商量好的无异议的字。所以，问题在于与对方事先要商定这个有代表的字。

由此可见，从小学习单字/字母、学习词、学习标点符号、学习句子、学习表达意见的语法，可以使学习者在经过同一种语言/文字学习与训练后，达成一致共识，即接受教育，构成约定集。

人们相互交谈，实际上是双方按事先共同的约定集，从中抽取元素的过程。

（2）万物的特征

自然界的万物，都有自己的各种性能、特征和表象。没有特性就没有个性。

一头牛，若从外貌上去认识，会得到一种形象的感知；一位色盲者，也有他的形象感知；戴上墨镜或有色镜，又有一种感知；猫黑夜看牛比人会有另一种感知；用红外光看牛，又有一种图像感知。然而，牛还是牛。只是牛产生了各种不同反射、透射或辐射的形象，被观察者（或过滤后）感知。所以万物的特征是内在的。只是通过感知对其有不同的了解而已。

（3）人对万物的认知

一位素描画家，三五笔就可以把一头牛勾画出来。他如果去画一位喜剧家，也许还是只要几笔就勾画出了那位喜剧家的形象。这几笔代表了那位喜剧家的特征。因此，能抓住万物特征，从而表述万物是高效的。如果一位工笔画的画家去画牛或喜剧家时，他得画几千、几万笔细线条才把牛或喜剧家人像画出来。前者抓住了形象中的本质特征或主要特征来表达，粗犷但笔调简捷、省笔墨；后者抓住了形象中的全貌来表达，既有本质特征又含细微特征，夸大而言，连眉毛根数都历历在目，形象完整细腻，但笔调繁多，费工费时，不省笔墨。人们愿意接受高清晰图像，但有时反而顾此失彼突出不了人物个性的特征。这是人们各取所需的结果。然而，目标的特征是客观存在的，不随人们的意志转移，而人对万物的认知，可以各取所需。

（4）认知的目的性

对于事物的认知，有感兴趣与不感兴趣之分。所以，这里出现了对"目标——如牛或喜剧家——特征"提取的目的性问题。人们感兴趣的就是自己对目标认知的目的性。因为认知时，对目标特征的提取必定会丢掉或舍去许多细节。若舍不得这些细节被删节，说明还需要这些特征，那么它们不应该被删节；若舍得这些不必要的细节被删节，说明所提取的特征已经足够，说不定还过多了。

所以，特征的提取是有目的性的。多了不必要，少了不行。为了什么目的去提取这个目标——牛或喜剧家——的特征呢？若想一般性地了解观察某种特征，也就是说其目的是泛泛浏览；若想全面地观察，则什么细节都不想丢掉，但即使这样，要求也还有不同；若特别需要了解观察对象的某种特征，那目的就有针对性，不必了解无关的不感兴趣的征候。这就是认知的目的性。如从丛林中观察坦克，从小麦生长中观察病虫害、农药、施肥状况，当然不必关心其他方面的特征。

（5）认知的方法

对观察对象特征的认知方法是不同的。中医看病讲究望、闻、问、切。把脉知脉滑、脉细等；西医看病，其实也少不了望、闻、问、切。不过手段是心电图、脑电图、血流图、X光透视、超声波透视、核磁共振等。

（6）目标特征分类学

目标是客观存在的事物，它的特征也是客观存在的。它所具有的特征可以是可数的，也可以是不可数的连续变量。人有两只眼睛，"两只"——可数；人全身的体温分布、或水分蒸发量分布，"分布"则是连续不可按整数数的。

因此，目标的特征可以有无穷的分类方法。但如何最有效地将其特征分成科学的若干类，从而供各方面研究考察人员高效应用，这是一门学问。可称为目标的有效特征分类学，简称目标特征分类学。

西医把疾病的特征分类为内科、外科、眼科、耳鼻喉科、呼吸科、泌尿科等，是一种以病人为目标的特征分类方法。但它不应该是还原论，将分类分割、孤立思考；应该作系统思考，将孤立因素的关联性加以综合，即采用"辩证思维"，并从系统思考中将主要影响因素突出，或曰特征再分类。人类为了认识各类目标，也应该按目标特征分类学的思想将其分类。

（7）目标特征产生机理研究

只有对认知目标事物有了人为的目的性，再去探求对该目标的特征分类（学），才会更为实用有效。所以，从认知目的性出发，从目标全面征候中去寻找目标的特定个性特性，是更有针对性的研究任务。换句话说，就是寻找出客观目标事物产生人们所需认知目的的特定个性的机理，从而从客观目标事物必然产生的机理现象中，提供给人们所需的认知目的。

如果知道了人的什么病灶必然使人体的某种指标超限，那么从检查这些指标的超限，就可以判断患者得的什么病。

如果我们知道了地下石油经过地层流向地表的物质，那么在地表发现了这种物质，就能判断地下藏有石油；进一步，如果知道了这种处于地表的物质具有哪几条光谱谱线，通过卫星发现了某地有这样的几条谱线，就能判断地下有石油。

同样，如果知道小麦在生长期叶绿素的光谱谱线的变化规律，就能判断小麦的生长情况。小麦施肥过多过少，叶绿素变"脸"。知道了这种因素关系后，通过卫星的观察就能随时告诉农民调整施肥量等等。当然，其唯一性尚需确认。

所以，用认知事物的目的去推动对事物演化过程中产生特定个性特性现象的机理研究，是对事物当前所处状态的认知的基础。

有了这个基础，一旦事物产生（发生）这种特定个性特性现象而被人们观察到时，人们就能对该事物的现状获得所需的认知。

（8）机理突破与熵

上述这些都是知识源头的工作，人类有了这种共同的认知——新增加的约定集，就有了更多新的知识。因为知识源内容更丰富了，原先已知种类的类型增加了，从中取出一种的不确定性又增加了，即熵增加了。所以人类知识的增加，是增加了原有知识熵。但如果把世界视为混沌之物，即具有无限大的熵；而这些规律的被认知，则是向有序化进展一步，也就是减少熵了。

（9）约定集结构学

人类提取消息/信息，最忙碌的是眼睛，人类交换消息/信息最直接的是语言。然而，人类在语言、文字（字也是图画）的交换中，到底采取什么形式最省时、省力、省工而又可靠呢？——字的笔画多，浪费时间或油墨，但笔画多也许换来了高可靠性。

所以，语言的改革、文字的改革，理想的改革发展方向应是最省时、省力而又可靠。然而，怎样的结构形式才是最佳的呢？也就是说人类约定集的未来基础结构形式的发展方向应当是什么样呢？这是一个值得研究的科学问题。我们把研究人类约定集的结构与形式的形成、有效性、发展规律和最佳发展方向的科学，称为约定集结构学。它直接影响到人类语言、语音、语法、文字的表达形式的发展，直接影响到计算机、通信的发展，影响到人类高效的信息交互。

把某种事物或现象用约定的方式定义为几个字，抽象浓缩成一个概念；然后把该种事物或现象的运动规律以及它和周围的关联性用文字叙述出来，又抽象浓缩成几个字或者一个概念，然后约定。如果用很长句子，也可不约定，因为长句子已约定过了。产生新的约定越多，人类的智慧越发达。否则，为了描述一头牛，也要用大量的文字，占用大量时间，人类的聪明才智就达不到今天的水平了。

（10）人类发展的历史是约定集发展的历史

在人类不断对事物规律深化认识而涌现出许许多多概念和规律的时候，需要人类共同学习理解，形成新的约定，以丰富补充原有的约定集。从而可以大量减少日常讲话表述的时间和体力，它把困难交给了人类的大脑，而大脑是如此节省能量，同时还能随时输入输出。所以，人类发展的历史是在不断地扩充约定集的历史；并在创造新的约定、扩充约定集的过程中，训练与发育了人类的大脑，并把这种功能遗传给后代。

人与人之间通过感知器官认知后，用语言、辅之以表情等形态，形成了越来越丰富的约定集，增长了智商和智慧。抽象地"概括"描述事物特性，形成约定集，是人类智慧不断发展的表现。

人类提出的定义、假说、发明、发现、定律、定理等，如果被大家接受了，成为约定，人类就前进。但当大家接受了错误的概念或定理时也不要紧，这只不过是在建立新约定的前进中作了一个错误的约定，它不会改变约定集的本质。那些提出新约定的精英是创新人才，提出新约定的科学技术是新科学新技术。

(11) 人类文明——约定集与约定子集

按上述的说法：一切人类创造的文明，都成了约定集。的确如此，但是，就双方、多方乃至亿万人群方要交流意见——思想，并不需要使他们都掌握人类文明的全部共识的约定集。只需要交流方的人群具备所必备的那一部分的约定集即可，称之为约定子集。它是人类越来越扩大着的约定全集中的一部分。

中国人交流有中国人的约定子集，英国人交流有英国人的约定子集。约定子集与约定子集之间能沟通，就是翻译，称为约定子集的变换学。

医生和病人之间，有医学知识的约定子集，一般人不必全都了解；航天知识有它的约定子集，同样也非大家都需熟悉；卫星在某方面的应用，需要卫星专业与某方面应用专业之间形成约定子集。

(12) 约定集分类学

每个约定子集怎么分类，约定子集之间又不致变成单纯的还原论而相互割裂，需要综合、关联性研究，这就使得系统科学将此命题作为一门学问加以研究，称为约定集分类学。

(13) 约定集开拓学

人类在科学技术、生产、经济、安全、社会等诸多专业领域的发展是不平衡的。有的学问进步快、有的在某阶段进步缓慢些。同时，特别是许多交叉学科，更需要从人类社会客观需求来催生促进。人类社会发展，正如同"水桶效应"，短板短了装水少。因此，为了人类进步得更快，国家进步得更快，需要由一群操劳于人类进步的总体人员、国家进步的总体人员、事业进步的总体人员等，研究发现"短板"，发现约定集之中，哪些约定子集或约定孙集滞后或缺项，进而组织并管理好这些约定子集或约定孙集的发展。这是事关人类进步、国家进步、事业发展的创新核心。这项研究发现提出急待开拓的约定子集或约定孙集，并研究如何才能科学地组织与管理这项约定子集或约定孙集的开创、形成与发展的科学技术称为约定集优先开拓学，简称约定集开拓学。这样的人才或人才群体是领军人才、领军群体。

（14）消息源

人类交流的所有内容包含两大部分：一部分是人们对事物发生、发展、消亡客观现象的主观认识的各种不同的描述；另一部分是人脑思考各种不同活动的描述，如一部幻想小说、一台歌舞剧、一项主张等。这两大部分统称为消息。

人类交流消息，必须要事先学习掌握约定集或约定子集等，在交流时都是从双方都掌握的复杂约定中取出某些排列组合的约定而沟通。

所以，消息是交流者在共同掌握的约定全集或约定子集的情况下，对事物和思想的描述或者表达。交流者中消息发出者发出的消息，是消息产生形成发出的源头，称为消息源。消息源有取自现有约定集的，也有创造新的约定集的，或者取自新老约定全集的。

（15）概念

一方向对方讲一句话：如，"注意，我再唱一遍。"那么交流双方得到了共同的："注意"的概念，"我"的概念，"再"的概念，"唱"的概念，"一"的概念，和"遍"的概念。

如果交流双方用语言进行交流，"注意"这个声音从讲话方发出，到听话方听到是采用声音载体，而声音载体通过耳朵传到脑中形成了"注意"的概念。

如果交流者双方用写在纸上的文字交流，"注意"这个图形从讲话方写成文字发出，到受话方看到这种形状是通过文字图形载体；

而视频载体是通过眼睛看到而将"注意"的图形转到脑中，继而到脑中转化为了"注意"的概念。

所以，概念是以物理、化学、生物等物质作为载体运动的形式，在大脑转变成大脑物质的运动，而呈现为非物质形态的思维思想——概念。

（16）概念元素的源

上面提到句子中的一个"我"字，其读音"wǒ"与窝"wō"、卧"wò"是不同的。所以，中国人养成的听觉系统对于四声、对于"w"和"o"的频谱有很好的响应。也就是说，"我"这个读音是由"w"和"o"两个拼音的频谱和四声共同决定的。所以，中国人的汉语音的信源是由音频频谱和声调的概念元素组成的，每个拼音字母有各自的许多不同的音频频率、相位、振幅合成，声调又是音频频率相位振幅在发音持续期的一种变化规则。人具有对这些细分的概念元素的敏感和感知能力，并将这些细微概念元素合成去理解"我"的概念。所以，"我"的信息，乃是由更细的音频频谱、相位、振幅以及在发音持续期的变化——声调——这些更细的信息组成。人对声音的听觉的能力是有限的，对频谱、相位、振幅的分辨力是有限的。于是，人的听力智慧受限于分辨力。然后，"我"字读音的信息之源就出自这种分辨力的单元，这就是人听力智慧的概念元素的源头，人类听力智慧的信息之源。

然而，听力智慧不是人人相同的，音乐家对于声调的概念，远比四声声调丰富得多，对频谱、相位、振幅也会不同。人在听话时，会自动迅速地适应男女的频率、不同地方人的口音等，而在脑中变换（翻译）成人们统一理解的一个"我"的概念。若变换不了，就是通常所说的"听不懂"了。这时常常会要求讲话人再讲一遍或用"我你他的我"来使听者对"我"的概念的定位。当然，再进一步讲，将是听觉在噪声中对"我"字声音的分辨能力。

同理，"我"这个字，作为文字图像它由许多组成图像的细点相关联组成，它是视频的频谱、相位、振幅的综合。人的视力智慧，也受限于人对不同视频的频谱、相位、振幅的分辨力。于是人的视力智慧正是由这些分辨力单元作为概念元素的源头，即人类视力智慧的信息之源。

人类还具有鼻、舌、身等感知智慧的信息之源。

虽然人与人存在差异，但人类平均而言具有共同的潜在能力。人类将由物理、化学、生物等物质运动的时空数量的最细的分辨量转换成人脑中的概念元素，即构成了人类最基本的信息单元；人类通过由这些基本信息单元的各种组合和不同层次结构的错综复杂组合所形成的语句、图画、文章、著作、剧本等，使大脑得到了更多的信息集合—概念集合—思想。

人类对于超过自身感知能力的，如红外光、X光，对于超过自身最细感知分辨量的能力的，如微米尺寸的物体、毫秒级速率的变化量，都需要依靠仪器工具观察后，变换（翻译）成人类感知能力、感知速率、感知分辨率所及的信息而得知。这也是人类对信息的感知智慧的反应能力、反应速率、反应分辨率及潜能的极限。再加上人类大脑处理这些由基本信息单元综合成的复杂信息集合的能力，就成为人类的智慧。后者由于受人脑结构的限制，也有极限。所以，人类不停地创造一个个新的概念或者说创造一些名词、定义、定理、浓缩的概念等，即创造出许多新的约定甚至约定子集，以提高大脑反应和思考速率。人类的智商培育是针对这一极限的努力。

（17）信息

信息是非物质的，是属于思想—意识形态的。信息是意识形态中最基本的"概念"的元素，称为概念元素。信息还包括由最基本的概念元素组合形成组合概念的组合规则。这种组合规则也是一类概念，称为组合规则元素。

例如，"我"这个"声音"或这个字的"图像"，是最基本的概念元素。"我唱一遍"，这个四个概念元素的组合形成了这句话的组合概念，遵照中文语法，便形成了脑子中一个"我唱一遍"的概念，而不是"唱我一遍"或"遍唱我一"等。所以，中文语法是组合概念元素形成组合概念的组合规则。组合规则，即语法，一条语法就是一条组合规则元素。信息是概念元素和组合规则元素，因为组合规则也是一种概念，因此，把组合规则元素也纳入概念元素。这样，合在一起统称为概念元素。于是，概念元素就是信息，信息就是人类思维的概念元素。概念元素的集合构成信息集。

（18）消息与信息

某人发表一篇文章或发表一席演说，就是在讲述他的大量思想，它是通过各种"概念元素"集合而成（集成）的。在他脑海里，正是源源不断地将思想通过"概念元素"转化出文字图像或语音；通过思想的信息，转化为载体物质的相应运动所反映的信息，而与他人交流。

我们讲消息，就是指这种由图像、语音等各种载体物质的运动变化所反映出的基础概念元素，即信息的组合。

消息是概念元素即信息的载体物质；信息的组合或概念是思想的表现形式。

思想的表现形式有两类：第一类是文学艺术，它所表达的思想不必全部接受物质世界规律的检验验证，可以畅想，甚至"瞎"编；而第二类则是科学性的，无论是自然科学、社会科学、系统科学等。它所表达的思想应当接受物质世界演变规律的检验，要力求反映事物的客观规律。如果不能完全反映事物的客观规律，也只是不科学或缺乏科学性而已，这正是第二类信息的特征。

（19）反映客观规律的概念—思想—信息

人类所处的物质世界，无论自然的、社会的、或抽象成系统的，都是客观存在的，不以人的意志为转移。人类对这个物质世界的认识，并转化为相互交流的语言图形文字等，是物质世界的规律及其运动现象转化为人类非物质的概念—思想—信息，然后，再由信息转化在相互交流的载体上成为语言、文字图形等，而表达——"发"出。视听方则逆上述过程而最终变成概念—信息—思想。

人类每天都在自觉或更多不自觉地不断进行这种信息产生、信息转换、信息传输、信息转换、信息接收的过程。

动物也有上述过程，只是低级而已。如蚁群运食，蜂群蜇人，都靠信息。

（20）信息约定集

然而，人类之所以能相互交流在于人类在生理上具有天然的共同约定集，和人类发展后产生的非生理上的共同约定集（如不同国家的语言）。

通过前述所论述的约定集、约定子集……约定分类学、约定集开拓学等，转化到信息层面就对应构成了信息约定集、信息约定子集……信息约定分类学、信息约定集开拓学等。

信息约定集之中的所有约定内涵是确定的。但有些约定内涵的确定性不是唯一的。一字多义、一音多字等，都是约定集之中约定的多义性。然而这种多义性是有限的，法律条文，不允许采用多义性的约定；而文学艺术中常常喜欢这种多义性、外交场合也许也有这种多义性需要。

信息约定集之中的每一约定组合，许多信息组合的再组合，再再组合，乃至映照为消息等；其中带给人们的有：有效信息，冗余信息以及无效信息。

信息约定集之中的每一约定与另一约定之间，如果前者后者互不相关呈独立性的，称为无记忆效应的约定；否则，称为有记忆效应的约定，尤其是源自约定集之中形成组合的约定。

所以，信息约定集是一个复杂的系统。

（21）信息约定集结构学

如何从描述表达世上事物、现象或人脑思想的各种信息约定全集之中，优选或创造出一种信息约定子集，使日常描述表达更高效更可靠呢？

比如说，一部小说，是用中文描述表达呢，还是用英文描述表达？语音通信，是用中文描述表达呢，还是用英文描述表达？用中文时，是用汉语，还是用藏语？用汉语时，是用广东话，还是用温州话？就属于这类问题。

所以，信息约定集及其子集可以有各种各样不同的选择。它的选择与描述表达的目的有关，不同的目的有不同的优化信息约定集方案的选择。

在通话中用温州话对讲，别人较难窃听。这就是一种考虑。著作《红楼梦》选择了汉语这种信息约定子集来描述表达，运用许多谐音双关语，使作品内容描述表达得惟妙惟肖。这是一种优选。如果用英语作为信息约定子集来描述，则书本中为描述与解释各种谐音双关语将要花去大量笔墨，能否全盘表达明白，暂且不论，即使表达出来了，也会给信息约定集中增加大量的需要提取的信息不确定性；而用信息约定中文子集描述，则相应的叙述信息不确定性的量将少多了。因为《红楼梦》里不确定性的笔墨早已涵盖在汉语的信息约定子集中了。汉语信息约定子集将信息约定全集的不确定性的量，较多地浓缩于汉语信息约定子集之中了，从而使采用汉语信息约定子集来描述表达《红楼梦》时，此约定子集之中自身的不确定性的量就减少了。而读者经子集到全集而获得的《红楼梦》全书的信息依然和采用英语子约定集准确翻译的结果一致。

中国古代用文言文表述，可以节省笔墨纸张和时间，这就是对信息约定子集的一种优化设计选择。但是受众必须懂得文言文所表述的意思，即具备对文言文的信息约定集的智慧。

由此，我们会发现采取不同约定子集，反映到印刷纸、通信传输量上、讲话的时间上都是不一样的。也就是说，信息约定集和信息约定子集在信息不确定性上具有相关性。信息约定集的不确定性涵盖的内容越丰富，信息约定子集的信息不确定性涵盖的内容就越少。

所以，随着人类文明的发展进步，不但需要研究人类历史上信息约定全集与子集的结构（包括它的不同层次），还要进一步研究人类未来发展需要的更科学的信息约定全集与子集的结构，这是一门学问，称为信息约定集结构学。

所以，需要系统地、有目的地、自觉地研究信息约定集的形成与发展、层次结构及其高效性高可靠性；同时，还需要研究信息约定子集的优选与组织，使信息约定子集尽可能减小，以节省资源和时间，或者说寻求全集与子集的最优匹配。这两者结合在一起，称为信息约定集结构学。

（22）信源

物质世界的自身现象、演变规律是自身存在的。

如何从物质世界得到信息；如何从表象信息中获得规律性的信息，以进一步理解、描述和认识物质世界，是各种门类的科学；怎样利用科学来改造或适应自然、社会的方法是各种门类的技术。

人类已经认识到事物的现象及其规律，按照同一个信息约定集的约定规则加以表述，构成物质世界信息之来源，称为信源。表述内容越多，信源所含内容就越丰富；全部都表述出来，就是信源的全部。采用不同的信息约定集表述，将形成不同形式的信源。

人类尚未认识、尚需挖掘的现象及其规律的表述，是物质世界信息的潜在来源，称为潜在信源。

（23）信源学

系统地、有目的地、自觉地研究信息约定集的形成与发展及其高效性高可靠的信息约定集结构学；研究信息约定集的层次划分、研究信息约定子集、信息约定孙集等的分类与综合集成的优化方法与规律的信息约定集分类学；研究信息约定集子集的变换学；研究信息约定子集优先发展并促进其形成的信息约定集优先开拓学；合成为一门学问，称为信源学。它是形成信息之源。

简而言之，信源学是研究信源的结构、分类、变换、开拓的科学与技术。

信源学的任务之一是研究人类现有信息约定集的形成、演变、变换及发展的规律；研究信息约定集的体系结构层次形成、特征及高效性和冗余性的规律；研究人类文明未来发展所需更高效可靠的信息约定集的最佳结构层次形式；研究专业人群更高效更可靠交流所需的信息约定集的结构层次形式。

信源学任务之二是研究新的各种信息约定集的产生、鉴别和形成的自发规律和孵育规律及孵育技术。

鉴于各类事物现象和人脑思想的高度复杂性，形成人类更高级的信息约定集的科学和技术，尚需时日。所以，当前信源学的研究以分解建立各类专业信源学为主开展，再逐步综合形成信源学信息约定集的科学理论体系。

（24）信源学与信息论、系统工程

信息论只是可靠地、有效地传输信息和处理信息的理论，它不"制造"——挖掘、发现、创造——信源，不"制造"约定。

信息论自身会发展，然而，如果信源中又增加了许多新的信源——新的约定，那么两者合起来发挥的作用就更大，它们不是相加，而是乘积效应。

系统工程也同样需要在扩大信源新约定的内容上取得突破，以产生乘积的倍数效应。同时，通过研究信源学将发现信源与信息之间形成的复杂大系统，也将丰富与推进系统科学的发展。

信息化是信息运用的程度，它是信息约定集在质的方面的深刻程度和在量的方面的充分普遍程度两者综合的体现。

信息化程度越高，信息被有效地描述表达的深刻程度和充分普遍程度越高。

（25）电磁信源学

①电磁信源学定义

电磁信源学是研究物质，包括物质本身及其环境物质，在时空演变过程中，反映出物质在整个电磁谱段上表征其本质特性的频率谱、幅度、相位值；通过这种映照关系，人们可以从获得的各种受干扰的、且信息不够完全的复杂信息中，反演出其中是否存在着该种目标物质。并且，当掌握了处于环境中的目标物质与其相处的环境的物质（环境物质）之间，若存在着某种必然的映照关系时，人们也可间接通过在复杂背景信息中，获得环境物质的频率谱、幅度、相位的信息，反演出其中是否存在着与该种目标物质相处的环境物质，进而再反演出是否存在着该种目标物质。前者研究目标物质的直接电磁信源特性;后者研究目标物质相处环境物质的间接电磁信源特性。研究物质这两类电磁信源特性的科学技术称为物质的电磁信源学。它是信源学的一个分支。

② 电磁信源学研究的内容

电磁信源学研究的内容是:研究目标物质的上述两类电磁信源特性的产生机理、时空演化的映照规律、建模与仿真、数据分析方法、特征提取与特征选择方法等,进而还研究目标物质在所处环境物质共融或冲突下,简易辨识目标物质唯一性本质特征。

实现简易辨识的规律,称为目标物质的电磁信源采样定理。

目标物质电磁信源特征包括:目标物质自身固有产生的辐射特性,目标物质对外界环境各种能量的散射和透射特性或受激产生的特性,及其环境物质与目标物质的固有关联特性、环境物质的自身固有产生的辐射特性、环境物质对外界环境各种能量的散射、透射或受激产生的特性。

③ 电磁信源学研究的基本方法

潜在信源学的开拓方法有多种多样:直接观察物质世界的表面现象,从而认识物质,是一种直接观察表象方法;通过物质世界内在的物理、化学、生物、生命演化现象、机理,找出一般性和特殊性,从而认识物质世界,是一种直接观察内在现象的方法;还可以通过认识到的事物发展过程的演绎规律,来预测事物的未来必然会演变的现象,而认识世界,这是对尚未发展成熟、处于发展演绎的过程中的事物,认识其未来现象的方法;还可以通过物质与物质之间的关联性,间接观察而认识世界的方法。这种间接认识世界的方法,例如自然界中,如果有甲物质必然产生乙物质,或有甲物质必然伴随有乙物质,那么一旦获得了对乙物质源的认识,必知有甲物质的存在,从而虽然很困难获得甲物质源的直接认识,却可间接发现甲物质之存在。

再例如,通过测量计算农作物的叶面积指数,研究作物生长状态;研究晚中生代断陷盆地,往往会发现共生的煤和油;研究烃源岩的演化模式，寻找油藏；从煤矿中寻找煤层气和煤成气；从煤地层中寻找对应关系良好的藻煤、烛煤和腐蚀煤；通过地质背景研究岩矿成因，如斑岩型的铜矿；铁质性、超基性岩浆侵入活动相关的岩浆型铁矿床，如攀枝花铁矿床；伴生矿如钽铌矿、稀土矿、铅锌矿；利用烃源岩的热演化史与生排烃史的模拟来分析油气源的可能性；对苏北盆地各源层样品的分析，归纳出区分各源层的地球化学特征，从而演绎分析某个特定原油样品的油气源等。

④ 地物电磁信源学——地物波谱特性研究

遥感卫星发展得非常快，种类很多。从地球同步轨道、高轨道到低轨道都有。其作用是利用星上装载的各种遥感探测设备，获取地球表面（雷达卫星还探测到地表下浅层）物体辐射和反射的电磁波信息。

不同物体对不同波长的电磁波有各自不同的辐射特性和反射特性，即地物波谱特性。当卫星测得某种地物的特定波谱特性后，便可知道该处存在该种地物。例如，大型油气盆地，如果其地表有烃类物质微渗漏，而烃类的物质在短波红外谱段显示有典型的强吸收光谱特征，因此遥感卫星可用以寻找油气。又如从水稻的生长波谱特性中了解水稻的长势和病虫害情况等。同样，地下水资源、矿产资源、农作物、林作物、草地生长情况和产量、沙地、海水、河水、建筑物、地形地貌、海洋渔业……都需依靠不同地物相应的波谱特征，才能了解该物的状况和演变。军事目标是在上述地物背景下的物体，如丛林中的坦克、伪装下的导弹等，它们的发现、识别、监视和跟踪，都需要有针对性地根据不同波谱特性和地物背景的波谱特性加以区分才能得到。

所以，波谱特性的基础研究是所有遥感类卫星（包括空基雷达卫星、空基红外/光学卫星、气象卫星、海洋卫星、侦察卫星、资源卫星等）设计研制的前提和依据。只有对地物波谱特征研究清楚，才能据此确定设计什么样指标的遥感类卫星，确定它的有效载荷应采取什么样的基本原理，选择什么样的主要设计参数等。否则，只能盲从，人云亦云。

　　因此，美国几十年来很重视波谱特征的超前研究，制成了光谱数据库（JPL、USGS、ASTER 和 IGCP－264），以此形成标准，为各类军民用遥感卫星型号设计者们提供基础科学知识和设计依据。表 2-12 所示为部分地物光谱数据。

表 2-12　部分地物光谱数据

Fe^{2+} 的光谱吸收特性：0.43 μm，0.45 μm，0.51 μm，0.55 μm，1.0～1.1 μm

Cr^{3+} 的光谱吸收特性：0.4 μm，0.55 μm，0.7 μm

Cu^{2+} 的光谱吸收特性：0.45 μm，0.80 μm

菱镁矿的光谱吸收特性：1.84 μm，1.96 μm，2.13 μm，2.31 μm，2.51 μm

H_2O 的光谱吸收特性：1.135 μm，1.375 μm

NH^4 的光谱吸收特性：2.02 μm，2.12 μm

C—H 的光谱吸收特性：1.7 μm，2.35 μm

棉花的光谱吸收特性：0.674 μm；反射谱带 0.549 μm，0.770 μm，0.835 μm，0.972 μm

水稻的光谱吸收特性：0.676 μm；反射谱带 0.550 μm

垂柳的光谱吸收特性：0.494 μm，0.672 μm，1.000 μm；反射谱带 0.785 μm，0.846 μm

草地的光谱吸收特性：0.672 μm；反射谱带 0.560 μm，0.602 μm，0.930 μm，1.664 μm，2.215 μm

海水的光谱吸收特性：0.489 45 μm；反射谱带 0.464 μm，0.605 μm

　　近十年来，美国更进一步加强了地物波谱的研究，扩展了谱段范围，加密了谱线，加窄了带宽，并开展了地物波谱形成机理及波谱间相关特性等基础研究，从而促进了美国军民各种遥感卫星的发展。例如美国陆地卫星 Landsat（主要用于土地利用、农业、林业、生态、水资源及制图），从 1 号发展到 7 号，技术上从第一代发展到第三代（见表 2-13），对现有植被生物量、生物生产率和生态系统边界移动的估计和监测越做越好了。美国资源类卫星已发展为四类：Landsat 类、高分辨率类、高光谱类和雷达类，它们都是按地物波谱的规律去开展卫星研制的。即使这样，他们还深感对地物波谱超前研究的工作远远不足，致使经常出现被动或走弯路。他们也清醒地知道："迄今积累了海量的遥感数据，有 95% 从来没有看过！"

表 2 – 13 三代美国陆地卫星的波段

陆地卫星	第一代（1 号、2 号、3 号）	第二代（4 号、5 号）	第三代（6 号、7 号）
波段/μm	0.48～0.58 0.58～0.68 0.70～0.83 10.4～12.6（3 号）	0.45～0.52 0.52～0.60 0.63～0.69 0.76～0.90 1.55～1.75 2.08～2.35 10.4～12.5	0.50～0.90 0.45～0.52 0.52～0.60 0.63～0.69 0.76～0.90 1.55～1.75 2.08～2.35 10.4～12.5

对规律认识得越深刻，卫星研制水平就越高。波谱特征的基础技术研究，是制约各国遥感卫星发展的因素。同时，对于一项具体的遥感探测任务不需要获取海量数据、不需要海量波段（线），其具体选择要由电磁信源学来回答。所以，电磁信源学的研究，对国民经济和国家安全的发展十分重要。

⑤小麦光谱信源学模型

利用小麦光谱特征，可以对小麦产量、生长、施肥等作出预测和控制。对于小麦光谱的研究工作，国内外专家正在继续研究完善中。我们在此，对小麦光谱信源模型作一扼要介绍，期望继此深入推进。

小麦生长过程总信源模型见图 2 – 29，它给出了完整的小麦全生长过程中相关的光谱，也是供小麦估产的总体模型。图 2 – 30 是图 2 – 29 的嵌入部分，图 2 – 31 是光合日总量模型，图 2 – 32 是图 2 – 31 关于瞬时吸收光合有效辐射的模型；图 2 – 33 是图 2 – 32 的一部分。

图 2 – 29～图 2 – 33 中小麦光谱的信源用虚线框图标注，主要包括如下信源信息。

1）位置特性：纬度、太阳赤经、太阳天顶角、太阳高度角、地面水平高度等；

2）天气性状：气溶胶、天空状况（无云指数、晴空指数）、实际日照数、最大日照数等；

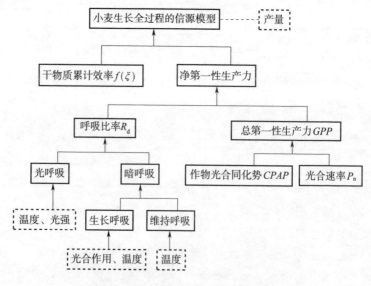

图 2-29　小麦生长过程总信源模型

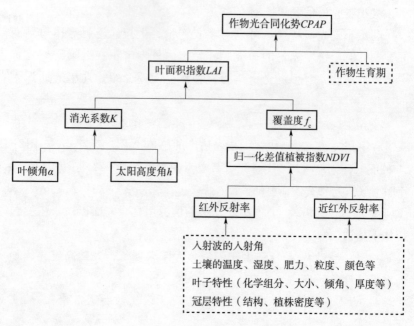

图 2-30　作物光合同化势模型

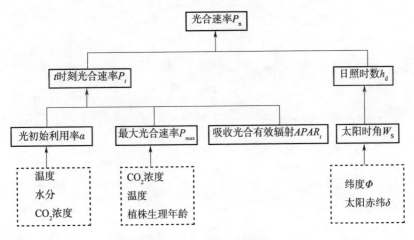

图 2 - 31　光合日总量模型

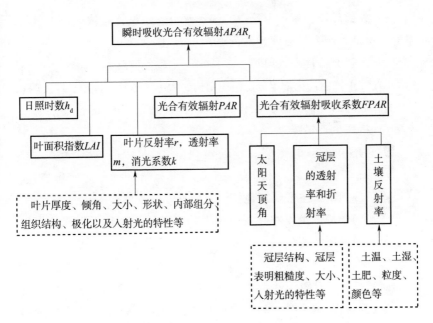

图 2 - 32　瞬时吸收光合有效辐射模型

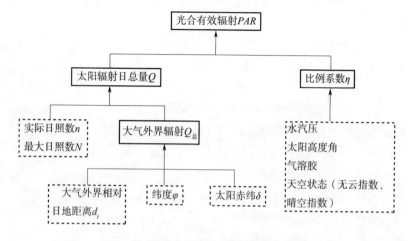

图 2-33 光合有效辐射 PAR

3）外部环境因素：温度、光强、水分、二氧化碳浓度，土壤的温度、湿度、肥力、粒度、颜色等；

4）入射波特性：入射角、波长、极化、各种反射等；

5）叶子特性：化学组分、组织结构、大小、形状、倾角、厚度等；

6）冠层的外部特性：结构、植株密度等；

7）植株生理年龄等。

下面介绍基于电磁信源学的农作物/小麦估产方法。参见图 2-29～图 2-33，由于目前农学家们还没有给出统一的计算公式，这里不一一列出，主要讲述他们研究的总体思想与基本方法。

作物的产量是由作物在每一生育期不断积累产物而形成。作物在生长过程中还要为维持自身生存，通过不停呼吸消耗掉生产的一部分有机物，才形成净积累。

前者是作物总第一性生产力（GPP），也称为总初级生产力。它是指绿色植物在单位时间和单位面积上通过光合作用所产生的全部有机质总量，即光合总量。它决定了进入植物的初始物质和能量。

后者是作物净第一性生产力（NPP），也称为净初级生产力。

自养呼吸消耗的部分与作物总第一性生产力之比，称为消耗比率（R_d）。

净第一性生产力转变为作物产量的转换因子称为干物质累积效率（f_ξ）。它和作物的碳水化合物成分、二氧化碳成分、继续呼吸消耗、灰分损失、水分损失、非食部等有关。

小麦的呼吸作用包括光呼吸和暗呼吸。光呼吸随着温度和光强的增加而增加。光呼吸消耗量是小麦的实际日光合作用速率、日平均温度、小麦光呼吸系数以及小麦呼吸熵（和温度有关）的函数。暗呼吸又分为维持呼吸和生长呼吸。维持呼吸是小麦植株维持基础代谢而呼吸的消耗，是绿叶、茎梢、根、储藏器官分别维持呼吸系统的消耗总量与小麦呼吸熵的函数；生长呼吸是小麦植株的有机质合成和植株生长所需，是光合日总量和小麦光合作用下的生长呼吸消耗系数之积。

影响呼吸速率的主要因子是光合速率、温度、绿叶质量、茎梢质量、根质量和储藏器官质量。

光合作用能力用光合日总量（P_n）表示，是光照强度、气温的函数。光合的速率具有对光强、温度的自动调节作用，光强大于约 $1\ 600\ \mu mol \cdot m^2 \cdot s^{-1}$ 时，光合速率不再增大；当温度在 $26\sim28$ ℃时最适宜。光合速率是作物在最适宜的自然条件下，即 CO_2 浓度 300 ppm、光饱和（最大光照）、最适温度、水分和养分充足时，完全展开而活性最高的叶片所显示的光合作用速度。它表征了作物光合作用的能力。

这样，小麦光合日总量是每一时刻下小麦吸收光合的有效辐射量与光能初始作用效率之积和小麦最大光合速率所构成的函数，在全日照时数范围内对时间的积分。

其中，全日照时数是小麦所在地点的纬度和太阳赤纬的函数。

其中，光能初始作用效率是指植被把所吸收的光合有效辐射转化为有机碳的效率。它是温度、水分、二氧化碳浓度、生理年龄等的函数。

其中，最大光合作用速率（P_{max}）是理想最大光合作用速率与一组衰减系数的乘积，该衰减系数受温度、二氧化碳和生理年龄影响。而最大光合作用速率是与二氧化碳浓度、单位叶面面积上最大催化能力相关的函数。

其中，瞬时吸收光合有效辐射（$APAR_t$）是 t 时刻叶子两面吸收光合有效辐射，它是叶层消光系数、叶片反射率、叶片透射率、叶面积指数和作物冠层上部光合有效辐射的函数。而作物冠层上部光合有效辐射又与日总辐射量和比例系数有关。比例系数又与日、月、季的变化有关，即与地理纬度、太阳高度角、水汽压、天空状况函数（无云指数、晴空指数）等有关。太阳总辐射量是太阳在大气层上的总辐射与日照百分率之积。而日照百分率与当地天气有关。太阳总辐射量是达到地面单位面积上的太阳直接辐射与天空散射辐射之和。而到达小麦冠层的太阳辐射一部分被吸收用于光合作用，一部分被反射，一部分透过叶片群透射到地面，地面也有一部分反射给叶面。

作物光合同化势（$CPAP$）是作物发育起始期和终止期的叶面积指数，它与发育起始和终止的时间段有关。其中叶面积指数是叶片群体内光能分布和作物覆盖度的函数。而作物覆盖度与太阳光谱在红波处（0.69 μm）叶绿素强烈吸收、近红外处被叶细胞结构强烈反射的机理有关。

⑥岩矿探测信源模型

岩矿探测信源模型包括三大部分：岩矿内部因素，岩矿表面因素，岩矿外部因素。

岩矿内部因素信源模型见图 2 - 34。虚线框内表示电磁信源。

岩矿表面因素信源模型见图 2 - 35。虚线框内表示电磁信源。

岩矿外部因素信源模型，主要指大气环境，太阳光—岩矿目标—传感器的几何位置关系，以及传感器性能三方面。这里不再展开叙述。

⑦小结

鉴于各类事物现象和人脑思维现象的高度复杂性，形成理想的

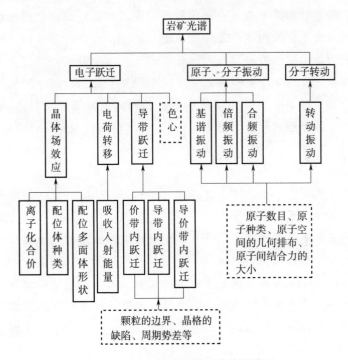

图 2-34 岩矿光谱内部因素信源模型

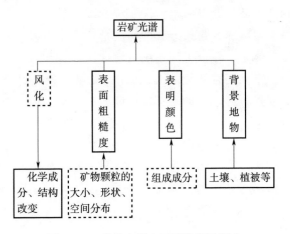

图 2-35 岩矿光谱表面因素信源模型

信息约定集的科学和技术——信源学，尚需时日。然而，研究信息约定子集的工作，视需要随时都可进行。

当前，信源学的研究重点已分解成许多专业分支，以建立各自的专业信源学为主开展研究，条件是具备的。然后再逐步综合。

电磁信源学有着极大的应用前景和极大的发展迫切性。因此，作为重点突破是大有可为的。

2.3.10　从定性到定量综合集成方法

（1）综述

从定性到定量综合集成方法是钱学森在 20 世纪 90 年代为解决开放的复杂巨系统而提出的方法。他又称之为从定性到定量综合集成研讨厅体系方法。后来因名字太长，他改称为大成智慧工程，意思是要把人的思维及思维成果，人的经验、知识、智慧以及各种情报、资料、信息统统集成起来；要把今天世界上千百万人思想上的聪明智慧和古人的智慧都综合起来的工程。这一工程上升为理论的学问，称为大成智慧学。

从定性到定量综合集成方法，适合于解决现实复杂巨系统问题。它的理论尚在不断发展中。

从定性到定量综合集成方法的实质是把行业领域专家体系、数据与信息工程体系、系统工程系统科学计算科学体系三者有机结合起来，构成一个高度智能化的人—机结合、人—网络结合，以人为主的系统；它把各种学科的科学理论同人的经验知识结合起来；把思维、思维成果、经验、知识、智慧，以及各种情报、资料和信息统统集成起来，发挥全系统的综合优势、整体优势和智能优势；使多方面的定性认识上升为定量认识，以寻求对开放的复杂巨系统的解决方案。这一方法吸收了还原论方法和整体论方法的各自长处，又弥补了它们的局限性；是还原论方法和整体论方法的辩证统一，即系统论的一种方法。

（2）方法要点

从定性到定量综合集成方法的要点可以概括为：组织三支专家力量，一套思维流程按四步循序渐进，使定性综合集成上升为定量结论。

①三支专家力量

第一支专家力量是有经验有知识的行业领域专家和管理专家；第二支专家力量是海量数据、资料、情报的信息工程专家；第三支专家力量是系统工程、系统科学和计算科学专家。

第一支专家力量的要素就是要有专家对命题的解决意见，主要是经验性的认识。专家意见也可能有矛盾，此时要尊重每位专家从实践经验作出的判断。第二支专家力量的要素就是信息。信息工程专家要从客观实际的真实、准确、详尽的统计数据和有关历史的和当前的资料的海量信息中提取为我所用。第三支专家力量的要素就是把众多智慧综合集成。要采用系统工程的方法，设计出多种包含成百上千个参数的大型模型。从而三者一起协同开展从定性到定量综合集成求解研究。

②一套思维流程按四步循序渐进

对研讨主题，按"假说、建模、仿真、检验"四步为一套思维流程循序渐进，从定性到定量综合集成。

第一步，假说。即针对一项具体的复杂巨系统问题，以行业领域专家、科学理论专家、实践知识丰富的专家、具有判断决策经验的专家和管理专家为主，与系统工程专家配合，依据所掌握的科学理论、经验知识和对实际问题的了解和判断能力，共同对上述系统问题的运行机制和管理机制进行研讨，确定问题的目标指标体系、分析问题的症结所在，提出各自对解决主题的建设性意见；由于个人对系统的点滴经验认识有限，单一的理论成果、单条的实践经验往往很难概括全貌，所以要综合他们对解决途径的见解，形成多个定性定量的判断设想方案，其中经验性的假设、判断或猜想往往是定性的认识，不足以用严谨的科学公式加以说明。

　　第二步，建模（模型）。以系统工程、系统科学和计算科学专家为主，各方配合，按所提的设想方案，用系统思想和系统方法，结合经验性数据和资料，设计若干个由几十、几百、上千个参数组成的、能映射描述出上述系统问题的结构、功能、输入—输出的关联性客观因果关系的数字模型和逻辑模型。依据上述带有许多经验性定性的判断假设而建立的模型，能否真正反映实际中的问题，需要经过系统的检验，不可轻信，这就是模型可信度分析，仿真一定要仿照成对真实问题的描述。这种检验既要同各种现实数据与资料作对比，还要请行业领域各类专家依据常识和经验来判断经验性假设与模型映射的客观性，并不断反复修改直至完善；大家对此模型与结果在看法上认识不一致也是常事，有时不排除少数人是正确的，这时的原则是求同存异。

　　建模的目的是通过仿真寻找实际问题的解决方案。在模型建立过程中，要确定系统建模思想、模型结构分层体系、模型功能和要求，构建系统模型框架，界定系统边界，明确模型的状态变量、环境变量、控制变量（政策变量）和输出变量（观测变量）。

　　第三步，仿真。有了较完善的系统模型，就可借助计算机模拟研讨主题及其与环境交换物流、能量流、信息流的各种定性和定量的功能和性能，构成针对研讨主题系统的仿真体系。于是通过系统仿真可以研究分析研讨主题在不同输入下的反应、系统的动态特性以及预测其未来行为等。在分析的基础上，反复尝试各种解决方案。

　　第四步，检验。经过反复仿真，进行系统优化，使研讨主题达到所期望的功能，请各方面专家来检验评议；如果结论尚不足可信，则可再反复，甚至推倒假说、重新建模、仿真、再检验，一轮轮循序渐进。这种由行业专家、管理专家、系统工程专家以他们的理性的、感性的、科学的和经验的知识相互补充，共同地不断再分析、再讨论和再判断获得的定量结果可信度就比较高。如果可信度不高还可以不断修正模型和调整参数，反复多次。这时，既有定性描述，又有数量根据，已不再是开始所作的判断和猜想，而是找出了有足够科学根据的，使研讨主题具有我们所期望的功能为最优、次优或满意的政策、策略和决策判断；最后集中正确意见作出判断选择，形成在现阶段从定性上升到定量认识客观事物所能达到的最佳结论性建议。以上各步可用框图表示，如图 2 - 36 所示。

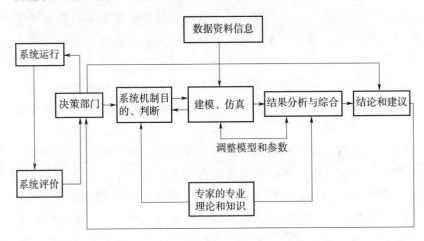

图 2 - 36　从定性到定量综合集成方法

（3）指导思想

研究开放的复杂巨系统，既不能陷入还原论、也不能陷入整体论；要发挥这两者之长、避两者之短，要有正确的思想指导，这就是系统论、系统科学，它的哲学基础就是马克思主义辩证唯物主义哲学思想。

面对这样一个开放的复杂巨系统，特别要防止头脑僵化，形成一个固定的概念后就一成不变排斥他人。例如，用"地震不可预测"的僵化思想来错误地指导地震预测。

防止孤立分割形而上学地观察事物。因为事物本身是个整体，其关联性是客观存在的。人们通过将其分解来认识它是受制于人类当前认识能力的局限性。所以，对事物的关联研究是基本功。

同时，我们还必须认识开放的复杂巨系统是千变万化的，随着时间的推移在发展演变，即使认识了的事物规律，也有可能发生改变。因此要不断修改理论和认识。所以此类的研究工作不是临时性的，需要长年累月甚至几代、几十代人的奋斗积累。

（4）贯彻路线

一个开放的复杂巨系统错综复杂，许多内在的本质规律不能在短时间内全部被人认识清楚，许多现象和规律只能定性描述，甚至还不一定能表述完善。面临这样的实际困难，采用从定性到定量的综合集成方法的本质或者说实质，就是要充分发动群众、走群众路线：需要吸收尽可能多的力量和智慧来深入广泛探索。因此需要吸纳各种类型的专家、各种在实际中有经验知识的行家里手、业外潜心研究人群的见解思想。在这些人群的见解中有的是在某些局限条件下得出的成功心得与经验，某些判断时而正确、时而错误、时而无所反应而被遗漏，或者说他只摸索到了一点规律而形成此规律的前提条件还未能完全掌握，如此等等。如果把这些见解割裂开来，其价值甚微；但如果将众多分散的经验知识汇集一起，通过设想构建模型，就有可能找出众多因素之间的关联性，从而忽然可以"柳暗花明"，即 1+1>2，得出置信度很高的判断或解决方案。"三个臭皮匠顶个诸葛亮"，"群众是真正的英雄"的哲理就充分得以体现。因此研究开放的复杂巨系统的过程中，一定不能孤军奋战，要博采群芳，提倡群策群力。要用敞开的胸襟和开放的思想欢迎和吸纳来自各方的智慧。所以，它必须是一种开放形式的研讨体系。综合集成研讨厅体系要吸纳尽可能众多的各界有志人士，有理论的、有实践经验的、有管理决策经验的，不论其学历资历年龄都可以参与研讨。请他们提出思想与方法，请他们参与实验与验证，请他们推荐古今中外的相关数据、情报与参考资料，请他们推荐和发现人才等。

我国有多次大的地震和滑坡预报，都有许多关心与热爱预测预报事业的老中青业内外人士，经过他们相互联系交换看法、相互补充前兆征候关联性、相互启示聚焦而得出了成功结论。

从定性到定量综合集成方法首先需要突破的核心是事物的关联性；而群策群力正是突破此核心的基石。真正做到集腋成裘，把零金碎玉变成大器，也是使民主集中原则得以完美的发扬和体现的法宝。

（5）领军核心

各行业的专家群体是命题研讨的主体。命题研讨的群体中有各种专家，有本行业的、有非本行业的，有经验丰富的、有从事此研究不久的，有研究理论的、有从事实际工作的等。对命题综合集成的求解是一个人机交互结合、专家群体共同研讨分析的过程。在这个过程中，研讨主持人起着重要的作用，是领军核心。无论是研讨步骤的转换，研讨程序的管理，还是对问题求解策略的引导，都离不开主持人的作用。主持人角色的设立和主持人在线参与研讨流程的控制与调度也是人机结合思想和民主集中制的重要体现。由于所研讨的是一个复杂巨系统问题，它具有多个子系统、多个层次及相互耦合的特征，同时该问题在求解过程中由于问题分解和问题求解交互作用所体现出的动态复杂性，研讨主持人必须对整个研讨流程进行细致而规范的过程控制，理清大量问题和求解主体之间的内在联系，协调专家群体中各位专家主体的求解差异，使整个综合预测问题的求解更加合理和有序，从而形成一个有效的协同工作环境。同时，研讨主持人必须对命题中各种环节缘由、因果及机理的理论体系具有深刻的理解和研究，掌握专家群体中各位专家理论、观点、经验、方法的思路，其理论与实践内在的和与外界的关联性、优缺点等，本着尊重事实、以国家为重的原则，公平、公正、公开地主持和协调研讨过程，并积极引导这种研讨过程朝着高效准确的方向进行。

鉴于主持人个人知识智慧的局限性，所以从事主持工作的往往是一个领军专家的群体，主持人乃是主持群体的领头人。

（6）从定性走向定量的事物描述

本方法面临的和所需突破的主要难点在于缺乏用于定性转为定量地描述事物的定义和指标。例如许多定性的描述：获得好成绩，存在不安全，中医中的脉细、脉滑等，都缺少一种人们可接受的从定性走向定量的描述表达，进而逐步量化。没有这种向定量过渡描述事物的定义和指标，专家们就缺乏共同研讨语言和认识标准，也不可能建立定量模型以分析探讨各种政策的优劣效果。所以，在运用从定性到定量综合集成方法求解开放的复杂巨系统时，采取什么样的方法能够从定性向定量地去分析描述事物是关键的关键。我们将在后面的介绍中分别举例阐述。

（7）长期研究的组织体系

从定性到定量综合集成方法不是一蹴而就、临时召集若干位专家开会研究就能提出的，它需要运用这一方法，针对所要研讨的专门命题，由一部分核心专家组织起来，在首席专家主持下长年从事这项专职工作。核心专家们是 24 小时专职研究这一专门命题的总体成员。他们的主要任务是：分析分解命题；集成综合命题；构思并组织大家形成各种层次的假设/假说；组织大家建立模型，并通过论证设计出各种验证或否定这种假设/假说的实验方案、手段和方法；组织大家验收各种提出的手段或验证工程的实施结果；然后构建该专门命题的可信度高的可供仿真的模型；最后通过仿真，对所研讨的命题得出先民主后正确集中的意见和建议。

为此，一是需要建立信息库——海量的数据资料信息库，各种决策支持系统的案例信息库；二是为研讨提供各种通信用的、计算用的和交流知识用的设备、工具和软硬件条件；三是要经常性地预先想定出各种可能会发生的环境演变或系统自身演变情况下出现的案情，通过建立不断完善的模型和一系列仿真与实验验证，研讨各种应对措施、调节控制方法、调控策略、调控政策等，形成各种供决策咨询使用的应急备用案例及应急对策库；四是在一旦遇到实际情况，综合专家意见，运用储备的成熟手段方法，提出实时应对的咨询解决方案建议，供领导部门选择。

所以，每一项专项开放的复杂巨系统，都是一个需要建立开展长期研究工作的从定性到定量的综合集成研讨厅体系。

（8）综合集成研讨厅综述

综合集成研讨厅体系是一个为相关专家们提供公共研讨环境，

并支持相关知识从定性到定量综合集成的人机交互平台；是一个在处理定性与定量的关系、实时动态建模、系统工作流程与调度机制的组织等方面，可以将专家们凭经验得到的定性认识以及各种统计信息与其他知识，经由计算机及相关技术综合处理、建立模型、反复修改，最终上升为面向全局的定量知识而创建的新工作体系；也是一个为人机智能交互环境，既充分发挥人在感受与认知、定性处理、非结构化分析等方面的特长，又充分发挥机器在精确处理、数学计算与数据处理能力等方面的优势的，可以将人的心智与机器的智能、感受与知识、感性与理性、定性与定量、形象思维与逻辑思维等人机各自优势进行充分互补协作而创建的新工作体系。

因此，突破从定性到定量的综合集成方法所面临的核心技术是将各种微观和宏观现象有机组合、博采众长，去粗取精、去伪存真、由表及里地深入分析，以事物本质机理为线索，将关联证据有效地加以综合，形成前后逻辑一致的确定性和非确定性的证据网络。

综合集成研讨厅体系是集专家体系、机器体系和知识体系于一体，强调把专家成果和智慧、各种资料信息和工具以及系统思维和方法集成起来，应用于研讨命题的综合集成。它通过反复研讨论证，创造性地达成共识，提供各类评估结果、分析建议。其中专家体系在人机交互中是综合集成研讨的主体。在首席专家或专家组主持下，由行业领域专家与管理专家、信息工程专家、系统工程系统科学与计算科学专家等三大方面专家组成。他们的研究成果、智慧、经验、逻辑思维能力及由这个群体通过互相交流、激发、学习而涌现出来的群体智慧在解决高复杂性问题综合集成分析预测方面起着主导作用；其中机器体系是工具，包括研讨厅为专家们研讨提供支持的各种会务工具，如视频会议、支持异地的音视频通信工具、群件（Group Ware）、电子公共白板、信息挖掘工具、综合显示平台等；包括为专家共同建立历史知识和案例库、基础数据库（如监测数据库、背景与特征数据库、专业数据库、环境数据库等）等，它是对研讨命题相关资料信息的收集、存储、共享、展示，是对专家智慧的有效补充，是定量分析和综合集成求解的重要手段；其中知识体系则是新知识产生的主要源泉，包括集成建模手段（包括贝叶斯网络、证据理论、神经网络、模式识别、仿真反演、集成建模环境等）和综合共识过程〔包括头脑风暴、投票、德尔菲（Delphi）法、层次分析（Analytic Hierarchy Process，AHP）、决策分析、名义小组（Nominal Group Technique，NGT）、群决策等〕，它们可以集成更广时空领域的专家经验知识和相关领域知识，并基于系统思维形成关于综合集成预测问题求解的新的共识和知识。

综合集成分析研讨厅采用研究人员集中与分散相结合，循环研讨螺旋上升深化推进的方式进行。集中时，专家集中研讨各种构思设想、试验结果和评议，获取群体智慧，特别是核心专家的智慧，从而为解决综合集成所期望研究的命题，提供战略/战术思路和构架；分散时，专家分散针对集中研讨的安排，通过模型运算和实际试验，进行深入分析、试验求证。如此交替循环，由简单到复杂、从民主到集中的螺旋循环式推进。最终从实情出发，综合专家意见，运用储备的成熟方法手段，提出实时应对方案的咨询解决方案建议，供领导部门选择。

例如，针对地震预测，可以建立以综合集成研讨厅为核心的，对各类地震预测资源进行有效地逻辑物理组织的整体框架，见图2-37。

（9）研讨厅体系软硬件主要功能

以地震预测为例，从定性到定量综合集成研讨厅体系软硬件环境的主要功能如下：

1）系统支持分布在各地的地震预测专家进行预测与研讨；

2）系统提供专家研讨会使用的各种工具，如视频会议、群件、音视频通信工具、电子公共白板、信息挖掘工具、综合显示平台等，使研讨过程更加方便、快捷、有效；

3）系统提供和支持各种研讨方法和研讨方式。比如，提供研讨流程定义手段，提供各种集成建模和综合分析的方法模板，提供问卷生

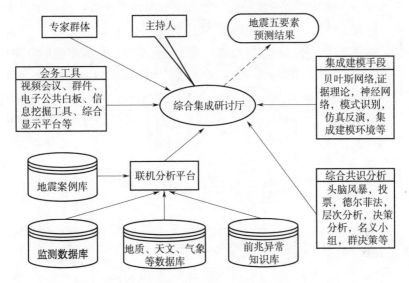

图 2-37　地震预测综合研讨厅框架

成器、支持研讨协作、在线分析、离线分析等多种研讨分析方式。

4）系统支持推理、仿真、智能综合分析，具有模型库、知识库、数据库、文档库四类基本的资源平台及其管理系统。综合模型支持定量推理分析，知识库支持定性规则制定，基础数据库存放专业库、历史案例、统计数据库、监测信息等模型运行所需数据以及相应的资源管理信息，历史文档库存放所有会议研讨资料及各种文档附件等。

5）系统提供对各类预测意见综合处理的方法，以及使得专家达成共识的手段，自动生成有关预测和应急处理的多套综合分析预案。

6）系统提供有关综合集成研讨的各类信息管理功能：角色与权限管理、通信与安全管理、会议准备及流程管理、会议主持与专家资源集成管理等。

（10）研讨厅信息管理体系

综合研讨要吸纳百川，必须建立一套信息管理体系。其体系结构必须面向服务，要有良好的灵活性、可扩展性、可维护性和支持异构网络的操作性。通常采用三层体系结构，如图 2-38 所示，即

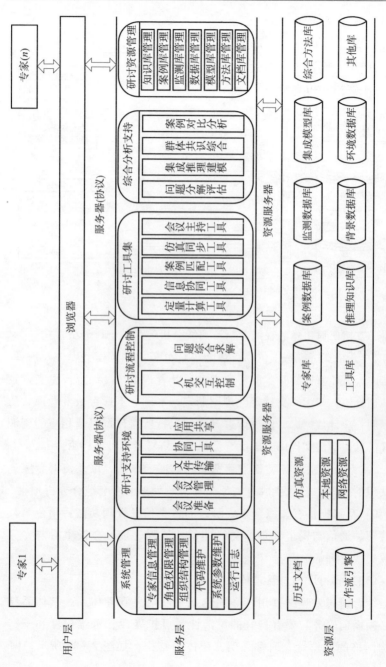

图2-38 研讨厅信息管理体系结构图

用户层-服务层-资源层。

用户层，由浏览器和服务器组成。

资源层，描述命题综合集成研讨过程中所需的各种资源信息：包括历史文档、仿真资源、专家库、案例库、监测数据库、集成模型库、综合方法库、推理知识库、背景数据库、环境数据以及其他支持工具库等。其中，仿真资源统一管理仿真工具、研讨系统、评价系统，又按地域分为本地资源和网络资源两大类；工作流引擎则协调研讨系统的信息和流程。

服务层是信息管理体系提供综合集成分析系统的核心，包括系统管理、研讨支持环境、研讨流程控制、研讨工具集、综合分析支持和研讨资源管理六个方面。

系统管理是综合集成研讨中，用于完成专家信息管理、角色权限管理、组织结构管理、代码维护、系统参数维护与运行日志等的系统管理。

研讨支持环境是系统运行的基本保障，包括研讨会议的准备和管理、文件和信息传输、专家研讨协同工具和专业应用共享等。

研讨流程控制则是诸位专家同综合集成研讨体系联系的纽带，包括人机交互控制和问题综合求解等。

研讨工具集是为了辅助专家顺利完成研讨论证，提供的定量计算工具、信息协同工具、案例匹配工具、仿真同步工具、会议主持工具等。

综合分析支持是系统智能决策支持的关键，通过问题分解评估、集成推理建模、群体共识综合和案例对比分析等手段来达到综合集成分析。

研讨资源管理是为支持上述其他五方面的实现，提供解决综合集成问题所需相关的知识、案例、数据、模型、方法、文档、专家、工具等的管理。

（11）研讨厅机器体系

为综合集成研讨厅提供数据服务支持环境的是机器体系。它主要由基础数据库、联机分析平台以及协同研讨的相关软硬件工具组成。机器体系将相关信息数据仓库建设成为可扩展、稳定、高效、安全、可靠的数据运行与维护环境，为综合集成研讨提供一个具有高运行效率的数据支撑，实现数据资料、案例、知识、背景数据、环境数据等的信息入库、存储管理，保证信息查询与数据下载的透明、便捷和安全，实现相关信息数据库群的分布式管理与集成；并面向各地各方用户的数据需求。

研讨厅机器体系中的基础数据库，负责提供以下的信息支持：

1）收集命题诸组分信息的统计和监测数据及评判标准的数据库，为自动分析并判断命题提供原始信息；

2）描述命题各种组分信息间时空关联性及与命题目标对应关系的知识库和案例库，为深入研究命题内部机理、演变规律，以及设计综合分析推理规则提供支持；

3）统计、收集命题外部环境的数据库，为研讨命题与外部环境关联性提供支持。

研讨厅机器体系中的联机分析平台，则主要提供数据入库管理、数据检索、统计分析、数据库维护等方面的系统管理功能。

研讨厅机器体系中的研讨协同工具，是为专家研讨提供的协同与共享的软硬件系统，包括视频会议、群件、电子公共白板和综合显示系统等。其中：

1）视频会议系统包括软件视频会议系统和硬件视频会议系统。每位研讨专家能在各自的计算机上共享其他专家的静、动态图像、语音、文字、图片等多种资料，通过多方音视频交互、文件共享、协同浏览、媒体播放、桌面共享、文字交流、文件传输等多种方式交流信息，共同完成相关议题的研讨任务。

2）群件是指可以支持和加强群体合作与协同工作，集公文管理、档案管理、日常办公服务、数据决策分析系统等业务系统为一体的应用软件及系统。目的在于帮助研讨专家实现文字、数据、声音、图像等多种信息的共享、交换、组织、传递和监控，协调彼此的角色，更好地开展研讨合作和意见交流。

3）电子公共白板，帮助研讨专家将其意图或想法以更快捷而形象直观地方式表达；

4）综合显示系统，也称决策剧场（Decision Theatre，DT），为综合集成分析提供高真实感的大视角可视化虚拟环境。

（12）研讨厅知识体系

关于研讨厅的知识体系，下面从知识工程和知识体系两个侧面进行分述。

①知识工程

一个开放的复杂巨系统，由于引入了专家的许多经验知识，在解决问题时，需要合理地组织与使用知识，这样就构成了知识型的系统。如何把各种知识，如书本知识、专门领域有关的知识、经验知识、常识知识等，表示成计算机能接受并能加以处理的形式，牵涉到知识的表达和知识的处理，即要运用知识工程。知识工程中研究定性建模与推理的动机，是通过研究常识知识，解决常识知识的表达、存储、推理等。

知识型的系统与传统的动态系统不同，它以知识控制的启发式方法求解问题，而不是精确的定量处理，不像以往一些控制系统那样建立定量的数学模型，而只能采用定性的方法。已有许多工作是利用了定性的物理概念与建模方法来建立定性模型，进而研究定性推理的。定性建模是一种对深层知识进行编码的方法，关心的只是变化的趋势，例如增加、减少、不变等。定性推理指的是在定性模型上的操作运行，从而得到或预估系统的结构、行为、功能的描述及它们之间的关系。其中，人们常说的专家系统将众多专家智慧综合集成，是一种典型的知识型系统。如果系统中包括了定量描述的部件，就必然是采用定性与定量相结合的方法来进行系统的综合。

②知识体系

综合集成研讨厅体系的核心是专家群运用知识工程达到共识的知识体系。

在命题研讨过程中，由于专家各人的资料处理精度、方式不同，分析判断命题的标准、方法与专家自身心理状态差异等，得出命题的结论会出现不同。为了克服综合分析过程中引入过多人为因素的影响，需要为知识体系构建一套取得共识的命题目标的准确定义和量化的指标体系，这也是前面提到的关键。然后在此基础上利用计算机集成建模，并运用综合集成分析的多种方法构成知识体系，通过螺旋上升的研讨过程实现智能决策支持结论。

知识体系构建的基本步骤如下：

1）对命题目标和指标建立可信度下专家群共识的判断标准；

2）对专家个体认知进行可信度、判断能力的分析与评估，此评估也可以专门设计一项实际真实系统实测其结果以检验其认知的成立或不成立，或在什么条件下成立、在什么条件下不成立；

3）对群体认知进行组合性分析，研究它们的匹配状况或内在关联性；

4）对匹配状况良好的认知组合进行过程性分析与推理计算，按判断标准综合分析得出结论。

（13）研讨厅集成建模方法

为了对各位专家的意见人机结合进行有效的集成与推演，综合集成研讨厅系统中包含了贝叶斯网络、证据理论、神经网络、模式识别、仿真反演、集成建模环境等多种集成建模方法和综合共识分析方法。它是知识工程/知识体系的一套具体方法，分别介绍如下。

贝叶斯网络，是一种通过网络模型反映命题领域中变量关联性的依赖关系的有向无环图解描述。各个信息要素之间的影响程度由条件概率表达。在网络的构建过程中将先验知识与样本信息相结合、依赖关系与概率表示相结合，是构成数据挖掘和知识发现领域进行建模和不确定性推理的较为理想的模型。

证据理论，是众多处理不确定信息的多属性决策分析的一种方法，它定义人基于证据对命题信以为真的信任程度的概率为信度。由此引出证据的不确定程度，构成证据的不确定区间。证据理论依靠证据的积累和证据组合规则，不断缩小不确定区间，得出多指标下的总信度。

神经网络，包括前馈网络、自适应网络和交互式前馈网络等。以其良好的非线性映射能力、自组织自学习能力、实时并行信息处理能力、分布式存储能力和容错能力，用以解决多属性及多目标的非确定性决策分析问题。

模式识别，包含特征提取和模式判别。它对表征事物或现象的各种形式（数值的、文字的和逻辑关系的）信息进行处理和分析，并对事物或现象进行描述、辨认、分类和解释。

仿真反演，是将现有命题的实际信息和资料抽象提炼为其组分定性的和定量的关联性系统，并通过计算机功能映射反演命题现象的本质规律。

集成建模环境，是对模型的建立、存储、运行和维护等进行管理的软件系统。它按照建模任务和建模规则，通过对不同模型的拆分与组合、模块化处理，将合适的模块在建模环境支持下进行自动模型选择、自动模型形式化、自动模型集成等自动建模功能，构建能够重新集成以实现符合最终目标的自适应集成模型。

综合共识分析方法，包括头脑风暴、投票、德尔菲法、层次分析法、决策分析法、名义小组法、群决策方法等。

头脑风暴法是产生创造性方案的方法，通过鼓励研讨专家提出任何种类的方案、设计和思想来寻求解决综合集成问题的办法。其实，钱学森几十年前就始终提倡"海阔天空"的思维方式。

德尔菲法又名专家意见法，它依据系统程序采用背对背匿名征询专家意见，经过几轮征询，使意见趋于集中，最后得出结论。

层次分析法是一种定性与定量相结合的多准则决策方法，它通过研讨专家对两两因素的主观判断将复杂的综合集成问题表示为一个有序的递阶层次结构，进而通过一定的判断准则对综合集成方案的优劣进行综合排序。

决策分析法是指通过决策分析技术（如期望值法或决策树法等），从若干可能的方案中选择决策的定量分析方法。

名义小组法，是一种对决策问题逐步形成群体意见的定性分析方法。首先由主持人将适宜人数的相关专家组成研讨小组，设定待研讨的综合集成问题，然后每个专家独立思考并尽可能地把自己的备选方案和意见写下来，通过反复讨论和修改等方式将同类方案进行归纳和排序。

群决策方法是由多个研讨专家针对同一综合分析问题进行联合行动抉择的决策分析方法。首先由各研讨专家针对共同的决策问题给出其各自的综合集成意见，然后对群体意见的一致性进行分析，如果满足某种集结规则就进入意见的集结与方案的选择过程，否则就需要协调研讨专家并重新给出综合修正综合集成意见。但是应当提醒的是，这种结论的可信度和受邀专家人群有关联性，又和出题人所设计的研讨思考题有关联性，因此要慎重。

（14）思维科学成果的运用

从定性到定量的综合集成技术，实际上也是思维科学的一项应用技术。因为大量信息和知识的处理和挖掘、情报信息的综合，要用知识工程；大量现象和问题要靠机器自适应环境作出处理、判断、决策，要用人工智能；定性的经验知识要建立定性模型供分析、推理、判断、综合等，都需要运用思维科学应用技术成果，直至思维学的理论和思维科学的哲学——认识论。

（15）抓住主要矛盾和矛盾的主要方面

开放的复杂巨系统涉及的因素巨量，将其梳理清晰需费时日。不能久等的命题面临如此众多因素时，要懂得抓住主要矛盾和矛盾的主要方面。例如一个城市-农村总体模型如图 2 - 39 所示。这还是一张极其简化的模型呢。所以，要在分析与抓住主要矛盾和矛盾的主要方面上下功夫。

元分析方法，把真正决定问题的那几个要害称为变量参数，力图抓住问题的症结要害，可供借鉴。

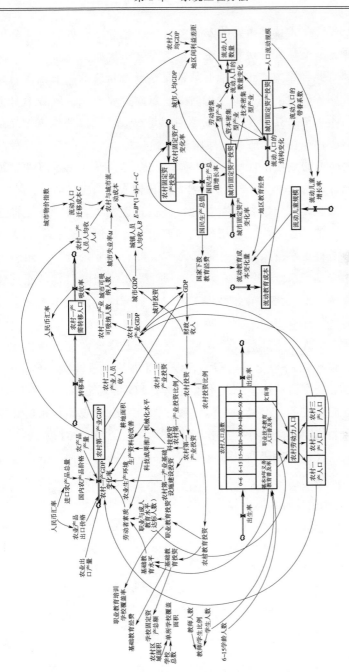

图2-39　城市-农村总体简化模型

（16）定量地描述事物的方法

①国家安全研究的定量描述

在研究我国国家安全这项开放的复杂巨系统工程时，需要从总体上首先明确安全、国家安全的含义；没有严格含义，就没有共同语言，就不可能将指标从定性逐渐向定量过渡。所以要建立定义或含义，再提出指标体系等，具体阐述如下。

安全是人的生存和拥有的权益免于威胁、免于危险或免于事故的状态。威胁、危险、或出事故的事物载体，构成对人的安全的祸害。

国家安全是指国家在面对各种内外祸害因素下，维护国家的主权、领土完整、保证人民免于伤亡和奴役、保证国家、社会和人民的总体权益稳定和持久发展的国家状态。

一个安全的系统，要研究三方面问题：系统安全目标的指标体系及其度量，发现祸害的各种因素，制止祸害因素发生作用的有效手段。

各类安全含义明确后，需要制定出安全或安全性的定性描述的定义和定量衡量的量化准则指标，以及反馈量（反函数）的指标；构成一整套安全研究体系。据此才能建立动态仿真模型，实现人-机交互，分析系统的安全性——传统和非传统安全的规律、预料和预测传统和非传统安全的产生机制与量变到质变的缘由及对策。

为此，要进而对诸如以下这些衡量安全指标的名词，给出定性乃至定量的描述。

1）战备程度：一级战备、二级战备、三级战备等；

2）戒备程度：一级戒备、二级戒备、三级戒备等；

3）警戒程度：一级警戒、二级警戒、三级警戒等；

4）动员程度：一级动员、二级动员、三级动员等；

5）安全程度：一级不安全度、二级不安全度、三级不安全度等——是危险程度、威胁程度、恐怖程度、危害程度等的综合程度；

6）危险程度：一级危险度、二级危险度、三级危险度等——是将受害的程度；

7）威胁程度：一级威胁度、二级威胁度、三级威胁度等——是感受到威胁的程度；

8）恐怖程度：一级恐怖度、二级恐怖度、三级恐怖度等——是感受到恐怖的程度；

9）危害程度：一级危害度、二级危害度、三级危害度等——是遭受到危害的程度；

10）不安全演变速率：单位时间内不安全度变化的程度；

11）不安全爆发速率：单位时间内不安全度突发变化的程度；

12）不安全推进距离：不安全度在空间扩散推进的距离；

13）不安全推进速度：单位时间内，不安全度在空间扩散推进的距离；

14）不安全推进范围：不安全度扩散推进所波及的各个领域；

15）不安全影响半径：不安全度影响所波及的空间半径；

16）不安全区域：不安全度影响所波及的空间范围；

17）不安全潜伏期：不安全度形成过程的时间间隔；

18）不安全爆发点：不安全度从量变到质变突发的时刻、地点；

19）不安全爆发期：不安全爆发点时刻的预期先后的时间范围；

20）安全临界状态：事物处于安全和不安全的边际状态；

21）安全临界阈：事物处于安全临界状态下安全指标体系各项关联指标的临界值，如粮油安全的安全临界阈，包括国家对各类粮油品种与数量的近期、中期、远期的临界控制值，即进出口控制值、各地区产供量控制值、国家储备量控制值……以及由此形成的价格政策、补助政策、反哺政策的指标等；

22）爆发阈：处于爆发不安全态的临界值。

同时需要建立确保安全的各项控制量、调度量、反馈量的众多指标体系。

对于发生的安全事件，要实施五个彻底加以补救。即事件引发源头准确定位彻底查清；制服事件的措施证明彻底有效；对同类事件经过举一反三全都采取了防范补救措施，保证今后彻底避免；责任人的责任彻底核实作出了合理处理；制度中的漏洞彻底找出，得到了彻底纠正。这些都要构成指标，众多的指标构成安全指标体系。

只有这样，才能从定性的定义表述，到分级量化描述，逐步走向定量。

②地震预测评定的定量描述

地震前兆观测及其预测的方法众多，怎么对其进行评价，需要建立一个统一标准。在此讨论对地震预测方法的信度评价，作为定量描述事物的又一个例子。

根据中华人民共和国国务院于 1998 年 12 月 17 日颁布的《地震预报管理条例》，地震预报划分标准为：

1）地震长期预报，是指对未来 10 年内可能发生破坏性地震的"强震区域（范围）"的预报；

2）地震中期预报，是指对未来一二年内可能发生破坏性地震的"强震区域（范围）"和"震级（范围）"的预报；

3）地震短期预报，是指对 3 个月内将要发生地震的"发震时间（范围）"、"强震区域（范围）"、"震级（范围）"的预报；

4）临震预报，是指对 10 日内将要发生地震的"发震时间（范围）"、"强震区域（范围）"、"震级（范围）"的预报。

针对人员生命财产危害大的强震（震级为 6 级及 6 级以上），专家们对地震前兆的观测与分析得出的预测结论，应当给予打分评价。为此，提出如下评价体系：预测成功率、虚警率、漏报率、排灾率、反验证评价率、二元成功率、三元成功率、单要素评价、三要素评价、预测准确率等。

a. 预测成功率、虚警率、漏报率、排灾率、反验证评价率、二元成功率、三元成功率、单要素评价、三要素评价、预测准确率

成功率＝预测成功次数/同级地震实际发生次数；

虚警率＝预测错误次数/同级地震实际发生次数；

漏报率＝未预报的次数/同级地震实际发生次数；

排灾率＝排灾成功次数/排灾预报总次数；

　　反验证评价率＝反验证成功次数/反验证总次数，这是指以历史上已发生过的地震的前兆特征现象与参数作依据，检验验证采用该方法是否仍能推断出同样的预测结论。

　　通常对一种预测方法的评价，包括预测方法创始人自己，总是按照他采用这种方法对灾情作出预测后，考察报对了几次，报错了几次，其成功率等于报对的次数除以报对的次数与报错的次数两者之和之商。然而，实际还应该把漏报次数一并统计在内。因此严格讲成功率是报对的次数除以报对的次数与报错的次数与漏报次数三者之和之商。为区别之，前者称二元成功率，后者称三元成功率。

　　二元成功率＝报对次数/（报对次数＋报错次数）；

　　三元成功率＝报对次数/（报对次数＋报错次数＋漏报次数）。

　　准确率是指预测三要素的准确精度，详见后文。

　　人们将多种前兆现象的多种测量方法，综合在一起取长补短融合给出的预测结果，实质是对单项优势测量方法评价基础上的集成加权综合。如果三种预测方法，一种对于地震发生时间预测得很准，一种对于地震震中地址预测得很准，一种对于地震的震级预测得很准，那么这三种方法合在一起，就能精确报准地震的时间、地点和震级。这就是直观的一种综合集成。因此应当对综合方法加以评价，也应当对单项优秀测量方法给予评价，以利于通过择优组合各种单项优秀要素综合加权后提高预测水平。故列出：单要素预测精度评价方法和三要素预测精度综合评价方法。其评价方法在后面叙述。

　　由于地震从孕育到发生是一演变过程，对地震中长期的预测、对地震短期的预测和对地震临震期的预测，因地震孕育演变过程中的机理不同，其测量手段与方法不同，因此对它们的评价应该不同，要有区别。而且从中长期到短期再到临震期如何更好地通过关联性分析，使之连贯接力聚焦，使预测更准确、精度更高，对这种方法又是需要评价的。

　　以上所阐述的各项评价指标形成了一个从定性到逐渐定量的体系，它是通过钱学森研讨厅研究方式方法对地震预测开展研究的基础。

　　下面先叙述联合国对三要素的评分准则，再讨论如何改进之。

　　b.　地震预测三要素评分准则

　　联合国全球计划项目协调办公室按地震三个不同震级拟定出地震预测三要素的评分准则，见表 2-14～表 2-16。

表 2-14　联合国地震预测三要素评分准则（7～8 级）

震级 7～8 级			
评分	震级误差	时间误差/d	震中距离误差/km
100	0	0	0
95	0.14	6	35
90	0.28	12	80
85	0.41	18.5	120
80	0.55	25	165
75	0.70	32	210
70	0.85	39.5	255
65	0.98	47	300
60	1.1	55	350

表 2-15　联合国地震预测三要素评分准则（6～6.9 级）

震级 6～6.9 级			
评分	震级误差	时间误差/d	震中距离误差/km
100	0	0	0
95	0.11	4.5	25
90	0.22	9	50
85	0.34	14	77.5
80	0.45	19	105
75	0.56	24.5	134
70	0.68	30	162
65	0.79	36	194
60	0.90	42	225

表 2-16　联合国地震预测三要素评分准则（5～5.9 级）

震级 5～5.9 级

评分	震级误差	时间误差/d	震中距离误差/km
100	0	0	0
95	0.09	3	15
90	0.18	6	32.5
85	0.26	9.5	49
80	0.35	13	65
75	0.44	16.5	85
70	0.58	20	105
65	0.64	25	127.5
60	0.70	29.5	150

其具体操作方法是：

第一，对地震时间预测误差等级评价时，预测地震发生日历时刻，落入所预测日历日期区域之内，为预测正确。预测精度的评分，则按所预测日历日期的时间间隔区间的大小分，区间越小，分数越高。

第二，震级在某一级时的某方法的预测误差综合评分计算公式为

预测综合评分值 = 预测时间误差评分×35% + 震级误差评分×20% + 震中距离误差评分×45%

第三，设定 80 分以上者为相符。

采用上述评分标准，对各种地震预测方法的预测效果进行整体评价，得到各种预测方法的初始可信度。若对各种方法进行长期动态评价，则得到各种地震预测方法的最终的可信度。

c. 改进的地震预测三要素评分准则

由于地震预测分长期、中期、短期和临震期的，按联合国地震预测三要素评分准则没有区分给出地震预报效果的评分，对于 9 级以上地震也没有给出评分标准。不易在实际评价过程中采用。为此，在联合国评分准则基础上加以改进：制定了按不同震级范围（9 级以上、7

～8级、6～6.9级和5～5.9级等）的、针对不同地震时期（中期、短期、临震期）的有关地震三要素（地震震级、发震时间、震中位置）预测精度——准确率的评分准则（见表2-17～表2-20）。

表2-17　地震预测三要素评分准则（9级以上震级）

| 评分 | 9级以上地震 | | | | | | | | |
| | 中期预测 | | | 短期预测 | | | 临震预测 | | |
	震级差	时间差	震中差	震级差	时间差	震中差	震级差	时间差	震中差
100	0	0	0	0	0	0	0	0	0
95	0.15	11	100	0.13	7	70	0.12	3	40
90	0.30	22	200	0.27	14	140	0.25	7	80
85	0.45	33	300	0.41	21	210	0.37	11	120
80	0.60	45	400	0.55	28	280	0.50	15	160
75	0.75	57	512	0.66	36	347	0.60	19	207
70	0.90	70	625	0.77	44	415	0.70	23	255
65	1.05	82	737	0.88	52	482	0.80	27	302
60	1.20	95	850	1.00	60	550	0.90	32	350

表2-18　地震预测三要素评分准则（7.0～8.9级震级）

| 评分 | 7.0～8.9级地震 | | | | | | | | |
| | 中期预测 | | | 短期预测 | | | 临震预测 | | |
	震级差	时间差	震中差	震级差	时间差	震中差	震级差	时间差	震中差
100	0	0	0	0	0	0	0	0	0
95	0.15	11	75	0.12	7	52	0.11	3	30
90	0.30	22	150	0.25	14	105	0.22	7	60
85	0.45	33	225	0.37	21	157	0.33	11	90
80	0.60	45	300	0.50	28	210	0.45	15	120
75	0.75	57	387	0.62	36	270	0.56	19	157
70	0.90	70	475	0.75	44	330	0.67	23	195
65	1.05	82	562	0.87	52	390	0.78	27	227
60	1.20	95	650	1.00	60	450	0.90	32	260

表 2-19　地震预测三要素评分准则（6.0~6.9 级震级）

| 评分 | 6.0~6.9 级地震 | | | | | | | | |
| | 中期预测 | | | 短期预测 | | | 临震预测 | | |
	震级差	时间差	震中差	震级差	时间差	震中差	震级差	时间差	震中差
100	0	0	0	0	0	0	0	0	0
95	0.12	7	50	0.10	6	33	0.07	3	19
90	0.25	15	100	0.20	12	67	0.15	7	39
85	0.37	22	150	0.30	18	100	0.22	10	58
80	0.50	30	200	0.40	24	134	0.30	14	78
75	0.62	38	255	0.47	30	170	0.37	18	99
70	0.75	47	310	0.55	37	207	0.45	22	121
65	0.87	56	365	0.62	43	243	0.52	26	142
60	1.00	65	420	0.70	50	280	0.60	30	164

表 2-20　地震预测三要素评分准则（5.0~5.9 级震级）

| 评分 | 5.0~5.9 级地震 | | | | | | | | |
| | 中期预测 | | | 短期预测 | | | 临震预测 | | |
	震级差	时间差	震中差	震级差	时间差	震中差	震级差	时间差	震中差
100	0	0	0	0	0	0	0	0	0
95	0.12	7	37	0.10	4	21	0.07	2	12
90	0.25	15	75	0.20	8	42	0.15	5	24
85	0.37	22	112	0.30	12	63	0.22	7	36
80	0.50	30	150	0.40	16	85	0.30	10	49
75	0.62	38	192	0.47	20	108	0.37	13	63
70	0.75	47	235	0.55	24	132	0.45	16	77
65	0.87	56	277	0.62	28	156	0.52	19	91
60	1.00	65	320	0.70	33	180	0.60	22	105

　　通过表中所示评价分标准，我们可以对单项要素的预测手段与方法作出评价；而三要素的预测手段与方法的综合评价仍采用联合国的加权系数。上述新的改进后的评价准则，只是目前衡量各种预测结果的评分准则，属于研究奋斗的低指标；而高指标则在上述新的改进后的评价准则基础上将时间预测精度提高一倍而供研讨厅内定高标准预测研究的考核参考。

　　当采取多种预测方法综合集成运用时，则按此计算方法得出不同的结果，于是就可以对各种优秀预测方法加以组合进行定量的比较了。这样就从定性逐渐走向定量。

　　当然不是简单机械地叠加组合、拼盘与表决；而是需要系统地分析研究各种方法的可信度和预测能力，在综合预测中的地位与作用，它们之间在预测机理上的内在关联性，它们在时间上、空间上的关联性，在能量上、质量上、信息上的关联性，并建立从定性走向定量的评价准则，从而逐步缩小地震三要素的时段和区域范围。

　　(17) 从定性到定量综合集成方法小结

　　从定性到定量综合集成方法概括起来具有以下特点：

　　1) 根据开放的复杂巨系统的复杂机制和变量众多的特点，把定性研究和定量研究有机地结合起来，可以从多方面的定性认识上升到定量认识。

　　2) 由于系统的复杂性，要把科学理论和经验知识结合起来，把人对客观事物的点点滴滴知识综合集中起来，解决问题。

　　3) 根据系统思想，把多种学科结合起来进行研究。

　　4) 根据复杂巨系统的层次结构，把宏观研究和微观研究统一起来。

　　经过集现代科学之可能，通过运用上述这些特点，所作定性定量的逐步深化求真的分析，其结论将更准确更全面。即使有点偏差失误，不会太大，也比较容易及时调节。

参 考 文 献

［1］　钱学森，许国志，王寿云．组织管理的技术——系统工程［N］．文汇报，1987 - 09 - 27.

［2］　钱学森．大力发展系统工程，尽早建立系统科学体系［N］．光明日报，1979 - 11 - 10.

［3］　ANDREW P，ARMSTRONG J E. Introduction to Systems Engineering［M］．John Wiley and Sons Ltd，2000.

［4］　KOSSIAKOFF A，WILLIAM N. Sweet. Systems Engineering Principles and Practice［M］．John Wiley and Sons Ltd，2003.

［5］　SHANNON C E. A Mathematical Theory of Communication［J］．The Bell System Technical Journal，1984，27（3）：379 - 423，623 - 656.

［6］　KULLBACK S. Information Theory and Statistics［M］．New York：John Wiley，1959.

［7］　周炯槃．信息理论基础［M］．北京：人民邮电出版社，1983.

［8］　KAPUR J N，KESAVAN H K. Entropy Optimization Principles with Applications［J］．Boston：Academic Press，1992.

［9］　朱雪龙．应用信息论基础［M］．北京：清华大学出版社，2004.

［10］　傅祖芸．信息论——基础理论与应用［M］．第二版．北京：电子工业出版社，2009.

［11］　THOMAS MC，THOMAS J A. Element of Information Theory［M］．Second Edition. New york：Wiley，2006.

［12］　SHORE J E，JOHNSON R W. Axiomatic Derivation of the Principle of Maximum Entropy and the Principle of Minimum Cross－Entropy［J］．IEEE Trans. Information Theory，1980，26（1）：26 - 37.

［13］　SHORE J E，ROBERT M G. Minimum Cross－Entropy Pattern Classification and Cluster Analysis［J］．IEEE Transactions on Pattern Analysis and Machine Intelligence，1982，PAMI - 4（1）：11 - 17.

[14]　钱学森，宋健，陶家渠，等．系统工程普及讲座汇编［M］．北京：中国科协普及部，1980．

[15]　陶家渠．改进航天科研生产管理的几点想法［C］//七机部科学技术委员会第一届年会文集，1981．

[16]　陶家渠．系统工程，国防科工委干部学校，1983 - 10．

[17]　陶家渠．为开拓和保卫我国领天，急需加强空间环境的基础技术研究［C］//中国航天时代电子公司第一届学术交流会论文集．北京：中国宇航出版社，2004：9 - 14．

[18]　王长耀，牛铮，唐华俊，等．成像光谱数据农作物信息提取［M］//对地观测技术与精细农业．北京：中国科学出版社，2001：82 - 134．

[19]　齐家国，等．光与雷达遥感协作及其农业应用［J］．电波科学学报，2004，19（4）：399 - 404．

[20]　钱学森，等．一个科学新领域——开放的复杂巨系统及其方法论［M］//钱学森．创建系统学．新世纪版．上海：上海交通大学出版社，2007：108 - 118．

[21]　钱学森．再谈开放的复杂巨系统［M］//钱学森．创建系统学．新世纪版．上海：上海交通大学出版社，2007：125 - 129．

[22]　钱学森．关于大成智慧的谈话［M］//钱学森．创建系统学．新世纪版．上海：上海交通大学出版社，2007：175 - 180．

[23]　钱学森．研究复杂巨系统要吸取一切有用的东西［M］//钱学森．创建系统学．新世纪版．上海：上海交通大学出版社，2007：188 - 189．

[24]　钱学森．以人为主发展大成智慧工程［M］//钱学森．创建系统学．新世纪版．上海：上海交通大学出版社，2007：214 - 216．

[25]　陶家渠．国家安全总体战略研究//非传统安全概念体系与顶层战略研究，中国国际战略学会安全战略研究中心，2007：57 - 90．

[26]　陶家渠．金融、能源和粮食是我国最紧迫、最现实和最重大的非传统安全问题［M］//中国非传统安全中"最紧迫、最现实和最重大问题研究"．北京：中国国际战略学会安全战略研究中心，2009．

[27]　陶家渠．2030 年前中国粮食安全战略的若干思考与建议［C］//中国的粮食安全．北京：中国国际战略学会安全战略研究中心，2010．

[28]　陶家渠．中国粮食安全现状与发展趋势［C］//"粮食安全中国与世界"国际学术研讨会文件汇集．北京：中国国际战略学会，2010．

[29]　陶家渠．地震系统工程的若干关联环节［C］//大陆地震成因与强震预测论文集．北京：中国国际战略学会安全战略研究中心，2010.

[30]　陶家渠．地震机理和预测系统工程研究的思考——论地震预测总体部［C］//"空间技术对重大自然灾害机理的研究与预测"学术讨论会，（香山科学会议 404 次学术会）2010.

[31]　陶家渠．钱学森发展航天事业的科学思想体系［N］．航天时代报，2009 - 11 - 10.

[32]　陶家渠．钱学森发展中国航天事业的战略思想［M］//钱学森现代军事科学思想．北京：科学出版社，2010.

[33]　陶家渠．2030 年前中国国民经济总体发展战略与发展预测［M］．北京：中国国际战略学会安全战略研究中心，2009.

第二篇　系统工程总体

引　言

　　本篇对系统工程总体思想与设计原则及总体队伍建设进行系统论述。全篇分2章论述总体思想与设计原则和总体部的建设。

　　第3章总体思想与设计原则，论述系统工程的目标体系，其基本概念、重要性、作用与地位；系统工程的总体，其基本概念、重要性、作用与地位；论述了总体设计思想原则，总体误差和精度设计原则，总体质量设计原则，总体对抗设计原则，总体风险设计与管理原则。这是总体设计最基本的原则。

　　第4章总体部的建设，分别论述了总体人员的特点、专业知识与队伍建设，总体与技术指挥线和行政指挥线的关系，总体工作的程序，总体与预先研究和预研工程的关系，总体与计划流程间的关系，以及总体必须坚持贯彻的技术责任制和民主集中制原则。

第3章 系统工程总体思想与设计原则

3.1 系统工程的目标

3.1.1 目标分析

无论是一个行业，还是行业中的若干工程系列，或是工程系列中的一项工程，都是一项任务。按系统工程思想，首先要做的是明确任务的目标。不搞清楚目标是不允许贸然展开的。

为此，需要有领引任务的人员或团队去论证分析这项任务设想要达到的具体目标。

3.1.2 实现任务目标的战术技术指标体系

实现任务目标的战术技术指标是一个体系。不允许草草列出几项指标，带着片面性就开始全面上阵，导致最终误入歧途。

任务自身有指标体系，任务所处的环境有环境指标体系；因此，任务目标的指标体系是任务自身适应环境后的总指标体系。

为此，也需要领引任务的人员或团队去分析、研究、确定这些指标体系。

以导弹、卫星为例，它们分别有下列的主要战术技术指标。

地地导弹：射程、散布度、有效载荷、生存能力、反应时间、发射方式、突防手段等。

防空导弹：典型目标、作战空域、反应时间、杀伤概率、对付多目标能力等。

海防导弹：装载对象、作战使命、有效射程、巡航速度、平飞高度、外廓尺寸、起飞质量、发射方式、战斗部类型及质量、动力体制、制导方式、命中概率、作战威力等。

卫星：功能、轨道、姿态、有效载荷性能，以及对运载火箭、发射基地、测控站、业务台站及回收区的要求等。

同时，它们还有下列共同的战术技术指标。

1）物理特性——尺寸、质量和复杂性；辅助设备的数量、大小、质量和复杂性。

2）质量，可靠性，使用寿命，贮存寿命。

3）运输特性，可快速移动性。

4）对天气和能见度的依赖性。

5）使用环境——例如耐温度、湿度、化学反应、应力、加速度、腐蚀、振动、尘埃、压力、冲击、噪声、电磁、原子辐射等的性能，以及在人为有意无意各种干扰环境下的性能。

6）在敌方反抗措施下的易损性：受干扰，或遭袭击造成暂时或永久性摧毁。

7）与其他产品或武器的互不干扰性。

8）生产制造性能——生产人力，人员熟练程度高低，设备数量与复杂性。

9）维护性能。

10）运用人员要求：数量、熟练程度。

11）安全性，即生产、试验与使用中的安全性能。

12）成本。

3.2　系统工程的总体

3.2.1　总体、总体思想、总体工作、总体队伍

总体，是若干个体所合成的事物。总体是整合之体——整体的概念。

在系统工程中，总体是系统工程形成至实现中全局性的谋划与策略。

如何组织、如何管理、如何分工、如何集成、如何形成、如何完成全局性运筹帷幄的思路或思想，称为总体思路或总体思想。

一项一个人能全部承担的任务，不存在人与人之间的分工。但需要在脑海里对任务的完成过程进行筹划，以求纲举目张。这就是总体思考。

而一项需要多人完成的工作，就存在分工和集成、组织与管理。系统工程越复杂，其分工和集成、组织与管理的难度越大。例如，航天系统工程所面临的专业有：地地导弹系统，防空导弹系统，海防导弹系统，空空导弹系统，运载火箭系统，卫星系统，体系对抗系统，靶弹系统，液体发动机，液体推进剂，固体发动机，固体推进剂，其他发动机，其他推进剂，地地导弹制导与控制系统，防空导弹制导与控制系统，海防导弹制导与控制系统，空空导弹制导与控制系统，运载火箭制导与控制系统，卫星导航、制导与控制系统，地面机动与发射，安全解锁，回收与返回，弹头与突防，星弹箭计算机硬软件，控制与制导组合，雷达，光电子系统、器件与材料，引信，微电子，光电子对抗、突防对抗、隐身对抗、伪装对抗，电磁兼容，战斗部，核对抗、核加固与核模拟，遥测，传感器，遥控测控与通信，卫星通信、数传与处理，天线，有效载荷与数据处理及地面站，卫星应用，电池与电源，空间环境探测与模拟，真空，低温，空间环境抗辐射加固，结构与强度，空气动力，水动力，电子、电气、机电器件，新材料、新器件、新过程、新工艺及其应用，计算机辅助设计、工艺、制造、管理一体化集成，计算机自动化综合测量与控制，工艺，制造等。

因此，一项系统工程（任务）中，从事从全局提出如何分工、如何集成的总体思路，以及如何组织与管理实现总体思路的组织与管理的策略谋划工作称为总体工作。从事总体工作的队伍称为总体队伍。

　　这里的分工包括任务的分解，以及确定分解后诸分任务的技术指标体系、起始标志与完成工期、分任务之间的指标协调与衔接关系、分任务完成的时序/时间协调与衔接关系、分任务完成的验收标志与验收方式等工作。

　　这里的集成是指将分解后的一项项分任务先后结合联系起来，考核其相关联的战术技术指标体系，以达到任务总目标的工作。

　　这里的组织是指系统将任务分解后的一项项分任务筹划安排到责任单位/责任人的技术组织工作；在分系统任务完成后，按所设计的综合规定，经过检验、协调、调整、验收，再把分系统任务集成于一体而实现工程任务的性能指标体系的技术组织工作。

　　分系统任务若落实到个人承担，那个人就是责任人；若承担的个人需要在其所在单位的协同配合下才能完成，分系统任务就落实到责任单位的负责人，此时直接承担技术的责任人则作为其属下指定的技术承担人。

　　这里的管理是指对任务从接受到总体系统分析，再到任务分工、任务系统综合集成，直到最后实现任务目标的全过程中，从事包括建立规章制度、规定规格要求、监督制度和规定的贯彻执行，检查、照料、保管和调度各种投入力量的协同运转，使任务顺利进展的各种制约、梳理和协调的活动。

　　在一个分系统实现其技术指标体系中的各种参数可以有各种不同的组合和组织方式，从而形成不同的方案。例如，其指标中的体积、质量、能耗均可以有多种搭配方案。比如某一分系统的方案，其体积呈现为扁平形状的，可使质量、能耗降到最低，其他形状的方案则次之；而另一分系统的方案，其体积呈现为正立方形状的，可使质量、能耗降到最低，其他形状则次之。

　　总体工作就是作出对各个分系统的方案选择、指标分配，使总体指标体系性能为最优。这项工作不是单纯的还原论式的系统分解，而特别要强调被分割事物间的关联性，这种关联性设计的好坏，将体现于集成的效果：即系统综合性能是 $1+1>2$，还是 $1+1<2$。

下面用数学方式进行描述。要求工程任务 F 实现的目标指标体系：$x_0(t)$，$y_0(t)$，$z_0(t)$，$\cdots$，$u_0(t)$，$v_0(t)$，$w_0(t)$。

其中 x，y，z，$\cdots$，u，v，w 表示不同的指标，t 表示时间，$x(t)$ 等表示不同时间要达到的指标，下标 0 表示任务的总指标要求的总体。

总体的工作是把工程任务分解为 f_1，f_2，f_3，$\cdots$，f_n 这 n 项分系统，即分工为 n 项分任务，使

$$F[x_0(t), y_0(t), z_0(t), \cdots, u_0(t), v_0(t), w_0(t)]$$
$$= F(f_1, f_2, f_3, \cdots, f_n)$$

式中，$x_0(t)$，$y_0(t)$，$z_0(t)$，$\cdots$，$u_0(t)$，$v_0(t)$，$w_0(t)$ 为工程任务 F 的设计过程中所取的指标体系参数，且

$$f_1 = f_1[x_1(t), y_1(t), z_1(t), \cdots, u_1(t), v_1(t), w_1(t)]$$
$$f_2 = f_2[x_2(t), y_2(t), z_2(t), \cdots, u_2(t), v_2(t), w_2(t)]$$
$$f_3 = f_3[x_3(t), y_3(t), z_3(t), \cdots, u_3(t), v_3(t), w_3(t)]$$
$$\vdots$$
$$f_n = f_n[x_n(t), y_n(t), z_n(t), \cdots, u_n(t), v_n(t), w_n(t)]$$

式中，$x_i(t)$，$y_i(t)$，$z_i(t)$，$\cdots$，$u_i(t)$，$v_i(t)$，$w_i(t)$ 是分任务 f_i 的指标体系，$i = 1, 2, \cdots, n$。

总任务的每个指标与分任务的对应的指标具有函数关系：φ，ϕ，$\cdots$，ζ，ξ，即

$$x_0(t) = \phi_0(x_1, x_2, x_3, \cdots, x_i, \cdots, x_m)$$
$$y_0(t) = \psi_0(y_1, y_2, y_3, \cdots, y_i, \cdots, y_m)$$
$$\vdots$$
$$v_0(t) = \zeta_0(v_1, v_2, v_3, \cdots, v_i, \cdots, v_m)$$
$$w_0(t) = \xi_0(w_1, w_2, w_3, \cdots, w_i, \cdots, w_m)$$

上述表达式中，有的可以简化成 $\delta(v_1 + v_2 + v_3 + \cdots + v_i + \cdots + v_m)$ 求代数和的形式。例如质量，有加有减，发动机工作时推进剂质量减少，多级火箭分离时质量减少等。有的可以简化成 $\delta(v_1^2, v_2^2, v_3^2, \cdots, v_i^2, \cdots, v_m^2)$ 平方和的形式，例如随机误差。

总体工作不仅能分解，而且能优化分解。给出 f_1，f_2，f_3，$\cdots$，f_n 首轮指标体系中各项指标的首轮区间，f_1，f_2，f_3，$\cdots$，f_n 分别都有各自的多种方案，对应分别记为

f_{11}，f_{12}，f_{13}，$\cdots$，f_{1p}，表示 f_1 分系统有 p 个方案可选择

f_{21}，f_{22}，f_{23}，$\cdots$，f_{2q}，表示 f_2 分系统有 q 个方案可选择

f_{31}，f_{32}，f_{33}，$\cdots$，f_{3r}，表示 f_3 分系统有 r 个方案可选择

f_{n1}，f_{n2}，f_{n3}，$\cdots$，f_{ns}，表示 f_n 分系统有 s 个方案可选择

$$\vdots$$

这样，总体工作是从这些方案中交叉选择一个方案，使

$F[x_0(t),y_0(t),z_0(t),\cdots,u_0(t),v_0(t),w_0(t)] = F(f_{1p},f_{2q},f_{3r},\cdots,f_{ns})$ 时，指标体系诸参数 $x_0(t),y_0(t),z_0(t),\cdots,u_0(t),v_0(t),w_0(t)$ 达到或优于工程任务目标指标体系 $x_0^*(t),y_0^*(t),z_0^*(t),\cdots,u_0^*(t),v_0^*(t),w_0^*(t)$。

其中，f_{1p} 是 f_{11}，$\cdots$，f_{1p} 中的某一个；f_{2q} 是 f_{21}，$\cdots$，f_{2q} 中的某一个；f_{3r} 是 f_{31}，$\cdots$，f_{3r} 中的某一个；$\cdots f_{ns}$ 是 f_{n1}，$\cdots$，f_{ns} 中的某一个。

然而，问题的复杂性在于 f_1，f_2，f_3，$\cdots$，f_i，$\cdots$，f_n 中的某一 f 分任务，还受其他分任务影响，是其他分任务的函数。例如，$f_3 = F_3(f_1,f_2,f_3,f_4,\cdots,f_n)$，$\cdots$，$f_i = F_i(f_1,f_2,f_3,\cdots,f_i,\cdots,f_n)$（$i = 1,2,3,\cdots,i,\cdots,n$）。任意一个 f_i 任务又可以分解为分分任务，即分分系统，即 $f_i = F_i(f_{i1},f_{i2},f_{i3},\cdots,f_{ij})$。而分分系统 f_{ij} 任务还将分解为分分分任务，即分分分系统，形成若干层次。而问题的复杂性还进一步在于，这些分分分系统各自性能指标体系中的某项或某些项指标，不仅和其上溯分分系统、分系统的若干项指标相关联，还和跨出上溯分分系统、分系统，而与非上溯的友邻分分系统、分系统的若干项指标相关联，称为跨分系统的关联性。

整个工程系统不是一项简单层次分解的工作任务，这就是工程系统的复杂性，这也正是工程系统总体工作中任务分解工作的技术艰巨性。

3.2.2 系统分解

将一项系统工程任务的筹划进行化解分工的行为，就是对该系统工程任务的系统分解。

系统分解，包含系统指标分解和系统层次结构分解两方面内容。

（1）系统指标分解

一个复杂的新产品型号，在开始组织研制时，由于涉及专业技术面很广，往往让人感到困难很大，无从入手。然而，但凡事物都是可分的。例如宰牛，会宰牛的往往宰割完成时，肉、骨头，剔得干干净净、清清楚楚。所以，只要将产品型号里所含的各种特性与各种功能的各个部件、组件直到零部件层层细分，即可入手。

例如导弹系统工程就可分为发动机、弹体、控制设备、能源……直到元器件、材料以及它们分别具有的控制特性、温度特性、可靠性、电磁兼容性等。这种工作称为任务剖析或层层分解，是系统分析的第一步与基础。

从事此类层次剖析、并将任务分解逐一委托出去的工作，是总体设计人员的一项职责。

在指标体系中，许多单项指标之间是相互关联制约的。在导弹领域中，例如导弹射程与命中精度的指标是有制约的，希望射程远，那么命中精度就低了。所以，总体人员要善于分析全系统工程各个环节，巧妙构思各部分的结构组成，并做出合理的协调和指标分配方案。

例如对质量的分配，这一部分分配多重？那一部分又分配多重？如果给某一部分的质量分得太少了，其技术难度就太大，周期就拖得太长，甚至一时无法实现，结果影响整个产品型号的研制周期；反之，如果给某一部分的质量分配太多，这部分太重了，整个产品就可能无法运转，也会影响整个产品型号的技术性能。因此，要求总体人员权衡各种利弊，反复与大家协商协调，在民主基础上正确集中，提出结论意见。总体人员的水平体现在能否最大限度减少与大家反复协商协调的次数，而能近乎一步到位地被大家所接受。但切忌只在形式上追求这种一步到位。

同理，体积的分配、能源的分配、可靠性指标的分配、电磁兼容性指标的分配等，也都如此。

总体人员在指标分配中的困难之一是诸如体积、质量、能源之间不能完全孤立地各自进行分配。要求从事各种指标分配的总体成员之间密切合作，做好总体工作自己内部的协调。在协调不下来时，还要由上一级总体人员（一般如此）从更高的全局来分析权衡与决策。

又比如精度的分配，要求对这项设备的某项性能，提出允许偏差是多少，要求对另一项设备的另一项性能，提出允许偏差又是多少……总体人员分配精度时，是否可以要求各家各项指标都做得越精越好呢？不能。要求各部分都越精越好，是拙劣的设计。而恰恰需要向总体人员提出的是：一项优秀的总体设计，其总体性能指标能达到相当高，而分配给每一部分的技术指标却是很低的，是大家都容易做到、做好的。因此，总体设计者不但要善于分析出哪几部分的误差对总体精度指标影响最大，哪几部分误差对总体精度指标影响不大。这样，对总体精度指标影响不大的部分，可不必苛求其精度指标。然而，更为重要的是总体设计者还需要具有更高的本领，即能够更巧妙地把各组成部分组织搭配起来，达到每一部分的技术指标都不那么高，而系统总体性能却是很高的。

综上所述，系统指标分解的基本原则是：总体设计者能把分解的各组成部分巧妙地组织搭配起来，实现对各组成部分指标的低要求，而达到总体综合指标体系的高性能。

（2）系统层次结构分解

对于复杂任务，总体团队是否可以直接把指标分解与分配落实到每个零件呢？一般不是，需要层层分解、层层分配。故需要对任务划分层次。然而，如同宰牛一样，按肉和骨头分开后，血管系统、神经系统就被割裂了。这是还原论之缺陷，应注意克服。因此，要懂得系统工程强调的关联性、系统性、综合性。如何将系统工程的总体工作与诸分系统间的层次划分为最好，分系统之间的分工划分为最好，正是系统工程总体工作的又一项研究内容。

系统分层结构分解的总原则是：每个分系统大致都应按不同功能、不同学科专业或不同工程专业、承担单位的设计与实现的技术与组织状况以及需要由总体部门频繁协调的程度来划分。

在系统的分层结构分解的总原则下，尚有如下 6 条具体原则。

1）总体最少协调的结构分解原则。总体最少协调的结构分解原则又被称为协调量下放原则，是指期望被分解的各组成部分相互之间有比较强的相对独立性，相互间协调工作量、关联性较少，而各组成部分内部有较频繁的协调工作和较大的关联性。这样可以减少总体对各组成部分在指标体系上频繁协调责任和工作量，减少分任务变更性，保证各方面工作的宁静性、稳定性，减少由于协调不周或频繁协调产生的管理疏漏，提高系统工程指挥调度的可靠性。

2）避免跨层协调的分解原则。然而，对于不得不需要总体部门频繁协调的那部分工作，即使它自身工作量不大，也应作为一个分系统，由总体直接协调。避免因跨过上下几个层次的协调而导致管理复杂性增大导致的失误。

3）相对独立的模块化分解原则。相对独立的模块化分解原则是指系统层次结构分解时，期望那些被分解的组成部分各自在指标体系、开发、构造、测评、运行、维护、使用乃至升级的全生命期环节上具有容易分立的性质，它们彼此间、与外部环境间的接口和交互匹配尽可能简单，而其承担单位具备能在最短周期内实现高质量、低成本、工程化的专业化组织结构，还具有系统升级的最好继承性和供给其他系统采用模块化的相对完整性。

4）层层分工接力的总体工作原则。在总体下放协调工作量后，工作量大而复杂的分系统一定要建立它自己的分总体，去承接协调分系统内部战术技术指标体系。如果没有这个分总体，大总体难以做好工作。因为作为大总体，直接插手到一个行政单位（所或厂）

内部的几个研究室或车间之间去协调，是不合适的。因此，在这种情况下，分系统的分总体的建立是完全有必要的。当然，如果一个单位（所或厂）里两个室承担的是两项相互间几乎没有协调关系的工作，便可分别经该单位与总体部门直接对口了。所以，总体人员的协调也是以跨行政单位的协调或以跨分系统的协调为主出发，建立任务的系统结构分解的。所以，总体工作也是逐个层次地从大总体到分总体，从分总体到子总体……层层负责进行的。

5）总体团队不承担分系统任务原则。总体团队内部，原则上不能承担某一分系统。总体人员原则上不承担某一分系统的具体工作。否则，容易在主观上或客观上照顾不好全局。

6）建立任务设计师系统，解决跨行政单位的技术指挥协调的原则。复杂的任务/复杂的系统工程涉及单位众多，是一项跨行政单位的指挥协调工作。所有行政单位是不会接受行政单位之外的人员直接跨过行政单位随意行使指挥、协调、调度、下达进度与指标的。因此，采取建立任务设计师系统，解决跨行政单位的技术指挥协调的原则。关于设计师系统，我们将在后面的章节中展开阐述。

3.2.3　系统综合

系统综合是系统分解的对立统一。系统总体团队在考虑系统分解的同时，已经在考虑综合集成的效果，并设计构思出分系统综合集成的步骤。

系统总体团队在系统分解的同时，设计出一套方法和步骤，随着分系统研究的进展，将其单项性能逐步验收，再将多个分系统相互组合协同工作的关联性能逐步验收，从而简捷高效地使整个任务的组分和各项性能逐步收敛集成，最终实现任务既定目标的工作，就是系统综合。

如何做好系统综合呢？通常，在没有做出实物时，采取数学模拟仿真验证各方案技术指标的协调性；当有实物制造出来后，将一部分实物加入数学模拟仿真中成为半实物仿真。当准备上天的实物制造出来后，先进行地面充分试验，再做天上试验。比如发动机研制出来后，先进行地面试车、全弹振动试车、发动机高空模拟试车、真空羽流试验等。又如地空导弹，先完成模型样机，再试验模型弹、试验助推级、试验级间分离、考核冲击振动环境、试验独立回路弹/试验稳定回路；试验闭合回路弹/试验控制回路；再进行打靶试验，最终进行考核高难射标的飞行试验等。这样做的目的是不把所有问题堆在一起，以避免一旦失败，造成一笔糊涂账，说不清事故原因出自哪里。按照事物集成程度，对每一项关键技术逐一突破验收，反而能分解难度、加速进程。

系统综合同系统分析一样，也是跨所有行政单位的技术指标体系责任的联系体系。

通过实践概括得出，从总体上把握系统综合设计的原则是：

1）分阶段验收原则——就时间顺序而言的综合。

2）孤立因子验收原则——就系统关联性而言的逐步综合。

3）先理论后试验，先分系统后全系统，先"地面"后"天上"的原则——就认识规律而言的综合。这里所谓先"地面"和后"天上"取自航天习惯用语较生动，意思是在做全系统性能验收时，先做局部环境下的全系统性能验收，再做综合环境下的全系统性能验收。

总之，系统综合不是事后的（导致返工的）简单堆砌，而是将各组分和各项性能逐步收敛集成完成任务目标的系统构思设计和体现。

3.2.4 系统协调

系统分解和系统综合是系统总体工作两方面的内容。系统分解和系统综合不是一项在短时间内即可完成的一次性工作，而是在不断完善修改补充中才能完成的工作。在系统工程实施过程中，系统分解和系统综合的不断完善修改补充的工作，称为系统协调。系统协调的原则，将在第3.3节总体设计思想原则中详述。

从事系统分解、系统综合以及系统协调的总体工作的队伍，是一支上下分层的总体工作体系。它本质上是一套跨所有行政单位的、落实技术指标体系责任的联系体系。由于这种责任制关系，通常不可能通过一次协调就确立对下一层次任务的技术指标体系，需要随着实践和认识的深化，多次修改完善与协调才能最终形成。因此，它是一套长期的总体业务联系的组织形式，是贯穿于所有行政单位的一种责任联系体系。此体系和所有行政单位的关系是：所有行政单位是承担任务的主体、责任承担方，而总体部门的自上而下的体系是不干涉行政的，但在对明确确定为大家共同承担的任务的前提下，总体部门自上而下的这套体系是进行指标体系不断磋商协调、民主集中的技术指挥调度协调体系。

例如导弹武器系统，总体不仅要协调导弹弹体内部的分系统，还要协调导弹弹体之外的和导弹武器系统之外的系统。具体来说，总体要协调预警系统与导弹的关系，目标跟踪和敌我识别与导弹的关系，通信指挥与导弹的关系，操作使用与导弹的关系，贮存、准备、测试和发射系统与导弹的关系，导弹运输与导弹的关系，导弹外形与气动力热的关系，导弹外形与隐身的关系，战斗部形状与脱靶量的关系，战斗部与引信的配合关系，导弹飞行路径与制导的关系，弹体与动力系统间的关系，弹体和制导及控制系统间的关系，制导系统与动力系统间的关系，弹体与发射系统间的关系，制导系统与发射系统间的关系，弹体与战斗部间的关系，制导系统与战斗部间的关系，弹体、制导系统与战斗部引信系统间的关系等。

3.2.5　系统的系统

许多不同性能的系统集成在一起完成更强功能性能的系统，称为系统的系统（SOS），这种系统也被称为大系统或体系。

例如，把导弹武器系统和反导弹武器系统、卫星系统和反卫星系统，合在一起完成对敌全面对抗的系统，即是体系对体系的对抗大系统，也是更为复杂的系统工程。

3.2.6 总体工作环境

从事系统工程总体工作的工作者和工作部门，为自己开展研究工作而创造适应总体工作的环境，称为总体工作环境。它包括软件环境和硬件环境。

软件环境包括工具书、手册、数据库等。例如，导弹系统工程要具有设计工具书和手册，它包含内容如下。

1）一般数据——如计量换算、物理学常数、已有导弹的性能一览表等。

2）大气性能——海平面大气性质，各纬度下的大气密度，标准大气成分，不同高度下的压力，不同高度下的空气声速，动压与马赫数关系曲线，气流方程式，电离层的变化等。

3）环境数据——各种标准日的特性，大气密度、压力随不同高度和标准日的变化曲线，不同马赫数和天气情况下速度与高度的关系表，气候极限值，天气数据，综合风速剖面图，振动环境，跌落试验条件，振动和激震技术条件，环境（温度、湿度、高空、盐雾、日光、爆炸性大气、热带环境、沙和尘土、电磁辐射等）对设计部件的影响和补救方法，试验成功的次数与可靠性和置信度的关系表，最常用的分布律。

4）材料结构的性质。

5）空气动力学。

6）航天光电子学。

7）推进。

8）宇宙航行数据。

9）其他数据。

硬件环境包括总体研究工作的计算手段、仿真手段、试验手段、测量手段、通信手段和许多专项工程和装备等。

这是总体开展工作的基本条件。利用这些手段，可以迅速设想各种方案，快速进行参数协调。

3.2.7   总体工作概括

总体工作是站在系统工程任务整体的全局高度，从系统工程的概念形成、开发演化到实现目标的全生命期中，运筹帷幄，发挥组织、指导、指挥、协调、调度作用，保证系统工程任务实现的工作。

总体工作的具体内容如下。

1）总体工作团队凭借其对系统工程任务整体目标及其环境全面深入的熟知与了解，优先同用户就需求进行磋商，在全面反映用户需求基础上，提出体现用户需求的系统功能。

2）分析和确定系统的目标，明确战术技术指标体系及其环境约束条件。

3）综合利用多种学科原理以及某些一时还不能完全量化的知识，发挥多种学科的联合协同作用，研究提出系统工程任务开发的新概念、技术发展途径、技术路线、技术方案构思；并对实现目标的多个设想方案，给出其实现可能性的快速粗估。

4）研究系统指标体系如何分解与综合，研究系统全局的体系结构如何布局与组织；研究分析系统实施过程中的技术成熟度和风险；并决定哪些是必须和值得冒的风险、哪些是不值得冒的风险以及该如何防范，进而确定规避风险的策略。

5）总体人员要组织、指导、指挥、协调、调度各分系统，确定分系统的目标、考察分系统的执行，保证分系统之间的性能接口衔接匹配和协同工作；总体人员要通过试验测试，评估分系统的结果；并集成这些结果；期间，总体人员要不断及时调节控制过程中产生的各种未能预期现象与意外，并自始至终地引领全局性的各种技术和管理风险的逐步解决。

6）总体人员还要研究系统构成后运行维护的简捷高效方案，以及有利系统未来升级的途径。

7）总体人员要组织、指导整体计划的制订和重大交接事项的指挥、协调和调度，拟定出系统全局的开发计划，绘制出计划流程图，规定测试和仿真的形式和时间。当计划执行中出现问题时，总体人员需要决定是否修改目标、是否采用新的途径、是否强化某一环节、是否需要调整各部分的原定指标、是否采取新的措施等。所以，总体团队肩负着系统工程整体任务的指标、资金、条件和周期按期实现的最终权威决策使命。

8）总体工作团队不仅仅限于当前的任务，还负有为未来开拓创新的使命。他们要设想未来需要发展的产品型号及其技术发展路线，即为未来型号——设想一代、预研一代指出方向，并及早安排有应用前景的专业技术的预先研究，全盘组织好预先研究的开展，策划长远的战略部署。

3.3　总体设计思想原则

从事总体工作，并非轻而易举之事，有一定的难度。

所谓难，就是不认识客观规律，也包括认识了分散个体的各自规律而找不到综合集成的规律。为此，首先要通过一系列思考确立完成系统工程任务的总体技术路线与总体设计意图。

总体技术路线是完成任务目标所采取的技术总策略。这种技术总策略的要点称为总体设计意图。

这里所述的任务总体包括了系统任务的总体、系列化产品任务的总体、单一产品任务的总体、分系统子系统任务的总体等。

在分别完成这些任务目标时，可以有多种多样的总体设计意图和总体技术路线。

总体设计意图的形成过程是总体科技工作者贯彻民主集中制原则的过程。总体科技工作者首先要自己刻苦学习与求教，提高总体技术水平；同时应当充分发扬民主，听取不同意见，并有能力集中正确意见。

总体科技工作者在总设计意图中，要能很好地照顾到各分系统的特殊困难；同时，各个分系统要在理解总体设计意图基础上，以大局为重，服从总体意图的安排，体现总体总的设计意图。

由于任务是分为多个层次去完成的，大总体下有分总体，分总体下有子总体……全局有总体设计意图，分系统在其所承担任务书范围内，对本分系统和子系统，也有分系统的分总体设计意图……这样，总的设计意图也呈现出自上而下地每一层都有不同层次的小总体，构成了自上而下的各级总体设计意图，下级总体设计意图又必须服从上一级的总体设计意图。所以，总设计意图是一个逐级层层都具有总体意图的体系。应当充分发挥这一体系的作用。

那么，怎样去思考、选择与确立最佳的总体设计意图和总体技术路线呢？有以下 16 条需要遵循的总体设计思想原则。

3.3.1　顶层大战略原则

顶层大战略原则，即构筑大战略构思与大学科体系原则。

对于即将从事的一项系统工程，应当在一开始对该系统工程的当前与长远发展目标作顶层战略部署思考，并分析凝练出该系统工程将涉及哪些门类学科和技术，进而分析估计出它将面临在这些学科技术中的哪些具体问题有待组织开拓的大战略构思。从而，围绕该系统工程，研究其顶层大战略部署，构筑出其自身特有的大学科体系的研究开发领域。这就是顶层大战略原则。

为此，应当遵从钱学森创导的"海阔天空"敞开思想的原则，从多学科、多技术的角度，研究探索实现该任务目标的各种设想途径，从中寻找构建该系统工程目标，在战略上所涉及的大学科体系。对每一种设想途径所涉及的学科领域，不仅要研究中国杰出代表及其工作，还要研究世界杰出代表及其工作；要尽可能去专访或邀请每种设想途径所涉及学科领域中国内每位杰出专家，听取他们对途径中相关技术突破的可能性、解决路径及其相邻层次或基础层次的学科领域中有关问题的见解与建议；并由此层层深入推向更基础层面，直到理清从顶层目标到最基础的层面所涉及的学科领域，以及其中的具体科学技术问题。从而研究构建出实现本系统工程大目标的大学科体系。这是总体工作的战略思维和创新胸怀。

这项总体研究工作，随着思索的深入，将不断有新的思维涌现与修正，是一项阶段性的需要长期补充研究的工作。

例如，1964 年当毛泽东主席向钱学森提出要搞反导弹的任务后，钱学森就提出要大家"海阔天空"地设想各种反导弹的途径。于是大家设想了以导弹反导弹、激光反导弹、超级大炮发射导弹反导弹、高能粒子束反导弹、空中雷反导弹等方式。在深入研究后，又进而提出必须首先开展对敌方导弹的发现、跟踪和识别其真假的工作。于是，需要雷达、光学观测手段；还需要研制观测测量真假弹头目标特性的专用雷达和光学观测手段；在研究激光反导弹任务中，还要研究激光在大气中传输的特性等。从而从反导弹任务全局把握顶层的战略部署及其所涉及学科专业领域的广度和深度，考虑举国建立一个反导弹系统工程的大学科体系的范围和必要性。

现在，我国地震临震预测有不少成功预测案例，但对地震孕育机理、临震各种波的传输规律等，没有系统组织力量研究。这表明对于地震临震预测系统工程没有在早期就建立起大学科体系的研究与组织，缺乏大总体的大顶层战略部署。

3.3.2　有限途径原则

有限途径原则，即选择最有发展前景的有限设想途径原则。在经历了充分放开思路设想众多途径的阶段后，人们的智慧趋于阶段性饱和，要适时从各种设想途径中进行择优，将主要精力集中到最有发展前景的有限的设想途径上。这种设想，不应受由于工程复杂性带来的组织管理难度大的限制；也不应受由于技术不够成熟，实现中还将有众多关键技术需要层层突破的限制。只要某种途径能沿着其设想的技术发展路线逐步发展，可以能更有效、更有发展前景地满足任务目标的战术技术指标体系，即可优选。

选取有限设想途径的最基本条件是能更好地满足任务目标的战术技术指标体系。需要注意的是，这里强调的是指满足战术技术指标体系，而不是仅满足单项技术指标。例如，1960 年作者随同钱学森到北京一所大学参观固体火箭推进剂，他们达到了很高的比冲。但当钱学森问到推进剂的一整套指标时，他们就答不上来了。是因为他们在研制过程中只顾了单项指标了。又如，1963 年某单位有一项双电机同步课题任务实现了精确同步。但询问其应用对象的负载是什么时，他们也答不上来。原来他们仅仅实现了空转中的同步，不能解决实际问题。这就是说，在寻求技术路线途径时，只有学会全面考虑指标体系的多方面制约的要求时，才能去寻找相应的技术途径，否则容易误入歧途。

所谓更有发展前景，就是指从战略发展的长远眼光来比较，哪一种发展路径，即使眼下可能发展步伐慢些，达到的阶段性战术技术指标体系低些，经循序渐进后，能达到更有远景的目标。

所谓更有效地更有发展前景的概念，是指采取最能针对目标的主要矛盾和主要矛盾的主要方面而实现有效突破的方法所设想的途径。总体要从全局分析权衡，从中作出抉择，形成更有效更有发展前景的有限的几种设想途径。

由于从全局总体上作了分析比较，所以对几种设想途径也有了优选的排序和理由。

3.3.3　构思意图原则

构思意图原则，即匡算设想方案与构思总技术意图原则。对经过优选排序后的有限的几种设想途径，要进一步深化，构思演变成若干设想方案，并对设想方案进行一一匡算，以保证方案成立。这是设想途径的深化。

在匡算各种设想方案时，只需采用简化公式、经验公式、甚至经验值，估算相关性能，使构思初步达到所要求的战术技术指标体系。这种初估的方案称为设想方案。例如，钱学森在制定第一代地地弹道导弹系列发展技术途径时，对于导弹射程估算中导弹穿越大气层气动阻力的估算，是按无气动力下的理论弹道打了百分之几的折扣来算的。现在有现成的软件，可以辅助用于简化计算。

显然，在匡算设想方案阶段，又会产生多种设想方案。经择优比较后，形成有限的设想方案。这些经匡算成立了的设想方案，都从各自不同的全局性总体思考中勾画出各种不同的技术策略要点，就是各设想方案的总技术意图，其具体化的程序就是总技术路线。它们体现了各自不同的总技术意图和总体技术路线。

这项战略性研究要先行，即先于细节方案的确定工作。

至于不同总技术意图和总体技术路线如何评价，将在后面的章节中进行详细介绍。

3.3.4 跃进跨度原则

跃进跨度原则，即战略上大跨度与战术上小快步的发展原则。承担一项巨大复杂系统工程任务时，在战略上要有远见卓识、树雄心、立大目标、迈大跨度，实现跨越式战略飞跃；然而，在实现步伐、制定实现的总体技术路线上，先要分析技术难度（风险度即技术成熟度）和可能的完成工期。要研究制定发展步骤、发展阶段，即在战术实施上分小步快速行走，以最终达到战略上的大跨度。小步快速行走是一种指数式累进步伐，可以提速实现大跨度。小步的实质是降低难度；快步行走的实质是多走几步，形成指数累进效果。这一思想，我们称之为战略上大跨度、战术上小快步原则。当一项宏伟的目标如果不可能一步到位实现时，就应该分几步实现即分几个阶段实现。

划分步骤、划分阶段小步快走地发展，有 3 条原则要遵循。

1）首战必胜。由于初战中队伍的组织、人员相互配合、相互理解还不充分，对技术深层次问题不能一下认识深刻，因此首战技术指标不能过高。这也有利于团结和稳定整个队伍，鼓舞士气，振奋精神。

2）不能一步跨度太大，或曰"二八律"。把所有困难毕于一役时，技术协调难度将会成倍加大，导致队伍久攻不克，信心不足，军心涣散。至于对一步跨度不要太大的分寸的把握，可以从大量实践经验中按"二八律"制定。即凡有 20％ 的工作是创新的，80％ 是继承的，就属大跨度了。创新内容超过 20％ 时，风险过大。当然这只是一个概念，具体问题如何度量，则视任务情况、科技队伍实力和组织管理能力而定。

例如，美国人在第二次世界大战结束后，想从 200 多千米射程的近程导弹，一步跨到洲际导弹。这种大跨步的理想追求本身没错，但他们没有循序渐进地分阶段分步骤实施，导致久攻不克。结果使得研究进度变慢，用去了 20 年。我国在实现洲际导弹这个大目标时，采取先近程、再中程、再远程、最后洲际导弹，在系列化、小步快速前进的方针下，终于研制出了不同射程的导弹系列，在较短时间内完成了洲际导弹。中国发展洲际地地导弹，进而发展运载火箭的技术路线比美国高明。

3）每一步骤每一阶段的跨度之间要有最佳的继承性。如同砌墙垒砖，下一层要为上一层打基础。前一步的许多技术措施和成果在下一步中可以沿用，是节省时间、节省人力、节省资源，体现快步的技术路线。

3.3.5　难易先后原则

难易先后原则，即战略上的先易后难和战术上的先难后易原则。当为实现大跨度树立战略大目标后，在战术上则采取小快步的技术发展路线。这就是从总体战略上，采取先易后难循序渐进的策略。

然而，在我们每一次的小步发展前进中，对每一小步的实施安排，则采取先难后易的技术发展路线：把最不熟悉的客观规律、最难的问题先集中兵力着手摸清摸透；再去从事我们熟悉的那部分业务。这样最节省精力、人力、物力和财力，能从一开始就抓住事物的核心，这也就是我们对任务按系统工程划分研制程序、研制阶段的本质思想。对此，将在后面的章节中详细论述。

3.3.6　行为先后原则

行为先后原则，即四先四后原则，强调先理论，后试验；先攻关，后铺开；先情报，后决策；先地面，后"天上"的总体设计原则。

1）先理论，后试验。先用理论指导，做充分的纸上的各种设想的分析，再做必要而有限的试验。

2）先攻关，后铺开。先攻克自己不掌握的、没有把握的、有很大风险的关键难题，再展开整个全部工作。

3）先情报，后决策。先对国外的经验教训作出尽可能多的分析了解，然后再根据中国情况作出决策。

4）先地面，后"天上"。先在地面做充分的试验验证，后再"上天"试验——这是引用航天的形象用语，即先做系统工程局部或单项试验验证，再做各种恶劣复杂环境的综合试验验证。

按照上述几个原则，可以在有限的基础研制投入下，走出中国宝塔式发展的道路。

3.3.7　开创继承原则

开创继承原则，即开创中的继承性、继承中的开创性原则。

（1）开创中的继承性

一项复杂系统工程任务如果一开始从战略上确立了大目标，本身就意味着具有事业的开创性。然而，开创性工作中不是所有部分都要开创，它还有继承性。钱学森曾经说过："一本书、一篇文章，自己有20％的独立见解、独到之处，已经是很好的书和文章了。"一项开创性的系统工程，要尽可能在不必要开创的地方尽量继承已有成果、现成产品，避免带入不必要的协调和差错。一项优秀的开创性或创新性总体设计，它恰恰是充分继承已有成果和现成产品的设计。

例如，为了试验导弹弹头的性能，不可能大量发射导弹。为此提出了研制专门的弹头试验弹的开创性意见，即运载器采取的是改装后的退役的地地导弹。又如，我国研制能拦截高空高速飞机的地空导弹，打靶时需要高空高速靶机，开创性地提出研制高空高速靶弹，而它的技术路线 20％是新颖独创，80％则充分利用现有地空导弹产品的许多技术与工装的方案。再如，我国地地导弹大推力发动机，没有沿袭苏联采用液氧酒精推进剂的技术路线，而开创地采用了可储存推进剂的技术路线，同时借鉴了苏联地空导弹小发动机的成果——苏联在继承小发动机研制大推力发动机中，因为爆炸失败后，定为研究禁区。我国则开创与突破了大推力发动机稳定燃烧技术，诞生了中国自行研制的自主知识产权地地导弹发动机。

（2）继承中的开创性

在继承已有成果的同时，为了技术的发展，需要有开创。许多型号的改进、产品的改进中应当有创新才能显出其生命力。例如，对现役海防导弹，采取不断改进末制导性能，大幅度提高抗干扰能力，而赋予了它全新的生命；对现役地空导弹，也开创了多种抗干扰手段，使其屡屡击落敌 U－2 飞机；又如，将东方红二号卫星改装国内波束天线和一次变频接收机，使之成为国内通信卫星东方红二号甲。

开创中的继承性和继承中的开创性原则有助于我们发展产品系列。例如，我国第一代地地导弹系列的技术发展途径中，对于中程导弹、远程导弹、洲际导弹，我们采取创新，突破了大推力可储存推进剂发动机后，就对此发动机采取了技术改进的方式，将其用于远程导弹、洲际导弹上；在导弹系列的弹体直径选择上，采取继承性的直径，大大减少工装、缩短研制周期、提高产品可靠性。又如，我国发展远程固体地地导弹时，将它改进加一级后就成为洲际固体导弹，而它的另一种改进，就是潜地导弹。

由此，我们形成了比外国更高明的系列化发展技术路线。这也说明了一个系列产品的发展战略规划中，要贯彻系列化的总体技术路线原则。

在有了对一些产品设计、研制、批生产的经验后，应当固化这些经验，使之成为设计制造规范，以指导未来产品的设计研制，缩短设计研制周期、提高设计研制质量和可靠性。例如航天继电器和电连接器，在总结几十年设计研制经验基础上，形成设计规范，并进而形成标准化，以指导未来产品的设计与研制。

一个国家工业化、现代化的水平在于自主创新能力，同时在于自己制定的规范化、标准化的水平。因此，总体设计思想的原则中，要能高瞻远瞩地为此作出部署。

3.3.8 难点分散原则

系统工程（任务）的指标体系中各项指标是相互关联、此长彼消或此长彼亦长的。对于全局中每一个涉及多个分系统的指标难点，诸如苛刻的质量或精度等，需要由各分系统或子系统共同分担。总体人员在分配指标时，如果将其集中分配给某一分系统或简单地均摊至每一个分系统，这种设计办法常常是很不高明的。

把集中于某一分系统的难点，分散到其他分系统中去的做法，叫做分散技术难点。其原则是，首先分析各分系统承担的难点难度及其数量，对于那些汇聚了众多高难点的分系统，需尽可能使之最大限度地减负；把困难分配给难点压力小或少的、具有富裕潜在能力的分系统，达到难点分散。

难点分散还有一种做法是，当对某一分系统的某项首要技术指标要求十分苛刻时，我们把对它的其他技术指标放宽，降低它在其他方面的压力。如对其精度要求十分苛刻时，就在对其体积、质量等其他方面的指标放宽。这也是分散分系统难度的做法，也是分散技术难点。

例如目标的搜索问题，欲在宽阔的空间域内寻找目标并精确定位，难度很大。可采取逐次逼近法或分工逼近法解决。例如，在大的空域内寻找飞机，用预警雷达粗定位，找到飞机所在的窄空域；再用精密跟踪雷达在给定的窄空域内对飞机实现高精度定位。同样，在宽阔的大海域中，欲对航空母舰精确定位，难度也很大。可以先寻找航空母舰编队所在的海域位置，再在此海域中，专门寻找与跟踪其中的航空母舰。至于采取两种手段分工还是一种二合一的手段，则是总体设计去进一步思考设计的课题。

又如地震预报，先用地震中长期预测手段，确定一年内发生地震的地区；然后在预测地震发生区用地震短临预测手段，确定地震在某月某日后的几日内、在某经纬度的若干千米范围内，将发生几级大地震。

3.3.9 体系智慧原则

体系智慧原则，即提高系统总体设计水平，减轻分系统难度原则。总体工作者将任务层层分解，不是只作简单的分解，而是不断研究总体上自身如何采取措施，使这些被分解的分系统性能指标结合起来发挥更好的综合性能，产生 $1+1>2$ 的效应，体现系统综合性能高于单体之和。从而也可使被分解的各个分系统所承担的指标压力减轻。这是提高总体自身设计水平、化解难点、减轻分系统难度的原则。

上述这种对技术难点的分解和最后综合集成的设计技巧，是总体工作者的专业学问，是总体人员自身的设计技术才华。下面举几个例子对其进行说明。

系统中一个组件或一个分系统可靠性不够高，总体在设计上采取双份并联工作或备件切换工作，就降低了对该组件或分系统的压力。这是总体工作者从系统上想办法的最简单的例子。

飞机或载人航天飞船的飞行控制系统为确保其可靠性，采取多套不同原理设备互为备份的措施，以减轻控制系统的压力。

地球同步轨道卫星受定点偏差影响，不可能定在赤道正上空某一点的位置，它天天在赤道正上空东西南北画"8"字运动。随着时间的增加，"8"字越偏越大。因此需要定期启动推进系统，调整偏离。在地球同步轨道卫星的长寿命设计中，如果需要卫星长达 20 年的长寿命，就要带可以维持 20 年寿命的燃料。如果轨道控制很精，则可以少带很多燃料。譬如原来维持 5 年寿命所带的燃料，现足以维持寿命 20 年。总体设计时，把推进剂质量转嫁给了提高定轨精度的工作。可见，精度的高低和燃料质量的多少，是总体工作者要权衡考虑的技巧。

如果某种测量手段在测量时给不出足够精度，存在误差元，即误差空间维，可以利用不同空间的多种测量手段，所得的各种误差空间维交织在一起，得出其交集，从而提高精度。例如，地面跟踪地球同步轨道卫星的雷达，其误差在距离方向精度很高，在方位和俯仰方向精度远远不能满足需要。可以在地面不同地点部署多部雷达，使其对地球同步轨道卫星的跟踪误差交集缩小，满足三维高精度定位。至于怎么部署站址，则属于总体的具体设计。

陀螺、加速度计组成的惯导系统都有漂移，随时间增加引入的定位定姿误差就越大；而卫星导航系统和时间无关，可以随时测出位置值。因此，后者可弥补前者的误差。反之，卫星导航接收机有时会丢失数据，而惯导系统可在此刻弥补，并帮助卫星导航系统继续正常工作；卫星导航接收机怕敌方干扰，惯导系统可以给出卫星导航接收机此刻的精确的轨道数据，从而使导航接收机的接收带宽可以压缩到很窄，大大提高了抗干扰能力。这是空间定位定姿问题中总体运用不同体系的优点的设计。

所以，体系智慧原则也是体系高效原则、体系排扰原则、体系化难原则。

3.3.10 扬长避短原则

在武器发展指导思想上，各国都十分注意研究如何扬长避短。苏联在武器威力与精度两者矛盾时，以威力为主；美国在武器精度与威力两者矛盾时，以精度为主。在抗核加固措施方面，苏联采取小系统加固外壳方式，美国加固采取直接提高元器件自身抗核水平的方式。

3.3.11　均衡协调原则

一项大系统工程由分系统、子系统等组成，其技术指标体系由各级大小总体——确定。确定的工作是一个协调过程。凡其间协调关系频繁的那部分，尽可能组成分系统或子系统。在层次各级之间要尽可能减少跨层次的协调。所以，均衡协调原则要求尽量减少上层协调量，把可以下放给下层去协调的工作，下放给下层去协调。然而，涉及重要技术指标、需要进行协调频繁的，即使涉及人数不多的机构，也要作为分系统由总体部门直接协调。

3.3.12　有限竞争原则

有限竞争原则，即必要而有限的竞争原则。当遇到难度很大的分系统任务，承担单位在长时间里不能提出构思或不敢承担重任时，不能让全局甚至国家等待这个承担单位太久。总体部门应当机立断，选择新的承担单位去论证突破。例如，某次为了反导弹的制导，需要研制每秒百万次计算机，某计算机研究所迟迟不能应战，于是换做由下属另一单位承担。这支队伍后来研制出了银河大型计算机。又例如，为研制国内通信卫星的一次变频转发器，承担的研究所认为难度很大，提出要和国外合作，时间需要 5 年以上。因此，决定请另一研究所研制，开展竞赛。结果经二轮竞赛，只用 9 个月，双双都研制出达到指标的产品。

3.3.13　状态冻结原则

状态冻结原则，即技术状态冻结原则。总体指标的形成过程是多次协调的过程。所以总体人员同分系统人员，随认识深化要不断协调参数。诚然，经过不断协调，产品总的性能指标会越来越好。然而，不能无休止地协调下去。到一定阶段，就要对技术状态冻结，各项主要指标参数不再变动。

技术状态冻结的时间需要仔细确定。方案论证与方案验证阶段的初期是允许多种技术方案并存的时期，技术状态及其指标变化可以较多，不能冻结。到了方案验证结束时，方案的技术状态就要冻结，原则上涉及方案的各项主要技术参数不再变动。继而进入到初步设计阶段，当初步设计阶段结束前，允许作最后的微量变动。至此，技术状态和主要技术参数完全冻结。系统工程全体成员都要全力以赴地去努力奋斗直至系统工程（任务）实现，详见第三篇。

3.3.14　眼见为实原则

眼见为实原则，即眼见为实的验收总原则。对产品各分系统的指标验收条件，总体部门在充分论证后一定要及早明确提出，并严格要求各分系统按此执行。不允许遇有异议将要求降低，更不准敷衍了事。例如，对某项设备的研制，总体部门规定每一次加电后要连续工作 10 小时，一共要做 6 次才算过关。设备研制方可能一开始对此规定意见纷纷，总体部门在这个时候就是要坚持说明为什么必须这么做的充分理由，坚持原则。

在各分系统承担单位按任务书指标体系及验收条件，完成检验验收后，总体人员要亲自主持验收，重要项目要反复测试考验。当总体部门由于自身验收条件受限，不具备亲自测试条件时，则前往分系统单位主持验收。此验收内容的大纲中，除有对该分系统验收目的外，还加入了从总体角度考虑该分系统与其他分系统的协调性能的试验考核，包括与其他分系统的联合匹配试验、电磁干扰试验等。

试验前必须制定试验大纲，详细说明试验原理和方法，一一列出试验预想将得出的现象、数据和结果；所有测试仪表均计量合格；然后，由试验结果来核对证实。必须详细记录试验结果中任何一丝异常现象和数据，并对其来源查个水落石出。在任务进展过程的每个阶段都要做相应的许多联合试验，试验后把发生的问题一一记录在案，并立即提请有关方面去切实解决。

总体工作者，无论是验收分系统是否达到指标性能，还是自己开展各项试验，都要坚持亲眼所见为实的验收原则。眼见为实，不仅仅看一串测试数据，更要细心研究试验大纲及其整套测试原理方法与手段的科学性。允许并提倡任何人提出"一百个"怀疑挑剔，并予以解释，任何一丝疏漏都将后患无穷。

总体工作者委托协作单位或分系统单位承担的设计任务或计算任务，也要眼见为实，以防从源头发生颠覆性失误。

所以，眼见为实的验收总原则是设计系统从上到下都需坚持的一条原则。

3.3.15　孤立因子原则

孤立因子原则，即孤立技术因子的试验方法与验收原则。当各个分系统任务完成后，总体人员要主持鉴定验收。然而，如果直到各分系统都完成后，再来验证总体方案是否合理，验证各部分性能指标是否协调，就太晚了。所以，切忌最终一次算总账。因为届时大小毛病交错在一起，谁好谁坏难以理清，分不清责任；也给总体部门寻找问题的根源造成了极大困难。因此总体工作，要设计出有一套科学的系统综合的验收方案，最大限度地减少复杂问题的交错和难以分辨。为此，要采取孤立技术因子的试验方法与验收原则。

孤立技术因子的试验方法与验收原则，是把总体和分系统的各种性能指标因子分割孤立开来的办法，按由简到繁、由小系统到大系统、按步骤地去一一依次试验、检验、验证。当出现一个问题，就即刻解决这个问题，进而一步一步地综合起来证实产品各项指标是否达到预定要求。所以，总体人员从一开始，需陆续安排理论计算、数学模拟、实物模拟，各种类型的单项性能验证检验和试验，综合性能验证试验，以及多个分系统协同性能的验证试验，直到完全真实情况下的整体试验，以逐步暴露总体设计不周和分系统存在的问题，并逐步完善总体方案和各项指标。实践证明，局部试验越充分，全局总的试验越顺利。这样做，总周期不但不会延长，反而会加快，总经费也更节省。在科学面前，只有老老实实，循序渐进，丝毫不能有半点侥幸心理。对于即使是属于在测试过程中一瞬间出现的一个小现象，甚至在以后上百次测试过程中亦并未复现的现象，也丝毫不能放过，一定要查个水落石出。偶然都是必然的。在原因分析出来后，为了证实其正确性，还要故意制造这种人为因素，使故障复现。只有这样才能保证质量，做到万无一失，一次成功。所以总体人员要具有按孤立技术因子原则设计的一套科学试验与验收的方法的基本功。

上面所提及的一系列试验方案的设计，特别是最终的各种综合试验方案的设计，都是总体人员提出来的。这些试验中，有些试验是总体人员提出来，由分系统实施的，有些试验是总体人员亲自做的，有些试验是在总体人员参与下做的，有些试验则是在总体人员主持下组织各方面共同做的。

上述这种孤立技术因子的分解设计和最后综合集成的设计技巧，合称为孤立技术因子的试验与验收的设计方法，是总体部门的工作人员的主要专业内容之一。

下面以导弹飞行试验为例说明上述思想。导弹的飞行试验中，一般动力系统首先作性能考核试验，先下面级，后上面级；控制系统，先考核稳定系统性能，再考核控制性能，如果有末制导系统，则置于最后考核；打靶射击的标的，先瞄准打容易的标的，最后瞄准打难度最大的标的，先打单发命中概率性能，后打多发命中概率；先研制方自己单独摸底试验，后需求方参加、甚至为主参与检验试验，从而达到产品设计定型。

3.3.16　严谨试验原则

科学严谨的作风意味着必须对未知因素作充分试验验证。但总体工作的智慧在于，只做有限的试验即可达到目的。

以地空导弹为例，地空导弹打靶，按理应该打几百发才能给出各种敌机在各种空域、在不同飞行高度、不同速度和不同机动情况下导弹的命中精度或命中概率。美国和苏联往往在试验中都要打一、二百发导弹。

我国研究人员通过仿真在计算机上模拟，对各种敌机在各种空域，在不同飞行高度、速度和机动状态下，如远距离、近距离、远处机动、近处机动、高空机动，低空机动、高速飞行、低速飞行等，做模拟仿真打靶，就可以得出命中概率。若要真实打靶，所需导弹数量是相当可观的。然而，不能完全相信计算机模拟打靶的结果。需要用实际的靶机和导弹去抽检核对验证这些仿真打靶结果。因为通过模拟仿真可以发现在哪些空域、哪些敌机飞行状态下，地空导弹最难打，或者说命中概率最低。因此我们实际抽检，就选取最难打的去试。试成了最难打的，其他状态下的作战就有很大把握了，全空域各种状态下的命中概率都可以给出了。为了保险起见，对其他作战状态，再补充试验若干发，就可以严格给出射表了。这样，通过实际打靶和模拟打靶相结合，导弹打靶的数量可以大为减少。必要而有效的试验是总体指导试验工作的一条准则。

3.4　总体误差和精度设计原则

3.4.1　概述

（1）误差

实际测量值与事物客观存在的真值之差，称为误差，即

$$误差值＝测量值－真值$$

真值通常是未知的，但认为有预知真值的情况，有以下 3 种。

1）绝对真值：自然规律使然。如平面三角形 3 个内角之和恒为 180°。绝对真值亦称为理论真值。

2）约定真值：世界各国公认的一些几何量和物理量最高基准的量值，例如国际时间基准、长度基准。

3）相对真值：如果测量手段的误差比被测对象性能指标的误差小一个数量级，则测量手段给出的测定值可视为真值，称为相对

真值。

　　每一次测量值与真值之差，称为真误差。真误差的性质有两个：一是真误差恒不等于零，即误差的必然性原理；二是真误差之间不相等，即误差具有不确定性原理。

　　由于每次测得的真误差的不确定性，预见下一次测得某一真误差值呈概率分布。其概率分布函数的数学期望值和方差值，分别由以往在同一条件下大量测试所得的诸多真误差值的算术平均值和平方和平均值即统计方差值求得。测试次数越多，算术平均值和统计方差值越接近其真值。呈现这样的概率分布函数的置信度越高。

　　系统工程中对按上述 3 种误差真值定义下，测量实现的实际值与其所追求的理想目标值之差，称为工程误差，即

工程误差值＝实际值－理想值

　　如果事先系统工程给出了允许其处于某一误差范围的误差目标，则落入此误差目标范围者称为满足误差要求。或者说，没有工程误差，也简称没有误差。

　　（2）误差的分类

　　为便于分析计算和统计处理各种误差，需要对误差加以分类。

　　①按误差成因分类

　　按误差成因可以分为 3 种不同类型：由系统工程产品或设备及其检验测量手段在设计、制造、装配和校正中，带入的系统工程产品内在的性能误差；由工作和测量的环境带入的测量误差；由操作人员的感官生理和心理因素带入的人为误差。

　　②按误差量纲分类

　　按误差量纲可以分为绝对误差和相对误差。

　　1）绝对误差：被测量值自身的误差，是有量纲的。

　　2）相对误差：绝对误差与被测量值之比，是无量纲。

　　例如，一台仪器测量某处电压和用标准电压表测同处的电压，前者为 108 V，后者为 110 V。则用该台仪器测量此电压的绝对误差为 108 V－110 V＝－2 V，相对误差为为－2/110＝－1.8%。

③按误差性质分类

按误差性质可以分为系统误差和随机误差。

系统误差是指在反复测量过程中，误差统计分析的数学期望值的大小及符号保持不变的误差量值。如果此量值按一定规律变化，也称为系统误差。例如，某一误差的大小和符号按正弦曲线产生周期性的变化，属于系统误差，也称为周期性系统误差。系统误差是误差项中的一个分项。此项可以用理论计算和实验方法求得，可以采用补偿修正的方法消除此误差分项。一般可消除系统误差的主要成分，但不可避免地会残存一个小于 1~2 个数量级的系统误差残余量。

随机误差是指误差中，围绕系统误差，每次测量值均呈现出符号和大小有随机性变化的误差分量。随机误差的产生是由许多独立因素微量变化的综合作用所致。它不易用简捷方法加以补偿修正，只能估计它对测量结果或然性的影响和减小它对测量结果的影响。

④按误差间关联性分类

按误差间关联性可以分为独立误差和非独立误差。

独立误差是指各项原始误差在形成的过程中是互不相关的，独立的。在分析计算设备或系统工程的总误差时，这类误差可运用误差独立作用原理计算。

非独立误差是指各项原始误差在它们形成过程中，是相关联而不独立的。在分析计算设备的或系统工程的总误差时，这类误差不可运用误差独立作用原理计算，要考虑相关系数的影响。

例如，惯性测量单元中有 3 个相互垂直的 XYZ 轴上安装的陀螺仪。X 轴陀螺的测量误差 $\tilde{\omega}_x$ 可以表示为

$$\tilde{\omega}_x = K(x)_0 + K(x)_x\omega_x + K(x)_y\omega_y + K(x)_z\omega_z + K(x)_{xy}\omega_x\omega_y +$$
$$K(x)_{yz}\omega_y\omega_z + K(x)_{xz}\omega_x\omega_z + K(x)_{xx}\omega_x^2 +$$
$$K(x)_{yy}\omega_y^2 + K(x)_{zz}\omega_z^2 + D(x)_0 + D(x)_x a_x +$$
$$D(x)_y a_y + D(x)_z a_z + D(x)_{xy} a_x a_y + D(x)_{yz} a_y a_z +$$
$$D(x)_{xz} a_x a_z + D(x)_{xx} a_x^2 + D(x)_{yy} a_y^2 + D(x)_{zz} a_z^2$$

式中　ω_x，ω_y，ω_z——作用在 X 轴、Y 轴和 Z 轴的真实的角速度；

a_x，a_y，a_z——沿 X 轴、Y 轴和 Z 轴上的真实加速度；

$K(x)_0$——陀螺的随机误差；

$K(x)_x$——X 轴的陀螺标度因数误差；

$K(x)_y$，$K(x)_z$——Y 轴和 Z 轴陀螺的交叉耦合误差，主要是由惯性测量单元中三轴几何结构相互不垂直引入的安装误差；

$K(x)_{xy}$，$K(x)_{yz}$，$K(x)_{xz}$，

$K(x)_{xx}$，$K(x)_{yy}$，$K(x)_{zz}$——交叉耦合的二次误差项的系数，主要是安装误差、电磁干扰等复杂环境引入的误差；

$D(x)_0$——与加速度无关的陀螺常数漂移；

$D(x)_x$，$D(x)_y$，$D(x)_z$——与 X 轴、Y 轴和 Z 轴加速度有关的交叉耦合误差系数，主要是由惯性测量单元中组件质量不平衡带来的安装误差；

$D(x)_{xy}$，$D(x)_{yz}$，$D(x)_{xz}$，

$D(x)_{xx}$，$D(x)_{yy}$，$D(x)_{zz}$——与加速度的平方有关的漂移系数，主要是由弹性形变、结构的非等弹性或正交弹性形变等引入的误差。

⑤按被测参数的时间特性分类

按被测参数的时间特性可以分为静态参数误差和动态参数误差。

不随时间变化的被测参数，称为静态参数。静态参数的观测误差（静态精度）称为静态参数误差。

随时间变化的被测参数，称为动态参数。动态参数的观测误差（动态精度）称为动态参数误差。

静态参数误差是随机变量；动态参数误差是一个随机过程，可以运用随机过程理论解决。

⑥按测量方法分类

按测量方法可以分为等精度测量和不等精度测量，直接测量和间接测量，以及独立测量和条件测量。此外，还可以分为绝对测量和相对测量，个别测量和综合测量，接触测量和非接触测量等。

测量方法不同，测量误差的处理方法和计算公式是不同的，测量结果的精度也不相同。因此，对测量方法进行分类，是处理测量误差必不可少的前提。

（3）精度

精度是用误差来衡量的，由于误差按其性质可分为系统误差和随机误差，因此精度也相应地分为准确度和密集度。

①准确度

准确度是表征系统误差引起的测得值与真值的偏离程度。有不少人称之为正确度，但容易理解为有不正确之处。

②密集度

密集度是表征随机误差引起的测得值与真值的偏离程度。有不少人称之为精密度，但容易对"精"字产生不同理解。

③精度

由系统误差和随机误差共同引起的测得值与真值之差，即准确度和密集度之合成，则为精度。有不少人称之为精确度或准确度，国外也使用正确度这个说法。

以导弹射击命中靶心为例，靶心视为真值，弹头着落点的实际位置是测得值。平均落点离靶心很近是准确度高，落点集中分布在很靠近平均落点的周围是密集度很高。两者结合，则表示精度高。

（4）鉴别误差和分辨力

①鉴别误差

不能引起仪表示值的最大被测之量，称为起始零位误差。

在仪表量程内，被测量量值的增量变化，不能引起仪表示值的最大被测增量，称为鉴别误差。

②鉴别阈

能引起仪表示值的最小被测之量，称为起始零位阈。

在仪表量程内，增量变化能引起仪表示值的最小被测增量，称为鉴别阈，即分辨力。

例如，某陀螺不能读取小到 $0.009(°)/s$ 的角速率，对 $0.01(°)/s$ 的角速率则能读取。前者是起始零位误差，后者是起始零位阈。此陀螺在测量 $2.341(°)/s$，$2.335(°)/s$，$2.344(°)/s$ 的角速率时，都只能读 $2.34(°)/s$。低于小数后第3位数是陀螺的鉴别误差，其分辨力为 $0.01(°)/s$。

分辨力和精度有联系，但不等同。例如，一台加速度计能测量 $(10^{-9} \sim 10^{-6})g$，每次有重力增量变化 $10^{-9}g$ 的量值都能读出数值，故其分辨力为 $10^{-9}g$。然而，它只能测出上述范围内的重力变化值，不能测重力全值。即如要其测量 $2.123\ 456\ 789$ 的重力值时，它只能得 $2.222\ 333\ 446$；要其测量 $2.123\ 456\ 788$ 的重力值时，它能测得 $2.222\ 333\ 445$；它对小数点后面第9位分辨力很高，测量两量的差值精度很高；但全值或者说全值量，就不对了，有一常值差。这就是说，它只能测重力变化的微量或相对值，这种分辨力很高；但测绝对值就不准了，因为总精度不准。

（5）误差理论

误差理论是研究误差的来源和特性，误差的评定和估计方法，误差的传递、转化和相互作用的规律，误差的合成和分配的法则以及降低误差的途径的理论。

误差理论可以应用于以下几个方面：

1）对测量数据进行判断和统计处理。

2）根据测量精度要求，选择测量方法、测量算法和必要的测量次数。

3）对试验方法、设备、系统工程的精度性能作综合评定。

4）对产品乃至系统工程项目进行误差设计的分析、分配、总精度预估和试验验收方法的设计与综合。

例如，为实现导弹命中精度的要求，要进行精度分配、精度分析、精度评定。

1）精度分配。在设计过程中，要将精度分配给制导系统和非制导系统。前者占主要部分，含方法误差和工具误差。非制导误差有后效误差、再入误差以及重力异常等。

2）精度分析。在设计过程中，对已分配的精度能否实现和如何实现，要进行精度分析；在飞行试验后，要利用遥测参数和外弹道测量参数，分析造成落点偏差的原因。其中，主动段结束测得的外弹道参数计算落点与标准弹道的落点之差是主动段造成的误差，包括制导方法误差和工具误差。而主动段结束测得的遥测弹道参数计算落点与标准弹道的落点之差反映了制导方法误差。误差分离可以辨识飞行中惯性元件误差系数的表现情况。后续的外弹道参数用以分析关机到头体分离误差、后效误差和弹头调姿误差。

3）精度评定。检验命中精度是否满足战术技术指标要求，包括试验射程与鉴定所要求的射程不一定一致的情况下，要进行不同射程的精度折合；以及小子样的先验信息和仿真模型的完善，特别是惯性元件和发动机等的天地一致性的验证。在导弹定型时，也要进行精度评定。

3.4.2　随机误差

（1）随机误差的基本特性

随机误差的概率分布有正态分布和非正态分布之分。

非正态分布的随机误差常见有截尾的正态分布、均匀分布、三角形分布、梯形分布、反正弦分布、β 分布、瑞利分布及其组合分布等。它们都可以用其概率密度函数 $f(x)$ 通过积分运算得到均值和标准偏差，折算为正态分布的均值和标准偏差。

在误差合成时，根据中心极限定理，只要各个部分误差（单项误差）是互相独立的，同时是均匀的小，那么总误差的概率分布就接近正态分布。

在建立随机误差的模型时，误差测量次数 n 愈大，所得模型越准。当测量次数 $n \geqslant 20$ 时，模型的置信概率很高，足够工程应用了。

（2）直接测量值的随机误差估计

①等精度测量值的标准偏差的计算

用相等精度仪表测得的值 x_i，$i = 1, 2, \cdots, n$，n 为测量次数。设其算术平均值为 $\overline{x}$，则其方差 σ 为

$$\sigma = \pm \sqrt{\frac{\sum\limits_{i=1}^{n} (x_i - \overline{x})^2}{n-1}}$$

称为贝塞尔公式。

②不等精度测量值的随机误差估计

用 n 个不同精度仪表测得的值 $x_i(i = 1, 2, \cdots, n)$，其算术平均值 $x_i(i = 1, 2, \cdots, n)$ 和标准偏差 $\sigma_i(i = 1, 2, \cdots, n)$ 是不同的。被测结果为加权算术平均值 $\overline{x}$ 和加权标准偏差 $\sigma_{\overline{x}}^2$，分别为

$$\overline{x} = \sigma_{\overline{x}}^2 \cdot \sum_{i=1}^{n} P_i x_i$$

$$\sigma_{\overline{x}} = \sqrt{\left(\sum_{i=1}^{n} P_i \right)^{-1}}$$

式中，$P_i = 1/\sigma_i^2 (i = 1, 2, \cdots, n)$ 称为不等精度仪表 i 测得值的加权系数，简称权。也可以将 P_i 乘以一个常数，例如 $\sigma_i^2 (i = 1, 2, \cdots, n)$ 的公倍数，作为权。

（3）间接测量随机误差的误差传递定律

间接测量值是各直接测量值的函数。间接测量值和直接测量值的误差之间的数学关系，又称为误差传递定律。

①倍数关系的误差传递定律

如果间接测量值是直接测量值的倍数，则间接测量值的标准偏差是直接测量值的标准偏差的同等倍数关系。

②和差关系的误差传递定律

如果间接测量值是多个相互独立的直接测量值之和或差，则间接测

量值的标准偏差是多个直接测量值标准偏差平方和开方的正值与负值。

③线性函数的误差传递定律

如果间接测量值是多个相互独立的直接测量值之线性函数，则间接测量值的标准偏差是多个直接测量值标准偏差与各自线性系数之积的平方和开方的正值与负值。

④任意函数的标准偏差的误差传递定律

如果间接测量值是多个相互独立的直接测量值之非线性函数，则间接测量值的标准偏差是多个直接测量值标准偏差与各自偏微分值之积的平方之和的开方的正值与负值。误差传递定律的一般形式为

$$\sigma_y = \pm \sqrt{\sum_{i=1}^{n} \left(\frac{\partial F}{\partial x_i} \right)^2 \sigma_{x_i}^2}$$

下面对误差传递定律的一般形式进行证明。设函数为

$$y = F(x_1, x_2, \cdots, x_n)$$

式中 x_1，$\cdots$，x_n——直接测量值，且为独立变量；

y——间接测量值。

若这些量的真误差分别为 δ_{x_1}，$\cdots$，δ_{x_n} 及 δ_y，则上式可写为

$$y + \delta_y = F(x_1 + \delta_{x_1}, x_2 + \delta_{x_2}, \cdots, x_n + \delta_{x_n})$$

上式一般为非线性函数，但 y 可认为是随 x_1，x_2，$\cdots$，x_n 连续变化的，且测量误差 δ_{xi} 是个微小量，因此可将非线性函数展开成泰勒级数，并仅取其一阶项作为近似值，即可将其线性化。故得

$$y + \delta_y = F(x_1, x_2, \cdots, x_n) + \frac{\partial F}{\partial x_1} \delta_{x_1} + \frac{\partial F}{\partial x_2} \delta_{x_2} + \cdots + \frac{\partial F}{\partial x_n} \delta_{x_n}$$

化简后得

$$\delta_y = \frac{\partial F}{\partial x_1} \delta_{x_1} + \frac{\partial F}{\partial x_2} \delta_{x_2} + \cdots + \frac{\partial F}{\partial x_n} \delta_{x_n}$$

式中，δ_y 可看作是由 δ_{x_1}，$\cdots$，δ_{x_n} 及系数 $\alpha_i \delta_{x_i}$ 组成的线性函数，而偏微分 $\frac{\partial F}{\partial x_i} = \alpha_i$ 为常数，故最后可得

$$\sigma_y = \pm \sqrt{\sum_{i=1}^{n} \left(\frac{\partial F}{\partial x_i} \right)^2 \sigma_{xi}^2}$$

⑤权倒数传递定律

间接测量中，权的传递服从下述权倒数传递定律。

设间接测量值 y 为一任意函数，即 $y = F(x_1, x_2, \cdots, x_n)$，各直接测量值 $x_i(i = 1, 2, \cdots, n)$ 的权为 $P_i(i = 1, 2, \cdots, n)$，则间接测量值 y 的权 P_y 可以表示为

$$\frac{1}{P_y} = \sum_{i=1}^{n} \left(\frac{\partial F}{\partial x_i} \right)^2 \frac{1}{P_i}$$

下面对上式进行证明。由误差传递定律得

$$\sigma_y^2 = \left(\frac{\partial F}{\partial x_1} \right)^2 \sigma_{x1}^2 + \left(\frac{\partial F}{\partial x_2} \right)^2 \sigma_{x2}^2 + \cdots + \left(\frac{\partial F}{\partial x_n} \right)^2 \sigma_{x_n}^2$$

由于权与方差成反比，即

$$P_y \sigma_y^2 = P_1 \sigma_{x_1}^2 = P_2 \sigma_{x_2}^2 = \cdots = P_n \sigma_{x_n}^2 = \sigma^2$$

故有

$$\frac{\sigma^2}{P_y} = \left(\frac{\partial F}{\partial x_1} \right)^2 \frac{\sigma^2}{P_1} + \left(\frac{\partial F}{\partial x_2} \right)^2 \frac{\sigma^2}{P_2} + \left(\frac{\partial F}{\partial x_n} \right)^2 \frac{\sigma^2}{P_n}$$

消去 σ^2，得

$$\frac{1}{P_y} = \sum_{i=1}^{n} \left(\frac{\partial F}{\partial x_i} \right)^2 \frac{1}{P_i}$$

⑥非独立误差和相关系数

以上的间接测量均假定各变量及其测量误差为独立随机变量，但实际中常会遇到非独立随机变量的情况，即各误差间有相关性。

举个简单的例子，$y = x_1 \pm x_2$（x_1 和 x_2 为非独立随机变量），设 δ_y，δ_{x_1}，δ_{x_2} 分别为 y，x_1，x_2 的真误差，则 $\delta_y = \delta_{x_1} \pm \delta_{x_2}$。

若对 x_1 与 x_2 分别测量 n 次，则有 $\delta_{yi} = \delta_{x1i} \pm \delta_{x2i}(i = 1, 2, \cdots, n)$。于是得到

$$\sigma_y^2 = \sigma_{x_1}^2 + \sigma_{x_2}^2 \pm 2R_{x_1 x_2} = \sigma_{x_1}^2 + \sigma_{x_2}^2 \pm 2\rho_{x_1 x_2} \sigma_{x_1} \sigma_{x_2}$$

式中　$R_{x_1 x_2}$——x_1 和 x_2 的协方差；

　　　$\rho_{x_1 x_2}$——x_1 和 x_2 的相关系数。

对上式进行变换，得

$$\rho_{x_1 x_2} = \frac{R_{x_1 x_2}}{\sigma_{x_1} \sigma_{x_2}} = \frac{\sum_{i=1}^{n} \delta_{x_1} \delta_{x_2}}{\sqrt{\left(\sum_{i=1}^{n} \delta_{x_1}^2\right)\left(\sum_{i=1}^{n} \delta_{x_2}^2\right)}}$$

⑦间接测量中误差传递定律的应用

间接测量中应用误差传递定律可以达到降低误差的效果，例如，可以正确选择测量方程式的函数形式。下面举两个例子进行说明。

例 1：求某一正方形的面积 S_1 及其标准差 σ_{S_1}。设正方形的两个相邻边已测得分别为 x_1 和 x_2，且 $x_1 \approx x_2$，$\sigma_{x_1} = \sigma_{x_2} = \sigma$。有 4 种解法。

解 1：$S_1 = x_1^2$ 或 $S_1 = x_2^2$，微分后得到

$$\delta_{S_1} = 2x_1 \delta_{x_1} \text{ 或 } \delta_{S_1} = 2x_2 \delta_{x_2}$$

写成中误差的形式，得到

$$\delta_{S_1}^2 = 4x_1^2 \sigma_{x_1}^2 = 4x_2^2 \sigma_{x_2}^2 \approx 4x^2 \sigma_x^2 \approx 4x^2 \sigma^2$$

解 2：$S_1 = x_1 x_2$，微分后得到

$$\delta_{S_1} = x_1 \delta_{x_2} + x_2 \delta_{x_1}$$
$$\sigma_{S_1}^2 = x_1^2 \sigma_{x_2}^2 + x_2^2 \sigma_{x_1}^2 \approx 2x^2 \sigma^2$$

解 3：$S_1 = \left(\dfrac{x_1 + x_2}{2}\right)^2$，微分后得到

$$\delta_{S_1} = \frac{1}{2}(x_1 + x_2)\delta_{x_1} + \frac{1}{2}(x_1 + x_2)\delta_{x_2} \approx x\delta_{x_1} + x\delta_{x_2}$$
$$\sigma_{S_1}^2 = x^2 \sigma_{x_1}^2 + x^2 \sigma_{x_2}^2 \approx 2x^2 \sigma^2$$

解 4：$S_1 = \dfrac{x_1^2 + x_2^2}{2}$，微分后得到

$$\delta_{S_1} = x_1 \delta_{x_1} + x_2 \delta_{x_2}$$
$$\sigma_{S_1}^2 = x_1^2 \sigma_{x_1}^2 + x_2^2 \sigma_{x_2}^2 \approx 2x^2 \sigma^2$$

由此可以看出，第一种解法 σ_{S_1} 最大，精度最低。其他 3 种解法，σ_{S_1} 相同，但以第二种解法最为简便。可见在间接测量中，测量方程式的函数形式对测量精度有很大影响。

例 2：两根直径分别为 d_1，d_2 的平行轴，两轴外圆间最近距离

为 L_1，最远距离为 L_2；现有测量手段所能达到的精度分别为 $\sigma_{d_1} = 0.5 \ \mu m$，$\sigma_{d_2} = 0.7 \ \mu m$，$\sigma_{L_1} = 0.8 \ \mu m$，$\sigma_{L_2} = 1 \ \mu m$。怎样测量才能使两轴轴心间距离 L 的误差最小？

解：可用 3 种间接测量法求得 L，其测量方程式如下

1）$L = L_1 + \dfrac{d_1}{2} + \dfrac{d_2}{2}$；

2）$L = L_2 - \dfrac{d_1}{2} - \dfrac{d_2}{2}$；

3）$L = \dfrac{L_1 + L_2}{2}$。

现分别求出 3 种测量方法的标准偏差

1）$\sigma_1 = \left(\sigma_{L_1}^2 + \dfrac{1}{4} \sigma_{d_1}^2 + \dfrac{1}{4} \sigma_{d_2}^2 \right)^{1/2} = \pm 0.9 \ \mu m$；

2）$\sigma_2 = \left(\sigma_{L_2}^2 + \dfrac{1}{4} \sigma_{d_1}^2 + \dfrac{1}{4} \sigma_{d_2}^2 \right)^{1/2} = \pm 1.1 \ \mu m$；

3）$\sigma_3 = \left(\dfrac{1}{4} \sigma_{L_1}^2 + \dfrac{1}{4} \sigma_{L_2}^2 \right)^{1/2} = \pm 0.64 \ \mu m$。

上述计算表明，第 3 种测量方法精度最高，且不必测量 d_1 和 d_2，其余两种测量方法精度较低。但必须注意，若由于测量手段改变了，σ_{d_1}，σ_{d_2} 以及 σ_{L_1}，σ_{L_2} 的数值变了，则上述结论也变了。

3.4.3 系统误差

（1）研究系统误差的意义

误差由系统误差和随机误差组成，研究系统误差的意义如下。

1）对随机误差进行数学处理和估计，是以测量数据中不含有系统误差为前提的。因此研究系统误差的规律性、消除系统误差的影响极为重要，否则，对随机误差的估计就毫无意义。

2）系统误差虽有其出现的必然性，但其规律性常常隐藏在测量数据中，不易被发现。因此系统误差比随机误差更具有危险性。所以，及时发现系统误差的存在并加以消除十分重要。

3）有时系统误差比随机误差大得多，因此，消除系统误差往往

成为提高测量精度的关键。

4）对系统误差的认识和消除，没有普遍适用的方法，有赖于对事物本身的特殊规律和测量者的学识、经验、技巧及测量技术的发展。

5）研究系统误差还能帮助我们发现新事物，判断测量的准确度和精度。例如：

英国人瑞利用不同方法制取氮气，测得氮气的密度如下。

1）用化学方法制取：由 NO，N_2O，NH_4NO_2，N_2O_4 分别制取氮，得出数据。

2）从大气中提取：由空气与 $Fe(OH)_2$ 作用、空气在灼热铁上处理等方法来制取氮，得出数据。

由上述数据算得氮气的平均密度及其标准差如下。

化学法制取，平均密度为 2.299 71，标准偏差为 0.000 41。

大气中提取，平均密度为 2.310 22，标准偏差为 0.000 19。

两类方法的平均值之差为 0.010 51，标准偏差为 0.000 45。

两平均值之差值理论上应为零，现已超出其标准偏差的 20 倍以上，可见这两种方法之间存在着系统误差。瑞利邀请拉姆赛和他合作研究，两人于 1894 年 8 月 7 日宣布发现了一种惰性气体元素，即"氩"。

（2）系统误差的分类

由测量结果可以通过计算给出算术平均值为 $\bar{x}$ 和标准误差 σ，但它们不等于给出了系统误差和随机误差。

如果算术平均值为定值，不影响标准误差，则称为定值系统误差。它只使随机误差分布密度曲线平移。

如果算术平均值为变值，则称为变值系统误差。由于它不易确定，难于引入修正值。故变值系统误差直接影响残差数值，影响标准误差，且其影响量难于确定。所以，变值系统误差不仅使随机误差的分布密度曲线的位置产生平移，还使曲线的形状和分布范围发生变化。

所以，系统误差按其取值特征可以分为两大类：定值系统误差和变值系统误差。

1）定值系统误差是大小和符号始终不变的系统误差。

2）变值系统误差是大小和符号在测量过程中，变化不定，或按一定规律变化的系统误差，例如陀螺的漂移。变值系统误差又可分为以下几类。

①呈线性变化的系统误差

在测量过程中误差有时会随着时间或测量次数的增加，不断增大或逐渐减小。例如，用殷钢尺测量大地，随着大地距离加长，殷钢尺的误差使测量得出的大地误差线性增加。其测量产生的误差属线性变化的系统误差。

②呈多项式变化的系统误差

非线性的系统误差常用多项式来描述其非线性关系。例如，电阻与温度的关系为

$$R_t = R_{20} + \alpha(t - 20) + \beta(t - 20)^2$$

式中　R_t——温度为 t 时的电阻；

　　　R_{20}——温度为 20 ℃时的电阻；

　　　α——电阻的一次温度系数；

　　　β——电阻的二次温度系数。

若以 R_{20} 代替 R_t，则所产生的电阻误差 ΔR 为

$$\Delta R = \alpha(t - 20) + \beta(t - 20)^2$$

可以看出，ΔR 的误差曲线为一抛物线。

③周期性变化系统误差

误差的大小和符号有时会按一定的规律呈周期性变化。例如刻度盘中心和指针旋转中心不重合的偏心所引起的读数误差，呈正弦规律变化。

④对数变化系统误差

误差有时会按对数规律变化。如殷钢尺的长度随时间呈对数规律变化，尺长的增量 ΔL 为

$$\Delta L = a\lg(1 + b\Delta t)$$

式中　Δt——时间增量；

　　a，b——常数。

⑤复杂规律性系统误差

误差的变化规律很复杂，很难用数学解析式表示时，一般用经验公式或实验曲线表示其变化规律，例如光栅度盘的刻制误差。

（3）系统误差的存在判则

要消除系统误差，首先必须判断其是否存在。可根据测量数据，利用观察法、计算法、假设检验法和方差分析法等，去判断测量误差中系统误差的存在。但不同情况下的判别方法不同，举例如下。

①残余误差观察法

在等精度测量中，残余误差观察法是将测得值及其残余误差按时间先后顺序排列，并观察残余误差的数值和符号变化规律。若残差的大小向一个方向递增或递减，而且残差的始值与末值的符号相反，则测量中含有线性系统误差；若残差的符号做有规律的交替变化，例如从正变为 0，又从 0 变为正，则测量中含有周期性系统误差。

在不等精度测量中，若全部残差的符号随着测量条件的改变而改变，则测量中含有由测量条件改变而产生的定值系统误差。

②马利科夫判据

该判据更适用于检验随机误差较大的线性系统误差。它是将测量列中所有残差分为前后两个半组，两个半组的残差分别求和，再相减。若结果显著地不为 0，则存在系统误差；若趋于 0，则不存在系统误差。

③阿贝判据

该判据适用于检验系统误差明显大于随机误差的周期性系统误差。

设真误差分别为 Δ_1，Δ_2，$\cdots$，Δ_n，令

$$A = \frac{1}{N} \sum_{n=1}^{N} \Delta_n^2 = \sigma^2$$

$$B = \frac{1}{N} \sum_{n=1}^{N} (\Delta_n - \Delta_{n+1})^2$$

式中　　$\Delta_{n+1} = \Delta_1$。

$$C = A - \frac{B}{2}$$

阿贝判据给出：若 $|C| > \dfrac{\sigma^2}{\sqrt{N}}$，则可认为 Δ 是非正态分布，即含有系统误差。

（4）系统误差的消除

在发现系统误差和了解到产生系统误差的原因之后，就能设法采取措施来限制系统误差的产生和降低它对测量结果的影响。以下是一些具体的测量方法。

①定值系统误差的消除

定值系统误差的消除方法又分为代替法、相消法和交换法。

1）代替法：用已知量值的（相对真值或约定真值）衡器代替被测件，读得同等量值，以消除测试仪表引入的定值系统误差。

2）相消法：某些定值系统误差，受测量方式影响，正向和反向对称读取时，可用两次读数的平均值作测量结果，抵消定值系统误差。

例如，测量螺纹的螺距有安置误差，使其在移动方向与螺纹轴线有一小夹角，螺纹截面的上升边之间和下降边之间测量的螺距一大一小。取其平均值，则定值系统误差相消。

3）交换法：将测量中的某些条件，例如被测物的位置等，相互交换使得所产生的定值误差对测量结果起着相反的影响，从而互相抵消。

例如用等臂天平称重物，先将重物放在左边，砝码放在右边，使天平平衡；然后左右交换位置，使天平又处于平衡，则重物取两次砝码值乘积的开方值或两次砝码值的平均值，即可消除由于等臂天平的不等臂而产生的系统误差。

②线性系统误差的消除

线性系统误差的特点是测量时所产生的系统误差的大小与测量

时间或测量次数呈线性关系。

显然，若以某一时刻或测量的中央次数为中点，则对称于此点的各对系统误差的算术平均值必定相等。

根据这一性质，可以采用对称测量消除线性系统误差。

在精密测量中，许多仪器设备的误差或环境条件引起的误差，往往随时间而变化，或随测量的次数而变化，如果其变化规律是线性的，就可采取对称测量法。有的误差变化呈周期性的、甚至复杂规律的，但如果它们的一次性近似或在较小变化范围内是线性误差，也可用此对称测量法。但应注意，相邻两次测量的时间间隔必须相等，以保证对称性。

③周期性系统误差的消除

周期性系统误差通常可以表示为周期函数，例如正弦函数、余弦函数等。

显然，其算术平均值为零。只要找出周期性规律，采用间隔为半周期的两个对称值，取平均值作观测值，即可消除周期误差。

④复杂规律的系统误差的消除

复杂规律的系统误差不能采用上述方法消除，可考虑采用组合测量方法，使系统误差在组合观测值中，具有随机误差的性质，而降低系统误差的影响。或用更准确的测量仪器找出误差，加以修正。

还可以采用回归分析的方法来确定修正值。例如用一元回归分析，设某一因素是产生系统误差的根源，则可结合此因素变动，通过实验得出的相应结果，建立一次或二次型函数回归方程，用最小二乘估计方法求出回归方程中系数，从而修正系统误差。由此可以引出多元回归的方法。

⑤系统误差已消除的准则

当某一项或几项残余系统误差代数和的绝对值，小于测量结果的总误差绝对值的最后一位有效数字的 1/2 单位时，则认为系统误差已消除。

3.4.4　精度指标的评定与算法

在阐述了误差精度、系统误差和随机误差后，现在以动作机构为例，综合概述精度指标的评定与算法。

影响动作机构精度的因素包括机构的理论误差；机构构件的制造误差及构件之间的配合间隙；在重力、热应力及内应力等作用力影响下产生的变形；由于温度的影响，使机构构件产生不同程度的尺寸变化和变形；运动件间的摩擦和磨损。

除第 1 项因素外，后 4 项误差间是相互关联的，只是在性质上和产生机理上有所区别。

制造误差是机构构件的固有误差，它是一个常数，可以用调整或校正的方法部分或全部地消除；而变形和摩擦则只在机构工作时才表现出来，无法消除，是机构位置和时间过程等的复杂函数。

根据机构动作的工作特征、机构误差的性质及产生机理，可以用准确度、密集度、变动度和迟钝度 4 项指标来评定机构的精度。

（1）准确度

机构的准确度是指机构动作部件实际动作相对理想动作的符合程度，即机构工作的准确程度。它是机构动作范围内位置误差的函数，反映了机构的系统误差。

这类误差的合成采用代数相加的方法，即 $a = a_1 + a_2 + \cdots + a_n$。

对于能直接给出运动方程的机构，用微分法可以很方便地求出机构位置误差。

设机构的运动方程为

$$f(y, x_1, x_2, x_3, \cdots) = 0$$

式中　y——从动件的位置误差；

　　x_1，x_2，$x_3 \cdots$——各构件的尺寸参数。

如果运动方程能以显函数的形式给出，则上式可写成如下形式

$$y = f(x_1, x_2, x_3, \cdots)$$

对上式进行微分，得

$$dy = \frac{\partial f}{\partial x_1}dx_1 + \frac{\partial f}{\partial x_2}dx_2 + \frac{\partial f}{\partial x_3}dx_3 + \cdots$$

式中，dy 表示各构件的尺寸误差所引起的从动件位置误差。式中偏导数相当于机构相应构件对从动件的误差贡献比。

如果机构的运动方程式只能以隐函数的形式给出，对其进行微分，为

$$dy = \frac{\partial f}{\partial y}dy + \frac{\partial f}{\partial x_1}dx_1 + \frac{\partial f}{\partial x_2}dx_2 + \frac{\partial f}{\partial x_3}dx_3 + \cdots = 0$$

$$dy = \frac{\dfrac{\partial f}{\partial x_1}dx_1 + \dfrac{\partial f}{\partial x_2}dx_2 + \dfrac{\partial f}{\partial x_3}dx_3 + \cdots}{-\dfrac{\partial f}{\partial y}}$$

（2）密集度

密集度是指机构多次重复动作的一致性符合程度，表示机构动作部件的实际位置在其平均位置周围的离散程度，反映了机构的随机误差。所以它表征的是机构动作的随机误差。

密集度形成的原因，包括机构中所有时刻在变动的因素，是多因素综合作用所致，如机构零件的配合间隙、作用力的变化、摩擦及弹性变形等。因此，机构的密集度是通过试验的方法测得其动作对平均动作位置的离散程度。

在机构的全部动作过程中的密集度是引起各种变化的方差的合成，是诸分因素方差之和，即

$$\varepsilon^2 = \varepsilon_1^2 + \varepsilon_2^2 + \cdots + \varepsilon_n^2$$

（3）变动度

变动度表示由于机构自身缺陷导致机构正、反向动作不重合的变动程度，以不重合范围表示其全部变动度。不重合范围愈大，机构变动度愈大。它反映了机构系统误差的变动范围。

影响变动度的主要因素是机构中的空隙、摩擦和弹性形变。当机构运动方向改变时，机构空隙需要补偿，摩擦力方向也随之改变，接触表面间又需要重新经过静摩擦至动摩擦，造成表面间的挤压和薄弱零件的弹性变形；同时，运动方向改变后，原先受挤压或弹性

变形的零件回弹时，由于弹性的不完全恢复和弹性滞后等都会造成运动变异。因此，减小空隙、减小摩擦和增加机构刚度，可改善变动度。变动度实际上是变动的准确度，表示准确度变异的范围，是各分变动度的代数和。

（4）迟钝度

机构对微量运动的敏感程度，即为机构的灵敏阈，可定义为能引起机构最小动作所需施加的动作量。而迟钝度的定义，则为施加动作而仍未能引起机构最小动作的最大动作量。它表示机构迟钝的特性。

当慢慢地对机构施加主运动时，我们发现机构并不立刻随之运动，而仍然处于静止状态。继续均匀增加所施动作力度时，作用于机构中的力也逐渐增加，直至冲破机构中的阻滞时，运动会突然发生，形成跳跃运动现象；此后机构又慢慢回到静止状态，直到又一次作用力的积聚，使之再次冲破阻滞作用，重新突然动作。

迟钝度会造成突跳，不利微动，也不利均匀运动，甚至造成自振。运动终止时，停止的位置不准确，呈分散现象，对定位不利。

迟钝度同变动度一样，误差合成取代数和。

3.4.5　总体精度分析的目的与任务

（1）总体精度分析的目的

系统工程整机产品的总体精度分析是保证其达到精度的必要步骤。总体设计中开展精度分析的目的如下。

1）找到影响总精度的主要误差因素，从而集中解决此类因素，有效地提高产品总精度；同时，对次要误差因素放宽精度要求，降低不必要的难度和投入代价，避免设计盲目性。

2）预估产品可能达到的精度，并从精度指标上比较优选设计方案。

3）合理地制定系统试验步骤和鉴定大纲。

4）确定系统工程任务各项试验验证直至鉴定所需各种测量手段

的精度要求，确定最有利的选配方案。

（2）总体精度分析的任务

系统工程整机产品总体精度分析的任务是对系统工程整机产品总体误差整体状况进行定性的和定量的分析，分析误差来源、误差性质、误差传递、系统误差和随机误差在传递中的转化、误差合成、误差的相消和累积、误差的减小乃至消除的途径，从而以最经济最简捷方式，使总误差减小到满足产品所需精度的要求。

3.4.6　总体精度分析原则

进行总体精度分析时，要根据初步确定的系统工程产品方案，对各源头误差及其在系统工程中的逐级影响，通过逐项分析、理论计算与实验仿真，最后系统合成为影响总精度的总误差。其分析原则与步骤如下。

（1）上下双向的总体精度分析总原则

系统工程总体的总精度分析，包括精度分解和精度综合。采取自上而下、自下而上，反复循环的方式进行。自上而下，是根据产品的总精度进行合理的误差分配，以确定各分系统、子系统直至各主要零部件的设计、制造精度要求和产品在逐级装配调整中的技术精度要求。而自下而上，是根据现有的技术水平、工艺条件和水平，以及可望采用达到的新技术、新工艺，确定各零部件的精度，或根据已有同类分系统、子系统等产品实现的和可能挖潜达到的精度，再进行误差综合而求得产品的总精度。两者相辅相成直至最终满足任务既定的精度要求。

（2）全面分析有贡献误差原则

系统工程（任务）的误差，源自其属下分系统、子系统、孙系统直至最底层（如原材料、元器件）产品带来的误差，系统工程总体的误差分析，原则上应无一例外地层层思索分析。但对于系统工程总体而言，其实，只需要分析对系统工程任务总体性能指标有影响而不能忽略的那些误差项，我们称之有贡献误差。其他误差项的误差值对总体性能贡献量极小，经分析后即可略去。

需要注意的是，在分析系统工程（任务）的自身误差因素时，还要分析各种环境对系统工程整体的影响而导致的误差。

（3）提取各源头误差的原则

源头误差是指系统工程（任务）中最底层单件产品工件的误差，也可以指中间层作为一个小整体的综合误差。各式各样源头误差的估算方法有以下几种：根据工艺条件确定，通过计算确定，按工作或操作方式确定，或根据经验确定。属随机误差性质的，需分析确定其概率分布。

（4）计算传递误差的原则

从源头误差合成为子系统或分系统误差时，应按照误差传递定律计算，其实质是微分运算思想。

复杂系统工程的解析计算难度很大，主要依靠计算机辅助设计和计算机辅助制造技术，构成各级分系统的计算机仿真分析模型；由带有不同误差值的各源头参数输入，即可求得分系统总体指标参数值及其误差，即给出传递误差。

各源头参数取值是在一个范围内变化的，因此仿真的基本方法是采取蒙特卡洛法，在参数误差变化的大范围内进行仿真。如果对误差传递规律分析后，确定为线性或单调函数律，则计算量可锐减至只需计算诸边界极值。

（5）确定总误差原则

由子系统综合成分系统，由分系统综合成系统工程全系统的总误差，其方法同上。

我们也可以将下一层系统总误差中的系统误差和随机误差，分别对上层系统的系统误差和随机误差的贡献，各自合成运算；最终合成系统工程的总误差。

按大数定律，大系统中变量参数众多，所呈现出的误差量值较为均匀，由这些误差量合成的方差呈现 高斯正态分布。因此，在同一层次中，诸多随机误差量合成时，取均方差的平方和开方值。所以，系统工程的总精度由系统工程总精度中的数学期望值和总方差值决定；或者说，它的总精度是介于数学期望值加 3 倍总标准差之值和数学期望值减 3 倍总标准差之值之间。在此期间每次会出现某个值的概率呈高斯正态分布。如果在众多变量参数中有特殊量值突出偏大，则要另行对此加以分析。

（6）误差调整与平衡原则

初次合成的总误差往往不能满足系统工程（产品任务）的精度要求，需要进行误差的调整与平衡，以减小总误差，提高产品总精度。其原则如下。

①减小源头误差

如增加材料刚度，使其减小变形误差；选用误差小的源头产品等。

②进行误差匹配补偿

一个正公差和一个负公差零件的装配就属于误差匹配补偿，还有热胀系统为正和热胀系统为负的搭配运用，使系统随温度变化的误差相抵而减少误差，提高精度等。

③考虑系统误差补偿修正的可能性

对于系统误差，不论是定值的，还是呈可知规律性变化的，都可以引入补偿修正值，加以校正，提高精度。

若系统误差是由实际测得的，则测量手段引入的系统误差和随机误差也应计入总误差内。补偿校正后的残余误差要分清系统误差量和随机误差量，继续纳入系统总误差中。

④调整传递误差

各种误差在合成系统时，各自贡献的传递误差量相差极大。通过系统内部体系结构或工作原理的适当调整，使有贡献误差中个别贡献误差特别突出的项，下降至与第 2、第 3 项大误差项达到大致相当的量级。

如此反复，直至系统工程（任务产品）的总精度满足精度指标要求，同时还使不必要提高精度的地方放宽了精度要求。这样，精度分析就完成了。

如果总体精度分析后，不能达到系统预定精度要求，则应重新考虑总体设计方案的合理性。

(7) 理论分析法与实验统计法相结合原则

用理论分析方法进行总体精度分析，其优点是能计算出各原始误差所产生的各个部分误差的数值及其在总误差中所占的比例。因而便于在理论指导下进行误差的调整、平衡和再分配。

然而，理论分析法的缺点是计算得到的总误差往往与实际不完全相符。这是由于误差合成计算时，无法充分考虑到误差互相抵消补偿的细节；同时误差合成计算公式的本身，也有近似性。此外，对误差来源的分析，可能会有遗漏；对某些原始误差的实际数值，只能给出估计值等。

总体精度分析的实验统计法是对研制出的模样、初样、试样、正样产品进行精度测试，进行重复的或不同方式的测量。然后将所测得数据，结合不同测试方式，运用概率论及数理统计方法进行分析与处理，获得相应产品精度性能的各项误差，探讨其中的关联性和规律性，包括产品总误差的大小及变动范围、系统误差和随机误差的大小及其分布规律，通过依次变动某一因素或同时变动某几项因素，观察寻求影响总误差的主要因素。

由实验测试所得到的实际产品的精度特性，可判断该产品的总精度是否满足规定要求。

理论分析法和实验统计法这两种方法是相辅相成的。总原则是理论分析指导为主，用实验验证去证实与抽验，并用实验中取得的数据去充实理论计算和仿真中的近似数据或缺项数据，从而改进计算和仿真模型的真实度与置信度。

因此，总体设计人员必须掌握关于系统误差和随机误差的全部知识，特别是误差传递定律和误差合成定律的应用，以及和系统工程产品本身有密切联系的专门知识。

3.4.7 总体精度分配原则

总体精度分配采用的是化难保精的原则。总体精度设计和指标分配，不是所有误差均越小越好。追求的是在保证总精度实现的前提下，各方面的误差尽可能地越大越好、越经济越容易实现（生产或施工）越好。这是判断总体精度分配水平高低优劣的标志。对于集中于若干分系统或子系统中的某些参数指标精度要求过高项，总体设计中，要按难点分散原则，想方设法分散其难点，将其转嫁到其他方面。从而达到有苛刻精度要求的若干主要项的精度，均衡地下降到经努力可实行的程度。

误差分配方法举例如下。

例：由欧姆定律 $I = U/R$，间接测量电流强度 I，现直接测得 $U = 16$ V，$R = 4$ Ω；现在要求电流的标准差满足 $\sigma_I \leqslant 0.02$ A，问 σ_U 及 σ_R 应为何值？

解：将等式 $I = U/R$ 两边取自然对数，得

$$\ln I = \ln U - \ln R$$

微分后得

$$\frac{\delta_I}{I} = \frac{\delta_U}{U} - \frac{\delta_R}{R}$$

于是有

$$\frac{\sigma_I^2}{I^2} = \frac{\sigma_U^2}{U^2} + \frac{\sigma_R^2}{R^2}$$

或

$$\sigma_I = \left(\frac{\sigma_U^2}{R^2} + U^2 \frac{\sigma_R^2}{R^4} \right)^{1/2} \leqslant 0.02$$

式中有两个未知数 σ_U 及 σ_R，需再增加一个方程式才有确定解。根据误差的等作用原理，得

$$\frac{\sigma_U^2}{R^2} = U^2 \frac{\sigma_R^2}{R^4}$$

故有

$$\left(2 \frac{\sigma_U^2}{R^2} \right)^{1/2} \leqslant 0.02$$

或

$$\left(2U^2 \frac{\sigma_R^2}{R^4}\right)^{1/2} \leqslant 0.02$$

将 $R = 4\ \Omega$，$U = 16\ V$，代入上列式中，解得

$$\sigma_U \leqslant 0.02 \times \sqrt{8} \approx 0.057\ (V)$$

$$\sigma_R \leqslant 0.02 \times 0.707 \approx 0.014\ (\Omega)$$

上面所得到的解是根据误差等作用原理求得，因而是初步的。可以根据实际情况加以适当调整。例如测量电阻的精度若达不到 $\sigma_R \leqslant 0.014\ \Omega$ 的要求，可将 σ_R 放大，并相应地使 σ_U 减小，但必须根据实际数据重新计算，以满足 σ_I 的要求。

3.4.8 提高总体精度的基本方法

（1）将随机误差转化为系统误差

在设计时，用精确公式代替近似公式，改用参数性能一致性好的原材料、元器件代替性能离散的原材料、元器件，使产品综合精度提高。或采取将投入使用的原材料、元器件，先实测性能参数后，按此参数代入计算公式进行设计；使原材料元器件的不同批次状态引起的随机误差转化为系统误差。

在产品所有组成部分的测试中，采用系统误差和随机误差都小的测试手段，以减少测试手段引入的误差。

在产品装备中，将所有加工后的零组件先实测后，再据此调整与组装，消除其误差量；或者在调整与组装中，按产品总精度要求边测量，边消除误差。

（2）系统误差随机化

采用不同测量误差的手段进行测量，求得公约的交集误差，提高精度。也可根据测量手段在多维空间的不同误差元，以不同空间布置这种测量手段，求得交集误差，提高精度。

（3）设计中消除误差

在系统工程产品设计中有以下几种消除误差的方式。

①从原理上消除误差

例如，在光学相机的镜头前加遮光罩，避免空间杂散光引起的误差。计量仪器设计时应符合阿贝原理，以提高精度。

②从结构上消除误差

在结构设计时，增大结构的刚度和强度，以减小形变误差和振动造成的误差。采用密封设计、润滑设计、减振设计，减少由这些因素造成的误差。采取补偿机构，消除误差，例如导弹弹头再入时，为克服空气动力干扰造成的误差，在弹头内设置可移动偏心的质量载荷的平衡装置，补偿此误差。

③降低大传递误差

例如低噪声放大器由多级放大器组成，第一级放大器希望其噪声系数低且放大倍数大，然而这二者是相互制约的。故以低噪声为优先，适当降低对其放大倍数要求，将所要求的放大倍数在后面几级再大幅提高，这样就降低了整个多级低噪声放大器的噪声，提高了精度。

（4）在产品的装配调整中消除误差

在系统工程产品装配和调整过程中，还可采用选配法和误差补偿法来提高装配精度。比如两个焦距差要求极严的物镜，可以通过精测焦距后选择配对来满足要求。

（5）在工作过程中消除误差

系统工程产品在工作过程中所产生的误差，可以通过误差分析或实测找出造成误差的主要因素，然后得出这些因素对测量结果造成影响的函数关系式或近似的函数式，最后在测量过程中用传感器将这些因素的变化值转换成修正量，使测量结果自行修正，提高精度。这是反馈修正的方法。

（6）降低环境影响的措施

振动、温度、湿度、灰尘和气流等环境条件，影响了系统工程产品的精度。降低这些影响的措施有如下几种。

①回避措施

把外部环境条件隔离开，使产品基本不受外部环境影响或受很少的影响。例如，设计恒温环境，将产品放置于恒温环境中工作，保证其精度不受影响；设计减振环境，将产品放置于减振环境中工作，保证其精度不受影响。

②硬抗措施

采取硬对抗环境的加固措施，不怕环境变化，保证精度；或采用膨胀系数小的材料，如玻璃镜片采用零膨胀系数的材料。

③相抵措施

采用膨胀系数相同的材料，克服材料间不同膨胀系数带来的应力造成的误差。例如光学镜头和其外套采取膨胀系数一致的材料，可减少热应力对光学质量的精度影响。

3.5　总体设计质量原则

质量是总体人员设计的生命。总体设计质量原则包含质量设计若干原则、可靠性工程若干原则和长寿命设计若干原则。

3.5.1　质量设计若干原则

质量是生命。总体设计要坚持质量第一、一丝不苟。贯彻周恩来总理"严肃认真，周到细致，稳妥可靠，万无一失"十六字方针。

当质量和进度发生矛盾时，宁可推迟进度也要确保质量，耽误了的进度要从组织管理上想办法抢回来。

坚持一切经过论证、一切经过试验，把设计、研制牢固地建立在科学实践的基础上。

要求一切能在地面检验、验证的，都要充分做好地面（指系统工程单一或局部的系统环境）各种试验和计算分析，不要把发现了的问题带到天上（指系统工程综合复杂的全系统环境）。

坚持在本阶段处理完本阶段发生的质量问题，而不将它带到下一阶段更为复繁的系统中的指导原则。

产品也好，工程也好，质量是设计进去的。如果总体部门对产品各部分，即对分系统的质量要有严格要求，要提前强调。例如，焊点的质量问题，若 10^{10} 个焊点中才允许出一个错，总体人员对这样的指标要早提出来，分系统要从管理到生产、再到工艺等方面早作准备或者说采取措施落实。要贯彻质量管理制度化，实行复查制、留名制、双岗制、三检制（自检、互检、专业检验）、反馈制、考核上岗制和文明生产等制度。

对于重大工程，要求落实零缺陷设计。零缺陷设计是高难度的，但只要下决心，不是不能达到的。为保证零缺陷，要求设计参数的公差在 6 倍方差下保证性能指标满足要求，即实行 6 倍方差设计。为此，三维实体模型下动态的多学科精确协同优化的计算机辅助设计（含工艺）、计算机辅助制造是必需的。相应的计算机辅助管理或者说无纸管理也是必需的。无纸管理的核心在于管理的规范化制度化。

质量工作要从源头抓起、从基础抓起，实行研制、生产、试验全过程质量控制、质量监督和质量问题处理，实行技术归零和管理归零"双归零"的一整套质量措施。

技术归零是指一旦产品发生质量问题，技术上应该归零，即要做到定位准确，机理清楚，问题复现，措施有效，举一反三。

定位准确：在产品出现质量问题时，一定要实实在在地找到产品哪个部位发生了问题，直到找到问题所在。

机理清楚：找到存在问题的部位后，要分析出之所以存在这个问题或现象的机理，要说清故障产生根本原因的科学机理，绝不允许模棱两可，说不清机理。

问题复现：讲清机理后，要人为地制造出这种故障。观察按此机理，故障会不会复现，以验证定位的正确性和机理分析的正确性。这里必须强调是一模一样地复现，绝不放过复现现象不一样的情况。

措施有效：故障证明复现后，要提出解决故障的纠正措施，并从实际中验证这种措施正确、有效。绝不放过无效或有效性差的情况。

举一反三：措施被验证有效后，要举一反三，联想类似模式或机理有没有可能应用在其他航天型号产品故障中，直至质量问题全部排除，并制定出预防措施。

相应的，还有在管理问题上的归零，即要做到过程清楚，责任分明，措施落实，严肃处理，完善规章。

过程清楚：对发生质量问题事故的发生和发展的全过程应当查清楚，是技术问题、管理问题，还是未遵守制度的原因，或是因为没有制度可以遵守，找出管理上的薄弱环节与漏洞。

责任分明：强调绝大多数技术问题都是管理问题。根据质量职责，层层分清造成质量问题的责任单位和责任人，并分清责任的主次和大小。

措施落实：针对管理上的薄弱环节与漏洞，制定并落实有效的纠正措施和预防措施。

严肃处理：该属于谁的责任就处理谁，不留情面，不管其过去有多大贡献，以达到教育人员和改进管理工作的目的。对重复性和人为质量问题的责任单位和责任人，根据情节和后果，按规定给予批评或者行政撤职处分。但还是强调主要目的是对故障本身能从此防患，对事而不是专对人。

完善规章：针对管理上的薄弱环节与漏洞，健全和完善规章制度，并加以落实，从制度的根本上去亡羊补牢，彻底杜绝质量问题再次发生。

下面举几个技术归零的例子。

1）在研制弹上计算机过程中，有一次在实验室调试时出现了一个漏脉冲，100万个脉冲中出现了这一个，概率为100万分之一。然后相当长时间再没有出现这个现象。但若以小概率事件来解释此故障，是极不负责任的！必须查找故障原因，做到技术彻底归零。于是为了查明源由，在插头插座、电源、一块块集成电路等上面做了上千次试验，还是不能出现这个现象。遇上这样的机会实在太难了，历时半年仍找不到头绪，但仍没有放弃，继续请更多人帮助解决。

终于有一天，一位同志怀疑某块电路是否有问题。于是换成国外的高速电路，不成功；换成国外的低速电路，也不成功；用自己研制的 NMOS 芯片、CMOS 芯片去试，仍然重现不出这个现象。直到有一天，有人忽然提出问题可能是由这种集成电路中某一器件的上升边不够陡直所致。于是决定将这块芯片拿到激光修补设备上修改调整后再试验，终于找到了问题所在，使得整个技术问题历时 9 个月终于归零。

2) 在运载火箭发射卫星后的一串遥测故障信号记录中，发现计算机提前输出了一个特定信号。于是怀疑计算机出现了故障。于是要求设计人员设想计算机上各种可能出现的故障，努力重现这一串故障。同时要求设想的故障所造成的后果必须复现和遥测记录完全相同的结果，而且严格按寻找故障、严于律己原则，不得寻找计算机外部的原因。经过一周翻箱倒柜式的设想，还是产生不出遥测记录中那样的一串故障信号。这样，就可以肯定故障不发生在计算机上，并向领导汇报了这个结论。领导思考了很久，仍认为发生在计算机上的可能性最大。于是向设计人员重申，按前一次查找故障的要求和步骤继续彻底查找，如果认真查找后，情况仍然如此，则可以从计算机外部因素查找故障原因。结果发现外部电缆有一处短路后，便出现和遥测记录完全相同的现象。沿此线索进一步发现，外部电缆发生短路是由于发动机设计上的问题。至此问题找到，并归零了。

3) 火箭在发射基地总装中，在高倍显微镜下发现一只火箭分离脱落插头的塑胶件有一个一微米长度的微小裂纹。查遍此型号同一批次产品，都没有这个问题，因此不属批次性问题，是偶然现象。不同批次的其他所有成品经检查，也没有相同的第二例。然而，不能对偶然事件放行，偶然有其必然，一定要找到原因以彻底根除。结果用了一个月时间，从全国范围寻找专家，终于找到问题来源于一道工艺措施。此措施若不加注意，就必然产生此类裂纹。从而终于找到症结所在，并有了物理学解释，采取措施后，可以向用户保证，此缺陷从此根除，再也不会发生这个问题了。

4）惯性测量组合里一个电阻发生了脱帽现象，查遍了全部生产记录证明不属批次性问题。但仍然决定凡所有导弹上采用了这类产品的，不管用在哪个型号、分系统、子系统，一律拆开全面彻底检查，全部换掉。即使因此使分系统、子系统报废或重新投产，也在所不惜。

3.5.2 可靠性工程若干原则

（1）可靠性基本概念

产品的可靠性是指产品在规定的条件下和规定的时间内完成规定功能的能力。可靠性的概率度量亦称可靠度。

这里定义的条件包括了所有外部和内部的环境条件，如温度、湿度、辐射、磁场、电场、冲击、振动等自然的、人为的或自身引起的条件。

当总体部门提出产品任务书时，必须提供产品的寿命剖面和任务剖面，从而提出可靠性设计指标体系要求。

寿命剖面是产品从制造到寿命终结或退出使用全寿命期内所经历环境的时序描述。

任务剖面是产品在完成规定任务的时段内，所经历的工作方式（连续、间歇工作或一次性使用）、持续时间、工作模式（含备份与替代工作）、完成任务的定义，以及工作事件序列所经历的环境等。

对于软件来说，不可靠的软件是由于程序中存在的需求错误、设计错误和编程错误，这些错误是否引起故障取决于软件产品的使用方式以及程序执行的路径。软件可靠性包括以下三方面。

1）成熟性（Maturity），软件承受由于错误引起故障的能力的一种属性。

2）容错性（Fault - tolerance），软件在出现错误或在软件界面上出现干扰情况下，维持规定性能水平（包括故障安全这类固有能力）的一种属性。

3）可恢复性（Recoverability），当软件出现故障又需重新正确工作时，软件所具有的重建其性能水平及恢复受直接影响的数据能力的一种属性。

（2）可靠性设计

可靠性设计分以下 12 方面介绍。

①基础性设计

基础性设计是指对于保证产品固有可靠性有直接作用的那些基本的可靠性设计工作。包括原材料与元器件选用、系统简化设计、环境适应性设计等。

1）原材料与元器件是影响产品可靠性的最小单位，是产品可靠性的基础。总体必须要求按优选目录选用，避免引入不合格原材料与元器件；对于超目录选用须经严格审批。

2）系统简化设计。在一定意义上说，简单就是可靠，系统简化设计就是尽量减少元器件数量，压缩品种规格，实行标准化、通用化、模块化设计。

3）环境适应性设计。环境适应性设计包括抗冲击振动设计、热设计与低温防护设计、"三防"（防潮、防盐雾、防霉菌）设计、空间环境设计、电磁兼容设计等。

②裕度设计

裕度是指能力超过付出。为保证可靠性，产品各环节具有的能力超过其所需的付出，保险量安全性能就大，可靠性就高。可靠性实际就是设计裕度的度量。确定合理的裕度就是裕度设计的任务。

裕度不仅有强度裕度、寿命裕度，还包括功能裕度、密封裕度、防热裕度等。

裕度设计可以通过提高强度来实现，相反也可以通过降低应力，即降额使用来实现，例如安全余量、元器件降额应用等。

③容错设计

产品软硬件具有容忍出错而提升抗拒出错能力的设计，包括检错、防错、避错及纠错等，总称容错设计，例如计算机的容错设计、信息链路的容错设计等。

④边缘性能设计

边缘性能设计又称参数变化分析或最坏情况分析。边缘性能设计的任务就是使系统的每个基本单元或基本因素的特性参数处于其各自公差范围的极限值边缘时，系统输出特性仍能满足预定要求的设计。

⑤冗余设计

冗余设计可分为几种，一种是串联冗余设计或并联冗余设计，即并行、多备份同时工作或自动切换，减轻负荷或纯为保证可靠性。

一种是储备冗余系统设计，即包括冷储备（无载储备）、热储备（满载储备）和温储备（轻载储备）的设计。

还有一种是由多个部件完成一个部件完成的功能。当遇有部件故障时，采用多数表决作决策，保证产品的可靠性。所设计的机构，如果机构内发生一个或多个内部发生故障时，此机构仍能完成其预期任务。例如，飞机装 3 台发动机，只要 2 台正常即可保证飞行安全；用 3 台计算机进行 2 比 1 表决，如有 1 台损坏不影响使命执行。

然而，由于增加了表决机构，它的可靠性不能小视，且取同类部件的情况容易一错全错。所以采取功能相同、原理相异的部件是一种选择，即异构备份。就软件而言，包括算法相异与逻辑相异。

⑥自诊断自修复自寻优设计

可以用演化方法去开展设计。

⑦网络设计

采用网络结构，网络上几处失效，仍能正常工作，弥补线路的不可靠。例如通信网络、交通网络、电力网络等。

⑧人机设计

运用人机工程学防止人为差错，提高产品在生产与使用中的可靠性的设计叫人机设计。防止人为差错也是产品可靠性设计的责任。

⑨贮存期控制设计

产品制成出厂后，在贮存期保持产品可靠性的设计叫贮存期控制设计，主要包括以下几个方面。

1）改善贮存环境条件的设计；

2）贮存环境适应性设计；

3）贮存环境防护包装设计；

4）贮存阶段维护方案设计。

⑩维修性设计

可维修产品在其备用期发生故障后，可迅速维修，继续保持使用可靠性的设计，叫维修性设计，主要包括以下几个方面。

1）待修产品的易检测、易诊断、易修理设计；

2）维修人员技能培训设计；

3）完备的维修手段与维修等级的设计。

⑪可靠性增长设计

通过逐步改正产品设计和制造中的缺陷，不断提高产品可靠性的设计叫可靠性增长设计。

⑫可靠性试验体系设计

总体设计中要建立可靠性试验体系，包括产品性能试验、系统匹配试验、电磁兼容性试验、结构强度试验、环境模拟试验、可靠性增长试验、寿命试验等配套体系。一方面，通过对足够数量产品进行可靠性试验，可以统计验证产品是否达到规定的可靠性指标要求；另一方面，由于大系统工程整体试验机会有限，最大限度地利用各种试验中一切可靠性相关数据，构成系统工程产品总体可靠性验证结论，并对试验中暴露的故障进行分析，对纠正结果和可靠性增长做出验证结论，也为系统工程后继产品积累可靠性先验数据。

（3）可靠性分析

可靠性分析通常称为可靠性 3F（FMECA，FTA，FRACAS）技术：

FMECA（Failure Mode，Effects and Criticality Analysis）——

故障模式、影响与危害性分析，详见（4）。

FTA（Fault Tree Analysis）——故障树分析，详见（5）。

FRACAS（Failure Reporting，Analysis and Corrective Action Systems）——故障报告、分析和纠正措施系统，内容略。与之相比，我国"双归零"的一整套质量措施更胜一筹，见第3.5.1节。

（4）故障模式、影响与危害性分析

故障模式、影响与危害性分析是在故障模式及影响分析（FMEA）基础上加上危害度分析（CA）。

故障模式及影响分析是通过对故障的回想和预想、分析原因、采取防止措施避免故障发生，达到可靠，是一种单因素的表格化定性分析方法。

危害性分析是在故障模式及影响分析基础上，按每一故障模式的严重性类别及其发生概率，评价它们对全系统的危害性。

①故障模式、影响与危害性分析的对象

故障模式、影响与危害性分析的对象包括任务内的一切项目及其所处一切阶段的一切工作模式（包括正常工作模式和应急工作模式、自主控制模式和非自主控制模式、休眠模式和储存模式等）以及模式之间的转换。

②故障模式、影响与危害性分析的目的

设计人员在产品设计的同时，开展故障模式、影响与危害性分析的目的是要按规定的表格和要求，有组织地、系统地、全面地一个不漏地找出产品在设计中所有可能的、潜在的故障模式及其对产品系统各级功能的影响，判断其严重性等级和发生概率，按严酷度类别和发生可能性等级进行排序，发现设计中潜在的薄弱环节。从而从设计上采取针对性的改正或补偿的预防措施和有效的控制方法（包括设计、工艺、检验、管理等），以消除或减少故障发生的可能性。

因此开展故障模式、影响与危害性分析可以为可靠性过程提供以下帮助和依据。

1）在制订可靠性控制计划中，作为基础。

2）在设计分析中，作为选择方案，建立可靠性模型，进行可靠性预计和评估，进一步开展故障树分析，作为设计评审的一项输入。

3）在制造和试验中，作为一种故障诊断工具，作为制造质量控制、试验设计、测试点设置、飞行前检测、在轨故障检测、系统安全性的危险源分析的一项依据。

4）在使用中，作为后勤保障和维修性设计的依据。

③故障影响

故障影响分为局部影响、高一层次影响、最终影响 3 个层次。

局部影响是指故障模式对产品本身的使用和功能的影响。

高一层次影响是故障模式对所属分系统的使用和功能的影响。

最终影响是故障模式对系统（例如全弹、全箭、整船、整星）的使用和功能的影响。

④严酷度

严酷度是指故障模式对全系统产生最终影响的严重程度。严酷度可以分为 4 类。

Ⅰ类——灾难的。引起人员死亡、全系统毁坏。

Ⅱ类——致命的。引起人员的严重伤害、重大经济损失，或全系统严重损坏，任务失败。

Ⅲ类——临界的。引起人员的轻度伤害、一定的经济损失，或导致系统轻度损坏、任务延误或降级。

Ⅳ类——轻度的。导致计划外维修。

⑤故障模式发生可能性

故障模式发生可能性分为以下 5 级：

A 级——经常发生；

B 级——有时发生；

C 级——偶然发生；

D 级——很少发生；

E 级——极少发生，但是在航天系统工程中，这种极少发生的概率也是不能放过的、且其发生也不是不可原谅的。

⑥故障模式、影响与危害性分析方法

1）对产品全系统，从总体自上而下地给出故障模式定义，包括其内部的功能和接口的功能、各约定层次的预期性能、系统限制条件及故障判据的说明。

2）从零件级自下而上分析硬件与软件；分析一切硬件所在层次上的一切接口，以及软件接口；分析工艺-制造中引入的新故障模式及其影响。从而确定产品及接口设备所有可能发生的故障模式，确定它们对相关功能的影响，以及对产品系统和所需完成任务的影响。

3）按最坏的潜在后果，评估每一故障模式，确定其严重性类别。

4）为每一故障模式确定检测方法和补偿措施，确定为排除故障或控制风险所需的设计更改或其他措施及其影响。

5）故障模式及影响分析报告是纳入产品每一阶段设计评审的必备资料，如表3-1所示。

表 3-1　故障模式及影响分析表

代码	产品或功能标志	功能	故障模式	故障原因	任务阶段与工作方式	故障影响			故障检测方法	补偿措施	严酷度类别
						局部影响	高一层次影响	最终影响			

⑦故障模式分析中需要考虑的表征现象

在总体自上而下地提出可靠性设计要求中，以及在最终自下而上地可靠性考核验收中，至少应该考虑以下表征现象：

1）功能不符合技术条件要求；

2）提前运行或滞后运行或意外运行；

3）误开、误关、误切换，或不能开、不能关、不能切换；

4）超出允许上、下限，输入（出）过大、过小或没有；

5）间断性或漂移性工作不稳定；

6）电开路、电短路或漏电；

7）机械结构破损、断裂、卡死或颤振；

8）气、液的内泄漏或外泄漏；

9）腐蚀、过热、冰冻、流体流动不畅；

10）潜在电路或软件潜在通路；

11）故障传染到邻区的故障或故障隔离措施；

12）冗余部件的接口和故障部件的隔离措施、冗余部件的可测试性。

（5）故障树分析

故障树分析是一种图形演绎方法，它以特定的故障状态为目标，作层层深入的逻辑分析，形象直观地描述系统内部各种事件的因果关系，从而找出引起系统失效的各种故障事件组合，为设计采取相应的防止措施提供依据。

①故障树分析具体步骤

故障树分析具体步骤是以产品系统可能发生故障的一个事件（顶事件）作为分析目标，第一步是寻找一切引起顶事件的直接原因，第二步是再去寻找引起上述直接原因的所有直接原因，这样一层一层找下去。如果原因甲或原因乙会引起上一级事件发生，就用逻辑或门把它们和上层事件联结起来；如果原因甲与乙合在一起才引起上一级事件发生，就用逻辑与门联结。由此寻找系统内可能存在的硬件失效、软件缺陷、人为失误和环境影响等各种因素（底事件）和系统失效（顶事件）之间的逻辑关系，从而形成一幅倒立的树状图形，就是故障树。建立故障树后，再定性分析各底事件对顶事件产生影响的组合方式和传播途径，识别以顶事件为代表的各种可能的系统故障模式，以及定量计算这些影响的轻重程度，算出系统失效概率和各个底事件的重要度次序。

②建造故障树基本规则

建造故障树的总体工作者，必须对系统及其各分系统、子系统及其各种环境影响因素有透彻的了解，例如系统设计意图、结构、功能、接口关系、环境条件和失效判据等。建造故障树是一个逐步深入和逐步完善的过程，其要领是：

1）坚持循序渐进原则，正确选择顶事件。

2）从顶向下，准确定义各层故障事件，明确其发生的条件。每一层只找直接原因，找全了才能向下一层找，以防错误和遗漏发生。

3）要分析清楚事件的逻辑关系和条件。

③故障树举例

自旋稳定卫星的转速控制中，依靠发动机及其备份的喷气保证卫星起旋至额定转速。其失效模式一种是转速达不到，另一种是转速失控。

发动机阀门有正常工作、堵塞、泄漏 3 种状态；阀门控制有星上控制或地面遥控 2 种模式；信号有指令正常、发不出指令、误发喷气指令 3 种状态；锁定机构也有正常工作、误锁、失锁 3 种状态。所以，自旋卫星转速控制单元是一个多故障状态的系统，按此简略后的故障树见图 3-1。

（7）故障树分析和故障模式及影响分析的关系

故障树分析属于演绎法，它由上而下，由系统的特定故障状态（顶事件）出发，分析导致顶事件的一切可能原因或原因组合，这种分析是面向全系统的。

故障模式及影响分析则属于归纳法，它由下而上，由系统的硬件单元或功能单元的所有可能的故障模式，确定它对系统的影响。

（8）性能可靠性评定

产品性能参数随着制造误差、环境条件等随机因素变化而产生偏差。为了保证产品的使用要求，必须对性能参数的偏差加以限制，一般由产品设计任务书规定。通常，要求产品的性能参数应保持在容许的偏差范围内，即

$$X_U = X_0 + \Delta X_U$$
$$X_L = X_0 - \Delta X_L$$

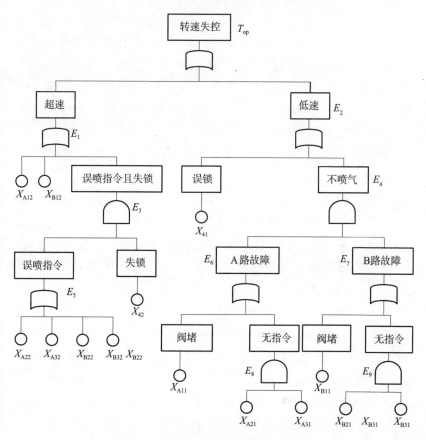

图 3-1 自旋卫星转速控制单元故障树

式中 X_U——性能参数容许上限；

X_L——性能参数容许下限。

X_0——性能参数的额定值；

$\Delta X_U \sim \Delta X_L$——性能参数容许的偏差范围。

如果系统中各组成部分的一切性能参数，都能落在容许的最大上限至容许的最小下限的范围内，而产品整体性能能满足总体技术指标体系要求，则这样的设计与制造出的产品的可靠性就相当高。通常，消除了系统误差后，剩下随机误差落入其 6 倍方差内的概率极高。因此，可靠性设计的基本出发点是采取 3 倍方差至 6 倍方差的设计。

对于复杂大系统的可靠性综合评定，鉴于系统级试验的数量很少，评定系统可靠性时，其可靠性信息量必须充分利用系统内各下一级试验中的可靠性信息量，从而减少系统级的试验数量，节省研制经费、缩短研制周期。

（9）广义可靠性

广义的可靠性是包括了可靠性、可维修性、可用性、保障性和安全性的总称。

①可维修性

产品在规定条件下和规定时间内，按规定的程序和方法进行维修后，保持或恢复到规定功能的能力的度量称为产品的可维修性。系统工程的可维修有两种形式：一种是在运行期间内系统故障的维修，另一种是定期维护。

在运行期间系统可维修性用维修平均时间表示。它是检测和诊断故障时间到维修完成（或功能达到、恢复正常）时间之和。

产品维修按维修规模和前往维修地点不同，分为不同维修等级。随手维护的不外送维修为基层维修；定期送到一个中等规模的维修地点的维修为中等维修；经较长时间后，送到规模大的集中维修点去的维修为大维修。以上维修类型也分别称为一级、二级、三级维修。

②可用性

产品在要求提供使用时，随即处于可工作或可使用状态的程度称为产品的可用性。

可修复的产品的平均无故障工作时间（$MTBF$），也称为平均寿命。

不可修复的产品的平均无故障工作时间（$MTTF$），也称为平均寿命。

平均无故障工作时间（$MTBF$）也称为故障间的工作时间。它的倒数 λ 是单位时间的故障率。

可用性有：固有可用性，可达到的可用性和运行可用性，都是重要的。

固有可用性是指理想环境中，在规定的运行条件下使用时，不计入预防性维护和计划安排的维护，而将满意地按规定运行到某需要时刻，并不需要修理的系统的概率 A_I

$$A_I = MTBF/(MTBF + MTTR)$$

式中，$MTBF$ 是故障间的工作时间；$MTTR$ 是修理的平均时间。

可达到的可用性是指理想环境中，在规定的运行条件下使用时，计及预防性维护和计划安排的维护，而将满意地按规定运行到某需要时刻的系统概率 A_A

$$A_A = MTBF/(MTBF + MAMT)$$

式中，$MTBF$ 是故障间的工作时间；$MAMT$ 是平均主动维护时间，它是修理的平均时间 $MTTR$ 与预防性维护和计划安排的维护时间之和。

运行可用性是指在实际环境中，在规定的运行条件下使用时，将满意地按规定运行到要求的某一需要时刻的系统的概率 A_0

$$A_0 = MTBM/(MTBM + MMDT)$$

式中，$MTBM$ 是维护间的平均时间；$MMDT$ 是平均维护与失效时间，它是修理的平均时间 $MTTR$ 与计划维护和后勤支持时间之和。

$MTTR$ 的估计比较难，在知道了 N 个系统每一个的 $MTTR$ 后，其期望 $MTTR$，即 $E(MTTR)$ 即可算出

$$E(MTTR) = \frac{\sum_{i=1}^{N} MTTR_i \lambda_i}{\sum_{i=1}^{N} \lambda_i}$$

③保障性

产品自身的性能和对其维护的后勤保证能力称为保障性。

④安全性

不发生事故的能力称为安全性。

3.5.3　长寿命设计若干原则

（1）长寿命概述

下面从引言、技术研究中的误区、产品寿命机理 3 个方面对长寿命的概念进行阐述。

①长寿命引言

产品的可靠性是产品在规定时间和规定条件下完成预定功能的概率。然而，现在不少人讲产品可靠性时，只讲产品在规定条件下完成预定功能的概率，缺少了规定时间这个前提。也有人把产品能循环工作的次数错误地理解为时间的长寿命。

长寿命和可靠性在时间维上关联，例如，一副用明胶做的画图用三角板，买回来时完好无损，可靠性很高。在书架上放置 10 年再取来时，它已经粉碎了。这就是寿命。又如，玻璃绝缘子上缓慢生长的"松花"致使其短路，也是寿命现象。这就是长寿命和可靠性的本质关联。

长寿命可以分为工作寿命和贮存寿命两类。产品持久工作的时间是产品的工作寿命，产品不工作而存放的时间是产品贮存寿命。前者是长寿命工作，后者是长寿命贮存。两者是不同的，各有各的科学规律。系统长寿命的设计者，既要研究工作寿命又要研究贮存寿命。

②长寿命技术研究中的误区

人们往往想到电子元器件失效采取的"浴盆"曲线。其主要方法是先把产品按性能要求设计出来，然后以统计方法通过大量产品运行试验，寻求产品性能与时间关系，即"浴盆"曲线，它的上升段是早期失效期，尾部下降段是进入寿终期，中段是平稳工作期。产品正式使用前，先工作一段时间度过了早期失效期后，则认为产品进入稳定正常工作时段，可以投入使用，直至接近"浴盆"曲线的尾部下降段，于是求得产品的工作寿命。

这种方法要求对产品做长时间的使用试验，直到寿终，才能获得寿命期数据。如果想要达到 10 年寿命，则一定要做上 10 年以上的试验；如果想要达到 20 年寿命，则一定要做到它实实在在经受了 20 年，总结出必然规律，才可信其寿命长达 20 年。

如果一个新产品，不能等待 20 年后再用，用什么方法证明其一定能有 20 年寿命，这就是长寿命的一项研究使命。

于是，人们又自然想到采取加速老化试验方法。但问题的实质在于证明每一种加速老化试验方法成立的结论，都是与正常不加速时的几十年缓缓老化演变作过一一对比后才得出的。因此，不要盲目错用加速老化的概念而不作几十年长期寿命对比验证试验。

科技工作者不允许用小概率事件来搪塞解释和回避问题的解答。因此提倡长寿命无缺陷设计，20 年的长寿命就要采用 20 年长寿命的设计制造措施。所有设计生产管理者都要负起责任，用科学规律和实际数据来严肃保证。所以，要使产品达到长寿命，必须走正向设计的技术路线，把寿命作为指标设计制造到产品中去。而不是采取事前不做寿命研究，采用先做出来，再试验能否侥幸通过长寿命的时间来证明长寿命的事后评述的错误路线。但哪有那么多 20 年又 20 年不断地试了又试的可能呢？这就是长寿命问题所面临之难点所在。

③产品的寿命和寿命机理

产品的寿命是指产品在运行和贮存条件下，"保持其性能，满足指标要求"的时间区段。长寿命是相对而言的，通常指 6 年、10 年以上。因为时间短了，许多随时间推迟而缓慢发生的性能蜕变反应不明显。

产品长寿命机理的本质是指产品在长时期工作或贮存过程中，其组成的所有硬件和软件，随着时间的推移而发生各种缓慢的机械、物理、化学、生物等的蜕化，这种性能蜕化的关联作用，使产品整体性能指标超出了正常规定的性能指标体系的允许公差范围。

例如前述的明胶三角板，时间久后，它从无定型变成了晶格化后碎裂了。玻璃绝缘子上缓慢生长的"松花"，是因为玻璃绝缘子上残留的焊液离子，在静电场作用下缓慢迁移而生长出了"松花"图形，一旦游到"对岸"形成绝缘子短路而寿终。

研究长寿命机理，要用系统工程方法，按木桶效应，首先寻找出长寿命的薄弱环节；然后，研究分析这些薄弱环节，随着时间的推移，将产生各种缓慢的机械、物理、化学、生物等的蜕化反应，使产品整体性能发生蜕变导致失效的机理过程；进而，提出减缓和防止蜕变，达到长寿命的方法；并由此形成指导产品设计、制造及使用的技术规范，最终保证产品的长寿命性能。

（2）总体与长寿命指标

系统工程产品的长寿命性能指标不是由总体单独下达研制指标给一个并列于其他分系统的独立的分系统单位完成的，而是一项渗透到每个分系统、子系统中去分担的——长寿命性能指标体系。

需要由总体将产品的长寿命总指标，自上而下地分解成长寿命分指标，一一分配到每一组成部分和每一个环节，要求他们贯彻遵守总体已发布的寿命设计与制造的规范，实现各自的工作寿命和贮存寿命时间的要求；然后，逐一验收、综合集成，实现长寿命指标总要求。

例如，卫星的长寿命指标是在卫星总体方案初步确定后，总体对星上电子元器件、星上惯导仪表、星上机电设备、星上电子设备、星载计算机、星上电源、星上动力系统等所有分系统、子系统提出的长寿命分指标要求；并最后验收与证明综合集成是否实现了长寿命指标总要求。由于卫星要经受各种恶劣的环境：除要满足各种入轨前的火箭冲击振动、卫星机动的冲击振动、卫星返回的冲击振动环境外；还要满足空间所有历经的环境，如宇宙辐照、日地天象、高低温冲击、真空度、辐照总剂量、单粒子、静电等。而这些环境因素的强度是由总体部门根据卫星产品所处实际空间环境的强度给出，因此卫星中电子产品的长寿命指标，又与其所处卫星中的具体环境相关。卫星要达到长寿命性能的工作，也是一项系统工程。

对于一种适用于宇航级的电子产品，可以自行依据卫星不同轨道的宇宙环境、所处舱内外状况，以及进入空间、在空间机动、由空间返回的冲击振动情况等环境要求，以及工作寿命和贮存寿命等，进行分类、制定宇航级长寿命等级标准开展研究。

长寿命指标体系的研究，必然相应地引出对各类产品长寿命的评测/检验方法、规范和标准的研究以及评测/检验仪器设备的研制。而这些工作体现了总体部门承担长寿命指标专业人员的基本功和战略眼光。

（3）长寿命研究的技术路线

产品实现长寿命性能的研究本身是一项系统工程。长寿命设计有以下 5 条原则。

①分散长寿命技术难点

一个系统在总体设计时，不应把全部长寿命压力都集中加到某一局部环节上，应分散长寿命技术难点。

例如，前面提到的，地球同步轨道卫星为维持 20 年的寿命，从所带燃料与轨道控制精度两者进行权衡，以分散长寿命难点。

②备份设计

某一局部环节实现长寿命指标有困难时，总体设计应采用备份设计。例如卫星某一器件长寿命性能达不到时，采用备份来解决。如果这个器件工作寿命只能达到 12 年，而做不到 20 年，可以先使用其中的一个，等其工作到 10 年后，切换到备份上，用接力方式完成 20 年的工作寿命。但要注意，不是靠采取两个器件同时平行工作来解决长寿命的办法，因为工作 12 年后，他们全"寿终"了。这就是长寿命和一般人们理解器件可靠性的概率之不同。当然还要注意器件的工作寿命和贮存寿命的不同。上述那一对器件，如果贮存寿命只有 12 年，那么靠 10 年后倒班接替，亦无济于事。因为到了第 12 年，不管工作与否，它们都已"寿终"了。

所以，卫星整体的长寿命和卫星总设计师、总体部的系统设计直接有关。因此，一项系统工程产品的长寿命性能指标是总体团队的一项直接承担责任的任务。

③长寿命的线性外推研究

长寿命机理的研究是一项需要以时间为代价进行研究的工程。怎么缩短时间来证明其达到长寿命呢？

例如，卫星上用的高速旋转的轴承不断地在摩擦，它能达到譬如 10 年寿命吗？此时可以在 20 个真空罐里分别放进高速旋转的轴承，让其不停地旋转工作，几年后取出几只观测其摩擦损坏的程度，隔几年再取出几只观测其摩擦损坏的程度，并证明了这种摩擦损坏呈现出线性关系。于是，就可以推断 10 年后结果的结论。

如果经理论严格计算，得出的性能与时间是单调递增函数或单调递减函数关系，而且在多次时间维逼近值对应的实测性能值也证明符合此函数规律，则可作出长寿命性能的适度外推。

④长寿命的非线性难于外推时，必须超前预研

产品或产品中的若干环节，如果不易得出线性规律或如上述的单调函数规律，则不能外推。此时，全过程的时间代价，往往不可避免。所以许多工作必须先行一步，这又要求从事系统工程总体人员应当具有远见卓识的素养。

⑤系列产品的长寿命遗传法

如果上述系统工程是系列工程，或产品是系列产品，则要做系统工程系列产品的长寿命研究。例如，某类继电器系列，一号产品中的磁钢材料的长寿命性能解决后，二号产品、三号产品等如果都用同样的磁钢，那么就不必一而再、再而三地做长寿命研究试验了。这说明此材料长寿命性能已"遗传"给后几代产品了。此时，只需做其他不同零部件的长寿命机理研究了。如果其中有一部分零部件的机理也已经从本质上搞清楚并经过验证了，也可以不必再做寿命试验研究了。如果另一系列的产品，也采用这种磁钢，同样也不必再做长寿命试验验证，直接"遗传"过去。所以，长寿命研究是在日积月累的长期研究中组合形成的。从事总体工作的科技工作者要牢牢记住这点。对于已经得到了长寿命验证结论的成果，要力求形成长寿命规范、长寿命评测/检验方法和长寿命标准，并加以贯彻执

行，以提高系统工程产品系列的寿命一致性、稳定性和可靠性，大大缩短研制工期，节省经费和人力。

（4）产品的长寿命研究举例

这里列出几项长寿命研究内容，供从事总体或大总体的科技工作者理解长寿命的基础研究工作的深度与难度，以期能远见卓识地超前承担总体的责任。例如超薄栅 CMOS 器件在空间环境下绝缘性能的时间蜕变机理研究，二次集成电路及多芯片模组基板缺陷、浆料组分对寿命影响的研究，微量污染气氛下继电器触点表面性能的蜕变及时变机理研究，砷化镓电池辐照后性能蜕变的机理研究，裸芯片的寿命试验技术研究等，这些课题均非一日之功。

3.6　总体对抗设计原则

3.6.1　概述

产品所处的使用环境有自然界天然的环境，有人类活动无敌意地存在着的环境，还有人为故意地、敌意地、有针对性地干扰破坏的环境。最后一项是对抗性的。

自然界的环境有风雨雷电、太阳磁爆等；人类活动无敌意地存在着的环境有邻近电台、高压线造成干扰等；人为对抗性的干扰破坏的环境有电子战、信息战、伪装隐蔽与反伪装隐蔽、突防与反突防、机动与反机动、导弹与反导弹、卫星与反卫星等。

非军事系统工程任务的对抗设计，是针对自然界和人类活动的无敌意地存在着的环境；但对于人为对抗性的干扰破坏属于非传统安全类，也要做出对抗设计。

武器系统类产品，是对抗性产品。若不把产品自身放在对抗的环境中来设计与评定其功能，是鸵鸟政策，这种产品在实战中将会是废物，是兵家大忌。使用部门和研制部门都不要回避矛盾，贻误军机，损害国家利益。

各武器系统型号，都应从实际出发，有明确的针对各种可能对抗的战术技术指标要求和措施，加以落实。并把对抗的战术技术指标，同作战空域、精度、杀伤概率等放在同等重要的地位。

3.6.2　对抗设计基本原则

对于人为敌对的对抗设计，有以下几点基本原则。

（1）知己知彼原则

在对敌对抗斗争中，尤其必须知己知彼。这是以最小投入代价获得最有成效的原则。

美国历来重视侦察外国各种武器的情报。利用搜集到的情报或转手买来他国出口国外的武器，在美国本土设专门仿制的工厂，进行百分之百地仿制。仿制出来以后，就去有针对性地研究对抗破坏对策。例如雷达，美国就有仿制他国雷达的工厂，仿制后就研究有针对性地实施干扰的措施。一旦打仗，美国就可轻易地占据上风。这也正是美国的侦察卫星、侦察飞机、侦察船队和在他国境外设立的侦察站，整天在他国上空和周边收集情报之原因所在。

我国在对敌斗争中，也有许多情报工作和情报分析工作做得出色而制胜的先例。所以，我国的情报工作是武器发展对抗设计中第一位的工作，总体部门应当提出这方面的需求。

（2）我变更快原则

有矛必有盾。设计武器的同时，必须随时设想被敌攻破的弱点，从而加以防范。然而，针锋相对的矛与盾双方，使用对抗手段出现的时间上有时间差，谁抢在前，谁就制胜，称之为敌变我变，我变更快的制胜原则，简称我变更快原则。

（3）自我对抗与对策原则

在一时得不到敌方最新情报，或者敌方没有泄露或外露信息时，就必须用以己之矛攻己之盾的方式，不断地在自我抗争中提高与完善。具体来说，就是在研制自己新武器的同时，有针对性地研制攻破自我的秘密手段；然后，据此再改进自己的新武器，提高其对抗上述那种攻破自我的秘密手段，从而提升新武器性能。反复在这样的攻防自我对抗中向前推进数轮，至此，武器对抗性能就过硬了。这套原则是在几十年实践中总结肯定了的一条成功经验，完全符合航天攻防对抗的发展特点，称为自我对抗与对策原则。这条原则是航天的传家宝，适用于所有武器系统。

采用这一原则后，我国许多武器因此而重新被赋予了新的生命力。在大多数情况下，这是对现役武器、现有制式进行性能改进，提高对抗能力的一种发展对抗设计的有效方式；对于新武器系统，则从方案设计与方案验证阶段开始，到研制定型和投入战斗使用，也都是必须贯彻的原则。

贯彻这一原则是一项特别需要保密的工程。因为，这种对抗措施与各类武器系统性能的存亡紧密相关，有极强针对性地渗透到武器系统许多重大薄弱环节。因此，它像一张窗户纸，一捅就破，属绝密工程。

由于武器系统从方案论证到研制鉴定定型全过程，需要安排许多次大型摸底性的、测试性的和评估性的对抗试验，所以，武器系统必须配备对抗自我的各种手段。然后武器系统针对此对抗手段，研究采取相应的反对抗措施，提高武器系统自身的抗干扰性能、突防性能和阵地保护等性能。这种可以有效地推动武器系统各类对抗技术发展的保密性极强的工程，不宜外协，也无法外协，必须依靠内部研制人员直接承担研制，单线垂直对上负责。

（4）领先发展原则

在武器的对抗发展中，创新性地创立一种崭新的制式与敌对抗，使之出其不意、难以适应、无力紧急应对而战败。所以，发展新体制新原理的武器，尤为重要。其胜战之把握性，非常之大，它也意味着战场出现全然新颖的武器系统或焕然一新的信息链。这是发展对抗设计的又一原则。

例如，采取微波通信时，直接改为采取特高频 EHF 频段，使对方因技术落后无力对抗而取胜；或在现役装备中增加领先技术。

所以，对抗的发展有两种方式：一是新体制突破，一种是现役制式对抗能力的挖潜改进。两者不能偏废，创新是主要的。

（5）复合对抗与体系对抗原则

发展复合对抗体制，充分发挥多种对抗与反对抗手段的综合与合理运用，迫使敌人来不及防备。例如，采取雷达末制导时，又增加采取红外末制导或激光末制导，跳出原有波段，使其防不胜防。

超出单一武器系统，采取多种武器复合对抗的运用，实现体系对抗优势，更可使敌防不胜防。又例如，同时采取脉冲雷达和连续波雷达，实现组网制导体系，使敌难以对抗。

（6）外暴露特性防范原则

武器系统在其研制试验、生产抽检试验、作战演习中，必将对外暴露出武器自身的一些特征信息特性；在作战使用时，也将对外暴露出武器自身的一些特征信息特性。这些外暴露特性，是容易被敌人发现、侦察与截获的。例如阅兵式上导弹的长度和直径、导弹运输发射车的载重能力等，又如雷达的天线尺寸、形状或是在演习时辐射出的波长和重复频率等，都是敌方容易获知的。

因此，针对这种外暴露特性，开展超前对抗防范性设计尤为重要。

然而，正是由于其性能是外暴露的，秘密等级就相对较低一些。因此，可以由密级低一层次的机密级对抗专业的专门研究部门，按照这些参数去潜心研究对抗措施，或设计一些通用性对抗手段。他们还可以不限于针对一种型号，可承担针对一大类或更多类型号，研制一些通用的而又针对外暴露特性很强的对抗手段和装备。例如，电子对抗研究所在不知道武器系统内特性（非外暴露特性）的情况下，研究相应波段的杂波干扰机等。这些单位不同于系统工程型号任务总体部门或系统工程下属的直接承担型号任务的研究所，由于这些外暴露特性，毕竟仍然有着高度机密，因此也不宜由业外单位承担。这样的设置安排，是为了让更多的从事对抗专业的人员投入到这项难度极大的工作中，他们的研究成果将被提供给上述绝密级内部研制人员去作反对抗方法的深化设计和研制。

因为是绝密级研究和研制，总体部门也要专人对口单线联系，并及时提出要求和指导大系统工程任务的对抗设计研制与长远研究。

（7）对抗模拟环境同步发展原则

由于对抗技术和对抗能力与武器系统型号密切相关，从方案可行性论证到研制定型各个阶段，都要进行一系列对抗性能摸底试验。因此，在型号研制单位紧密结合型号承担对抗措施研制的同时，需要同步发展研制各种具备针对性极强的对抗模拟器与对抗模拟环境。这就是对抗模拟环境同步发展原则。

对抗模拟技术是考核评定武器对抗性能、促进其对抗技术发展的重要手段，在努力同步发展的同时，还要密切注视敌人各种对抗手段，做好侦察与情报分析，进而积极开展对抗环境模拟建设。

例如，航天系统内部研制对抗模拟器时应遵循如下原则。

1）研制的目标是为了检验和提高武器系统的对抗能力。

2）对抗模拟器要形成系列化、标准化、通用化；采用积木化与插件结构，使高频组件和视频组件，可分别更换。

3）型号性能很强的对抗手段和技术，例如干扰机、干扰模拟技术、干扰模拟分析和典型侦察分析技术，在系统内部安排研制。

4）大型的对抗设备，原则上集中统一研制、统一调度使用，可以节省经费，提高使用效率。

（8）体系对抗快速智能化原则

对抗技术是在敌我极高速地变化对策上，以我变更快而制胜的。战争中，面临敌人变化之快，单凭人脑临时反应已跟不上战争的节奏。为了快速应对，必须有预案，还需研制可编对抗程序，实行智能化应对策略。这就是体系对抗快速智能化原则。

为此，必须构建以计算机通信网络为中心的，连接侦察、警戒、监视、情报、控制、指挥及其各种对抗手段的快速智能化综合对抗与反对抗体系。同时必须相应地建立这套体系的实时仿真，开展大量的各种对抗应对决策预案研究，作为临战之智能选取准则。

（9）非对称对抗原则

非对称作战是指以己方之长应对敌方之短，使敌方即使获悉我方所采取的这些手段和战法，却无法应对的作战。战争中运用的对称作战和非对称作战手段是相辅相成的。谋略非对称作战和为此发展非对称作战所需的武器装备是现代战争之必然要求。因此，用发展自己非对称的更高级的优势去征服敌人的优势是重中之重。

（10）对敌情评估的稳妥必胜原则

现代大规模战争，从战略上讲是速决战。开局失败意味着战争战略的全局失败。对敌人力量的低估，就意味战争失败。

在分析考虑敌方力量时，宜采取三值估计：一是最严峻的估计 A，对敌人的疯狂性、残酷性、联合作战运筹的快速性、力量使用的密集性，以及武器装备的战术技术先进性进行充分的估计。二是最有限的估计 B，是对上述敌情能力最有限的估计，但绝对不是鸵鸟埋头不见。三是最可能的估计 C，是对敌人未来的力量作最可能发生的情况的估计。在制定对敌对抗斗争的战术技术发展战略时，认为敌人力量按 β 概率分布，计算出敌人力量的期望值 P 和方差值 σ^2，以求充分估计稳妥必胜

$$P = (A + B + 4C)/6$$

$$\sigma^2 = (A - B)^2/36$$

历史经验说明，我们在很多情况下容易犯对敌力量低估的弊病。其原因一是不敢正视现实，不愿坦诚自己的劣势；二是限于对新战术技术的认识水平；三是对敌人高科技高战术在未来的运用缺乏战略远见。因此，对于敌人在未来可能应用新技术构成的武器性能和由此引出的新战术性能，应坚持宁可估计得偏高些，也无论如何不可低估，以免战时处于总体战略劣势，而战略溃败。

3.6.3　对抗评估工程

为考核武器系统型号的对抗能力，必须使对抗系统的战术技术性能指标量化。对于敌人的各种对抗能力，也要建立并不断健全其量化的性能指标。为此，要建立并健全一整套对抗评估工程，包括武器系统典型对抗环境；武器系统在典型对抗环境下，实施对抗的纲要；武器系统对抗性能参考指标体系；武器系统对抗性能指标考核评估方法。

下面示意的是战术导弹武器系统光电抗干扰性能评估工程的目录纲要。

（1）导弹武器系统典型电磁干扰环境

一级典型电磁干扰环境：

一级典型电磁干扰环境中干扰战术的使用方式；

一级典型电磁干扰环境中干扰设备的水平。

二级典型电磁干扰环境：

二级典型电磁干扰环境中干扰战术的使用方式；

二级典型电磁干扰环境中干扰设备的水平。

三级典型电磁干扰环境：

三级典型电磁干扰环境中干扰战术的使用方式；

三级典型电磁干扰环境中干扰设备的水平。

四级典型电磁干扰环境：

四级典型电磁干扰环境中干扰战术的使用方式；

四级典型电磁干扰环境中干扰设备的水平。

其他干扰。

（2）导弹武器系统典型电磁干扰环境实施纲要

总则；

主题内容与适用范围；

引用文件；

说明；

有关名词术语；

试验前准备；

干扰参量的监测；

通信联络。

一级干扰环境的实施：

外场地面抗干扰试验时一级干扰环境的实施；

外场飞行抗干扰试验时一级干扰环境的实施。

二级干扰环境的实施：

外场地面抗干扰试验时二级干扰环境的实施；

外场飞行抗干扰试验时二级干扰环境的实施。

三级干扰环境的实施：

外场地面抗干扰试验时三级干扰环境的实施；

外场飞行抗干扰试验时三级干扰环境的实施。

四级干扰环境的实施：

四级干扰环境的特点及用途；

四级干扰环境的中各类飞机的选择；

地面雷达进行外场飞行抗干扰试验时四级干扰环境的实施；

导引头进行外场飞行抗干扰试验时四级干扰环境的实施；

末制导进行外场飞行抗干扰试验时四级干扰环境的实施；

高度表进行外场飞行抗干扰试验时四级干扰环境的实施；

引信进行外场飞行抗干扰试验时四级干扰环境的实施；

······

武器系统进行外场飞行抗干扰试验时四级干扰环境的实施。

附录：干扰飞机；

附录：计算公式。

（3）导弹武器系统抗干扰性能参考指标体系表

主题内容；

适用范围；

导弹武器系统军方抗干扰性能指标的表述方法；

导弹武器系统型号总体抗干扰性能指标的表述方法；

导弹武器系统制导总体抗干扰性能指标的表述方法；

导弹武器系统分系统制导总体抗干扰性能指标的表述方法；

体系中各项抗干扰性能参考指标的赋值原则；

引用文件；

体系表。

（4）导弹武器系统抗干扰性能指标考核评估方法

①指令制导导弹武器系统抗干扰性能指标考核评估方法

主题内容；

适用范围；

引用文件；

说明；

术语。

1）指令制导系统抗干扰性能指标测试方法：单发导弹杀伤概率的确定；制导误差的测试方法；武器系统反应时间的测试方法；杀伤区范围的确定。

2）制导站抗干扰性能指标的测试方法：给定典型电磁干扰环境条件下对给定目标最大发现距离的测试方法；制导站对目标稳定自动跟踪距离的测试方法；制导站目标/导弹坐标测量误差的测试方法。

3）无线电控制仪抗干扰性能指标的测试方法：制导站导弹控制指令和询问脉冲传输距离的测试方法；无线电控制仪指令传输精度的测试方法；无线电控制仪应答脉冲漏失率的测试方法。

4）引信的测试方法：引信启动特性的检测；近炸引信的启动区；启动区的检测。

5）导弹武器系统总体抗干扰性能指标的检测：检测项目；检测方式；检测方法。

②寻的制导导弹武器系统抗干扰性能指标考核评估方法

主题内容；

适用范围；

引用文件；

说明；

术语。

考核评估判据：抗干扰措施有效性验证判据；抗干扰能力考核评估判据；抗干扰性能考核评估判据。

考核评估准备与保障。

各环节的抗干扰性能考核项目及方法：搜索雷达；跟踪雷达；导引头；末制导；引信；数传通信系统。

导弹武器系统的抗干扰考核项目及方法：对地面站的考核；整个武器系统的考核。

干扰环境下的靶试。

考核评估步骤。

3.7 总体风险设计与管理原则

3.7.1 对未知规律的探索

系统工程任务的总体团队，赋有指导系统全局开发、实现和可持续发展的使命。因此，尽早探索有应用前景的科学技术，尽早使未能认识事物的规律变为系统工程任务全面开展前可掌握的规律是总体团队的特殊使命。

对于未认识的事物有两类：一类是事先已知其为尚未认识的事物；一类是事先不知其为尚未认识、而事后才发现为未认识的事物。前者要超前安排预先研究。在一旦系统工程任务需要时，其规律已步入可掌控期，从而大大降低工程风险，且使任务具有新活力和竞争力。后者由于潜伏于系统工程任务中，因此总体工作者的经验、高超的技术洞察力和否定之否定能力是可贵的，通常采取深入分析、仿真和测试手段，且应该遵守 3 条常用法则。

1）对于从未尝试过的新技术、新材料、新器件、新工艺、新方法，总体工作者要超前设计各种测试方案，进行性能摸底，掌握规律，认识它们的优点，以及采用它时在时间上和代价上的付出，并从中充分暴露其缺陷及其使用极限阈。

2）在上述各种测试方案的设计中，总体工作者要引领筹划建立相应的仿真手段和测试试验模拟手段。

3）对于上述功能性能的摸底测试，从事新技术、新材料、新器件、新工艺、新方法的科技工作者，往往侧重于证明性能是否达到；直接从事测试的工作者，则侧重于证明其所测性能的覆盖面和仪表手段的精确度；而总体工作者除了与他们有相同兴趣外，还要通过它来充分暴露这些新颖软硬件的所有缺陷，从而及早发现、克服与纠正。因此，测试大纲和细则需要总体工作者为主，最后集成。

3.7.2　风险和风险设计与管理的定义

超出预期，而使系统工程任务不能如愿实现，称为风险。例如不能按性能指标实现，不能适应环境条件工作，不能按期实现，不能保质保量实现，不能按成本计划实现等。

在系统工程任务开发的全过程中，辨识风险和使风险降为最低的设计安排和组织措施称为风险设计与管理。

3.7.3　风险递降原理

在系统工程任务开发全过程中，风险必须随阶段递降。新技术、新材料、新器件、新工艺、新方法的运用是必然的，但为了在预期日程和资源成本内实现，又必须最大程度将风险降低。

图 3-2 是系统工程任务随进展阶段总风险与开发工作量的关系。

图中，总风险中包含由于采用崭新技术而带来的技术未成熟度高低引起的风险和由于产品型号进入工程全面研制阶段而引入确保按期、按质、按量、按成本遭受损失而引起的风险。当工作量大增时若总风险还很大就十分危险。图中英文字母代表的含义如下：

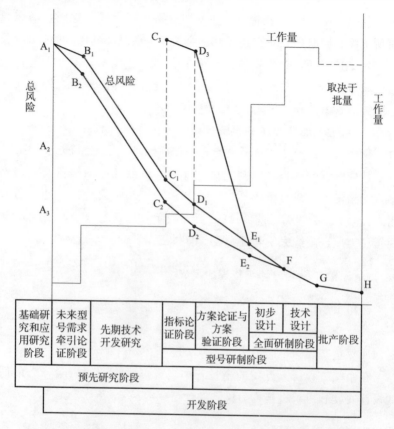

图 3-2　系统工程任务不同阶段总风险和开发工作量的关系

A_1——风险高，技术起点高，技术未成熟度高，创新度高。

A_2——风险中，技术起点中等，技术未成熟度中，创新度不多、模仿性多。

A_3——风险低，技术起点低，技术未成熟度低，主要是模仿。

B_1，B_2——不同的未来型号，在经需求牵引论证后，总风险度有不同程度的下降。

C_1，C_2——经过不同的先期技术开发的预先研究后，对型号立项总风险下降的不同贡献。

C_3——技术起点高、创新度高，而先期没有预先研究储备。

D_1，D_2，D_3——指标论证中，粗略考虑了途径的选取，总风险有所下降；同时预先研究还在继续突破，还在对降低风险做贡献。

E_1，E_2——经过方案论证和方案验证阶段攻克支撑性课题而大幅度降低风险。此阶段结束后，技术未成熟度带来的颠覆性灾难性风险理应基本消除。

F——型号进入全面研制阶段的初步设计阶段后，由于在方案论证和方案验证阶段支撑性课题未能如期完成而遗留继续攻关使风险下降；同时，初步设计阶段因设计任务全面铺开引入的一些小风险技术的解决，使风险下降。

G——型号进入全面研制阶段的技术设计阶段后，因为型号全面的技术不协调带来的风险都在初步设计阶段解决了，这时原则上都是可以按期克服的困难。这类问题的解决使风险进一步下降；同时，在批产中许多需突破的有风险的技术在此期间也超前得以解决，因而风险也下降了。

H——批产阶段，原则上是继续提高产品质量、稳定性、一致性的改进措施等对风险的下降作贡献。

从图 3-2 中可得出几点风险递降原理。

1）技术起点高、竞争性强、创新性高、技术未成熟度高的情况总风险就大；技术起点中等、竞争性一般、创新性不多、技术未成熟度中、模仿或采用已有技术程度大的情况总风险为中等；技术起点低、主要是模仿或采用已有技术、技术未成熟度低的情况总风险就低。

2）系统工程任务的开展初期，在需求分析、指标论证的阶段，风险最大，实现的把握最低。未能掌握的技术、未能熟悉的学科都云集于此。如果贸然全面开展，成本之大、周期之长均无法估量。

3）在着手探索指标体系实现的可行途径后，虽对可行途径作了初步选择，风险会有所下降，但仍处于高风险区。

4）在型号方案论证和方案验证阶段期间，必须从高风险显著地下降到低风险。这个阶段结束时，技术未成熟度应降到很小，达到不会产生导致系统工程整体方案发生颠覆性灾难性失败的风险。如果在此阶段结束时，实在不能完全做到而遗留个别问题，一定要在初步设计阶段彻底解决。

5）技术起点高、创新程度高，又缺乏预先研究储备的，在型号方案论证和方案验证阶段，攻克支撑性课题攻关任务十分艰巨，其间风险要大幅度降下来，难度很大。此阶段的周期可能不得不延长。这是因为不允许把大量未知因素带入初步设计和技术设计阶段，那时工作量已大增，风险将使成本等代价太大。

6）在型号立项前，设想一代、预研一代，即以未来型号需求牵引①和专业技术推动为准则，超前开展属于先期技术开展的预先研究，是有效降低风险，实现创新和高技术起点的必然。

7）在工程全面研制阶段，随着技术的一一突破，未知因素一一解决，风险会有一定幅度的下降。但总的是必须在低风险范围内继续降低。由于这时投入工程的工作量非常之大，所以经不起大的风险，否则损失太大。

8）当系统工程任务进入批产阶段，带来了批产的稳定性、一致性和低成本要求，也要再降低风险。

3.7.4 风险评估与风险的不可加性原理

风险设计与管理中要能对风险辨识，也就是进行风险评估。

风险评估有两条准则：一条是风险尺度评估准则，它主要是突出评估技术未成熟程度，目的是严防进入系统工程任务的全面研制阶段时，总体方案遇到产生颠覆性、灾难性的大风险。另一条是任务后果危害性评估准则，它是系统工程任务进入全面研制阶段后，未能确保任务按期、按质、按量、按成本完成，带来后果危害的评

---

① 在"未来型号需求牵引"论证预研课题阶段之前，作为预先研究的有机组成部分，还需超前开展基础研究和应用研究等预先研究。同时，预先研究中，还有一类需要超前开展的预研工程，也是为型号降低风险做重要贡献的组成部分，详见第三篇第5章。

估准则。

(1) 风险尺度评估准则

系统工程任务面临的是复杂的现象,简单地用数字打分描述常常适得其反,因此取总风险度的高、中、低 3 档定性描述为好。

总风险度高是指将采用重大新颖事物,将采用未经实际使用证实的事物,将采用原理、概念尚不明朗的事物,将采用检测手段和方法也不明朗、不健全的事物。总之,采用了尚未认识其规律的事物。

总风险度中等是指复杂度中等;采用新颖事物在整个任务中影响面较有限,实际使用考验不够充分;原理、概念基本清楚,但能否完全适应实际情况还不够清楚;检测手段和方法不够齐全,经努力可望弥补。总之,采用了对其规律尚不够完全认识的新鲜事物。

总风险度低是指采用的复杂度在中等以下,有规格、有标准、有合格证书的事物所占比例大,技术成熟,规律明了,测量手段方法齐备。

(2) 任务后果危害性评估准则

系统工程任务进入全面研制阶段,对任务按期、按质、按量、按成本完成有很严格的要求,是很严肃的责任。为此要对未能确保任务按期、按质、按量、按成本完成带来后果的危害性程度给出评估准则。

后果危害性评估也分为高、中、低 3 档。

危害性高是指将使性能只达到 $10\%\sim50\%$;发生严重安全问题;成本增加 $30\%\sim70\%$;进度延长 $30\%\sim70\%$;产量减少 30% 以上。

危害性中是指将使性能只达到 $50\%\sim90\%$;有安全问题发生;成本增加 $10\%\sim30\%$;进度延长 $10\%\sim30\%$。

危害性低是指将使次要性能下降 10% 以内;发生短暂故障;成本增加 $5\%\sim10\%$;进度延长 $5\%\sim10\%$。

特别要强调的是风险发生的部位对整个系统工程任务整体的相

互牵连性影响。如果风险发生在牵连性大的部位，其危害性将迅速使整个系统工程任务发生颠覆性的危害；反之，风险发生在牵连性小的部位，仅对局部引发小的危害。因此，上述 3 档危害性应把这种牵连性影响考虑在内。

这种风险的牵连性的实质，说明总风险不是由分系统风险之和构成。系统工程总风险不是分系统风险之和，风险是不可加的。这就是风险的不可加性原理。

3.7.5　降低风险的基本措施

（1）对照风险管理条目，全面评审

从系统工程任务全面着手，要求从事本任务的主要骨干了解风险管理条目，对照自己承担的工作作出风险评估。

（2）关键部件的专项监管

对于系统工程任务有风险的关键部件（包括风险牵连性大的部件），要制定降低风险计划，承担单位指派专人和总体工作人员一起监督管理计划的执行。

（3）关键分系统模型样机超前突破

对于系统工程任务中列为方案论证和方案验证阶段风险大的支撑性关键分系统或子系统，必须制造出 1:1 的模型样机，并配置或配套研制有效的监测手段，确保如期突破，并将测试中暴露出问题的缘由分析准确，一一解决。到此阶段结束时，对支撑性技术的规律认知程度至少已达到了接近完全掌握的程度。如果一定要用个数量来表示的话，就是掌握到了 95% 以上的程度。

（4）遗留问题，特别处理

在方案验证阶段结束，个别支撑性技术尚未解决，而留到初步设计阶段去解决的风险，属任务遗留问题。除继续攻关外，要特别增强外部力量，如聘请外部的专家咨询、帮助和督促。

（5）择优选择风险度小的方案

在多方案并行竞争性攻关突破后，要根据所达到的性能指标、研制周期、成本资源的投入和风险下降程度的不同，综合择优选择风险度小的方案。

（6）调整指标或改变方案

在一切措施仍不能使风险有效下降后，只有后退到重新调整指标或改变方案。

（7）制定风险管理计划

制定有针对性的风险管理计划，并有专职人员抓重点、监督全局。

第4章　总体部建设

4.1　总体人员的特点、专业知识与队伍建设

4.1.1　龙头的作用

实践告诉我们，在一项系统工程任务中，总体工作是龙头，影响着全局。总体人员不直接从事分系统、零部件的设计，但设计着整个系统的结构和技术方法。若总体工作一步不当，可以使后面成千上万人几年的劳动付诸东流。

总体人员之所以能指导系统工程开发，不是凭借其在组织上的地位，而是来自对系统工程整体目标的理解、对系统工程整体如何协调运行的理解、对系统工程整体全部技术环节技术成熟度和工作量的理解、对系统工程整体全部技术环节接口关系与数据流的理解，以及计划流程图中各件工作时间节点的完成富裕时间和紧急时间的理解，以及人财物和计划流程的调度指挥的策略的理解。这样的工作不是从事其他方面工作的同志力所能及的。他们是全系统的龙头，负有全局责任。

4.1.2　总体部与总体人员的梯队

因为一项项系统工程任务是按层次分解的，所以总体人员的队伍结构也是按层次形成的。各层次的总体人员在他们所在的那个层次代表了全局，而对上一层次，他们则属于局部。相对总体而言，把局部称为分系统、子系统等。换句话说，总体之上有大总体，分系统里还有自己的分系统的小总体工作。所以，总体人员是有层次

的梯队。负有工程全局责任的总体人员团队称为总体部，负责工程分系统全局责任的总体人员的团队称为总体室，再下一层的总体人员的团队称为总体组，负有工程之上更大工程全局责任的总体人员的团队称为大总体部。

4.1.3　总体人才特点

总体人才的特点是善于把握本项任务的技术发展方向，对本项任务发展所包含的新技术有很高的敏感性，有创新的思路，善于做思想工作，使各方面的积极性得以充分发挥，善于听取各方面的意见，了解各方面的真实的难易程度，勇于改正自己技术上的偏见，科学作风严谨，能很好地贯彻民主集中制原则，精力充沛，事业心强。

总体人员对于自己所从事的业务要兢兢业业、虚心学习、深入细致、精益求精。黄纬禄院士，时任东风三号控制系统总师，要求直接承担任务的年轻人将控制系统中的每个部分一一向他讲述。作为行家，他对自己不清楚、不懂的问题，一个一个都要学懂弄清。任新民院士，对载人航天对接系统中一个力学问题，请承担此任务的年轻人为他仔细讲解。他听懂后又复述了一遍，使青年人很感动。所以，从事总体工作的科技工作者要学习这种精神，对于不知道、不懂的事，应当勇于探求事情的本质。

越是负责总体顶层的工作，越要深入到关键细节，做到对其了如指掌。那种平时根本不深入第一线，事到临头把下面人叫来问怎么处理，说："你们说行，我就拍板"的总体工作者或总设计师都是不称职的。

总体人员赋有引领某一系统工程任务可持续发展的使命，他们的共同特点是：热爱事业不辱使命，宏大谋略崇尚创新，勇于探索引领挑战，把握动向预测未来，顽强拼搏勇于攀登，自力更生艰苦奋斗，勤奋学习容纳百川，坚持真理严于律己，实事求是谨防偏见，逻辑条理表述精练，耐心真诚严格热忱，严肃认真细致周到。

4.1.4 专业知识结构

一项复杂的工程，涉及的专业知识是多方面的。例如，工程人员中间有的是熟悉结构的，有的是熟悉电气的，有的熟悉温度控制的，有的熟悉耗电耗气等能源的，有的熟悉控制与精度的，有的熟悉可靠性的，有的是熟悉接口关系的电缆网的，有的是熟悉各部分的检查测试和综合测试的，还有电子计算机网络的维护操作人员，技术辅助人员等。因此，他们是一个具有很宽知识面的集体，称为总体部、总体室、总体组。所谓熟悉，是指非常清楚该专业的原理和现存的关键难点。换言之，如果需要，他能胜任该专业的总体。

然而，他们不仅仅熟悉众多专业领域知识，还对总体工作特有的综合指标体系的要求有着很深的造诣。他们懂得什么是全局性、前瞻性、创新性、继承性、可靠性、长寿性、经济性、环境适应性、时效性、时序性、对抗性、精度公差分配等。这两者是对总体设计专业知识结构与水平高低的一项基本衡量考核。

正因为各系统工程任务的总体技术是一门专门的学问，是多学科基础上的总体专门学问，因此通常很难直接从高等院校培养这方面的人才。所以，还要靠从事总体工作的人员在工作中勤学好问、在实践中不断学习，靠多年总体工作实践的知识积累。

一支刚组建的总体队伍，由于缺乏总体技术方面的经验，许多经验数据尚未积累，因此权威性自然欠缺。这需要依靠行政领导的支持，依靠各个分系统同志更多的协助、体谅；而从事总体工作的同志，自己不耻下问、虚心学习，更至关重要。时间久了，总体工作业务钻研深入了，对总体技术理解透了，权威自然形成了。

然而，系统工程总体的工作毕竟不同于其他的研究工作，是其他研究工作不能替代的，有它的特殊性。总体人员要站在系统全局高度，凭借其对系统整体的目标及其环境的全面深入熟知与了解，具有对所有分系统协同工作的组织、指导与指挥调度能力，以及综合集成验收达到目标的组织、指导与指挥调度能力。他们的工作直接影响系统实现的性能及成败。因此，总体人员的知识智慧的深度、广度、对新生事物的高度敏感性、对新事物潜在应用前景有敏锐的洞察力和预测性、对事物的表述能力，以及待人接物公关能力，都有严格要求。

通常一项系统工程需要三维知识结构：专业技术的深度，专业技术的广度和管理技术知识。对于从事不同侧面的工作者有不同要求。

对于管理技术工作者，侧重于管理科学技术知识造诣，而对其所管理对象的学科理论技术和专业知识，视不同管理工作性质有不同宽度和深度的要求。

对于工程专业科技工作者，侧重于对其所直接从事的专业有足够深度掌握和熟练运用的能力，而对其在其他相关专业技术和管理技术方面的知识要求，要有关联性了解。

对于总体工作者，在这三维知识中，要求对系统所涉及的所有科学技术有宽广的知识，掌握这些学科的科学技术基本原理，具体运用的熟练程度并不苛求；能熟练运用各学科的基本原理，能善于从数量级上着手估计出各分系统指标性能的合理性和协调性，并由此进而运用仿真方法，保证系统整体，从一开始就近乎径直地把握各部分的协调正确性；总体工作者还具有弥补传统学科间和不同专家间的不足与缺陷的能力。他们必须掌握现代管理技术的基本原理，具体运用的熟练程度也不苛求。总体工作者集体，要具备组织、指导、指挥与调度所有分系统协同工作、综合集成验收，达到目标的能力。此外，总体工作者还特别需要善于运用辩证唯物方法及其否定之否定方法的思考能力。他们的工作，直接影响系统实现的性能和成败。

正是由于总体工作的特点和上述对系统工程总体人员知识结构的条件的期望，适合从事系统工程总体骨干人员候选人，必须具备以下几条基本条件。

1）要求在大学时期有优良的数学和理工科成绩，对所掌握的学科理论和技术有坚实基础，基本概念清楚，能抓住学科的实质和要点。

2）要求总体人员对当前的和未来将会用到的新学科理论和技术，有善于和热衷于掌握、并能自觉地不断拓宽与积淀其知识的能力，以适应集多学科知识之大成，从事将多学科交叉融合、协调综合的总体工作。显然，具备数学和理工科功底，也是支撑其信心、勇气和能力的基础。

3）要求总体人员对复杂现象和问题，能善于抓住事物的实质，具有快速作出合理简化、近似计算、分析判断的能力。

4）要求总体工作人员具有对新鲜事物强烈的敏感性与努力学习追求的喜好。

5）要求总体工作人员富有创造性天赋和用以解决实际问题的能力和毅力。

6）总体工作人员如果在系统工程的某项专业领域中，经实践已取得一定的技术成就或在工程领域中有丰富实践经验，也是很好的条件。

4.1.5　领头人

总体部（室、组）团队集体的技术负责人的人选，最理想的是该系统工程产品所含各学科的行家。但一般很少会有这样的人才，故由几位各有不同专长的专家组成，以弥补在关键技术知识上的欠缺。

每一特定系统工程任务都有任务自身特殊需要解决的主要矛盾和主要矛盾方面的技术有待攻克。因此，选择最具备攻克此主要矛盾的主要方面所代表的学科专业的、具有理论技术和能力造诣深的、有一定权威的人担任第一领头人是理想的。对不适应者，要从组织上加以调整，以适应系统工程任务需要。

4.1.6　反设计——练兵

一支刚组建的总体队伍，如果其主要成员均没有从事过类似产品的总体实践，那么用仿制来带动队伍的建设、带动总体团队内外工作关系和工作秩序的建立，也是一种行之有效的方法。在这种情况下，总体要抓紧仿制的有利条件，对产品进行反设计，即把他人的产品从头至尾再设计一遍，并通过测试加以验证；把他人是怎样设计出来的道理弄明白，把他人组织分工集成思路理清，为自己独立开创取得经验。

如果没有这种反设计机会，开展工作无所可依时，则坚决从头摸索。

4.1.7　初战必胜的指标

一支新的总体队伍没有经验时，对所要承担研制的产品，切忌指标定得太先进。宁可步子小些、稳些，使诸分系统的技术难点尽量少些。等到总体队伍内部之间、总体与分系统之间，以及与指挥调度管理之间的种种协同配合模式，形成了一套配合默契的工作程式与习惯后，后面的步伐就可以快了。

4.1.8　总体部的责任

在产品任务刚提出来时，总体部（室、组）的总体人员要同任务提出方磋商整个任务的各项指标要求，他们要对总指标了解得非常清楚，准确落实到各项分系统中，确保如期完成；在产品定型时，总体人员也要向使用方阐明产品所能达到的性能指标；在产品使用中或批生产中也要继续对设计技术负责。总之，总体部（室、组）承担了系统工程任务全局的总责任。

对于期望有所创新的系统工程，总体部（室、组）在概念研究、绘制发展蓝图、制定与调整发展战略、关键技术突破、课题开题论证等方面，都要发挥引领作用。所以，总体部（室、组）负有领引创新的责任。

4.1.9　结论

复杂系统工程从一开始直至完成，总体工作都有非常具体的内容和责任，有一套自己的工作方法和规律，它不是靠召集几位专业技术专家，临时开几次会协商所能解决的。总体队伍不是专家委员会，不是顾问委员会，不是科学技术委员会，而是一个长期工作的组织体系——大总体部、总体部、总体室、总体组。

4.2　总体与技术指挥线和行政指挥线

4.2.1　型号研制中总体与技术指挥线和行政指挥线

（1）跨越行政系统的技术责任

型号研制工作中，承担型号总体顶层工作的团队是总体部，其任务是总设计师和副总设计师领导型号设计的技术工作抓总机构，主持制定总体方案与初步设计工作，草拟分系统设计任务书；负责总体技术协调、全型号配套和分系统验收；主持总装测试、综合试验和设计定型；参与型号移交工作。这是中国航天系统早在1961年底就对型号研制任务明确规定的经验。

型号的总体工作，不只局限于顶层。整个总体是分层组成梯队，有全系统工程的总体工作、分系统的总体工作、子系统的总体工作。因此，这些工作人员之间的专门业务联系，必须要有一套制度和章程。这就是从实践中形成的技术指挥线。它是由上级设计师和层层的下级设计师组成的指挥线。上级设计师对下级设计师的技术指挥权是超越隶属行政关系的，是跨行政的技术指挥体系。

在预先研究项目任务中，有属工程类的或大型的预先研究，则相应组织自上而下的研究师系统的技术指挥线。

技术指挥线各级指挥员的主要任务是层层分解任务、下达分任务、子任务的任务书和验收成果并综合集成；并据此对进展过程中的不协调事宜进行梳理、协调、处理、解决。

这项上下设计师间的技术指挥职能，仅限于发生在任务书中的战术技术指标体系上时，才具有指挥关系。上一级设计师的职能是给下一级设计师下达任务书中的战术技术指标体系，下一级设计师可以对此提出异议，直至协商一致。相互间总的协调原则是上级设计师要照顾和充分考虑下级设计师的意见，下级服从上级的最后决策。上一级设计师对任务书中的战术技术指标体系的正确性负有责任。如果遇有与下达的任务书不协调而需要变更的情况，除非上级设计师事先说明需要继续协调外，更改的责任在上级设计师。遇有变更时，出于全局利益，下级设计师应服从上级设计师的最后集中协调，此时上级设计师仍需要照顾和充分考虑下级设计师的意见。

总之，下级设计师必须遵照下达的任务书的战术技术指标体系，去实现上级设计师的总设计/研究意图。上下级设计师之间只是基于任务书中的指标体系关系，只是对任务书中所提指标是否同意、能否实现、实现与否和最后验收的关系。

（2）非跨越行政系统的技术责任

对于任务书中的战术技术指标体系如何去具体实现的技术措施、途径和方案，只要不影响上级设计师所提任务书中的总体指标体系，上级设计师对于下级设计师的技术实现措施可以表示赞成，也可以提出不同意见，但无权表态干预。

（3）总体技术协调的责任

然而，上级设计师对下级设计师的设计制造内容与进展不能不过问。他们必须深入了解和学习掌握，下级必须有问必答，以利总体或上级设计师，提早掌握一部分任务的进度或攻克技术难点，及时提出全局调整安排意见，或从总体上提出帮助解决难点的意见和措施，包括调整技术指标。同时，因为许多细节上的问题往往会反映出所提任务书中总指标体系的完成与否，或者出乎上级设计师的原先想象，会影响到与此下级设计师以外其他下级设计师的设计任务，即影响全局。所以，这正是上级设计师在工程进展中要不断协调纠正或完善的技术设计使命。

对于一位优秀的、有丰富经验、有远见卓识的上级设计师，这种协调量就会很小。技术成熟度越大的工程中，这种协调量也越小。

（4）行政领导的技术责任

对于下级设计师，对其实现任务书中的技术方案、技术途径等问题，进行核查、甚至提出异议的责任者是该系统或分系统所在单位的领导——院长、所长、室主任或与上述领导同级的对口专业的负责技术的副职。他们对自己所在单位内部技术问题给予指导、干预，但对于涉及总体下达的战术技术指标体系则无权问津。现在技术问题越来越复杂、技术工作量越来越繁重，因此，一个技术学科类别较多的研究所可以设立由若干专家组成的专家组，每位专家是该专业领域里的学科领头人，从而指导各设计师和各研究师的工作，对其工作进行把关、评审和审查。这项工作不宜采用临时性开会、广泛评议方式，而是要对被审工作的核心内容严格把关。以院长、所长为主，加上这些专业专家，是该院、所的技术指挥员群体。这样的技术指挥员群体，只对内部技术发展、技术水平、技术质量负责。他们日常更重要的任务是开展对本单位的发展战略研究，以把握本单位未来的技术发展方向。这项工作开展得好不好是检验各单位领导水平高低与称职与否的标志。

（5）不同技术成熟阶段的技术责任

对于技术成熟度低的一项技术或构思崭新的系统工程，再优秀的上级设计师或者说总体设计师也难免一时束手无策。因为缺乏实践与认识，故必须按认识论的规律办事。总体与上级设计师要依靠并引导下级设计师、下下级设计师等通过实践，认识规律。采取何种措施去通过实践认识规律的总体构思是以总体部门为主，自上而下地提出，经各方修改补充完善后，由上级设计师从总体的角度集中正确的意见。这就是为什么要开展预先研究和研制，并将其划分为若干阶段的真谛所在。关于预先研究和研制的详细内容将在第3篇中专门阐述，而4.3～4.5节将侧重论述与总体有关、需要特别把握的思想与要点，着重阐述关于预先研究与研制的结合部中要特别关注的问题。

上述（1）到（5）阐述了设计师系统和目前所形成的技术指

挥线。

（6）行政指挥线的责任

系统工程任务开展中，设计师系统的工作还涉及工艺生产制造管理、资料文档管理、仪器仪表设备管理、计量管理、物资保管与采购管理、财务管理、行政管理、计划管理等方面。设计师系统离不开这些工作的协调配合，但设计师们没有精力、也没有权力去协调调度这些方面的业务。因此，需要设置专项的行政指挥员，形成实施调度与管理的行政指挥线，以配合技术指挥线即设计师系统工作。

4.2.2　对抗研究体系的组织形式与措施

对抗研究体系有自己特殊的组织形式与相应措施。从总体部门自上而下，有更复杂的组织与管理体制。以航天系统电子对抗为例对其进行说明。

（1）航天系统的对抗研究体系

航天系统电子对抗主要由航天系统领导或主管电子对抗工作的副职负责。

航天系统电子对抗办公室是负责全航天电子对抗技术总策划，构思对抗总发展战略，进行跨型号对抗技术发展的布局与协调的单位。

科研生产管理部门负责组织型号研制中的对抗措施的实现。预研管理部门负责组织对抗技术预先研究工作。

研究院、总体部（所）、主要遥感、遥测、跟踪、制导、控制、通信与数传等光电专业所（厂）各有一位领导主管对抗工作。

（2）型号设计师系统确保抗干扰性能的责任

以战术导弹为例，型号设计师系统确保抗干扰性能的责任如下。

1）导弹武器系统总设计师对整个导弹武器系统的全面抗干扰性能负总责，负责对各所辖型号的抗干扰性能指标的制定、检查、评定和落实。

2）各型号的总设计师根据型号设计任务书要求，在设计中负责实现型号的抗干扰性能；同时，明确一位副总设计师，协助总设计师负责该型号的全面抗干扰性能设计研制。

3）按型号研制程序规定，武器在可行性论证报告和方案论证报告与方案验证报告制定中，均由总设计师和兼负抗干扰性能设计的副总设计师签署专门报告，向上级报告该武器在设计上如何保证抗干扰性能；并在武器全面研制直到设计定型的整个阶段，如同其他设计研制报告一样，专门签署抗干扰性能完成情况报告。

4）每个型号的各种光电分系统的主任设计师全面负责抗干扰工作，并指定一名副主任设计师，协助主任设计师做好抗干扰工作。

（3）总体部电子对抗总体室

以战术导弹电子对抗总体室（组）为例，总体部的电子对抗总体室（组）是总设计师在电子对抗方面的设计参谋部，是拟制并贯彻型号总的电子对抗设计意图，协助总设计师及型号总体部协调型号电子对抗技术的研究单位。

电子对抗总体室（组）的具体职责如下。

1）研究电子对抗技术的发展动向。

2）向总体部领导和兼职抗干扰的总设计师提出型号中贯彻抗干扰性能的设计要求及总体方案。

3）提出电子对抗预先研究课题的安排建议、参与预研课题的鉴定验收。

4）进行型号干扰与抗干扰的模拟仿真对策研究。

5）参加型号电子对抗试验的方案制定、试验工作和鉴定工作。

6）随着敌人干扰水平的发展，对在研型号和已进入全面研制型号的抗干扰性能做出新的分析和应急对策，并提出今后相应要改进的措施计划。

（4）航天系统内部光电专业所（厂）设抗干扰工程室或在系统总体室设抗干扰工程组

以导弹型号为例，抗干扰工程室（组）是型号分系统负责抗干扰的主任设计师的参谋，根据型号总体要求，负责该系统抗干扰总体设计指标要求论证、分配和综合，并进行相应的总体技术设计研究与协调。

以战术导弹光电专业所电子对抗总体室（组）为例，其具体职责如下。

1）探索抗干扰新途径，并开展抗干扰专题预研。

2）负责制定分系统的各项抗干扰措施的对策研究。

3）组织研制干扰模拟机等干扰模拟环境下的抗干扰专用设备及特殊元器件。

4）组织进行抗干扰课题的研究和系统的干扰模拟试验及外场对抗试验。

5）在充分发挥其他专业室（组）研制具体抗干扰设备的同时，承担一部分抗干扰课题研究。

6）随着敌人干扰水平的发展，对在研型号分系统的和已进入全面型号研制的分系统的抗干扰性能做出分析和应急对策，并提出今后的改进措施计划。

（5）专职电子对抗研究所

干扰与反干扰是相互促进的一对矛盾。凡与型号系统有很强针对性、保密性极高的试验用干扰模拟环境和模拟器，宜由型号系统内部组织力量专门研制生产；而电子对抗中的重大通用关键技术，则要组织专门队伍用较长时间相对稳定地进行攻关。从事后者研究工作的就是专职电子对抗研究所，其具体职责如下。

1）针对航天内部型号系统，研究干扰途径，并结合总体部所提出的干扰环境和干扰模拟器要求，负责内部型号系统试验用干扰环境和干扰模拟器的技术归口，提出分工研制安排建议，承担其中一部分试验用设备的研制。

2）研究国外电子干扰的发展动向。

3）从事多型号通用的关键抗干扰技术和理论研究。

4）协助型号总体部检验型号系统的抗干扰性能。

5）从事干扰环境模拟技术的研究并逐步建立干扰模拟环境。

6）成立专职的干扰试验队伍，配合各型号的抗干扰试验。

（6）目标与环境研究所

统一归口无源干扰特性的测量研究，包括目标特性的、隐身技术的和伪装技术的测量研究等。

4.3　总体工作的程序

当一个单位着手承担一项系统工程任务时，首先要组织一支总体工作队伍（总体部、总体室、总体组），以引领全任务的开展，然后一步步地实现它。至于如何具体逐步实现，则需要一切按系统工程方法的程序办事。

由于导弹研制任务具有代表性，其程序中各阶段划分得比较细、覆盖战术技术状态比较宽，故以其为例加以阐述，以利读者举一反三。

根据人的认识规律，导弹研制程序可以划分为以下各阶段。

4.3.1　指标论证阶段

指标论证阶段是用户需求方提出对产品需求背景的说明及期望达到的战术技术指标体系；而承接研制任务方，据此视已有技术的储备和潜力，以及拟可望突破的关键情况，初步估算，作出可能实现程度的分析。经需求方和研制方反复论证，达成相互可接受的战术技术指标体系后，用户需求方以文件形式将此共同商量的指标体系正式提交给承接研制方。在这个阶段，承接研制方主要是依靠其总体工作人员开展工作。

4.3.2　方案论证和方案验证阶段

承接任务的研制方在正式接到共同商量的任务期望达到的战术技术指标体系后，开展具体实现方案的论证工作。一般来说方案有多种，经择优后，对方案中的关键技术——专门组织攻关，以证实经过努力后是确有把握实现的。从而验证了方案中关键技术已经掌握，且其他非关键技术不存在技术上不可克服的拦路虎。这样，只要科学地安排和调度，整个系统工程任务就可按此方案具体执行，其完成日期指日可待，不会产生方案与技术上的颠覆性、灾难性风险。这个阶段中的关键技术称之为支撑性技术，以区别一般的关键技术。

总体工作部门在这个阶段有大量的聪明才智得以充分发挥，它将体现全局技术路线的优劣。一步做好，步步做好；一步失误，步步失误。然而，不少人却不懂得这是研制任务中最为重要的阶段，他们往往自以为是地匆忙进入后面的初步设计阶段，急于全面开展研制。结果造成型号任务一拖再拖，经费一增再增，给国家、事业以及用户需求方，带来了极大的损失。

4.3.3　初步设计阶段

初步设计阶段的工作以总体设计为核心，把研制任务书中所有战术技术参数和要求分解成分系统任务书；分系统的总体又把战术技术参数和要求往下分解成子任务书；子系统总体再往下分解；如此一层一层往下分。这在系统工程里称为系统分析，每一个分系统都有自己的初步设计。

初步设计中设计出的实物图纸，要在车间做出实物，称为初样。初样中那些难以确定其能否加工实现的、难以确定其内在相互参数能否精确协调的关键部件，都先做局部的实物，从而使初步设计者的设计思路得以修正、补充、完善。这样，自下而上，反映出战术技术指标分解得是否协调，一层层自下而上修正、补充、完善；同时，上一级的总体设计人员要分析研究在初步设计阶段开始时，所分配给各部分的战术技术指标是否合理。所谓合理，就是战术技术指标参数和要求，是否均衡地分摊到各部分，使各部分技术和工艺难度下降至最小、技术风险度最小，而各级总体仍能保证达到总指标体系。

现在，可以采取多学科计算机辅助设计与分析手段，节省许多上述需要中间制作实物的过程。

实际上，初步设计阶段的主观愿望是力争一次性把全部工作自上而下全面考虑得细致周到。但事实上不可能在本阶段一开始就完全做到。有些参数可能会定得不太协调；一些支撑性关键的技术，由于在方案论证阶段还没有搞得太透，遗留问题不得不在初步设计阶段去彻底解决。

这一阶段的结束，意味着总体设计自上而下的各级任务书及其战术技术参数和要求，将全部确定。

初步设计阶段，在自上而下的指标分配过程中，在协调相互关联的参数量值中，总体工作人员都会留有调整的余地。例如，当某一系统质量不得不加大时，可以减小其他系统的质量，再转移些给它。在仍协调不下来时，总体工作人员就动用机动富余量。

待到初步设计阶段接近完成时，相互间协调的技术参数都严格控制在公差范围内后，各级总体的设计原则上应把手中掌握的机动富余量用完，把这些量再分配给最困难、最需要放宽要求的地方，或者为后续型号留出发展余地。

4.3.4　技术设计阶段

这个阶段，要求完成可具备试制一定数量、性能稳定、一致性好的产品。因此，工艺的稳定性要得到保证性考验。如果说在初步设计阶段还允许有某些手抠的加工方式，这个阶段则不允许了，该用工模夹具的都一概用上。这些产品做出后，一律都要在地面完成相关测试及例行试验。有些部件要多生产一些，以供破坏性试验验证。

4.3.5　试验阶段

试验阶段是将技术设计阶段的产品用于靶场实际飞行试验与考核。

试验阶段的试验方法有一个非常重要的思想：研制出来的东西，先做地面试验，一切经过地面试验，在地面充分暴露问题。对暴露的问题，必须在上天前全部解决。然后，才能去做数量有限的导弹飞行试验。至于有限试验的原则，在前面已经表述过了。

有限的导弹飞行试验可以分为几个小阶段组织进行，也可一起进行。分小阶段进行的目的是为了分步骤地突出试验某几个分系统，使之在实用环境中充分暴露设计上的不足，然后进行改进。

由于试验阶段中，还会暴露出实际环境下某些战术技术性能与所期望性能不符，因此，必须彻底查清设计之不周和工艺加工的不周，并加以纠正。

所以，技术设计和试验这两个阶段有再设计、再加工、再试验的多次小循环的可能。

4.3.6　设计定型阶段

试验阶段结束，产品设计定型。定型工作中，最关键的是需要备齐全部图纸、资料、使用说明书等。设计定型要有研制方和使用方共同认可。国家级设计定型，要在国家有关部门主持下进行。

4.3.7　批生产阶段

产品设计定型后，要进一步为适应产品批量生产能力，降低批量生产成本，对产品加工工艺、材料选择、工模夹具进行进一步改进提高，必要时对设计技术参数进行微调。然后，再通过批生产抽检试验，达到国家级批生产定型。国家级批生产定型要在国家有关部门主持下进行。国家级批生产定型后，所有批生产定型的生产图纸资料需加盖国家定型委员会批生产定型章。

不同的系统工程任务，阶段会有区别，但总的原则思想不变。各级总体部门都要遵循这套思想所确定的程序，处理与各方的业务关系。

4.4 总体与预先研究和预研工程

4.4.1 总体与预先研究

每一项系统工程任务，都是由其中若干关键性技术所支撑的，这种关键性技术被称为支撑性技术。如同大厦的支撑大柱，支撑性技术的突破，整个系统工程任务就迎刃而解，完成也指日可待。因此，在整个系统工程任务中，突破支撑性技术是任务的头等大事、重中之重。

由于一项系统工程任务在早期设想阶段，对于支撑性技术是由哪些项目组成尚未认识，对这些支撑性技术项目的技术指标要求应达到多少尚未认识，这些支撑性技术项目能不能在不远的将来达到什么样的指标也尚未认识。因此，这时这一项系统工程任务处于早期设想阶段，是一种愿望，称之为未来型号的设想或未来设想型号。这种设想当然不是异想天开，而是从实际需要或实战需要提出的，只是不知能否变为现实而已。我们可以由这些设想的未来型号任务牵引，对其支撑性技术开展预先研究。

正如前面所述，用支撑性技术这个名词来表示型号研制阶段中方案论证与方案验证阶段的支撑性技术。预先研究大阶段中所有关键技术称为核心技术。

然而，有的预先研究由于会遇到许多不清楚的基础性的原理，就要从预先研究中的基础研究或应用研究开始研究。这些任务就是预先研究任务，详细内容在第 3 篇中阐述。

系统工程任务总体部（室、组）的总体工作，必须包括预先研究这项前瞻性、为未来打基础的工作。

为了做好预先研究成果与型号研制任务的衔接，在预先研究大阶段的最后增加了预先研究的演示系统，从经费上推动预先研究的实用考核，使预先研究的课题进一步与型号的实际应用更紧密地结合。例如，研制出了北斗导航卫星接收机、星敏感器、硅微陀螺、硅微加速度表，组成卫星导航、惯性导航、星光导航三结合姿态控制系统，可以拨出一枚运载火箭或一颗卫星，来验证或搭载验证这一系统在天上飞行环境下，是否真能实际达到预想综合测姿精度。这是总体部门要主动设想、关心和支持的工作。

4.4.2　总体与预研工程

在开拓大系统工程系列化任务中，由于人们往往只将系统工程任务自身直接分解出来的分系统、子系统的核心技术列为研究课题，超前开展预先研究，不知道还有一大类体外的预先研究即预研工程类，需要开展研究与研制。

这不是系统工程任务本身分解出来的分系统、子系统的核心技术；而是为支撑这些分系统、子系统的核心技术的支撑性技术。这些支撑核心技术的核心技术是什么呢？通过几个例子进行说明。

为了研究弹头突防，要用假目标作诱饵去掩护真弹头。为了以假乱真，就需要研制一种和真弹头有同样红外辐射特性的假目标诱饵。然而，真弹头的红外辐射特性在一路飞行中的量值有多大，又是怎么演变的？需要去实测。由于不可能发射大量导弹去测量，需要研制许多研究气动热的电弧风洞，还需要研制导弹飞行时，在野外对弹头进行红外辐射量实测的观测设备等。这些电弧风洞和红外观测设备，都是前人不曾提出过的崭新设备。这一类的研究工作和设备的研制工作，不属于导弹武器系统的任何一个组成部分，不是所谓的某项型号的唯一配套的任务，它可以为多项同类型号提供设计基础参数依据的共性项目。又鉴于它不是一项单纯的预先研究课题性质任务，除了包含关键技术需研究外，还有许许多多配套的工程性质的工作量，因此它也是一项专门的系统工程，是需要在弹头突防系统工程任务研制前预先配套研究与研制的工程。将这类工程称为预研工程，它是不亚于弹头突防系统工程任务的并行而超前的工程——目标特性专项预研工程。

为了试验弹头性能，也不可能采取大量发射导弹来试验，要专门研制低成本而末速度相当的试验弹来试验弹头性能。这种弹头试验弹不能作武器用，不属于武器本身，只是供弹头性能的试验。这也是一项预研工程。

为了开展资源卫星指标论证，不能盲目照抄国外指标。对光波谱段与宽度的选择，应有应用的针对性，清楚针对性选择的理由。为此应当开展地物波谱学研究，例如掌握小麦生长过程中麦叶的光波波谱特性，掌握地下各种矿产资源在地表的光波波谱特性等。从而可以有效地选择最有用的谱段谱宽，观测小麦生长或发现地下矿产等。地物波谱的研究是资源卫星发展的前提，但不是资源卫星本身。这又是一项需要为一大类对地观测卫星而超前开展的预研工程——地物波谱特性专项预研工程。

所以，真正独立自主、自力更生的总体工作部门，都会主动自觉地十分关心伴随自身所从事的系统工程任务的预研工程的发展。不关心预研工程发展的总体部门，只会成为跟着别人脚步走的盲从者。

4.5 总体与计划流程

对于系统工程任务，总体工作者们要按计划协调技术，把将要安排的工作画成工作流程图。流程图中每个事件（俗称节点）的输入和输出关系，即先行工作和后继工作之间的衔接关系，一定要搞清楚，画准确。要经过作画技巧培训，使得所有分总体、子总体，直到所有研究设计制造负责人员，都能看懂工作流程图。它充分反映了系统工程任务中所有人员的工作，及工作与工作间的交接关系。由于系统工程任务很大，因此工作流程图通常分成一级又一级的流程图。如果采取合同制或工作承包制，那么所有接受工作、接受承包的人员都要向委托工作方/发包方，填写简明工作表，工作表即称工作包。这张表要由接受承包人填明其工作内容及达到的战术技术指标体系，要填明其开始工作前的所有先行工作名称，还要填明本工作完成后的所有后继工作名称。凡这些工作的名称及代号都要统一确定名称和代号。这种名称和代号的统一是设计师系统从总体自上而下决定的，这也是总体业务工作的一部分。这张表中工作完成工期由承包人在与发包人协商后给出，完成工作所需费用也由承包人在发包人后填写。这样，有了所有承包工作人员的全部工作表后，计算机可以自动画出工作流程图（不含工作完成工期）和计划流程图（含工作完成工期）。如果系统工程任务的开始日期确定，则整个任务的完成日期也就给出。对于承担整个系统工程任务的总体人员/总设计师/总研究师，如果认为最终完成日期与提出系统工程任务单位的期望日期有出入，如果认为整个系统工程任务中有些工作安排得不合理、不科学，如果认为人力安排、资源安排、经济安排不合理或周转不开，可以和计划管理与调度人员直至工程总指挥系统人员协商，改变工作力量布局上的组织安排，改变工作流程的安排，从而达到计划流程图的优化。这是在制定执行计划之前，交给各级总体人员乃至设计师、研究师，与工程总指挥调度系统人员的作业。而当计划一旦开始执行，情况也会随时变化。于是，全计划过程中的指挥调度也如同上述制订计划流程图程序一样，调整计划流程图，从而先纸上谈兵做好调度计划，再优化后执行。

由于有了及时变更的计划流程图，对于各级总体人员而言，只需把完成任务的重心放在计划流程图的紧急工作是否按计划完成上，就能保证整个任务计划的完成。在此要特别注意，紧急工作不一定必然是关键技术工作。

对于每件工作的完成工期可以作 3 种时间值估计，即最短工期、最长工期和最可能工期。可以由此算出期望工期及其方差，从而给出任务完成的期望工期和方差，以及对任务在某期望的日历日期能完成的概率。

不同的系统工程任务，技术成熟度不同。有的是预先研究任务，有的是型号任务，有的是批生产任务。研制工期能按期完成的概率差别很大。

预先研究任务由于其技术不成熟，探索性强，能否较准确预估每件工作的完成工期把握性不大。因此，任务完成工期变化较大，不能苛求。

对于批生产任务，整个计划完成日期要准确到每3～5年总计划工期内不超过7～10天。

对于型号研制任务，其计划完成日期的准确性需分为前后两种情况。前一种情况涵盖了型号指标与可行性论证和型号方案论证与方案验证两个阶段。这两个阶段的计划流程图中得出的完成日期不确定性较大，原因主要在于这两个阶段中支撑性技术课题的规律还没有掌握，技术尚未突破。这也是为什么专门设置这两个研制阶段的主要原因之一。事实上在型号指标与可行性论证阶段的支撑性技术课题攻关的任务是纳入预先研究范畴的。然而，在方案论证与方案验证阶段中的支撑性技术课题的攻关研究，因型号研制任务已下达，已纳入到研制中的研究，不是预先研究而是研究了。不过，仍然是由于技术尚未成熟，工作完成工期的估计仍有不确定性，因此，此阶段的计划流程图及其执行结果，仍允许有较大偏差。但是，到了方案阶段一宣告结束，进入后一种情况，即初样阶段、试样阶段、正样阶段、定型阶段，则所有的计划均必须严格按优化的计划流程图如期执行，其完成日期的偏差和批生产任务相同，即每3～5年为工期的计划，其执行结果不会超过7～10天。否则，就是各级行政管理指挥系统、总设计师系统在总体的组织管理方面的重大失误。

4.6　技术责任制和民主集中制原则

4.6.1　技术责任制

技术难度高的复杂的系统工程要顺利开展直至完成，全系统各项工作务必落实到人，并对其所任岗位都必须建立严格而健全的技术责任制。因为任何工作都离不开行政管理部门的协同，所以总体工作者除了与科技工作者交往外，实际上也是在和各级组织、各种机构方方面面的人员一起按不同的岗位责任协同高效工作。

所以，总体部门、总体工作者对于全系统工程所有工作岗位是否建立健全责任制负有重要责任，促使其形成和执行，责无旁贷。

技术责任制是工作岗位责任中最核心内容之一。每类工作的具体责任制将在后面的篇章中详述，这里重点讲述总体工作者在贯彻执行技术责任制上必须把握的几条基本原则。

（1）履行责任制是铁的纪律原则

对于成熟技术以及已有明文规定的制度、条例、规章、规范、技术守则、操作规程等，由谁实施，谁就必须以铁的纪律严格遵照执行。

（2）日常技术的责任制原则

在科研生产实践中，难免产生各种技术问题，必须有责任人随时随地去及时解决和做出决定。否则，是上一级的责任。在技术问题上，由各级设计师、研究师、工程师、技术人员层层负责。行政组织应明确规定他们的具体职责，支持他们作出的相关决定。否则，是行政领导责任。

（3）重大技术的责任制原则

重大技术方向、技术关键和技术措施等，在组织技术人员研究论证后，由明确负责的技术人员，比如总工程师、总设计师、总研究师、总工艺师作出判断；行政领导根据这些判断，并结合各方面的意见来考虑，经过行政集体讨论研究或党政联席办公会讨论，由行政领导作出决定或下达命令，以组织各方面的力量来贯彻保证实施。

（4）重大技术决策的时间要求原则

重大的技术方向问题，凡不必或不可能立即做出决定的，应该给一定时间进行研究试验、调查研究、充分讨论，力求得出比较正确的答案。然而，对于日常技术问题，不能议论不休，需要及早做出决定。

（5）探索研究中的责任制界限原则

对于科学探索研究中的技术问题，特别是一些新的带有许多未知因素的科学技术问题，技术人员应该尽可能周密地考虑各种因素，提出妥善的研究方案开展研究。但是，判断错误的情况也在所难免。研究试验本来就是通过许多次失败才能成功的。新的技术难题，往往也是要经过许多次的试验才能解决的。不怕试验失败，就怕试验失败了找不到原因。试验不成功，要认真总结经验，找出失败的原因，改正不合理的地方，继续进行研究试验。对于这些难以避免的甚至是必经的挫折和失败，不追究责任，不属于责任制的约束范围。党和行政领导要鼓励他们的信心，帮助他们总结经验教训，支持他们继续进行新的尝试，直到技术难题解决。在每一项技术经过反复试验成功解决后，应该经过严格的科学鉴定，把数据和方法肯定下来，编入技术规程，在今后实践中实行。以巩固成果，使难题彻底解决。

（6）岗位责任制和民主集中制相辅相成原则

岗位责任制是贯彻民主集中制的必要前提。没有岗位责任制，每个人的责任不明确，就无法在其职权范围内去充分体现民主集中制原则，并最后集中涉及其业务的正确意见。各人的责任不明确，就无从对其工作发表意见。因此民主集中制则是落实岗位责任制的一项具体体现。

4.6.2 民主集中制

只有建立了健全的岗位责任制，明确了每个人的责任，正确发扬民主集中制原则，才会有目的性和针对性。

正确理解民主集中制基本原则，掌握和善于发挥民主集中制原则的作用和优势，是总体工作者的一项基本功。

民主集中制原则的要点概括如下。

（1）民主是手段，集中是目的

对于技术问题，技术人员有不同见解时，应予尊重，以利分析比较，使问题考虑得更加全面、更加周到。所以，总体工作者应该有民主的修养，充分发扬技术民主，主动倾听各方面的技术见解，走群众路线；但必须善于高度集中，达到集中正确意见的目的。民主是手段，集中是目的。

（2）走群众路线

技术上要发扬技术民主，从群众中来，对于行政人员的意见、技术人员的意见、工人的意见等都要虚心倾听，仔细考虑；集中正确意见，作了技术决定后，也还要到群众中去，要向群众宣传和解释。唯有这样，才能获得群众宝贵意见，得到群众的支持理解，把决定化为群众的自觉行动。

（3）领导、专家、群众的三结合

领导、专家、群众的三结合是一项很重要的工作方法。就专家而言，如何主动取得领导同志的领导和支持，如何取得来自群众的宝贵意见与支持，也必须靠这个方法。总体工作者要学会这种工作方法。这种三结合，是事物规律使然，是迟早要发生的，因此提出这个要求是自觉地早动手实行而已。

（4）坚持真理、服从真理

总体工作者要有高度负责的态度，勇于提出自己的见解。对凡不符合科学规律的，都要及时提出自己的意见；如在自己职责范围内的，要加以制止。看到职责范围外的差错，或想到了有利于科研生产建设的意见，都要出于公心和大局，及时主动提出。

（5）耐心解释

有的情况下，所提的见解虽然是符合科学和实际的，但一时还不能为人们所理解，那就要实事求是地作耐心的解释和宣传。既要向群众宣传，也要向领导宣传。

而各级领导对于这些建议和意见要采取欢迎的态度，使专家和群众的意见能够充分地反映出来。对于这些建议和意见，要很好地加以研究，有益的、能办得到的建议，要加以采纳；目前条件办不到的，或与实际情况不符的，也要耐心加以说明解释，对群众有个交代。养成领导干部和科学技术工作者互相尊重、互相支持、互相学习、互相帮助，为共同的事业团结奋斗的良好风气。

(6) 技术问题不是少数服从多数

技术问题不能采取少数服从多数的办法来表决，负责的技术人员应该说出自己的看法，做出自己的判断。一旦做出了技术上的决定，有不同的意见可以保留，但是大家都应该按照这个决定去执行，不能各行其是。当然，已经决定了的方案，如果在实践中证明是不对的，技术负责人要重新考虑，及时更正。

4.6.3　总体在战略研究中的民主集中制原则

系统工程中，为了安排近期任务和远期任务，必须开展发展战略探索研究，其法宝是采取民主集中制原则。

钱学森说："党和国家给我这个任务，说实在的，开始我心里也没数。在美国，我懂一点导弹、卫星的事，但也没有真正发射过导弹、卫星，怎么办？只好和大家商量。……于是我想了一个办法，每个星期天下午把各个型号的技术负责人请到我宿舍去讨论问题。总工程师都畅所欲言，这对明确许多问题、解决问题起了很大作用，对我也有很大帮助。"

他在 1996 年 7 月 16 日，航天事业创建 40 周年前夕，曾赠言给时任航天部领导刘纪原："就是'走群众路线'，也就是领导、专家、群众相结合。"他又说："我对我国航天事业已经发表过许多文字，现在回想起来，最重要的实在只一句话：我们航天事业的科技人员在周恩来总理和聂荣臻元帅的领导下，贯彻了民主集中制。我们今后仍必须坚持民主集中制。"

在研究制定技术发展战略和技术发展途径时，如何具体体现民主集中制原则？钱学森为我们树立了一个样板。

(1) 专题座谈

将重大发展战略和技术途径问题分解为若干专题，每个专题邀请五六位相关专业的专家一起座谈研究讨论。可以海阔天空地畅想，也可就一项技术的解决方案提出设想和验证意见，还可以议而不决、理出问题留待下次继续讨论。但一旦做出决议，报经行政批准就要照办，并进行深入研究。

（2）系统研究

从系统工程全局，组织系统工程所辖各相关专业，从总体、分系统、子系统等分别论证分析研究。既分析国际国内的情报动态、技术发展潜在动向、用户需求动向、他人的经验和教训，又分析我国的战略方针、资源、科学技术水平、工业基础等。然后，反复讨论协调，得出初稿。

（3）领导和专家审查

将初稿提交给科学技术委员会专家、各级行政/党委领导审查。

（4）征求技术骨干意见

广泛征求技术骨干意见，汇总后加以研究分析，给出送审稿。

（5）行政/党委审批

最后，提交行政/党委审批。

我国第一代导弹武器系统的战术技术发展战略和技术发展途径选择正是这样做的，其后的发展取得了举世瞩目的成就，其后的发展基本情况如下：

航天地地导弹、地空导弹和海防导弹的技术途径选择是从1961年开始，由钱学森在国防部第五研究院（五院）党委领导下主持开展的。1961年到1962年期间，主要是专题座谈。在钱学森的主持下，五院科学技术委员会从1962年4月开始，研究了地地导弹、地空导弹和海防导弹系列发展的技术途径问题。首先，由科学技术委员会地地导弹、地空导弹和海防导弹3个型号（总体）组和近10个分系统专业技术组分别进行讨论。在制定技术发展途径的过程中，各分系统专业技术组曾就搜集到的有关情报资料，分析研究了苏联和美国等发展导弹技术的经验，研究了我国的资源条件和工业基础，学习了我军的战略方针和作战原则，最后提出了初稿。初稿经分组扩大会反复讨论，于1963年4月在有78位专家和五院以及分院领导参加的五院科学技术委员会全会扩大会上被讨论修改。1963 年 5 月至 6 月又分别组织工程组长以上技术骨干 2 000 余人讨论修改；最后经五院党委十一次全体会议审议通过后报中央。1964 年 5 月 16 日国防科委批示同意。

所以，总体工作者处于系统工程的顶层，所做决策事关全局和未来发展的正确把握，因此真正理解和懂得发挥民主集中制、走群众路线的重要性，充分体现其作用是十分重要的。

4.7　结束语

总体和总体部的工作是与时俱进的。周恩来总理曾提出把航天部总体部的经验推广到国民经济系统。在本章结束时，特附上钱学森要求研究总结系统工程总体和总体部的经验和规律的一封信。期望我国总体部门和总体工作者不断改进工作、提高认识、总结经验。

附 1：

钱学森在给刘纪原的回信中提出关于民主集中制重要性的观点

中国航天工业总公司

刘纪原总经理：

　　您3月8日来信收到。

　　您信中说今年10月将是我国航天事业创建40周年，要编我为此写几句话。我对祖国航天事业已经发表过许多文字；现在回想起来，最重要的实在只一句话：我们航天事业的科技人员在周恩来总理和聂荣臻元帅的领导下，贯彻了民主集中制。我们今后仍必须坚持民主集中制。

　　此致

敬礼！

钱学森

1996.7.16

附 2：

钱学森要求研究总结系统工程总体和总体部的经验和规律

航天工业部五院五〇一部

朱毅麟同志：

前信中所说在总体设计工作应用系统工程方法事，我已请王寿云同志帮助联系，找找部直的陶家渠同志，看看该怎样推动。我想即须要"官方"出面有困难，我们就先搞"民间的"吧。

近见 Aeronautics & Astronautics 刊物上有许许多对航天在军事上的设想，加之美军空军已成立天战司令部，可能是未来战争发展的先声。我们也不应息视；但又是以"官方"推动十分困难，所以我想请您老虎，可否写些高级科普文章，送诸如未来浮的刊物上去发表？也是先以"民间"搞起。

此致

敬礼！

钱学森

1983.5.9

参 考 文 献

[1] 钱学森，许国志，王寿云．组织管理的技术——系统工程［N］．文汇报，1987 - 09 - 27.

[2] 钱学森．社会主义建设的总体部［N］．中国人民大学学报，1988 - 02.

[3] ANDREW P, ARMSTRONG J E J. Introduction to Systems Engineering ［M］. John Wiley and Sons Ltd, 2000.

[4] KOSSIAKOFF A, WILLIAM N S. Systems Engineering Principles and Practice ［M］. John Wiley and Sons Ltd, 2003.

[5] 毛英泰．误差理论与精度分析［M］．北京：国防工业出版社，1982.

[6] 周正伐．可靠性工程基础［M］．北京：中国宇航出版社，1999.

[7] 周正伐．航天可靠性工程［M］．北京：中国宇航出版社，2007.

[8] 中国航天工业总公司规章汇编［G］．中国航天工业总公司办公厅，1978～1995.

第三篇　预先研究与工程研制

引　言

　　人类的实践活动包括科学和技术的探索、产品的开发、产品的生产、产品的交换（营销）、产品的应用（维护、运用）等。每门专业类系统工程，也都包括了上述诸方面的活动，这些活动间是相互关联的。其中，产品开发是科学技术第一生产力转化为经济社会现实生产力的转折期、过渡期、孵育期；是人类生产力发展和社会进步最活跃最积极的因素。产品开发阶段，既要考虑产品开发是否具备足够的科学技术储备，得以支撑在有限时间内实现开发；还要考虑产品开发成功后产品的生产、产品的交换、产品的应用。因此，它是系统工程全过程前后的主枢纽带。

　　产品开发阶段有四个核心环节：研究、设计、试制、试验。通常这四个词组的定义是：

　　研究：探求事物的真相、性质、规律等。

　　设计：在正式做某项工作之前，根据一定的目的要求，预先制定方法、图样等。

　　试验：为了察看某事的结果或某物的性能而从事某种活动。

　　试制：试着制作。

　　然而，产品开发阶段中，产品的需求与其实现的可能，是一对受时间制约的矛盾。期望产品实现的日期规定得太短，因缺乏科技储备、科技难关久久不能攻克致使产品无法实现；而期望产品实现的日期规定得太长，因产品期望的性能可能过时而失去价值。解决这一矛盾，有两种情况：若产品期望的需求不太高，现成已掌握的技术能在短期内突破，则矛盾不突显；然而若系意欲创新的事物，对技术的组成及其难度均不可能事先知晓，需花时间摸索；若系拟采用许多新的科学技术探索能否搭配组成一项实用的需求产品，而其多学科间的相互关联制约性能尚不清楚，也需花时间摸索；这些都是因为没有现成成熟的技术。

因而，产品开发阶段所面临的需求与可能，按技术成熟度的不同，把它们的研究工作划分为两类，时间上也相应地划分为两个阶段。

技术成熟的，直接开展研究设计试制试验即可期望完成产品开发的，其中的研究工作仍称为研究。而对于技术上不成熟的，需要经历一个阶段超前开展研究，使技术成熟到在规定周期内产品有按期实现的可能的研究工作，作者专门将其定义为预先研究，并把这个研究阶段称为预先研究阶段。

开发阶段中的四个词：研究、设计、试制、试验，因为经常连用，便统称为研制。这样，技术成熟的，直接开展研究设计试制试验即可期望完成产品开发的产品开发阶段，则改称为研制阶段。

在研制阶段之前开展预先研究的阶段，则称为预先研究阶段。

在研制阶段之后开展产品批生产的阶段，则称为批生产阶段。

这是在 1960 年我们在研制导弹时取的名称，一直沿用至今。它适用于各类专业系统工程。当考虑专业系统工程全面可持续发展时，其从业力量就应分为三支队伍，一支从事长远的预先研究任务，一支从事研制任务，一支从事批生产任务。聂荣臻形象地称之为"三步棋"。

第一步棋，预先研究阶段。是指从事产品全面展开研究设计前的研究探索工作。它包括了先行性研究和先行性研制两大类，统称为预先研究。由于研究工作是贯穿于产品从预先研究、全面研制到批生产的全过程，故将此先行性研究工作冠以"预先"二字。旨在探索怎么构思成未来新一代产品中提出的关键技术的预先研究，称为探索一代的预先研究；旨在对新一代产品有一定构思后，研究如何突破其中关键技术的预先研究，称为预研一代的预先研究。探索一代比预研一代的预先研究，更为超前。这两类合起来也称为未来一代的预先研究，即为未来型号产品预先研究关键技术。同时，预先研究任务还包括了许多尚未列为设想中未来一代产品型号的预先研究，它是从专业技术自身发展规律涌现提升的研究命题，也是为未来产品提前作储备的预先研究。此外，还有一大类是与未来产品同步平行发展，不属于未来产品系统本身组成，而又是为未来产品发展打基础的预先研究，这类研究常具有工程研制性质，称为预研工程。

第二步棋，研制阶段。这是产品全面铺开研究、设计、试制、试验到设计定型或生产定型的阶段。

第三步棋，批生产阶段。是指从事成批生产的阶段。

本篇分为 5 章。第 5 章，预先研究；第 6 章，工程研制；第 7 章，飞行试验，它是工程研制的组成部分，然而有些专业门类的系统工程中不一定有飞行试验内容，有其各自试验的组织、管理与责任制，故本章内容可供参考；第 8 章，设计师系统和行政指挥系统；第 9 章，技术成熟度。

第5章 预先研究

5.1 预先研究定义、目的与分类

5.1.1 预先研究定义

预先研究，是指从事产品全面展开研究设计前的研究探索工作，是包括先行性研究和先行性研制两大类超前研究工作的总称。

由于研究工作贯穿于产品从预先研究、全面研制到批生产的全过程，故将此类先行性的研究工作特冠以"预先"二字，取名预先研究。

5.1.2 预先研究目的

预先研究的目的在于解决下一代产品及其所内含总体技术与专业技术发展所需的新理论、新技术、新设备、新器件、新材料、新工艺，为产品型号全面展开研制奠定必要的理论和技术基础。

5.1.3 预先研究阶段

预先研究是产品型号研制阶段前预先开展大量研究的一个大阶段，称为预先研究阶段。它是各种专业门类系统工程可持续发展的第一大阶段。

凡涉及下一代产品全面研制时，将导致颠覆性失败的关键技术，原则上都必须在这个大阶段内突破解决。

5.1.4　课题

开展预先研究任务的基本研究组成单元统称为课题。细分为项目、课题、专题三个层次。其组织形式是课题组，预先研究的管理是以课题为管理基础。

根据上述定义，预先研究课题的来源是：

1）下一代型号产品——未来一代、探索的一代、预研的一代的发展战略研究。

2）未来型号设想牵引下提出的和型号可行性论证阶段中提出的关键技术课题。

3）型号产品诸专业技术未来自身技术发展需要的预先研究课题。

4）专业技术发展中新开辟的新增子专业的预先研究课题。

在预先研究课题任务的指标确定上，因为处于预先研究阶段的研究课题，其探索背景与难易各异，有的瞄准未来某一代型号需求开展，其性能指标约束性强；有的其所能达到的性能指标及所能应用的背景领域都还在探索之中，只能提出约束在一定应用范围内的弹性指标，将来能具体应用到研制什么性能的产品型号，这时都还不可能完全确定，有的也不该在此刻确定或没有必要确定。对于此类课题，领导部门和总体部门人员更需要有远见卓识地把握住发展方向，待研究有了一定进展适时将其应用到未来新型号中。弹性指标的控制范围，能聚焦得越准越好，但它毕竟不等于正式研制产品型号，不必对技术指标体系中所有的技术指标都一概加以严格约束，能约束住主要的指标即可。

做好预先研究工作有利于提高产品质量，缩短产品研制周期，节省人力、物力、财力，为下一代产品型号作好技术储备。

5.1.5　预先研究课题的分类

预先研究课题的分类，按人类研究探索的性质、与应用结合的层次，以及按不同的技术成熟度，可以划分为基础研究、应用研究、先期技术开发（含支撑性技术）三种类型。此划分原则和国际分类原则相同。

预先研究还可按它们在产品型号中所起的作用和地位来划分，分为三类工作：单项技术预研类，型号产品预研类，预研工程类。这三类预先研究是相辅相成的，其中应倍加重视预研工程类。

5.1.6　预先研究与型号研制的经费比例

在预先研究与型号研制的经费比例安排上，预研阶段人力和资金安排上大约分别要占预研和研制总人力和经费 30%。在周期上，下一代产品的预研周期大致与这一代产品全面研制的周期相当，以利于衔接。

5.2　基础研究与应用研究

5.2.1　基础研究

基础研究是研究探索自然界的规律。以发现规律、提出假说、提出定理为最高功绩。简言之，即研究数理化天地生这类科学。基础研究，不需要说明应用背景，不用去管它有没有应用潜力。它在研究时，是没有或不讲应用背景的，即凡从事基础研究的科学技术工作者，不需要回答其研究成果将应用于何处。其研究成果形式是研究报告。

这类研究，按照分工主要在国家科技部和教育部下属院所校承担。

如果以潜在应用于某一方向而开展的基础研究，赋予它应用背景的激励和制约，则称此类基础研究为应用性基础研究，或简称"应用基础研究"。

应用基础研究属于基础研究类，是具有应用背景的基础研究。

　　基础研究课题的立题申报与审核，是不必过问其成果的用途的。对于完成内容的多少和时间的长短，指标要求较为宽松，不受严格限制。这是因为基础研究探索性很强，不能苛求。

　　应用基础研究课题的立题申报与审核则要过问其成果的潜在应用方向，也常受完成时间期望的制约。但它毕竟还是探索研究，对于完成内容多少和时间长短，也还是有较宽松的余地，不宜过于苛求指标是否针对了某一种具体的新型号，只期望其针对某一类甚至某几类未来可能潜在需要的型号即可。

　　为推动此类以潜在应用背景而开展的基础研究，所有行业单位都要结合行业自身的潜在应用，主动组织力量作需求论证分析，形成应用基础研究项目需求或指南。然后，按国家基本分工向从事基础研究的科学院机构和高等院校，提出应用基础研究命题的需求期望；行业单位黎属有能力从事基础研究的单位，也在内部安排应用基础研究。例如，航天系统工程单位，黎属有真空研究所，在为航天、为国家、为人类研究真空的定义和定理。而作为航天系统工程中潜在应用的大量应用基础研究，则需要在组织开展这类应用基础研究的必要性的论证后，向科学院机构和高校提出需求期望。

　　从事基础研究的单位，本着以"任务带学科"的方针，主动向社会征集研究任务的潜在需求，是很好的措施。因为社会需求激励下的研究，比一千所大学无序地研究，更能推动科学发展和经济社会进步。

　　以上这种双向的密切配合在中国仍非常需要倡导。这也是建设创新型国家需要在认识上、制度上和国家财政上采取有力措施去加强的薄弱环节。

　　如果从事基础研究暨应用基础研究的科学技术工作者花了很多精力但尽是失败，我们从前也明文规定，只要能对失败做出认真的总结，也是成果。

　　所以，对基础研究暨应用基础研究的考核检验标准是和一般应用课题不完全一样的。

5. 2. 2 应用研究

应用研究是设想为了某一方向的潜在应用和目的，而交叉运用已有基础研究成果和其他已有成果，形成指导该方向应用的计算、设计、制造的理论、技术与方法的研究。其成果有研究报告、原理模型、原理样机等。

对于在该方向应用面的宽度和深度有一原则性要求，但由于探索性很强，还是允许有一定弹性范围，或允许分期实现。

因此考核的重点在于原理与构思是否成立；是否围绕本实际应用的方向已严谨构成多学科交叉的关联性学科理论和方法。

应用研究中，那些侧重于运用更多基础学科的研究成果，而构建本应用专业的科学技术的多学科交叉的关联性理论的研究工作，称为基础性应用研究，或简称"基础应用研究"。通常，这项研究难度最大。它是该应用专业新科学技术理论的开拓性研究，或新的应用专业的理论开创性研究。

以研究陀螺为例，激光陀螺和传统的机械式马达陀螺的结构和原理完全不同。激光陀螺运用激光的产生、传输和接收以及相对论理论等，实现对角速度信号的敏感。

初始研究时对它是什么结构、采用什么原理、采用一套什么公式都不清楚。这就需要进行应用研究。而其中探索激光陀螺组成中涉及的各种物理量之间相互关联参数制约关系的理论和公式，是应用研究中的理论探索研究工作。它不是纯数学研究，不是去发明数学定理，但它要用到相关的数学公式；它不是纯物理学研究，不是去研究激光物理学的定理，但它要应用激光的各种相关定理。它要把基础学科已有知识、定理、公式运用于构成激光陀螺原理的专门公式，以指导激光陀螺设计生产。运用数理化天地生等基础学科交叉学问较多的那部分研究，就单独列出称为基础应用研究；运用基础学科交叉学问较少，大量是运用工程科学技术的学问进行应用研究的，就不单独列出。后者连同基础应用研究一起统称应用研究。

应用研究是以给出能应用到某一方向的原理研究和验证研究。至于精度可以达到如何、效率如何、对环境条件的适应能力如何等，在应用研究开展的初期课题任务中，有的有一较宽范围的需求规定，有的可以更放宽甚至允许暂且不管。因为首先关心的是能否把这套基本公式得出来，能否证明构成概念的正确性。到了该应用研究取得成果，继续深入研究时，则要求研究环境适应性、性能稳定性等了。

然而，重大的应用研究，从一开始就强调精度、效率、环境、体积、质量等的约束条件，是聪明的做法。它可以极大地避免技术路线上的弯路，大量节省人力、财力、物力和时间。

应用基础研究和基础应用研究的区别在于前者是在有应用方向要求下的基础研究，后者是应用研究中的如何运用基础学科交叉实现应用目标的交叉学科的研究；前者应用背景约束性较宽松，后者应用目的性较明确。

5.3　先期技术开发

先期技术开发，是瞄准某项未来工程、瞄准某项未来需研制的产品型号技术指标体系的一个区间，对尚未掌握的关键技术难题和尚未协调下来的关键技术指标，在产品型号工程正式确立是否研制前，先期研究开发的关键技术的研究。它是工程、产品型号研制中预先超前的研究工作。

大量的预研课题都以先期技术开发课题形式开展。

所谓技术指标体系区间的含义是：强调这不是最终确定型号的技术指标体系。因为关键技术尚处于预先研究探索中，其实际结果如何，这时还不明朗。因此，实际上还构不成真正要研制的工程或产品型号的确定的技术指标体系。在先期技术开发研究中，常常不可能也不必要固定一个技术指标体系，只需明确围绕着某种未来型号产品的指标体系区间即可。不管它被称为探索一代的型号、预研一代的型号、甚至是期望列为装备一代的型号，在此阶段都只能作为有一定约束性的技术指标，供预先研究的背景参照。

以发动机的预研为例，未来型号或探索一代型号或预研一代型号中提出将来要研制一个新的地地导弹型号，需要突破某高性能的固体发动机。在安排发动机预研时，指标可以确定在此未来型号或探索一代型号或预研一代型号要求的技术指标的上下区间的一个大致范围内开展。因为未来型号或探索一代型号或预研一代型号的战术技术指标，在经过各专业预研的突破后才能确定。而这时还得根据届时军事斗争态势的变化作必要调整。因此在经协调调整后立项的型号，其对发动机所需的技术指标，将在"型号技术指标论证阶段"之后的"方案论证与方案验证阶段"中去安排研究。注意，这时已不属"预先研究"，而是在型号研制时期的"研究"了。

固体发动机的预先研究，其技术指标到底与未来型号或探索一代型号或预研一代型号所设想的技术指标，接近到什么程度呢？预先研究不等同于型号工程研制，经费是有限的。预先研究是为解决型号正式全面开展工程研制前，在确定型号方案时，为避免发生技术上的颠覆而预先开展的研究。因此，不采取按1∶1尺寸的发动机开展预先研究，而是预研一个缩小比例的，能验证将来1∶1尺寸设计时，所有颠覆性技术均已掌握为止的研究。以往的经验是按三分之一的缩比尺寸预研。事实上，到正式开展型号研制时，真正准确的直径尺寸还会变动，即使是微小的改变。所以，预研时即使按1∶1的直径做出后，到了正式型号开展时也都要全部重做，也是不经济的。

当然，有的课题是不能缩小尺寸的，不能千篇一律。

先期技术开发阶段，为保证预先研究成果的成熟性，专门在预先研究中安排了"演示试验验证的研究"，这是先期技术开发的一项检验手段，是促使科研成果更成熟、更接近实际应用的手段。本来预先研究都是应该做得比较扎实的，应该在课题中安排有演示试验验证。然而，有些课题经费总投入比较大，在其前期预先研究搞好的基础上，再分列出这个步骤，在经严格审查后，给一笔经费做专门的演示验证试验是必要的。但凡事都要专门列出演示验证试验阶段，是不必要的。

5.4　预先研究工作的阶段

预先研究工作按四个阶段依次进行，即立题论证阶段、方案论证阶段、研究与试验阶段、成果鉴定阶段。

预研工作必须严格按程序办事，每个阶段工作完成后，需经主管部门审查批准，方能转入下一阶段工作。技术途径比较明确单一的一般课题，方案论证阶段工作可以并入立题论证阶段一起开展，一并逐级申报立题。

预研成果必须经过鉴定，方能用于型号的研制中。

（1）立题论证阶段

在调查研究的基础上，对课题的必要性和可行性进行充分论证，明确课题的研究目的和主要内容；根据国内外同类研究工作的经验，初步确定可能达到的技术指标和可能采取的途径、研究工作步骤、经费概算；进行技术经济效果分析，写出立题报告。经业务主管部门逐级审查和领导批准后列入计划。最后完成本阶段资料归档。

（2）方案论证阶段

按实现课题的要求提出多种技术方案，进行必要的计算，研制原理试验件，进行原理性初步试验。通过分析，对比其技术上的先进性和实现的可行性、关键技术途径及技术经济效果，选择最优方案和途径，写出方案论证报告，并附有计划流程图。根据课题管理权限，对方案进行评审（必要时组织方案评审委员会），对技术文件进行审查，写出评审结论，报各级业务主管部门领导批准。最后完成本阶段资料归档。

（3）研究试验阶段

研究试验阶段通常周期较长，工作内容较多，可分阶段制定切实的研究、设计、试制、试验步骤，编制课题计划，开展研究和试验工作。凡属硬件的课题，应按需要完成原理样机或进而完成试验样机或正式样机。课题不论硬、软件，研究结束后都应整理编写出全套技术文件，以供鉴定。最后完成本阶段资料归档。

（4）成果鉴定阶段

上述三个阶段工作结束后，课题承担单位应对研究成果的正确性、可靠性、合理性以及应用的范围与条件、技术文件的完整性以及技术经济效果进行分析，作出总结。做出《技术总结报告》、《工作总结报告》、《技术查新报告》、《资料审查报告》、《测试报告》、《经费使用报告》、《财务审计报告》、《专利受理凭证》等。然后，进行课题结题验收，进而进行成果鉴定。根据预研成果的水平，采取分级鉴定，填写鉴定证书，报批和本阶段及全阶段资料归档。预研课题履行了结题或鉴定审批手续后，方算结束。

对于重大的、复杂的、难度大的课题，方案论证、大型试验结束后，作为预研阶段成果可组织相应的鉴定。

5.5　预先研究实物成果形式

预先研究的实物产品成果形式的名称定为：原理样机、试验样机、正式样机，在后缀上都用"机"字。

原理样机是只证明原理是否可能或正确的实物。它可以大量使用现成实物、仪器、仪表等代替。比原理样机还不成熟的称为原理试验件。

试验样机是不再用代用品、而是做出用以验证其全部性能的协调合理性或正确性的实物，但只供进行主要的基本的性能考核试验。

正式样机是在结构质量及环境要求都满足的条件下，研究或研制出的产品，其全部性能指标都达到要求的实物。

5.6　预先研究课题与未来型号衔接

预研阶段只攻技术关键，不得将型号中不必要研究的内容事无巨细一律纳入。

这方面的教训是不少的，一些新产品未经预研，脑子一热就开始研制，结果其中容易实现的那部分任务只用半年、一年时间就做出来了；困难的部分，则五年、八年还出不来，战线拉得很长，间接成本很高，骑虎难下，研制队伍筋疲力尽，甚至半途而废，浪费巨大。

然而又必须强调，涉及产品总体方案的关键技术应在预先研究阶段取得突破；预先研究中未突破的，不得引用到产品全面研制中来。因此，预先研究的研究内容需在这两者之间权衡决策。

预研阶段要攻克的技术关键包括总体技术关键和专业技术关键两个方面。对于总体技术也有关键技术要攻克，这一点要予以足够重视。

5.7　预先研究发展战略的制定

预先研究是在新产品型号立项研制前先行一步，超前梳理关键技术和攻克关键技术，充分做好技术准备的奠基工作。制定预先研究技术发展途径和发展战略的指导原则是"型号牵引、专业推动"。

以航天为例，使命是要努力回答钱学森提出的：中国航天"干什么？不干什么？怎么干？"的战略路线。

对于所提出的技术指标，为什么提出这项指标？基于什么原理或机理提这项指标？都得论证清楚。而不能盲目抄袭国外的指标，不懂装懂。自己不懂的由来依据、自己缺乏的依据，都要能清醒地提出通过什么研究和什么努力才能获得。盲从、盲目抄袭是技术上无知和对国家不负责任的行为。

"型号牵引"是指以设想未来的新颖产品型号或有重大跨度的改进型号的需要来牵引,据此分析提出需超前研究或研制的课题。这里所讲的新颖产品型号,因为尚不具备列入国家计划或商业合同的条件,一概称为未来型号。未来型号中,已纳入远景规划的称为探索一代或预研一代。

"专业推动"则是由涉及产品型号的各类专业自身按科学技术发展规律,超前瞄准产品型号的潜在发展需求而开展的研究,以推动/促进未来新产品型号新构思的形成。

所以,预先研究的技术发展途径和发展战略,是从上述两方面工作分头着手研究制定的;而在研究制定过程中,不断相互促进相互补充,达到最终完成的目的。

未来型号的设想是自上而下地组织研究提出的。它依据国家发展对航天的需要,依据国家安全对航天的需要,依据科学技术发展对航天的需要,参照国际航天发展未来动向,结合国家综合国力,结合我国国民经济战略方针,结合我军军事斗争战略方针,结合预先研究今后将期望突破的成果,提出我国发展未来各大类航天型号从天上到地面大系统产品的技术路线、技术发展战略和战术技术指标设想,用以指导并从中凝练出新的预先研究课题。

未来型号的发展设想报告中,也要分析列出关键预先研究的课题。

未来型号的发展设想报告的形成,由预先研究主管机关组织。

例如,不少地地导弹、地空导弹,在军队没有列装之前,已经组织航天的总体部,经几年的反复论证,先提出了设想。这就是所谓的未来型号。报领导批准后,依此组织预先研究课题的研究。未来型号不等于规划型号。规划型号是纳入了国家规划将要研制的型号,但还没有列入装备。列入装备的规划型号叫列装型号。未来型号是在国家规划之前组织提出设想的。若干年后,一旦国家同意,则转为规划型号、列装型号或探索一代型号。

5.8　未来型号跨度策略

　　型号牵引是指以设想未来的新型产品型号或有重大跨度的改进型号的需要来牵引的。那么，这些未来型号在纳入正式型号研制时其研制周期的时间间隔跨度多长为好，是一项发展战略必须认真研究的重要问题。美国在第二次世界大战后，研究发展洲际导弹是一步从近程导弹跨入洲际导弹的，步子太大，结果搞了 20 年，这并非明智之举。因此，当考虑中国自己的技术途径时，必须研究这一跨度问题。

　　未来型号分两类，一类是全新概念的型号，一类是已有型号的重大改进。

　　对于前者，由于是全新概念，从总体的构思到许多主要分系统、甚至元器件都是全新的，技术成熟度低，研究周期必然长。这是属于质变型号，通常也称为研制"原型机"。已有型号的重大改进，则称为"派生型号"。两者技术成熟度差异很大，有本质的区分。

　　例如，当从来还没有研制过导航卫星时，第一颗导航卫星是开天辟地的，是原型机。如果有了导航卫星以后，在上面改进有效载荷，则是派生型号。

　　美国在研制高超声速飞行器方面，原型机的代号是 X 系列，用了几十年时间突破技术。原型机研究出来后，可以小跨度地快步发展一系列飞机派生型号。

　　因此，在原型机开始研究时完成指标应该降低些，先研制出一个低性能的型号，然后再一步一步提高。使首战必胜，打响第一炮，完成对新系统工程大构思正确性的验证和科研队伍组织结构合理性的验证，以鼓舞士气。

　　对已有型号的重大改进的步伐，则以小跨度快步走方式为好。这样呈指数律地向上发展，性能提高的效率高、效果好。

　　至于技术跨度究竟多大、时间跨度究竟多长，我们在第二篇中提出的"二八律"是可以参考的。但要具体问题具体分析，不能一概而论。进度安排上最好能与五年计划、十年计划、十五年计划、二十年计划相协调，以便在每个五年计划安排时，能相匹配而获得同步支持。

以专业推动，提出的新预先研究课题。就航天大系统工程而言，航天专业分为几十个大类。每一大类都有一到两个研究所（厂）牵头组织队伍进行战略发展论证研究。首先系统地分析国外的技术发展状况，指出其技术发展的思想、技术发展途径和技术路线；指出其哪些是正确的、哪些是不正确的；哪些适合中国国情、哪些不适合中国国情；哪些是弯路、哪些是捷径。然后，根据中国未来发展需要，提出我们自己应采取的技术发展思想、技术发展途径和技术发展路线。能以我们未来发展的型号作需求背景的更好，暂时没有的，仍先行论证。

每一专业，在航天领域可能有好几个从事单位。因此，牵头单位提出发展战略意见后，还要吸取更广泛的意见，其中听取情报研究单位的意见也是重要的方面，预先研究主管部门的指导意见也是十分重要的一面。因此要始终坚持领导、专家、群众三结合的群众路线。也还要坚持民主集中制原则，集中正确的意见。

每一专业在指定牵头的研究所（厂）论证研究时，都要该单位的技术第一把手亲自主持，研究技术发展路线，决策大战略方向。各级科学技术委员会则发挥参谋咨询作用。

每一课题都需提出所需完成的研究内容、技术指标、进度与经费；提出所需配合其完成研究的协同课题或外协课题，提出为完成课题所需的实验室建设要求等，总之一切围绕本预研课题同步必须开展的研究工作、基本建设甚至基础研究，都要列出，以便配套完成。

每一课题在完成了几轮论证后，要和当时平行论证的未来型号的需求结合起来综合考虑与平衡，相互补充与完善。然后，按轻重缓急排序，以利突出重点，兼顾一般。

以上本着型号牵引、专业推动原则的论证研究是需要动员最精华的技术力量才能完成的，也是需要有经费支持的。每隔一个五年都要论证一轮，不断与时俱进。论证的时间也持续一个五年，不是临时组织一些人突击出来的。

对于这类论证研究的组织与质量水平的把关审查，一定要高标准严要求。因此，预先研究管理队伍的高技术水平与领导素质是十分重要的。

将未来型号的需求和专业的推动两者结合之后，来一一安排：按在产品型号中的作用与地位划分为产品发展类（即型号产品预研类）、预研工程类、单项技术预研类中的单项设备类、基础技术类和理论方法类等五类的预先研究。这五类预先研究按技术成熟度划分，又分别归类于基础研究、应用研究、先期技术开发。

例如，"八五"期间，制定了许多《未来型号设想》，并写出了58 个大专业预先研究发展战略和课题。

5.9　未来型号预先研究专项

5.9.1　型号预研类

型号预研类，是指发展新产品型号的必要性和可行性研究，总体战术技术指标体系论证研究，新产品型号的技术方案论证研究、技术途径的探索研究，及其关键技术研究。特别是其中具有支撑性决定性的全套关键技术的预先研究。这种预先研究特称为型号支撑性技术预研。

这里的新产品型号，例如航天，包括新型号或新分系统的发展。航天新型号是指未来型号或探索一代型号或预研一代型号。

型号预研类，是在型号进入工程全面研制阶段前，即可行性论证阶段乃至方案论证和验证阶段的型号论证和研究工作。它在性质上属于预先研究的先期技术开发，阶段上属于型号研究的早期。

型号此时开展的研究工作,即型号预研类研究工作的工作程序如下:

1) 制定型号可行性论证阶段研究工作计划。根据国家下达的或用户提出的或研制单位自行提出的型号(战术)技术指标进行可行性论证。型号总体部门组织提出型号方案设想,主要技术途径和支撑性课题的技术要求、型号研制周期、经费概算等,制定型号可行性论证阶段研究工作计划。经综合平衡后征得用户部门意见,形成计划草案。

2) 组织支撑性课题技术攻关。其管理程序同预先研究课题管理程序。

3) 在支撑性课题完成后,型号方案设想趋于完善,需组织型号可行性论证阶段工作评审,经批准后型号方可进入工程研制阶段。

5.9.2　预研工程类

预研工程类,是指产品中某些重要的性能指标,由于缺乏设计理论和参数依据而无法实现,需组织超前研究。这种超前研究成果不归属于产品自身组成的一部分,它是与型号产品的一代代发展长期先行平行发展的大型"系统技术和工程"的研究与研制项目,其工程量有的不亚于甚至超过产品本身,称为"预研工程类"。它是"先行性研制"的工作。这种超前研究具有共性,可以为多类产品设计服务。

例如目标与环境特性研究工程、弹头试验弹工程、气动力与气动热工程、破坏机理工程、火箭橇工程等。

预研工程类,是创新与前瞻性系统工程的必经之路。

5.9.3　单项技术预研类

单项技术预研类,是指为规划设想中未来要发展的产品作技术储备的,或从产品所含专业技术自身发展所需独立开展(简称需求牵引、专业推动)的一项项单独技术的先行研究,包括关键技术研究，多型号通用专业技术研究，新技术、新设备、新器件、新材料、新工艺的探索性预先研究。细分为如下三类。

1）单项设备类，是指需求牵引、专业推动提出的关键分系统、关键部组件、关键专用设备。

2）基础技术类，是指需求牵引、专业推动提出的关键元器件、新材料、新工艺、新的计量、新的测试技术、新的试验技术。

3）理论方法类，是指需求牵引、专业推动提出的新理论和新方法的研究。

5.10 五年预先研究发展战略研究

5.10.1 发展战略研究总指导原则

预先研究发展战略研究总指导原则是以未来型号需求牵引、专业技术发展推动为原则，坚持领导、专家、群众相结合，贯彻群众路线、民主集中制原则进行。

5.10.2 同步研究原则

在每个五年计划制定之前，要超前用整整一个五年的时间来研究整个航天型号与技术的发展战略，才最终编制出下一个五年预先研究计划。这是航天预先研究每五年在发展战略研究方面必需组织开展的工作。这就是航天预先研究发展战略与每个五年计划同步进行原则。

5.10.3 五年预先研究发展战略研究的主要步骤、任务与过程

五年预先研究发展战略研究的主要步骤、任务与过程如下：

第一年，成立各种专业的发展战略研究组。以专业技术推动为原则，编制出《专业技术的发展战略研究报告》。

其中各类型号总体技术发展战略论证组，到第一年年底便有条

件开始结合各专业技术的发展战略论证的基础成果，对未来型号的发展战略提出设想论证，作为牵引预先研究课题的需求背景。

经过上下多次交换意见，充分发扬民主，听取不同意见，汲取新意。各论证组于第二年年底至第三年初完成一稿或二稿的初稿。航天系统预研管理机关撰写出航天若干方面型号的目标需求纲要（讨论稿），并送科技委讨论。修改后，提交各院讨论。上报修改后，形成《下一个五年中长期预先研究计划航天目标需求纲要（第二稿）》。

第三年，各专业发展战略小组按未来型号牵引的原则，在原来的《专业技术的发展战略研究报告》基础上，按《航天目标需求纲要（第二稿）》，对各专业技术的发展战略进行指标和重点的调整，写出了《下一个五年中长期预先研究项目计划纲要（第一稿）》。年中完成后由航天系统领导和科技委领导，听取各重点专业的发展战略研究小组的上述《预先研究项目计划纲要（第一稿）》的汇报，然后由各发展战略研究小组补充完善，于第三年9月完成《下一个五年中长期预先研究项目计划纲要（第二稿）》。

第三年年中，向上级汇报选择的航天未来型号，供上级选取为预研选题的重点背景型号。待上级审查明确后，作为重点牵引型号。

第三年第三季度，向上级业务机关汇报各专业发展战略，以纳入上级下一个五年选题预案。

第三年年底到第四年年初，用持续二到三个月的时间，对各个专业发展战略研究小组的《下一个五年中长期预先研究项目计划纲要（第二稿）》及各院对纲要的汇总意见，一并进行评价和审查。评审后，再次修改补充，于第四年二季度末完成《下一个五年中长期预先研究项目计划纲要（第三稿）》，并据此简化归并形成上报的《航天各专业项目指南》，并完成《下一个五年航天预先研究发展战略研究报告》和《项目课题的综合论证》。

为了搞好基础研究，各发展战略研究小组在专业发展战略基础上，以专业先期开发研究为牵引，以本专业前沿基础预研为推动，制定《专业基础研究项目指南（第一稿）》，于第四年一季度末完成。请各院、有关高等院校、中国科学院等单位，共同讨论修改补充，形成第二稿，再征求基层意见后定稿。

第四年末，将下一个五年预先研究中长期计划编制工作情况向航天系统领导汇报。至此，下一个五年预先研究航天各专业发展战略的论证修改后定稿。下一个五年航天预先研究的中长期计划即以此为基础和依据，进行最后编制定稿。此工作跨到第五年初完成。

5.10.4 编制预先研究五年发展战略研究报告的指导原则

在编制下一个五年航天预先研究发展战略研究报告时的指导原则是：

1）要竭尽全力、千方百计地使中国航天领域的事业，继续保持发展的势头，跻身世界先进行列。

2）武器装备的发展要贯彻军队在新时期的战略方针，对战略武器、战术武器提出发展目标。民用航天产品的发展要贯彻国家在国民经济新时期的发展战略方针，对运载工具、卫星、卫星应用提出发展目标，军民结合，未来各类型号都要努力贯彻通用化、系列化、基本型的发展方式，以节省经费，减少品种，提高寿命和可靠性。

3）坚持未来型号需求牵引和专业技术发展推动相结合，搞好与未来型号研制的衔接。下一个五年预研项目的重点，首先是解决后两个五年可能进入型号研制的重要武器、运载系统及卫星所需要突破的关键技术。同时，要有重点地加强新技术、新工艺、新材料、新器件的研究与开发，安排好对提高航天科学技术水平有普遍意义的航天基础研究，有选择地跟踪国外先进航天技术，保持航天科技发展的后劲。

4）预研要勇于攀登、勇于探索，要冒更多的风险。四平八稳不利于保持先进势头，当然也决不能头脑膨胀，脱离实际与可能。所以未来型号和纳入国家型号的指标关系首先应当是统一的，但用以指导预先研究的未来型号的指标，一般应当比今后上报国家立案的型号的指标高一些，以利于航天事业的加速发展。

5）预先研究既是有先后继承性的工作，又是有阶段性的工作。预先研究的每一个阶段与同期型号研制的一个阶段，在时间跨度上要同步，以保证为下一代型号及时输送所需的新技术和新人才，并保持预研队伍的相对稳定。预研阶段应当为下一代型号全面研制攻克关键技术，造就高水平的攻关骨干人才，开创研制新环境。

6）坚持自力更生、独立自主、艰苦奋斗地发展中国航天事业。要充分重视吸收国外先进技术，吸取国外的经验和教训，力求不走或少走弯路，提高自己的技术起点。对于国外禁运或垄断的材料、器件和关键技术，除力争通过各种渠道引进外，必须适时决断，自力更生开展预研。而且不管中途是否又有可能引进，均不得动摇自行研究、自己掌握技术、自己培养人才的决心。

7）下一个五年预研项目要搞好同上个五年预研计划、国家其他计划和新型号研制计划的衔接。

8）对预研课题要加强系统分析，综合归纳共性技术，形成通用化、标准化、系列化的发展方式；要注重每一研究课题的配套发展、课题间及课题与未来型号间技术指标的协调发展；要注意分析课题经费投入和技术产出的效益；要研究提高预研经费的整体使用效益；要按轻重缓急对预研课题进行分类排队。

9）整个编制过程要坚持领导、专家、群众相结合的原则，广泛汲取各方面的意见。

5.10.5　预先研究五年计划纲要的主要内容

预先研究《五年计划项目纲要暨预先研究发展战略研究报告》的主要内容包括以下几个方面。

1）概述。包括项目范围、作用、地位；国外现状和发展趋势；国内现状与国际先进水平的差距；本五年计划目标实现后与当时国际先进水平的差距。

2）本五年计划发展战略。包括指导思想；主攻方向；技术途径分析论证及拟选择的技术途径与其科学性、合理性、可能性分析。

3）项目分解（项目指南）。包括课题名称；应用背景及需求情况（含国内外现状及与国外差距）；技术指标；关键技术；预估经费；保障条件；课题分类分析及排队建议；推广应用前景分析。

4）重大工程。与本课题完成相配套的必须建设的重大工程。包括工程名称；应用背景及需求情况；技术要求；可行性论证；预估经费；课题分类分析及排队建议。

5）相关联技术。保证本课题完成，相配套的必须同步开展的其他相关联技术的研究和措施，诸如基础理论、专用材料、专用器件、测试技术、计量仪器、加工设备等。包括课题名称；应用背景及需求情况；技术指标；预估经费；课题分类分析及排队建议。

6）本五年计划完成后，对国民经济的促进作用分析。

7）课题分类、排队填表。包括课题名称；排队次序——重点优先的排队，序号从 1 开始；理由——阐明分类和排队的理由。其中，课题分类共分为下面的 8 类。

A 类：属于多个未来型号都需要突破的关键技术。

B 类：属于某未来型号需求的关键技术，一旦该技术突破，此未来型号才有实现的可能。

C 类：代表专业发展方向的带头技术。

D 类：属于某未来型号需求的关键技术，该技术突破后，对未来型号的某些总体性能有所改善。

E 类：属于某未来型号需求的关键技术，但同时还有第二条、第三条攻关途径。

F 类：属于某未来型号的技术，但其技术难度和风险相对稍小些。多数是设计工作量，推迟到型号预研阶段再开展仍可赶上进度。

G 类：属于一般性课题。

H 类：属于限于中国财力，从中国未来需求出发，应舍去的技术路线和途径下的课题。

5.11　预先研究管理

5.11.1　预先研究管理工作任务

预先研究航天系统一级管理工作的主要任务是：

1）负责制定航天系统一级预先研究中、长期计划。

2）负责航天系统一级管理课题的课题审查、批准。

3）编制航天系统一级预先研究年度计划，分配年度经费，与课题承包单位签订技术经济合同。

4）组织跨院之间计划的协调，组织航天系统一级内部单位参加跨部门项目研究，与承担单位签订技术合同或协议。

5）组织、参加预研型号可行性论证和协调。

6）对各院、所计划实施情况进行考核。

7）负责航天系统一级预研成果鉴定。

预先研究航天系统院一级的管理工作、所一级的管理工作与之相仿。

5.11.2　预先研究管理人才

预先研究管理是系统工程得以发挥作用的支撑力量，是总体队伍的重要组成。其人员素质和管理体系至关重要。

5.11.3　组织管理人员的素质要求

预先研究课题有大有小。有的课题是本单位、甚至一个小组就能承担胜任的。这类课题，按一般预先研究管理程序和管理规定办理即可。

然而，对于开拓性创新性的预先研究课题，其协同面可能很宽，协同的上下层次可能很多，专业技术领域面很广、学科难度很高。这类课题的组织管理，是科技第一线工作者和预先研究组织管理工作者共同的研究内容和职责。因此，对这类课题的组织管理者的组织管理能力和组织管理艺术的要求是相当高的。

（1）组织管理人员素质的总要求

对于预先研究组织管理人员素质的总要求是：

能运用系统工程的基本技巧和系统学的基本思想去分析思考问题；能独自提出指导性意见；能从大家意见中，集中凝练出正确的意见；能从几种不同的意见中，巧妙地组织各方，通过实践去验证得出正确的意见；能善于运用否定之否定思维方法，提出各种反命题或启发大家反思考，从而得出正确的意见；能善于对行将否定的意见，给予被否定方再三鼓励，以求再生或再次确认应被否定，从而作出最后决断。

为达到上述能力，在技术、待人接物、表达能力、政治素养及道德情操上都对组织管理人员有很高的要求。

（2）组织管理人员的技术素质要求

预先研究的高级组织管理人员，要能经常研讨事业长远发展的大目标，并作出高瞻远瞩的判断；要随时随地苦思冥想如何构筑科技力量，早日实现战略大目标；要能阶段性地提出技术发展方向和技术途径的见解。

为此，组织管理人员必须勤奋学习，追求新知识，敏感新事物，对所涉及专业博学众长，领会知识实质，把握要义，善于联想开拓，为事业发展所用。

管理团队的人员之间要能知识互补，实现主要的知识配套完备；并善于发挥集群优势。

（3）组织管理人员的待人接物

组织管理人员应当面对所有的专家，永远努力做一位勤学好问的学生；放下架子，不耻下问，能在耐心听取所有人的先进思想、建议和告诫中和在彼此交流中，获得创新思想火花和启迪，从而成为集思广益的组织管理者。

组织管理人员不保守己见，乐于将其智慧、意见和想法为大家所采纳，最终变为现实。不固执己见，能自觉地时时虚心地提醒自己切勿讲外行话、讲错话。对于自己出了偏差或阶段性认识不到位的问题，一旦发现，都能赶快告诉大家，请予纠正。

组织管理人员善于激励大家、启发大家，高瞻远瞩、排除艰难险阻、共同奋战，坚持到底。追求创新，不辞辛劳，百折不回。

组织管理人员总是热切期望或要求专家们能给出好主意、好点子。但不迷信专家，对于那些一而再、再而三地停滞不前，长期讲不出发展方向的技术工作者，决不一味恭维，善于另辟蹊径。

（4）组织管理人员的表达能力

组织管理人员追求真理，语言简练，擅长交流，擅于用认识论思维表述观点。

（5）组织管理人员的政治素养、道德情操

预先研究的组织管理人员，虽然都是在各级或上级领导批准下执行决策，但其实际决策权和经费支配权仍然很大，责任也很重。因此，以其昏昏、使人昭昭、满嘴空话的人，都应从岗位上调离；道貌岸然、思想品德低劣的人，更不能允许其留在岗位。

组织管理人员应具有如下政治修养和道德情操：热爱祖国、热爱事业、热爱自己所在团队，满怀国家强盛、人民安康、事业发展的豪情；出以公心，不谋私利，胸怀全局，坚持真理，实事求是，严肃认真，国家至上，甘当人梯。

5.11.4 预先研究组织管理体系

系统工程任务中，不同的预先研究课题所涉及协同面的层次不同、专业面的广度不同、学科难易的成熟度不同，因此需要配备不同层次、不同素质的预先研究组织与管理人员。处在同一项预先研究课题任务中，不同层次的组织管理人员要分工协同，各司其职，构成一套组织管理体系，密切协同配合。

体系分工的总原则是：新颖课题和重大的、涉及面广的、难度高的课题，由顶层即总体组织管理部门抓总。

对于行将开展的新研究课题，凡可以在以往已形成的配套科研生产体系基础上开展的，属于条件具备的延展性研究课题，其管理主要靠日常已形成的组织去管理和调度执行，管理权限归属于该科研生产配套体系。如果承担此课题的责任单位是上一层次，其组织管理权限也可以主要依托下一层次管理。而上一层次的组织管理人员，不必投入更多精力；但仍需审核课题负责人的擅长专业是否适合于解决课题主要矛盾及其主要矛盾方面，是否具有对对口专业人员的组织能力；考察课题组成员运用辩证思维方法和分析解决深层矛盾，运用新原理、新方法、新材料、新工艺研究本课题的能力；考察他们对延展性研究课题的分析与继承的思维方法，以及所在单位主要领导的投入精力、支持程度和重视程度。

如果所开展研究的课题没有现成的配套科研生产体系基础，或现成科研生产体系不足以适应新课题的需要，就需要精心组织新的配套的科研生产体系。这项组织工作需要顶层管理人员来设计安排，从而保证预先研究课题的研究人员能科学地搭配、研究单位间能协同工作。这样，新建的预先研究组织体系及其管理规章制度，都必须由顶层主管预先研究的组织管理者牵头抓总办理。这就是预先研究组织管理的总体设计。随着预先研究课题的分层分级展开研究，组织管理人员也相应地形成分层分级的组织管理。于是上下间形成一套新的组织管理体系。顶层预先研究的管理，要组织、协调、监督、保证、促进和帮助课题研究的执行，最后参与评定课题研究完成的质量和进度。

附1：

举例——"八五"航天预先研究发展战略研究的组织管理

下面以编制"八五"航天预先研究发展战略研究报告为例，介绍这一历时五年，组织开展发展战略研究的指导原则、步骤和组织管理的经验总结。原文载在中国宇航出版社出版的《"八五"航天预先研究发展战略研究报告》的最后，作者所写《"八五"航天预先研究发展战略研究报告——后记》。现全文转载如下，很具参考价值。

《"八五"航天预先研究发展战略研究报告——后记》

本项工作历时四年有余，了解其编制过程和编制指导原则，也许对了解本项工作会有所帮助，对今后每隔五年的发展战略研究的组织管理会有所启示，故整理如下。

一、"八五"航天预先研究发展战略研究及编制工作，按未来型号需求牵引、专业技术发展推动为原则，坚持领导、专家、群众相结合、贯彻群众路线、民主集中制原则进行。历时四年有余，其步骤与过程如下。

1987年国际科工委布置编制任务（年初打招呼，三季度末正式布置）。1987年6月，部领导批准成立各种专业的发展战略研究组。半年内，先后分批组建了28个专业68个发展战略研究小组，直接投身于这项工作的有300余名专家和优秀青年科技人员。按照部一字第48号文的详细要求，在部、院两级领导和机关组织下，各专业发展战略研究组陆续于1988年9月至1989年2月，以专业技术推动为原则，编制出了《专业技术的发展战略研究报告》。在编制过程中，各对口专业均得到部科技委对口专家的亲临指导，许多专业还得到各院（局、基地）领导的亲自指导。

"八五"预先研究的任务，当然是为"九五"末和"十五"期间研制出各类型号服务的。因此有6个总体技术发展战略论证组，自1987年底开始，结合各专业技术的发展战略论证，以此为基础，对未来型号的发展战略提出设想论证，作为牵引预先研究课题的需求背景。经过各有关院（局、基地）、所（部）及几级机关多次互相交换意见，充分听取不同意见，发扬民主，汲取新意，各论证组于1988年11月至1989年2月先后完成一稿或二稿的初稿。初稿出来后，组织了讨论。各院在组织讨论中，主要领导亲自主持研究。部科技委常委、部有关机关也都参加了讨论。1988年底在各方面讨论的基础上，科技司撰写了航天五方面型号的目标需求纲要（讨论一稿）。1989 年 1 月部科技委主持，有关机关参加，对纲要（讨论一稿）进行了两整天讨论。根据部科技委研究意见，又对讨论一稿作了少量修改，提交各院（局、基地）再次讨论。各院（局、基地）于 1989 年 3 月将修改意见报部。因上下意见比较一致，便形成《"八五"中长期预先研究计划航天目标需求纲要（第二稿）》。4 月向部领导、科技委领导等作了汇报。

1989 年 3 月，在航天目标需求纲要（第二稿）出来后，我们组织各专业发展战略小组派代表集中北京，按"未来型号牵引"的原则，在原来的《专业技术的发展战略研究报告》基础上，对各专业技术的发展战略进行指标和重点的调整，写出了《"八五"中长期预先研究项目计划纲要（第一稿）》，4 月中旬完成。1989 年 5 月部领导和部科技委领导，听取了精密制导、发动机、雷达等专业的发展战略研究小组的《"八五"中长期预先研究项目计划纲要（第一稿）》的汇报，对整个工作作了肯定，并指示需增加各专业技术发展战略的国民经济应用前景的分析内容、配套建设项目内容及课题排队的要求。据此，下发部技字 72 号和 74 号文，一方面请 68 个发展战略研究小组遵照部领导的意见补充完善，写出《"八五"中长期预先研究项目计划纲要（第二稿）》；另一方面请各院（局、基地）组织领导、机关、院科技委、各厂所有关专家进一步提出修改补充完善意见。这些意见和修改材料于 1989 年 9 月完成。

1989 年 5 月科工委机关确定选择航天多个未来型号作为科工委预研选题的重点背景型号，7 月将论证报告报科工委机关。1989 年 9 月 20 日至 26 日部科技委又对未来型号背景进行审查，并提出了审查意见（初稿）。1989 年 10 月科工委组织专家对航天（科工委级重点）未来型号完成审查。之后，我们又建议科工委增加一个重点牵引型号。

1989 年 7 月到 9 月，我们向科工委各业务局汇报各专业发展战略，协调计划，以纳入科工委"八五"选题预案。1989 年 11 月到 1990 年 1 月中旬，持续两个半月时间，由部科技委暨 13 个专业组对部 68 个专业发展战略研究小组的《"八五"中长期预先研究项目计划纲要（第二稿）》及各院对纲要的汇总意见，一并进行评价和审查。1990 年 1 月各专业发展战略组按部技字 20 号文，遵照部科技委暨专业组评审意见，再次修改补充，于 1990 年 3 月至 5 月完成《"八五"中长期预先研究项目计划纲要（第三稿）》，并据此简化归并形成上报科工委机关的《航天各专业项目指南》，1990 年 4 月至 5 月继而完成《"八五"航天预先研究发展战略研究报告》，1990 年 6 月至 7 月完成《项目课题的综合论证》。

为了搞好基础研究，部技字 20 号文要求各发展战略研究小组在专业发展战略基础上，以专业先期开发研究为牵引，以本专业前沿基础预研为推动，制定《专业基础研究项目指南（第一稿）》，于 1990 年 3 月底完成；1990 年 5 月请各院（局、基地、直属所）、有关高等院校、中国科学院有关单位，共同讨论修改补充，形成第二稿，再经征求各基层意见后定稿。

1990 年 4 月，将四年来编制"八五"预先研究中长期计划的工作情况向部领导作了请示汇报。遵照部领导意见，对个别内容作了修改，并贯彻于最后各项报告中。

至此，"八五"预先研究航天各专业发展战略的论证告一段落。"八五"航天预先研究的中长期计划即以此为基础和依据，进行了编制。

二、"八五"航天预先研究发展战略研究报告编制的指导原则。

在这次"八五"航天预先研究专业发展战略研究和编制过程中，上下一起对专业发展战略研究和编制工作的指导原则有以下几点共识。（以下从略。）

附 2：

美国国防部制订的研究与发展的分类[9]

1）研究（Research）包括所有旨在更进一步深入研究自然现象和环境的活动，以及所有旨在解决物理学、行为学、心理学及社会科学领域中军事用途尚不明显的问题的活动。因此，此范畴包括所有理论研究和一部分旨在扩大各学科领域知识的应用研究。此类研究只占美国国防部研究与发展总拨款的 5%。

2）探索性发展（Exploratory Development）包括除大型发展计划以外的所有旨在解决具体军事问题的活动。这里既包括带基础研究性质的应用研究，又包括最终制成复杂样机的发展工作。此范畴的基本特点为：包括对那些军事问题的具体建议，查明和估计它们在理论和实践上，是否可行的活动。正是在此类研究过程中，形成新武器系统的概念，并分析其实现的可能性。此类工作的结果，对于那些规划军事技术发展和军队建设的机关尤为重要。此范畴约占国防部研究与发展拨款的 12%。

3）高级探索性发展（Advanced Exploratory Development）包括为实验或使用试验目的而进行的新技术发展工作。此范畴约占国防部研究与发展拨款的 15%。

4）工程发展（Engineering Development）包括预定在部队采用的先进军事技术装备样机的发展，但只限于决定采购这些样机之前。

5）作战系统发展（Operational Systems Development）包括已决定生产与装备的技术装备样机的发展和试验。

全部工程发展和作战系统发展的目的是把各单独的分系统合成新的大型武器系统。这是两类工作占全部研究与发展拨款的 50%。这是两类最重要的范畴，包括今后十余年将装备部队的所有大型武器系统的发展工作。

除上述研究与发展范畴外，研究与发展开支项目在国防部文件中还包括保养与支援基金（Maintenance and Support Fund）、应急基金（Emergency Fund）和财政调节基金（Financial Adjustment Fund）。

保养与支援基金项目，包括建设那些一般性的、并非为了完成某项具体科研计划的科研设施的开支，以及经营实验室、试验靶场、试验飞机及试验舰船的开支。此项开支还包括在国防部系统担任研究与发展工作的文职专家的工资基金。

应急基金项目包括在财政年度内没有预见到的开支；而财政调节基金项目则包括已经拨归国防部支配，但在本财政年度未曾预定开支的资金。

各军种中，研究与发展经费最多的是空军（42.8%），其次是海军（29%）和陆军（22.8%）。美国国防部各直属单位约占全部研究与发展经费的 5.5%。军队的科研机构只承担全部军事研究与发展任务的四分之一。主要执行者为私人工业部门，占 67%，各大专院校及各联邦合同研究中心约承担全部军事研究与发展任务的 3%~4%，但大专院校在基础研究方面占主要地位（50%）。应用研究任务中，有 45% 由军事科研机构承担，42% 由工业部门承担。私营工业部门在完成发展任务中占主要地位（74%）。

第6章 工程研制

6.1 工程研制的定义、遵循的原则与阶段划分

6.1.1 研制定义

工程研制即产品型号研制，其定义为产品型号从商榷战术技术指标，经过研究设计试制和试验的工作，使研制型号的性能达到设计鉴定指标的全部活动，需要批量生产的型号把达到批产定型的活动也都包括在内。换句话说，产品型号研制是型号研究、设计、试制、试验、试批量生产的活动的总称。

6.1.2 研制遵循的原则

型号研制遵循的原则有以下 12 个方面。

1) 为作战和使用服务，促进国防现代化和国民经济发展。

2) 尊重客观规律，遵守研制程序。

3) 建立和执行总设计师系统和行政指挥系统的责任制。

4) 建立质量控制体系，实行全面质量管理，确保产品质量。

5) 实行经济核算，提高经济效益。

6) 贯彻标准化、系列化、通用化和规格化的原则。

7) 充分利用已有的研制和预先研究的成果，积极、慎重采用先进技术。

8) 关键技术与产品在定型时必须国产化。

9) 正确处理技术改进与状态稳定的关系。型号在工程研制过程

中性能指标不得随意改变，凡经试验证明成功了的技术指标和技术状态应予以冻结；必须改动的，须办报批手续。

10) 研制工作进入工程研制阶段后，要按鉴定要求全面安排各项工作，确保研制周期。

11) 在发展系统仿真试验技术和其他地面试验技术的基础上，坚持在单机试验成熟的基础上做系统试验；在小型试验成熟的基础上做大型试验；在地面试验成熟的基础上做飞行试验的原则，提高飞行试验的效能。

12) 按照系统工程原则，编制型号研制计划流程图，确保研制工作的协调、配套。

6.1.3 完成研制任务的标准

完成研制任务的标准是以下 4 条。

1) 研制出符合研制任务书要求的型号系统。

2) 设计图纸、资料和技术文件完整、齐套。

3) 主要配套产品、原材料、元器件定型并定点供应。

4) 按需要达到可重复生产、小批量生产或批量生产，产品质量稳定。

6.1.4 研制程序

为了加速各类产品的发展，需要制定一个研制程序。把从下达任务开始，经过反复的研究、设计、试制、试验，试批产到鉴定定型所经历的阶段，以及每个阶段的工作目的和内容，每个阶段的主要技术组织工作，每个阶段的完成标志都作规定，我们简称为研制程序。这是作为技术和组织管理工作的客观规律总结出来的。要求所有领导和工程技术人员严格遵守。

从产品型号总体的角度来看，产品研制工作的程序按下列 5 个阶段进行，简称：按研制程序办事。

1) 指标论证阶段。

2）方案论证阶段。

3）初样阶段。

4）试样（正样）阶段。

5）设计定型与批生产定型阶段。

上述程序是总原则。具体来说，就航天而言，地地导弹、运载火箭、有批产的卫星的研制工作划分为方案阶段、初样阶段、试样阶段和定型阶段；不批产的卫星的研制工作划分为方案阶段、初样阶段、正样阶段；而防空、海防导弹等武器系统的研制工作划分为方案阶段、独立回路（自控）弹阶段、闭合回路（自导）弹阶段、战斗（遥测）弹设计鉴定阶段和生产定型阶段。

工程研制阶段的划分是就全型号而言的。各分系统要参照此制订相应的实施细则或办法，确保与总体研制阶段的任务协调一致。

在型号研制过程中，必须处理好本型号系统自身与同级和上级大总体研制程序的衔接。例如：地地导弹同预警、情报、指挥、通信、控制体系，卫星同地面应用体系，防空、海防导弹武器系统同军舰、飞机等，一定要确保参数的匹配和接口协调一致。

工程研制各个阶段的设置按照自身特点，有总体构思；有定义、任务、主要研究工作内容、主要组织工作内容，以及完成标志。

6.2　指标论证阶段

6.2.1　指标论证阶段的总体构思

产品型号研制的第一个阶段是指标论证阶段。它是型号进入工程全面研制前进行综合分析和论证的必要步骤，是向国家或商业合同单位或企业自身提供科学决策建议的型号开发性阶段。

首先由用户单位提出需要研制单位研制某种性能指标的产品型号；或者也可由研制单位先行论证后，提出建议研制某种产品型号的性能指标，请用户单位提出需求意见。双方反复磋商，将需要和可能结合，经可行性分析和试验，统一认识，达成对产品型号性能指标和研制周期的共识，初步确定战术技术指标。这一阶段的研究活动，就是指标论证阶段的工作。它的全称是型号的指标与可行性论证阶段。

研制单位同意接受该产品型号的性能指标和研制周期前，认为有可能实现的依据是：经全面审核确认已掌握了所有的相关技术，预先研究成果已有了储备。

如果有些预研课题，例如发动机，在预研阶段只研究成功了直径缩比为三分之一实物，在正式开展型号研制时，研制直径一比一的发动机，认为可以经过一段不太长的时间研制出来；那么，在型号指标论证阶段就可承诺承担该型号研制。而这直径一比一的发动机的研制工作，则必须安排在型号研制的第二阶段即方案论证和方案验证阶段（简称方案阶段），开展研制，以保证技术上能全部拿下，而不会出现颠覆性问题。

如果有些预研课题还不足以支撑产品型号研制所期望的技术指标，那么在本阶段要补充开展预先研究，在其能达到重大突破后，才能对型号技术指标的可行性作出肯定的回答。

所以，本阶段既是论证战术技术指标，也是论证支撑性预先研究课题能否实现重大突破的阶段。

6.2.2　指标论证阶段主要工作

指标论证阶段是对产品型号的需求和可能进行战术技术论证，支撑性预先研究课题取得原理性的实质性突破，通过可行性综合分析和反复协调平衡，形成需求和可能统一的初步战术技术指标体系的阶段。

指标论证阶段双方的任务和主要研究工作内容分别如下。

需求方：经与研制方协调后修改完善《产品型号战术技术指标需求报告》。

研制方：根据使用需求，在正式宣布该产品型号论证任务开始后，总体部门根据使用需求提出的初步指标，结合预先研究成果和资源条件，与需求方反复协商，统筹考虑使用需要、技术可能、经济合理性；分析可供选择的各种战术技术途径，提出产品型号研制指标建议，达到需求与可能的统一，完成《产品型号战术技术指标的可行性论证报告》。

《产品型号战术技术指标的可行性论证报告》的主要内容是包括以下几个方面。

1) 方案构思及可能采取的主要技术途径；

2) 可能达到的主要战术技术指标；

3) 拟采用的新技术、新器件、新材料、新工艺和拟解决的途径；

4) 拟增加的新设施、新设备；

5) 估算研制所需周期、经费和研制程序计划流程图；

6) 拟提请上级解决的重大问题；

7) 经济与社会效益；

8) 选定在型号工程全面研制前，必须突破的支撑性预研课题以及重要性次一位的关键技术预先研究课题；组织攻关，并在本阶段最终取得原理性的实质性突破，从而完成《产品型号初步战术技术指标论证报告》，并附《型号研制任务书》草案。

指标论证阶段的主要技术组织工作包括以下几个方面。

1) 任命产品型号总负责人，管理负责人，组织产品型号研制骨干队伍；

2) 组织总体和分系统的指标论证；

3) 组织开展支撑性课题和重要性次一位的关键技术课题等的预先研究工作，最终至少取得原理性的实质性突破；

4) 组织新设施、新设备和重大技术改造项目的论证；

5) 论证选择试制生产厂和试验基地；

6) 组织编制产品型号经费估算及方案阶段的预算；

7）组织论证文件的归档。

指标论证阶段的完成标志是：在《产品型号战术技术指标需求报告》和《产品型号战术技术指标的可行性论证报告》基础上完成的《产品型号初步战术技术指标论证报告》。国家或企业自己据此作出明确的决策，下达或撤销或暂缓型号的初步战术技术指标的研制任务。

6.3　方案论证阶段

6.3.1　方案论证阶段的总体构思

产品型号研制的第二个阶段是方案论证阶段，全称为方案论证和方案验证阶段。根据指标论证阶段共同商定的《初步战术技术指标或研制任务书》的要求，开始研究提出多种方案设想。方案中将提出许多具体技术问题，此刻还不能立即一一回答有没有实现的把握，还不能立即回答型号完成的准确日期。需要梳理出事关型号成败的支撑性关键技术，分析这些技术能否按期实现，使型号在全面投入研制时，不会产生颠覆性技术问题。

为此，在方案验证阶段中，需要将技术上没有把握的、我们所称的支撑性技术一一列为支撑性课题。不过，它已不是预先研究中的支撑性预先研究课题，不属预先研究范畴；而是型号研制中支撑性技术研究课题。在本阶段主要力量则是集中精锐研制力量攻关，并研制必要的实物，以证明型号在以后全面研制过程中技术上确有把握，不产生颠覆性问题。本阶段的这些实物称为模样。

20世纪60年代初，国防部五院提出的七十条"根本大法"里明文规定："如果关键技术没有在预先研究阶段突破，不得用于型号。"这是非常重要的严格要求的一条。不过，如果预先研究不够完备，可以灵活地在方案制定和方案验证阶段中补上。但这是再不允许后退的死守底线。方案制定和方案验证阶段要把支撑性技术全部拿下来。否则，不得进入型号全面研制阶段。

例如，前面提到的固体发动机，在预研阶段，只完成了直径为三分之一的缩比性能研究试验，这是合理的。而直径一比一的正式发动机，就必须要在这个阶段，攻下技术拦路虎。

方案制定和方案验证阶段任务完成的标志是：支撑性关键技术攻关取得突破；模样经试验得到验证；反复比较了多种途径及多种方案后作出择优选择；经过统一设计思想、系统集成，验证了方案在技术上的现实可行性；最后由总体部门对型号的初步战术技术指标做最后的修改，形成正式的战术技术指标。

同时，在方案制定和方案验证阶段，还必须对以后进入全面研制的进度日程即研制工期，制定出精确完整的实施计划及计划流程图；并能保证在型号进入全面研制时，总研制工期为几年的，其完成日期的误差不得超过 10 天。从而对型号今后研制作出全面筹划和部署，才标志本阶段完成。

研制单位不能不断推迟研制进度，不能失信。如果不能如期完成任务是一件很羞愧的事。研制单位不能如期完成任务，让用户或使用单位等着。用户或使用单位有自己的一套衔接计划，不能让训练好了人员、购置好了相配套的设备，等着研制单位迟迟拿不出产品。按规矩理应要罚款的。例如，香港某公司向大连造船厂订购一艘商船，合同上规定如果进度晚两周，船到香港交付后，这条船就白给香港公司。这不是苛求是合乎情理的。香港公司已经将待运货物存放到码头仓库，天天在支付租金，已经在到货码头占了仓库位，处处都要支付经费。大连造船厂问作者怎么办？作者回答，采用计划协调技术。后来，他们终于顺利完成了出口任务。

因此，方案制定和方案验证阶段工作完成与否，是整个型号研制的关键节点。在此之前，不允许研制队伍全面铺开投入。否则，就必然浪费国家钱财。

眼下，人们对方案制定和方案验证阶段的认识还远远跟不上。急于求成，跨越必经阶段，不假思索全面铺开的现象较普遍。

经过方案阶段的研究，最终对初步战术技术指标体系予以修改完善，供需双方最终确认产品型号的正式战术技术指标体系。国家或商业合同上，此时才有条件下达产品型号的《正式战术技术指标体系的任务书》。

6.3.2　方案阶段的主要工作

方案阶段全称为方案论证和方案验证阶段。它是开展方案论证，并通过有限关键部件的模样研制和若干原理性试验，验证方案的可行性，并最终确认产品型号正式战术技术指标体系的研究活动的阶段。

方案阶段工作的结果将直接影响本产品型号是否可以进入全面铺开研制的决策。

通过本阶段方案验证，产品型号方案宣告确定，以后总体技术指标原则上不再更改，可以全面铺开研制，直到产品型号定型；所有影响产品型号研制成败的支撑性技术已经突破，在型号随后全面开展研制的过程中，不会产生颠覆性技术问题而导致全局失败；而且，所有影响产品型号研制进度的环节已经解决，在型号随后全面开展研制过程中，不会产生由此而贻误总研制工期的问题，使产品型号研制的最终完成日期能保证在实际实现时达到几年研制工期误差不超过两周。如果做不到，就在此阶段继续研究解决，不得跨越。

方案阶段的任务是：根据指标论证阶段结束时制定的研制任务指标体系要求的书面文件——研制任务书的要求，通过多种方案、多种途径的论证比较，统一设计思想，筛选出总体和分系统方案；然后针对所论证方案中，决定方案成功与否的有限支撑性技术关键，经过研制模样，以及进行原理性试验验证，最后确定最佳方案。同时，这个阶段要制定出产品型号随后开展全面研制力量的组织与计划方案，使其预期完成工期的最终不可预测日期控制到 1～2 周之内，并作出全面规划和部署。

方案阶段主要研究工作内容是：

1）制定并优选总体方案。

2）协调提出对分系统初步技术要求，分系统经攻关验证总体方案，最终选择并确定分系统的技术方案和技术指标，提出分系统研制任务书。

3）统筹规划并确定试验条件和各类试验方案；确定型号研制的批次状态，协调各分系统在不同研制阶段的试验要求；统筹规划仿真模拟试验、综合试验、贮存试验和各种大型试验等；航天系统还有飞行试验，还要提出对靶标研制、靶场试验设施建设和检测计量手段的要求。其中，综合试验通常包括风洞试验、静力试验、匹配试验、发动机系统的地面试验、对接试验、各种环境试验、系统综合测试、挂飞试验、校飞（瞄准精度）试验等。

4）提出技术支持系统要求（例如卫星，选择运载火箭、对发射场、测控台站、回收区提出技术要求，进行卫星与业务应用系统技术协调）。

5）分析总体可靠性指标，确定可靠性设计原则，提出总体可靠性设计要求，进行可靠性设计指标的分配，提出可靠性检验鉴定方法；制定产品质量可靠性保障措施，提出维护、使用工作制度和技术保障设备的设计要求及组成。

6）分析并提出支撑性技术和关键技术研究课题，以及关键工艺研究项目的要求和采取的措施；并组织攻关，研制模样，得出突破的肯定结论。

7）提出标准化、通用化、组件化、系列化要求。例如元件的标准化，其中若为仿制产品选用外国元件，其品种较杂，更要事先标准化。

8）提出关键技术、关键元器件、物资项目以及技术改造项目要求和解决途径；提出物资进口与技术引进的要求。

9）拟制随后全面投入研制型号时的研制程序、研制力量组织、研制周期，编制型号研制计划流程图。

10）初步概算随后全面投入研制时的产品型号的研制经费。

模样研制主要工作内容是：

1）协调总体自身、分系统、单机（部件）各级的技术指标；

2）各分系统根据总体方案要求，进行必要而有限的模样设计、试制模样，数学仿真试验，组织攻关（包含工艺技术、检测计量技术的攻关）验证方案，以便向系统总体提供必要的参数以及结构模型，并向系统总体证实本分系统的关键技术已经突破，在全面展开设计试制后不会导致颠覆性返工。

3）系统总体以分系统参数和模样为依据，进行总体协调，设计试制型号产品的模样。

4）提出各种大型试验（如地面的和空中的、海上的试验）的初步方案，以及对试验设施的建设要求。

5）提出主要配套设备的项目清单。

6）提出型号各部分直到原材料、元器件的可靠性指标要求。

7）制定随后全面投入研制时的研制程序、研制力量组织方案和研制周期。

8）概算随后全面投入研制时的产品型号的研制总经费。

方案阶段的主要技术组织工作是：

1）明确研制分工，落实协作单位。

2）任命产品型号各级主要指挥、设计师、经济师、工艺师、检验师、工艺师、调度，逐步组成产品型号研制队伍。

3）落实试制工厂。

4）制定质量控制措施。

5）确定元器件、原材料选用原则和供应点。

6）组织编制产品型号经费概算、方案阶段决算和初样阶段预算。

7）组织编制本阶段计划流程图，实施计划调度。组织产品型号随后全面开展研制的研制力量的组织与管理的研究分析；组织编制产品型号随后研制的精确计划流程图；组织落实研制、外协、加工、物资、引进、技措、基建、经费等计划。

8）组织技术文件的归档。

9）组织研制方案的最终评审。

方案阶段的完成标志是：

1）涉及总体方案的支撑性技术关键已经解决，方案经模样验证和各种原理性试验得出肯定结论。

2）确定产品型号总方案。确定总体和分系统主要技术性能参数，基本确定重大的、关键的工艺方案，基本落实了协作网点；最终，确定了初样状态；总体向分系统提出初样设计任务书；确定试样阶段和定型阶段的总体技术状态、研制力量组织状态和精确计划进度的组织安排结论。

3）完成产品型号《研制方案报告》，提出最终修订产品型号研制任务书的建议，报请审批。

4）完成审批提交受理程序。

6.4　初样阶段

6.4.1　初样阶段的总体构思

初样阶段是产品型号研制的工程实施的第一阶段。产品型号在此阶段开始，全面展开。因为方案阶段只是验证方案，在总体全局的重大技术和进度上，保证今后不会发生颠覆性问题，并没有做出完整的实物来细加验证。因此，初样阶段的工作包括初样设计、初样试制和初样试验。通过对型号产品初样的全面设计，全面制造出一个完整的实物，以经过地面条件下的各项性能测试试验，一方面验证设计和方案细节上的正确性；另一方面，力求尽可能多地暴露设计、工艺制造和方案中存在的各种重大问题，为下一阶段做精确地设计研制飞行试验样机（试样）或正式样机（正样）提供全面、准确的依据。

6.4.2　初样阶段的主要工作

初样阶段即初步设计阶段。这个阶段是按照战术技术指标和方案阶段所制订的方案，进行初步设计，完整地研制出第一个实物产品——我们称为初样，然后加以考核的第一轮研制阶段。通过在地面条件下的各项性能测试，验证整套方案构思的完整性、协调性，为下一阶段进一步改进完善提供技术依据。它包括初样设计、初样试制和初样试验等工作。

初样阶段的任务是：进行型号研制的初样设计，通过工程初样的试制和试验，用工程初样对设计方案、工艺方案进行实际状态的验证，进而完善方案，为下一阶段工程试样的研制提供全面、准确的依据。

初样阶段主要研究工作内容是：

1）进行总体和分系统初样设计，编写有关技术文件和说明书。

2）完成试制工艺和测试计量准备，进行初样试制；完成诸如导弹、卫星或火箭的单项性能的总装测试（例如，模样弹、振动弹、结构星、温控星、电性星、串联星）。

3）论证、拟订试验方案，编写试验大纲，进行初样产品的各种试验。

4）根据分系统提供的性能和结构参数，进行总体和分系统协调、论证，拟订试样试验方案，确定试样投产数量。

5）编制产品配套表和技术文件配套表。

6）根据试验结果，初步评估产品的可靠性。

7）协调型号与型号系统上一级大总体各系统性能；进行和大总体间的联合试验。

8）最终论证拟定下一阶段的试样试验方案，确定试样（正样）投产数量。

9）进行初样阶段设计评审。

初样试验的目的是：在模拟条件下验证设计方案，考验工艺质量，获取性能参数，为改进设计、工艺编制技术文件、评估产品可靠性提供依据。产品型号总体、分系统、单机（部件）试验都应做充分，不带技术疑点进入下一阶段。

　　试验工作应在理论分析的指导下进行，遵循先数学模拟后实物模拟，先局部试验后综合试验，由简到繁、循序渐进的原则。型号总体、分系统、单机（部件）试验都应做充分。

　　初样试验的主要内容有以下 3 点：

　　1）单机（部件）性能试验，环境模拟试验，可靠性试验和寿命试验等。

　　2）分系统的各种试验，例如航天系统包括动力系统试验，推进剂试验，结构试验，弹头或上面级系统试验，控制系统试验，温控试验，能源试验，天线试验，地面设备试验，专用系统试验，遥测、外测、测控、安全系统试验等。

　　3）系统总体试验，包括总体方案性试验和总体协调性试验。例如航天系统总体方案性试验包括半实物仿真试验，静动力强度试验，全箭振动试验，各系统综合匹配试验，声振试验，热真空试验，调温试验，电气系统联合试验，电磁相容性试验，抗干扰试验，力学和热真空串联试验等环境试验；总体协调性试验包括发射场合练试验，天地联合试验，星箭协调性联合试验等。有部分试验在正样阶段完成。

　　初样阶段的主要技术组织工作是：

　　1）完善和调整型号各级行政指挥、设计师、经济师、工艺师、检验师，充实型号研制队伍。

　　2）组织总体及各系统初样设计，技术协调；实施生产调度；细化产品型号研制程序，编制本阶段全套逐级的计划流程图；组织落实研制计划和条件保障计划。

　　3）组织实施质量控制，检查产品质量。

　　4）组织落实地面测量与试验设备的研制计划。

　　5）组织初样技术文件标准化审查。

　　6）组织设计单位向生产试制单位介绍设计意图；进行工艺会签；组织关键工艺项目的实施和技改、技措项目的协调。

　　7）组织器材、工时实耗统计。

8）拟制试样阶段全套逐级的计划流程图。

9）编制初样阶段决算、试样（正样）阶段预算；编制产品型号经费预算。

10）组织技术文件的归档。

11）完成本阶段工作结束的接受审查的程序。

初样阶段的完成标志是：

1）完成初样产品，符合设计要求。

2）确定试样（正样）状态，总体修订分系统设计任务书；并向分系统提出试样设计任务书。

3）提出下一阶段要进行的全面性能考核试验方案和研制工作安排建议。

4）编制试样（正样）的技术、计划和实物配套表。

5）提出飞行试验方案，报请国家审批。

6）完成产品型号《初样研制报告》。

7）报请审批并完成审批。

鉴于地空导弹和海防导弹等的自身特点，它首先要考核导弹自身控制飞行的性能，再考核在制导下攻击目标的性能，且后者研制周期长。因此，初样阶段主要围绕导弹自控的独立回路弹，而制导雷达等其余部分只能在此阶段完成攻关，然后在下一阶段一起完成检验和考核。所以，初样阶段也称为独立回路（自控）弹研制阶段。

地空导弹和海防导弹初样阶段主要工作内容中的单机和分系统包括独立回路（自控）弹、发控系统和遥测系统的研制和技术协调，完成独立回路（自控）弹的飞行试验，从而考核导弹气动外形、导弹强度、动力装置和自动驾驶仪的性能；并根据飞行试验和综合试验结果，校验修正相关的数学模型；分系统则是指完成弹上控制仪、引信、导引头、战斗部、弹上电器设备的初样研制等。对于地面制导站、全套发射装置及发控系统和其他地面支援设备，在此阶段只能突破技术关键。依据上述工作，建立武器系统和分系统的数学模型，进行数学和半实物模拟试验。此阶段需开展而可能不能全面完成的研究内容还有诸如对预定目标和背景特性进行测量和模拟，对测试计量手段和对靶标、靶场提出要求与落实，以及进行作战、使用和维护软件的研究与设计等。初样阶段相应地要编制阶段研制程序计划流程图、系统配套表、技术文件和技术资料目录。

在上述工作完成后，确定闭合回路（自导）弹和分系统（试样）的技术状态和试验（地面、飞行）方案。

完成了独立回路（自控）弹研制报告，经评审、报批、批准后，研制工作转入下一个阶段。

6.5　试样（正样）阶段

6.5.1　试样（正样）阶段的总体构思

产品型号在经过初样阶段，设计并研制出初样实物产品，发现不完备或不足之处后，产品型号研制工程实施进入第二阶段。在本阶段中，力求通过试样的设计、试制、检验和飞行试验，一步到位地设计研制出可供飞行试验为主的试机。以全面考核型号性能是否满足战术技术指标，型号产品是否具备可供生产的能力，从而实现产品型号设计定型。这个阶段称为试样阶段。

如果试验不成功或部分成功，则需继续做修改设计，再生产实物产品，其状态仍为试样阶段。

对于没有批生产的单件型号，例如某些卫星，其试样即为正式样机，简称正样。有批生产的卫星，仍按试样阶段和此后的定型阶段组织管理。卫星的飞行试验，包括发射、运行和回收的全过程。

6.5.2　试样（正样）阶段的主要工作

试样（正样）阶段即技术设计阶段，这个阶段是在初样基础上，通过研究、设计、生产、试验活动，设计研制出的试样在典型环境下，可供实用性能的全面考核，也可供具备生产能力的检验，从而最终达到产品设计定型。试样（正样）阶段研制出的产品统称试样（正样）。

试样（正样）阶段的任务是：在修改初样设计的基础上开展并完成试样设计，研制试样并通过研制出的试样，进行并完成一系列全面性能的考核试验（例如，飞行试验），全面鉴定产品的设计和基本工艺，全面检查产品型号的系统性能。这里的全面性能考核，包括各种环境试验，航天系统包括在各种典型空域和典型飞行环境条件下使用性能的考核。

试样（正样）阶段的主要研究工作内容是：

1）进行总体和分系统的试样设计，编写有关技术文件，进行设计评审。

2）进行航天系统试样的试制、试验、检验、验收。包括总装测试合练弹、贮存弹、遥测弹等在内的试样及进行靶场合练。

3）进行研制性全面性能考核试验（试样试验或正样试验）。航天系统则以飞行试验为主的全面研制性能考核试验。

4）根据试验结果，进行产品战术技术指标性能和可靠性评估。

5）复查、整理试验全套设计文件和工艺文件。

6）修订鉴定性全面性能考核试验方案或确定定型方法。

7）如果产品为正样，则全面鉴定正样性能。

试样（正样）试验的主要内容是：

1）单机（部件）试验。

2）分系统试验。

3）总体试验。

上述三方面的试验项目，与初样试验项目相同，具体项目有所差异。总体试验中还要考核与大总体的协调性。

4）环境试验，包括运输试验、贮存试验、长寿命试验等。

如有飞行试验，则根据上级批准的试验大纲实施。

试样阶段的主要技术组织工作是：

1）编制本阶段计划流程图，组织落实研制计划和条件保障计划，实施生产调度。

2）组织试样（正样）设计，编写各种设计文件；组织试样文件的标准化审查。

3）组织产品的全面质量控制和检查。航天系统还特别注重飞行试验前的质量检查，以及全面性能考核试验前的质量检查。

4）组织全面性能考核试验的试验队伍并进行试验。如卫星试验队还参与卫星发射、监测、控制、运行（回收）以及接收信息的处理。

5）组织试样（正样）器材、工时实耗统计。

6）编制试样（正样）阶段决算；正样卫星则进而编制型号经费决算，计算型号成本，作出投资分析。

7）组织技术文件的归档。

8）组织完成本阶段工作结束时接受审查的程序。

9）如正样卫星则组织正样鉴定、总结；组织应用卫星设计和工艺等文件审定，供生产应用卫星使用。

试样阶段的完成标志是：

1）最终确定试样（或正样）状态，总体向分系统提出试样（或正样）设计任务书。

2）按全面性能考核试验大纲完成研制全面性能考核试验。

3）完成试样《全面性能考核试验的结果分析报告》，提出《鉴定性全面性能考核试验方案》。

4）提出定型阶段研制、考核试验方案和工作安排建议。

5）完成产品型号《试样研制报告》。

6）报请上级并完成审批。

正样阶段完成标志是：

1）完成正样试验，达到研制任务书要求。

2）完成正样总结和全套技术文件归档。

3）完成型号《正样研制报告》，报请上级审批。

注 1：应用卫星则由上级部门组织签订协议，规定技术指标和交付时间、数量、经济关系等。对长期工作的卫星，由上级组织验收和移交。

注2：鉴于地空导弹和海防导弹在完成初样阶段，即独立回路（自控）弹研制阶段任务后，要考核导弹与制导雷达等其他系统的协同攻击目标的性能；闭合回路（自导）弹研制阶段是提供试样，完成全武器系统的对接和打靶试验，全面检验武器系统性能的阶段，此阶段研制的产品也称试样阶段。

这一阶段的主要任务是参试产品和设备按照确定的闭合回路（自导）弹技术状态进行研制，并通过全武器系统的对接、匹配和综合试验验证武器系统总体及各分系统的主要设计指标。

地空导弹和海防导弹武器系统试样阶段，即闭合回路（自导）弹研制阶段的主要工作内容是：完成武器系统全套装备的试样设计、试制和总装调试；做好系统仿真与模拟试验和系统综合试验，检验装备对不同环境条件的适应能力；按批准的状态和大纲完成飞行试验，检验武器系统的作战、使用、维护性能；根据地面和飞行试验结果，校验武器系统的数学模型，验证导弹的杀伤空域、引导精度、杀伤概率和系统可靠性；验证武器系统的作战、使用、维护软件的功能；编制阶段研制程序计划流程图、技术文件、技术资料目录和产品配套表；确定设计鉴定批次的技术状态和补充飞行试验方案。

地空导弹和海防导弹武器系统完成闭合回路（自导）弹试验结果分析报告，上报设计鉴定批的技术状态和补充靶试方案，经评审、报批、批准后，型号研制工作转入设计鉴定阶段。

6.6 定型阶段

6.6.1 定型阶段的总体构思

定型阶段是产品型号研制的工程实施阶段的第三阶段，也是最后的一个阶段。产品型号在试样基础上进一步提高性能质量，以适应批量或大批量生产。定型阶段大幅度提高工艺、大幅度降低成本、大幅度缩短生产工期、大幅度提高生产稳定性和一致性，研制出供正式批产的一批实物样品，称这批供生产的示范检验的产品为正样。经抽检合格，产品正式研制定型、工艺定型和批生产定型。

用户使用单位必须认识到只有经过批生产这一关，具备了批生产能力和批生产的工艺能力，才能具有批生产产品质量的稳定性、一致性、可靠性和低成本，才能形成国民经济实际效能和军事实际效能。有批量生产能力才称得上空间大国。

6.6.2 定型阶段的主要工作内容

定型阶段即正样阶段，是产品型号为提高批生产能力、提高工艺、提高产品稳定性和一致性，缩短生产工期，降低成本，而在试样基础上的最后一次完善补充设计，并研制出供批生产抽验的产品即正式样机（统称正样），从而达到产品型号设计和工艺全面定型和批生产定型，接受国家或使用单位或上级鉴定、验收的阶段。

定型阶段的任务是：定型阶段是在国家或使用单位或上级批准的《研制性全面性能考核试验结果分析报告》和《鉴定性全面性能考核试验方案》之后开始，以提高批生产能力、提高工艺、提高产品稳定性一致性，缩短生产工期，降低成本为目的，设计研制出正样，并保证正样满足上述两个文件要求，使型号产品正式达到研制定型、工艺定型和批生产定型。

定型阶段主要研究工作内容是：

1）研制试样或正样，进行鉴定性全面性能考核试验。

2）整理、鉴定设计文件，并完成设计文件定型。

3）整理、鉴定工艺文件，并完成工艺文件定型。

4）鉴定专用工装、设备。

5）编制设计文件汇总表、产品技术说明书和使用文件。

6）全面评定战术技术指标。

7）参与协作的产品的定型。

8）提出产品型号的定型报告。

例如战略导弹武器鉴定性飞行试验的目的在于考核战术技术指标，考核两弹结合性能，考核武器系统协调性和操作使用性能。

试验由研制部门会同试验基地组织实施、使用部门参加（包括操作）。研制部门根据试验基地提供的记录和报告，提出试验结果分析报告和性能指标评估。

鉴定性飞行试验原则上尽可能同研制性飞行试验结合进行。

定型阶段的主要技术组织工作是：

1）组织各级定型工作机构。

2）协同上级定型机构编制定型计划。

3）组织定型文件标准化审查。

4）组织编制型号器材、工时消耗定额。

5）组织设计和工艺定型。

6）组织编制产品型号经费决算，计算产品型号成本，作出经费使用效果分析。

7）组织全部技术文件的归档。

8）组织完成产品型号任务全面结束、产品定型，接受审查的程序。

定型阶段的完成标志是：

1）研制出符合产品型号研制任务书要求的产品。

2）具备完整的技术文件。

3）可重复生产，生产质量稳定。

4）主要的配套产品、原材料、元器件定型。

5）提出型号《定型报告》，并获最终批准。

6.7　设计鉴定阶段

6.7.1　设计鉴定阶段的总体构思

鉴于地空导弹和海防导弹在完成试样阶段，即闭合回路（自导）

弹研制阶段任务后，还要继续进一步考核导弹武器系统的全面作战性能，因此定型阶段设置有设计鉴定阶段，实际上是设计定型阶段。进而还要为考核批生产能力，又需要设置生产定型阶段。这就是地空导弹和海防导弹设置设计鉴定阶段和生产定型阶段的总构思。

凡有较大批产量的地地导弹、运载火箭和卫星，以及具有攻防作战性能的上述系统，也都要参考此研制程序，形成各自的研制阶段。

6.7.2　设计鉴定阶段的主要工作

设计鉴定阶段是对型号设计的全过程通过研制正式样机进行全面性能考核、审查、鉴定和验收的阶段。

设计鉴定阶段的任务是：按批准的鉴定批技术状态和飞行试验方案研制武器系统，完成补充飞行试验。全面检验武器系统战术、技术指标和维护使用性能。

为减少发射导弹数量，鉴定性飞行试验应尽可能同闭合回路（自导）弹的飞行试验结合进行。

设计鉴定阶段的主要工作内容是：

1）研制并提供参与设计鉴定批飞行试验的装备。

2）按照批准的飞行试验方案进行补充飞行试验，主要考核引信与战斗部配合效率、导弹的杀伤概率、武器系统的可靠性和作战、使用、维护性能。

3）鉴定武器系统全部作战、使用、维护软件的功能。

4）鉴定全武器系统的数学模型。

5）编制阶段研制程序和计划流程图、技术文件、技术资料目录和产品配套表。

6）完成分系统及主要设备的技术鉴定。

7）编写《型号研制总结报告》。

8）编写《鉴定批飞行试验报告》。

9）整理全武器系统装备设计图纸、技术文件、维护使用文件，提出审查报告。

10）标准化审查报告。

11）编制研制经费的总决算，计算型号成本，作出投资分析。

设计鉴定阶段的主要组织工作内容参照 6.6.2 节定型阶段的主要组织工作内容。

设计鉴定阶段的完成标志是：完成设计鉴定主要工作后，提出武器系统设计鉴定申请报告，经评审、报批、全面审查、鉴定和验收后，做出设计定型的鉴定结论。需要进入批生产的型号则转入生产定型阶段。

6.8 生产定型阶段

6.8.1 生产定型阶段的总体构思

生产定型阶段的总体构思见 6.6.1 节定型阶段的总体构思。

6.8.2 生产定型阶段的主要工作

生产定型阶段是在完成设计鉴定阶段工作后，为提高批生产能力、提高工艺、提高产品稳定性和一致性、缩短生产工期、降低成本，而在设计鉴定正样基础上进行最后一次完善补充设计，研制出供批生产抽验的产品，即正式批生产样机，统称生产正样，从而达到产品型号设计和工艺全面定型和批生产定型，接受国家或使用单位或上级鉴定、验收的阶段。

生产定型阶段的任务是：通过小批量生产，稳定工艺，完善生产线，鉴定产品性能。

生产定型试验一般结合批抽检进行。定型的具体办法视使用方对需求量和交付时间要求具体商定。

生产定型阶段的主要工作内容是：

1）解决设计鉴定中的遗留问题。

2）按照生产规划的要求，建立与生产批量相适应的生产线，外协配套项目定点。

3）整理、完善或编制全套工艺技术文件。

4）充实、完善或设计工艺装备及专用设备。

5）进行小批量生产，考核和稳定工艺技术，解决生产技术关键。

6）编制元器件、外协配套件、原材料消耗定额和工时定额资料。

7）建立和健全批生产所必需的计划、生产、技术、物资和检验等管理办法及规章制度。

生产定型的标准是：

1）经试验和使用证明产品工作可靠、性能稳定，符合设计技术要求。

2）工艺技术文件完整、齐套、准确、协调，工装设备图实相符，符合标准化要求。

3）生产线能满足批量生产的需要，协作配套定点分布合理。

4）生产、协作配套资料和材料消耗、工时定额资料齐全，生产管理办法和规章制度健全，能有效地保证产品生产批量、质量和经济效益的要求。

生产定型阶段的主要组织工作内容参照 6.6.2 节定型阶段的主要工作内容。

生产定型阶段完成标志是：

1）研制出符合产品型号研制任务书且达到批产要求与能力的产品。

2）具备完整的技术生产文件。

3）质量稳定，可批量生产。

4）主要的配套产品、原材料、元器件定型。

5）提出型号《定型报告》，并获最终批准。

6.9　型号研制参考程序

本节中，列出弹道导弹、卫星和防空海防型号研制的参考程序，以供参考。

6.9.1　弹道导弹研制参考程序

任务下达程序和阶段划分及每个阶段与节点的主要工作和完成标志分述如下：

1）规划阶段。

规划阶段的主要工作内容是武器系统规划装备规划基础性预研。

规划阶段的完成标志是预研成果通过鉴定验收。

2）国家下达型号可行性论证任务。

3）可行性论证阶段。

使用部门的主要工作内容是提出使用要求，包括：

a）型号必要性，军用作战使命。

b）战术技术初步指标。

c）装备编制方案，列装数量。

d）经费与工期等。

研制部门的主要工作内容是：

a）指标可行性论证，提出可供选择的方案设想和主要技术途径，对比选优。

b）选定并开展工程研制前必须突破的支撑性课题和关键技术预先研究；提出拟采用的新技术、新材料、新工艺和解决途径。

c）提出需增添的新设施、新设备和需国家解决的重大问题。

d）指定或任命技术、管理总负责人，组织骨干队伍。

e）提出经费概算、研制工期和研制程序计划流程图。

研制部门工作完成的标志是：完成型号研制可行性论证报告，附型号研制任务书草案。呈上报批型号可行性论证报告和型号研制任务书（草稿）。

4）可行性论证阶段最终给出——型号可行性论证报告，呈上报批型号研制任务书草案。

5）国家下达型号研制任务。

6）方案阶段。

方案阶段的主要工作内容包括：

a）方案论证、设计，原理试验。

b）任命总设计师、行政指挥、总经济师。

方案阶段完成的标志是：完成型号方案报告；提出初样设计任务书；原理模型；模样弹。

7）初样阶段。

初样阶段的主要工作内容包括：

a）初样设计、试制、试验。

b）完善或调整各级指挥、设计师、经济师系统。

c）核定初样工时、材料定额，核定初样成本。

初样阶段的完成标志是：完成型号初样研制报告；提出试样设计任务书；提出试样技术、计划和实物配套表；全尺寸工程样机，结构弹，振动弹。

8）试样阶段。

试样阶段的主要工作内容包括：

a）试样设计、生产、试验。

b）飞行试验。

c）核定试样工时，材料定额，核定试样成本价格。

试样阶段的完成标志是：完成飞行试验结果分析报告；飞行试验样机；遥测弹。

9）定型阶段。

定型阶段的主要工作内容包括：

a）设计定型。

b）工艺定型。

c) 组成型号定型工作机构。

d) 鉴定试验。

定型阶段的完成标志是：完成型号定型报告；武器系统。

10) 最终给出——型号定型报告。

11) 国家批准定型。

12) 小批生产。

6.9.2　卫星研制参考程序

任务下达程序和阶段划分及每个阶段与节点的主要工作和完成标志分述如下：

1) 规划阶段。

规划阶段的主要工作内容是：空间技术规划基础性预研。

规划阶段的完成标志是：预研成果通过鉴定验收。

2) 国家下达型号可行性论证任务。

3) 可行性论证阶段。

使用部门的主要工作内容是提出使用要求，包括：

a) 型号必要性、民用或军用使命。

b) 战术技术初步指标。

c) 数量。

d) 经费与周期等。

研制部门的主要工作内容包括：

a) 指标可行性论证，提出可供选择的方案设想和主要技术途径，对比选优。

b) 选定并开展工程研制前必须突破的支撑性课题和关键技术预先研究；提出拟采用的新技术、新材料、新工艺和解决途径。

c) 提出需增添的新设施、新设备和需国家解决的重大问题。

d) 指定或任命技术、管理总负责人，组织骨干队伍。

e) 提出经费概算、研制周期和研制程序计划流程图。

研制部门的完成标志是：完成型号研制可行性论证报告，呈上报批型号研制任务书草案。

4）可行性论证阶段最终给出——型号可行性论证报告，呈上报批型号研制任务书草案。

5）国家下达型号研制任务。

6）总体方案阶段。

总体方案阶段的主要工作内容包括：

a）方案论证、设计，原理试验。

b）任命总设计师、行政指挥、总经济师。

总体方案阶段的完成标志是：完成型号方案报告；提出分系统设计任务书；原理模型；模样星。

7）初样阶段。

初样阶段的主要工作内容包括：

a）初样设计、试制、试验。

b）完善或调整各级设计师、指挥、经济师系统。

c）核定初样工时、材料定额，核定初样成本。

d）大总体协调，大系统联合试验。

初样阶段的完成标志是：完成型号初样研制报告；修订分系统设计任务书；全尺寸工程样机；结构星，温控星，电性星，串联星。

8）试样阶段。

试样阶段的主要工作内容包括：

a）试样设计、生产、试验。

b）飞行试验，运行工作。

c）核定试样工时，材料定额，核定试样成本价格。

d）发射、测控、信息处理、应用。

试样阶段的完成标志是：完成型号正样报告；完成技术总结，提出改进建议；飞行试验样机；发射星。

9）定型阶段。有的卫星研制的工程阶段含有定型阶段，有的卫星研制的工程阶段不含有定型阶段；有的卫星研制工程阶段还有应用改进阶段。

定型阶段的主要工作内容包括：

a）设计定型。

b）工艺定型。

c）组成型号定型工作机构。

d）鉴定试验。

定型阶段的完成标志是：完成型号定型报告。

10）应用改进阶段。

应用改进阶段的主要工作内容包括：改善性能，扩大应用（内容同正样阶段）；对处于长期运转状态的卫星，上级组织验收，并移交管理部门。

应用改进阶段的完成标志是：发射星。

11）最终给出——型号正样研制报告或型号定型报告。

12）国家审批或国家批准定型。

13）小批生产阶段或应用改进阶段（部分卫星研制程序无此阶段）。

6.9.3　防空海防型号研制参考程序

任务下达程序和阶段划分及每个阶段与节点的主要工作和完成标志分述如下：

1）规划阶段。

规划阶段的主要工作内容是：武器系统规划、装备规划基础性预研。

规划阶段的完成标志是：预研成果通过鉴定验收。

2）国家下达型号可行性论证任务。

3）可行性论证阶段。

使用部门的主要工作内容是提出使用要求，包括：

a）型号必要性、作战使命。

b）战术技术初步指标。

c）装备编制方案，列装数量。

d）经费与周期等。

研制部门的主要工作内容是：

a）指标可行性论证，提出可供选择的方案设想和主要技术途径，对比选优。

b）选定并开展工程研制前必须突破的支撑性课题和关键技术预先研究；提出拟采用的新技术、新材料、新工艺和解决途径。

c）提出需增添的新设施、新设备和需国家解决的重大问题。

d）指定或任命技术、管理总负责人，组织骨干队伍。

e）提出经费概算、研制周期和研制程序计划流程图。

研制部门的完成标志是：完成型号研制可行性论证报告，呈上报批型号研制任务书草案。

4）可行性论证阶段之最终给出——型号可行性论证报告，呈上报批型号研制任务书草案。

5）国家下达型号研制任务。

6）方案阶段。

方案阶段的主要工作内容包括：

a）任命总设计师、行政指挥、总经济师。

b）方案论证、设计，原理试验；确定武器和系统方案。

c）确定分系统的技术方案和技术指标，提出导弹、制导站发控系统及其他地面设备等配套研制任务书。

d）确定型号研制的批次状态，协调各系统在不同研制阶段的试验要求，统筹规划仿真试验、综合试验、飞行试验、贮存试验和各种大型试验。提出对靶标研制、靶场试验设施建设和检测计量手段的要求。

e）提出型号研制中的关键技术、关键工艺项目和要求采取的措施。

f）提出需引进技术、设备、关键元器件的要求，并落实解决途径。

g）确定型号研制周期，编制型号研制程序计划流程图。

h）编制型号研制经费概算。

方案阶段的完成标志是：完成《型号研制方案报告》和提出各系统研制任务书。

7）独立回路（自控）弹阶段。

独立回路（自控）弹阶段的主要工作内容包括：

a）完成独立回路（自控）弹的设计和试制。

b）完成独立回路（自控）弹的综合试验和飞行试验，鉴定导弹气动特性、结构强度、动力系统和操纵系统的性能。

c）编制阶段研制程序网络图、系统配套表、技术文件和技术资料目录。

d）完成弹上控制仪、引信、末制导头、战斗部、弹上电器设备、地面制导站、发射装置及发控系统和其他地面设备的初样研制。

e）完善或调整各级设计师、指挥、经济师系统。

f）核定初样工时、材料定额，核定初样成本。

独立回路（自控）弹阶段的完成标志是：完成各系统《初样研制报告》和《独立回路（自控）弹的飞行试验报告》；提出闭合回路（自控）弹研制任务书、试验方案。

8）闭合回路（自导）弹阶段。

闭合回路（自导）弹阶段的主要工作内容包括：

a）完成武器系统全套装备的试样设计、试制和总装调试。

b）做好系统仿真模拟试验和系统综合试验。

c）完成闭合回路（自导）弹的飞行试验。

d）校验武器系统数学模型。

e）验证武器系统的全部（作战、使用、维护）软件的功能。

f）编制阶段研制程序网络图、技术文件、技术资料目录和产品配套表。

闭合回路（自导）弹阶段的完成标志是：《闭合回路（自导）弹试验结果分析报告》；上报武器系统鉴定批的技术状态和飞行试验方案；闭合回路（自导）弹阶段最终报批武器系统鉴定批技术状态和

鉴定性飞行试验方案；国家批准武器系统鉴定批技术状态和飞行试验方案。

9）设计鉴定阶段。

设计鉴定阶段的主要工作内容包括：

a）研制并提供参与设计鉴定批飞行试验的装备。

b）按照批准的飞行试验方案，进行飞行试验。

c）完成各分系统及主要设备的技术鉴定。

d）编写《型号研制总结报告》。

e）编写《鉴定批飞行试验报告》。

f）整理全武器系统装备的设计图纸、技术文件和使用、维护文件及其审查报告。

g）标准化审查报告。

h）编制研制经费的总决算，计算型号成本，核定工时、材料定额，作出投资分析。

设计鉴定阶段的完成标志是：完成《设计鉴定报告》。

10）最终给出——型号设计定型报告。

11）国家批准设计定型。

12）生产定型阶段。

生产定型阶段的主要工作内容包括：

a）解决设计鉴定中的遗留问题。

b）建立生产线、外协项目定点。

c）完善或编制全套工艺技术文件。

d）进行小批量生产，产品质量稳定交付使用。

e）审查武器装备生产定型报告。

生产定型阶段的完成标志是：完成武器装备生产定型报告；武器系统。

13）最终给出——型号生产定型报告。

14）国家批准生产定型。

以上所阐述的研制程序是产品型号的总规范。就每一项具体的产品型号而言，应以此为参考依据，结合自己的特定情况，编制出详细研制程序，以统一研制队伍全体人员的思想和行动。详细研制程序，也是后面将介绍的计划协调技术的计划流程图的基础。

为了避免管理上的混乱，特规定：预先研究的产品称为原理样机、试验样机、正式样机，在后缀上用"机"字；型号研制中的产品，在方案制定和方案验证阶段做的那些必要的产品叫做模样，在初步设计中研制的产品叫初样，在技术设计中完成的产品叫试样，在正式定型生产的产品叫正样，在后缀上用"样"字。

6.10　分系统研制程序与总体研制程序的关系

以上所论述的型号产品研制程序是从型号产品系统工程总体顶层的全局视角所作的研制阶段划分。而对于每个分系统，它们也有自己的研制程序与阶段划分。它们和产品系统工程总的研制程序在时间上不是完全一致的。例如导弹的研制程序中，发动机和电子设备都有自己的阶段划分和研制程序。但是，它们都必须统一到产品型号系统工程总的研制程序中去，不得违反总的研制程序。

对于重大的支撑性关键分系统的研制程序，其每个阶段的完成日期，往往要求有意识地超前于产品型号系统工程总研制程序中相应阶段的完成日期，有的甚至超前了一个研制阶段。例如，发动机分系统的样机应当先走一步，即只有在发动机进入试样阶段末期，产品型号总的方案设计阶段才能结束。这样做，是为了避免产品型号支撑性关键技术没有突破而研制力量过早全面展开，陷入旷日持久的疲劳消耗局面。

6.11　风险

总的研制程序只能按照顺序依次进行，不能违反。然而实际情况是很复杂的。例如，如果某一分系统拖了进度，是让别的分系都等待呢？还是让别的分系统先往下做？又例如，由于某种急需，产品研制工期已规定了，完成时间又定得非常短，要求很快做出来。有条件的分系统是否可提前全面展开，即比当前所处总的研制阶段提早全面展开呢？对于诸如此类情况，若严格按程序来办，上述分系统都不得继续往下进行；不按上述程序办，就是冒"风险"。冒了风险，若最终成功，当然可能缩短工期，但若不顺利就会陷入旷日持久的疲劳消耗战。所以，这是总体设计人员，特别是总设计师要很好地分析权衡。从实践情况看，这种风险不能冒太大。该完成的任务要基本完成才行。以作者的经验给个量化的概念来说，即工作量有百分之九十几已完成了，技术难关也已有九成以上突破了，才能冒险做此类超越程序的事。

第 7 章 飞行试验

7.1 总则

在型号研制阶段中飞行试验有其独特地位,本章论述的是研制部门在型号飞行试验期间的工作,以及协同研制部门的试验基地、测控台站、使用部门等所应完成的有关工作。本章侧重于论述战略地地弹道导弹、潜地弹道导弹、运载火箭的研制性、定型性、批抽检性飞行试验和卫星的发射。防空、海防等战术型号飞行试验,以及其他大型试验可以参照执行。

型号飞行试验工作,必须以试验大纲为依据,贯彻执行"严肃认真,周到细致,稳妥可靠,万无一失"的原则,坚持"质量第一"的方针,严格执行岗位责任制,充分发挥型号设计师和调度指挥两个系统的作用,做到统一思想、统一组织、统一计划、统一指挥、统一行动,确保产品质量,确保安全可靠。

7.2 试验组织领导

(1)试验性质与组织领导

根据试验目的,产品型号的飞行试验可分为:导弹、运载火箭研制性飞行试验,导弹定型鉴定性飞行试验,导弹批抽检性飞行试验,卫星研制性飞行试验等。

导弹、运载火箭研制性飞行试验的目的是:检验设计方案、产品质量和分系统之间的协调性,结合飞行试验进行专题研究。

导弹定型鉴定性飞行试验的目的是:考核战术技术指标、两弹结合性能，考核武器系统协调性和操作使用性能。

导弹批抽检性飞行试验的目的是：按产品验收条件，检验批生产的导弹武器系统质量。

卫星研制性飞行试验的目的是：全面检验设计方案、工艺质量、大总体的协调性和卫星的空间运行性能（包括有效载荷和服务舱的工作性能），以及卫星的发射、运行管理（包括返回型卫星的返回）。

飞行试验在试验指挥部领导下，由有关参试单位组成技术协调小组和专业小组等，实施工作计划和技术协调。

飞行试验联合实施的形式是：按不同飞行试验的试验性质，研制生产部门同试验基地、测控台站、业务台站，使用部门等，采取主从不同的联合形式。

（2）试验工作队

型号研制单位派往发射场（首区）、末区、测控中心和台站、回收区、业务台站等，执行试验任务的代表是试验工作队。试验工作队由型号抓总单位负责组织，各研制单位派人参加组成，实行队长负责制。

试验工作队在执行研制性和定型鉴定性飞行试验任务时的主要职责是：

1）向试验基地移交参试产品，介绍情况，进行技术交底。

2）确保产品质量，处理产品技术问题。

3）承担技术"保驾"任务，或按照与试验基地、测控台站商定的分工，承担部分或全部产品的测试操作等任务。

4）组织型号研制部门内部的技术协调、分工协作、计划调度、产品配套、人员定岗、质量控制等工作，进行思想政治工作和后勤保障工作。

5）参与制订试验实施工作计划，参加试验工作协调。

6）完成试验结果初步分析。

7）组织参试产品和人员的进场和撤离。

8）向派出单位和试验指挥部（或领导小组）报告、请示工作。

试验工作队在执行批抽检飞行试验任务时的主要职责是：

1）确保产品质量，移交参试产品；

2）介绍情况，协助使用部门处理产品技术问题；

3）协助使用部门对个别产品进行分解、装配工作；

4）组织研制部门各单位的协调；

5）参加飞行试验结果分析；

6）组织产品、人员的进场和撤离等。

试验工作队在参加应用卫星发射任务时的主要职责是：

1）负责产品移交；

2）处理产品技术问题；

3）进行技术"保驾"，或负责产品、设备的测试操作；

4）参加结果分析；

5）组织产品、人员的进场和撤离等。

7.3 试验工作程序

导弹和运载火箭飞行试验，可分为试验准备、测试发射、试验总结 3 个阶段。卫星飞行试验，可分为试验准备、测试发射，运行管理（包括返回型卫星的返回）、试验总结 4 个阶段。

（1）试验准备阶段

试验准备阶段是型号飞行试验工作的基础，必须做好试验场使用文件、参试产品、技术和组织准备。主要工作有：

1）型号产品生产。

2）试验场专用地面设备生产。

3）制定遥测、外测、遥控、合练和飞行试验大纲，编写试验场使用文件。

4）配合试验基地进行专用地面设备检修、更新、检定等试验准备，落实试验协同工作。

5）组成试验工作队。

6）参试产品出厂、人员进场。

7）配合基地（或使用部队）完成现场合练和训练。

导弹、运载火箭进入试样阶段、卫星进入正样阶段时，各设计单位应根据试验实施需要编制产品配套表、地面设备配套表、工具和备附件配套表、试验场使用文件配套表，并送分系统技术抓总单位归纳后，由总体设计部（所）负责汇总编写各种汇总表，于型号进场前提供给试验基地。

型号批抽检飞行试验按批抽检技术文件规定的产品配套表、工具和备附件配套表、使用文件配套表执行，由研制单位提前提供使用部门和试验基地。

型号试验大纲是组织实施试验和试验结果评定的基本依据。试验大纲由总体设计部（所）编写，征求试验基地意见，经总设计师批准，于型号进场前报上级审定，下达试验基地和有关单位。其中，定型试验大纲需征求使用部门意见，批抽检试验大纲需与使用部门和试验基地会签。

型号产品出厂前应完成下列工作：

1）完成设计文件规定的产品装配、检查、测试项目；产品技术状态和质量符合设计要求，产品履历书签署完整。

2）产品配套齐全，在装配、测试中发生的故障和疑点均应记录在案，必须解决和排除。特殊情况不能在出厂前解决的，必须有妥善措施，并通过批准。

3）产品装配、检查、测试工艺原始记录，设计签发临时性技术文件，配套产品验收、移交记录文件，试验测试卡片等整理齐全。

4）在靶场合练或历次飞行试验中反馈的有关本产品的各种问题，必须得到妥善解决或有稳妥的处置措施。

5）隶属配套产品的履历书、合格证归类齐全。

6）完成产品装运准备。

7）批生产抽检飞行试验产品，须经军代表验收签字。

在试验场合练期间，单位之间遇有个别工作分工不明的问题，按试验工作队队长的协调决定执行。合练工作结束，由试验工作队编写出分工细节文件，上报批准后，提供给正式产品飞行试验时使用。正式产品进场后，如出现新的工作分工问题，按试验工作队队长的决定执行。

完成试验准备工作后，由型号抓总单位提出型号产品出厂报告，经上级批准后，组织产品出厂和试验工作队进场。

完成试验准备阶段工作的标准是：

1) 产品符合出厂技术要求；

2) 技术文件、专用工具、备附件配套齐全；

3) 试验（测试）基地专用地面设备状态良好；

4) 试验工作队组织完毕；

5) 后勤物资备齐。

（2）测试发射阶段

测试发射阶段，自参试产品、试验工作队进入试验基地开始。在试验指挥部领导下，会同试验基地（或使用部队）完成的主要工作有：

1) 组成阵地技术协调小组、专业小组，岗位人员定岗。

2) 参试产品及履历书、合格证的移交。

3) 技术交底，介绍产品情况。

4) 制订试验工作计划，并组织实施。

5) 拟制附加试验技术文件，并参与实施。

6) 技术阵地单元测试、装配、分系统测试和综合测试。

7) 确定发射预案、安全预案和应急措施，选择发射窗口。

8) 产品转场。

9) 发射阵地测试、检查。

10) 推进剂化验、加注。

11) 发射。

12) 批抽检飞行试验产品应严格按照产品验收条件和试验大纲进行测试、发射。

（3）运行管理（包括返回型卫星返回）阶段

卫星运行管理阶段，自卫星入轨至卫星进入正常工作状态（或返回型卫星返回）为止。在测控指挥部领导下，会同测控中心（台站）完成的主要工作有：

1）组成飞行控制小组，岗位人员定岗。

2）复审测控方案，进行技术协调。

3）事故预想，制定故障对策。

4）制定测控工作计划，并组织实施。

5）接续完成运载器主动段的跟踪、测控。

6）进行数据分析，对故障做出模拟试验、分析、判断和处理。

7）提出移交使用部门的建议。

8）返回型卫星的返回。

9）长寿命应用卫星交付使用部门管理后，技术抓总单位应定期或不定期了解卫星工作情况，并根据合同（或移交协议）规定，处理有关技术问题。

上述有关技术组织准备工作，在本阶段开始前即已开展。

（4）试验总结阶段

试验总结阶段，从导弹、运载火箭飞行试验或卫星进入正常工作状态（或返回型卫星返回）后进行，主要工作有：

1）飞行试验结果初步分析。

2）试验工作队现场总结。

3）回收、回交参试产品。

4）参加试验基地组织的有关运载火箭（或导弹）的残骸和导弹弹头及卫星返回舱的搜索回收、分析，以及落点坐标、散布范围的测定工作。

5）组织撤离现场。

6）提出飞行试验结果分析报告。报告分两步，第一步，试验工作队参加由试验基地组织的飞行试验结果分析，作出本次飞行试验的初步评定。第二步，在接到飞行试验结果的数据处理报告（包括胶片、纸带、磁带、磁记录器、存储器等原始记录复制件）后，由各分系统研制单位完成本分系统的分析，并将分析结果送总体设计部。由总体设计部完成型号飞行试验结果分析报告，以技术报告形式上报，抄送有关单位。

7）在批（组）次性飞行试验后，各研制单位分别进行试验结果的综合分析工作，写出综合分析报告，上报并抄送有关单位。报告内容包括：飞行试验概况、统计分析、达到的战术技术指标情况和综合评定意见。

7.4 岗位责任

设计师系统在研制性、定型鉴定性飞行试验工作中的主要职责是：

1）负责或参加试验大纲的修订，确定附加试验的增减。根据试验大纲修订内容的性质和重要程度，必要时报告原试验大纲审定机关。

2）审定试验场使用文件的修改，审定在现场拟制的一次性使用文件。

3）负责处理、协调和决定参试产品在试验、使用过程中的技术问题。

4）协同指挥调度系统制定试验工作计划和流程，及时处理技术问题，保证计划的实施。

5）提出型号试验的技术保障要求。参与确定试验基地临时性改建措施和设备调配使用方案，处理试验基地设施与型号试验有关的技术协调。

6）进行飞行试验结果分析，对参试产品做出结论。

设计师系统在批抽检性飞行试验工作中的主要职责是：

1）参与批抽检试验大纲的修订；

2）了解产品参试情况；

3）参与产品技术问题的处理和试验的有关技术协调；

4）参加飞行试验结果分析、鉴定等。

设计师系统在应用卫星发射、运行管理和回收工作中的主要职责是：

1）负责或参加试验大纲的修订；

2）负责产品技术问题的处理；

3）参与有关技术协调，参加测控数据分析，处理或解决运行中的技术问题；

4）参加试验结果分析，对产品做出初步结论等。

试验的所有操作实行岗位责任制，定人员、定设备、定岗位、定职责、定协同关系。主要包括如下 4 方面。

1）单岗监督制：用于非操作岗位，并派岗监督。

2）双岗定位制：用于重要性操作，试验基地（或使用部队）担任一岗操作，试验工作队担任二岗技术"保驾"。

3）三岗定位制：用于关键性操作，加派三岗到位把关。

4）安全岗位制：产品重要部位，设立安全岗，进行特殊管理。

7.5　质量控制

产品质量控制和管理以预防为主，消除隐患，杜绝重复故障，做到型号不带故障出厂、不带疑点转场、不带隐患上天，确保试验成功。

试验工作队设质量管理人员负责组织产品装配、测试操作等检验工作；分系统设质量管理人员负责填写质量卡片，进行分析、反馈和贮存。

在试验现场，各项试验操作，必须遵守工艺规程和操作守则，严格贯彻岗位责任制，认真执行"三到位"（操作、检验、设计同在岗位）、"三检制"（自检、互检、专检）、"留名制"等质量管理制度和规定。

　　操作者应填写检查、测试记录，对检查测试结果做出结论，并由试验工作队专业技术负责人同试验基地（或使用部队）、台站人员共同签字。出现故障时，在技术协调小组组织下，经分析研究、妥善处理后，方可继续实施试验。故障现象、性质、原因、分析排除的方法、采取的措施等均应整理登记。

第8章 设计师系统和行政指挥系统

8.1 设计师系统的职责与使命

一个产品型号有总体设计队伍又有分系统设计队伍，由于是跨建制的关系，因此，为了保证总的设计意图的贯彻，便任命产品型号的各级设计师，组成跨建制的产品型号设计师系统。他们在各级行政和党委领导下，负责产品型号研制的设计、技术决策和技术协调工作。

产品型号设计师系统由总设计师、主任设计师、主管设计师组成，每级设计师均由上一级任命。一般设计技术人员，没有跨建制的技术协调工作，就不再任命。各级设计师的副职由正职提名，报同级正职任命部门批准或任命。

产品型号设总体设计师，分系统设主任设计师，再下一层——单机或部件——设主管设计师。

设计师系统是型号设计技术工作的组织者、指挥者，技术问题的决策者。总设计师是型号研制任务的技术总负责人，主任设计师是分系统的技术负责人，主管设计师是单项仪器、设备、课题的技术负责人。

总体的设计意图是由整套技术指标体系及其任务书来体现的。

8.2 总体部设置

总体部是一个大类产品型号系统工程的总体设计机构，是该大类产品型号总设计师们的所在单位，也是该大类产品型号总体设计人员们所在的单位。

就一项具体产品型号而言，总体部也是总设计师领导从事系统工程总体设计和研究论证技术指标体系并将其层层分解和综合的技术联络与办事机构。分系统的总体室则是主任设计师的分系统技术指标体系的研究论证机构，同时也是相应的任务分解和综合的技术联络与办事机构。

为了能从行政上提高系统工程总体工作的集中与决策作用力度，由于正职比副职行政隶属层次上高一级，则正职——总设计师和主任设计师，分别设在总体部的上一级机构如研究院、分系统总体室的上一级机构如研究所，同时，这两层机构分别设第一副总设计师、第一副主任设计师，以协助正职设计师处理日常技术工作。

型号总体设计单位是总设计师的技术抓总机构，负责总体协调工作。科技管理部门（或专门设立的总设计师办公室）是总设计师的办事机构，负责日常工作。

8.3　设计师人选

设计师一般由各单位的行政副职技术领导人担任为好，使院长、所长、厂长这样的正职技术领导人可以对各自单位实施全面的技术领导，特别是考虑长远建设、预先研究、内部学术交流等。这样，这些设计师就是所在单位技术一把手——掌管单一产品型号设计工作的代理人，是所在单位对该型号产品的技术负责人。他们受上级设计师与所在单位正职的双重领导。

在技术业务指挥与决策上发生矛盾时，按下面三条原则处理执行：

1）属于为了实现上级产品设计方案，或满足上级设计师技术要求方面的问题，下级设计师向上级设计师负责，由上级设计师最终决定。

2）属于运用本研制单位专业范围内的知识技能来满足产品技术

要求的问题，设计师向所在单位的领导负责，由所在单位领导最终决定。

3）设计师与所在研制单位领导遇有分歧，应协商一致，如不能解决，可向上一级设计师反映，提请上级设计师和行政领导共同裁决。

8.4　设计师职责

各级设计师有 10 条基本职责：

1）制定产品方案。组织分析论证，统一设计指导思想，贯彻标准化、系列化、通用化原则，选择技术途径，制定符合任务书要求的设计优化方案；并在研制过程中予以验证完善，以保证圆满实现产品方案。

2）组织产品设计。签发所属产品设计任务书，组织设计与技术协调，组织、参与技术攻关，审定产品技术状态，审批设计文件，提出阶段工作报告，组织设计文件整理归档。在审批设计时，特别要严格审查设计中选用原材料、元器件的合理性、国产化，并最大限度减少其品种、规格和非标准件。

3）配合产品试制。参与选定承制厂、组织向工厂介绍产品设计情况，协助工厂进行工艺准备，配合进行图纸工艺审查，组织设计人员下厂处理有关设计的技术问题，给出产品质量鉴定和验收的技术结论。

4）组织参与实验。组织产品大型试验技术方案论证，进行试验方案优化和技术经济效果分析，提出地面试验、飞行试验方案和试验大纲，以及对靶场的建设要求；组织、参与试验，处理试验中有关技术问题，分析试验结果，提出试验总结报告。

5）组织、参与设计鉴定定型。组织产品图纸和技术文件的定型，拟制和签发全型号、分系统、单项仪器的设备、课题定型报告，处理产品定型中有关技术问题。组织、参与产品鉴定、定型工作，提出产品鉴定、定型报告。

6) 保证研制质量。组织开展可靠性设计，分配和落实可靠性指标；贯彻执行设计评审和各项质量管理制度；对产品进行质量分析，做出可靠性评价，及时解决设计质量问题，组织积累原始数据，对产品进行质量分析，做出可靠性评价；配合行政指挥系统，进行全面质量管理工作。

7) 协调编制与实施研制计划。提出产品研制程序，协同指挥调度系统编制型号研制计划和计划流程图，及时处理技术问题，监督、检查和保证研制计划实施。

8) 协同实施经济核算。组织设计人员参与提供产品试制，试验经费的估算资料，协同产品会计师组织编制研制经费的估算、概算、预算和研制经费分配方案，监督经费使用，参与经费决算及产品成本计算。

9) 提出保障要求。组织有关重大设备、设施和外协项目的论证、审查，提出保障要求。

10) 提出人事建议。推荐下属设计师人选，考核下属设计人员，提出奖惩意见。

8.5　设计师与指挥、调度系统的协同

在产品型号研制阶段，设计师们夜以继日地考虑所承担的型号，叫做"24 小时想问题"。他们的主要精力都用于设计技术方面。然而要研制出一项产品型号，需要组织方方面面人员的集体劳动，因此必须建立强有力的指挥和调度系统，并把研制出一个产品型号的重担交给能指挥调度全局的行政领导。为此，需要相应地任命总指挥、指挥。各级机关设专职或兼职调度——称为型号调度，协助所在单位的行政领导和设计师完成技术协调和计划协调工作。所谓专职，就是他专门负责主管这一项产品型号，而不管别的产品型号。一个产品型号上下左右的专职调度（型号调度）是构成联络网的。上一

级机关的调度还协助设计师协调和处理该设计师难以协调处理的或不便协调处理的设计技术和非设计技术问题。

和总体技术人员一样，从事大系统工程总体的专职调度人员与从事分系统工程一级的专职调度人员在大学毕业后，还要在实践中学习与培养，熟悉专业技术和管理技术，才能胜任。

各级设计师和所在单位的计划调度部门的协同关系是什么呢？各级设计师在本单位行政的组织领导下，密切协同计划部门、型号调度，全面完成产品型号的研制计划。具体内容包括：

1）根据产品研制程序，各级设计师协同型号调度，组织编制产品研制计划流程图。这是专题作业计划，往往是跨年度的。这个计划将被逐级上报给计划部门和上级设计师，作为编制年度计划的依据。

2）由于一个单位存在多项型号产品，便有多项目的计划综合平衡问题。年度计划经上级综合平衡后下达，各级设计师则协同计划部门和型号调度，调整产品研制计划。

3）在计划实施中，各级设计师除负责完成主管产品的设计与技术协调工作外，还协同计划调度部门检查研制计划执行情况。参加调度会议，反映研制工作的进展与问题，提出措施和建议。

总之，各级设计师要密切协同行政指挥调度系统，全面完成型号研制计划。

8.6 设计师与工艺师的关系

在设计所与试制工厂分别为两个单位的情况下，在产品试制过程中设计师与工厂工艺师之间按设计与工艺来分工。凡属设计性质的质量问题，由设计师负责处理；属工艺性质的质量问题由工艺师负责处理。分不清工作性质的，双方协商，共同解决。若遇有分歧，同时提请各自的上级共同裁决，工厂的上级为总工程师，设计师的上级则为上级设计师。

产品定型后，设计单位已向工厂设计科（室）移交设计权的产品，批生产中不影响产品性能的超差代料，提高产品质量、降低成本的工艺改进，由总工程师负责处理，同时报主管设计师备案；可能影响产品性能的问题，需由设计师系统处理。设计单位未向工厂设计科（室）移交设计权的产品，批生产中的全部设计技术问题，仍由产品设计师及其所在单位负责。

8.7　设计师需正确处理的七个关系

各级设计师在设计中必须正确处理好以下七个关系。

（1）局部与全局的关系

产品型号研制工作的全局就是实现产品型号的总体方案。它是以设计任务书的形式逐级提出的，这就是全局。各级设计师都要顾全这个大局，局部服从全局，努力促成其实现。

当然，在拟定总体和各级产品设计方案时，在处理重大设计问题时，都须邀请作为局部的有关设计单位的设计人员参加，在充分分析论证的基础上，由该级设计师做出结论。决定一经做出，写入文件，各方必须坚决贯彻执行。

（2）先进性与合理性的关系

各级设计师都要处理好型号系统性能先进性和各局部指标合理性的关系。在满足设计任务书要求的前提下，尽量采用先进的系统和成熟技术以及已定型的产品（含原材料、元器件），不片面追求局部指标和技术的先进性。

（3）技术改进与技术冻结的关系

产品研制是一个反复研究、设计、试制、试验，逐步改进设计、工艺，不断完善方案，使产品状态趋于协调稳定的过程。

各级设计师应遵循产品型号的研制程序，在各研制阶段内完成规定的任务。未完成阶段研制任务的产品型号，不得转入下一阶段。

已经确定的总体与分系统，分系统与部、组件的接口参数不得任意变动。确需变动的，应当逐级办理报批手续或签订协议书。

上一阶段已通过总体验证可行的技术状态，本阶段一般应予以冻结。试样阶段经全面性试验已达到设计指标的产品，一般应冻结技术状态。产品在定型阶段后，其技术状态不允许再进行更改。定型阶段为提高可靠性、改进操作性能所必需的更改，或因元器件、原材料供应中断及其他原因必须更改时，均按批准权限提高一级审定。

新技术成果的采用，如可能引起产品设计方案、指标或重大技术状态的改变，应在改型或新型号中予以考虑。

曾有过这样的教训：一个型号快定型了，这时大家又有了新的技术成果，纷纷要求改进提高，采用了所谓的"十大改进"等。结果所花工期几乎和新研制一个型号差不多！长此下去，会变成永不定型了。

（4）设计与工艺的关系

设计单位与生产单位应紧密配合，共同保证设计方案的实现。各级设计师要充分注意产品设计中所提出的工艺要求的先进性、合理性、经济性；尽可能减免因工艺、操作上的问题使产品性能下降或失效。生产单位必须按照设计要求组织生产，从工艺技术上保障产品完全符合设计要求。对于设计中考虑不周或难以实现的工艺要求，工艺师可以提出修改设计的意见，与设计师共同研究解决。工艺师与设计师发生分歧时，由工厂总工程师提请上级设计师研究决定。

设计与工艺的矛盾中，主要矛盾是设计，设计要想尽一切可能降低工艺要求，这是总原则。

（5）研制进度与产品质量的关系

各级设计师应按规定的质量和进度完成产品任务，要坚持质量第一，反对违背研制程序、片面追求进度，又要防止单纯追求新技术和试验数量，贻误研制进度。

在质量和进度发生矛盾时，首先服从规定的质量要求。进度所受的影响，应在改善组织管理中弥补。

对于质量低劣的设计文件，承制厂或收文单位有权拒收；对于质量低劣的产品，各级设计师有权拒绝验收。

（6）试验工作中的若干关系

产品试验应在理论指导下进行，既要做充分，又要注意节约。试验前应拟订试验方案和试验大纲。大型试验方案必须经过充分论证和审批。每次试验都必须对全部数据进行处理，提出结果分析总体报告。

试验工作应在理论分析的指导下进行，遵循先数学模拟后实物模拟，先局部试验后综合试验，先地面试验后上天试验，由简到繁、循序渐进的原则。各阶段试验出现的问题和疑点都要在本阶段解决，未经解决不得进入下阶段试验。

无论试验成功与否，一律都要对试验过程中发生的不正常现象的所有记录数据中的不正常数据进行技术归零，求得科学解释，采取永不再次发生的技术解决措施和管理制度上的保证。

（7）技术民主与集中的关系

各级设计师在工作中应当发扬技术民主。拟定总体和各级产品设计方案、处理重大设计问题，均应请有关单位参加，共同进行分析论证。在此基础上，有权对协调不一致的技术问题做出决定。下级设计师在处理接口及指标分配等问题时，应当服从上级设计师的决定，不得各行其是。

设计师对其设计中的问题和变更，都应无保留地向上一级设计师及时报告或备案。

8.8 指挥调度与计划协调技术

计划协调技术是系统工程的计划编制、协调和调度的科学方法，是搞好计划的协调及编制、搞好计划的实施及指挥调度的组织管理技术。它把一项任务细分成一件件工作，然后按网络形式把每件工作的起止瞬时按时间顺序先后衔接起来，通过对每件工作完成工期的估算，预先计算出整个任务的完成日期及在此日期完成的可能性，以及直接决定任务进度的各件紧急工作；进而把计算得出的任务在每个单位时间里对人财物资源的需要量与实际可能提供的量进行比较，通过调整技术方案和人财物的组织安排，使任务的需要和实际可能不断平衡协调，寻得最优计划。一旦计划执行中进度发生变化，可随时改变计划组织安排，达到计划优化与及时调度的技术。

工程系统工程应采用计划协调技术进行计划管理。为充分发挥计划协调技术的作用，一定要建立或健全包括各级领导在内的精干得力的指挥调度系统。要建立和健全调度会议制度，例如每周至少一次的调度例会、不定期的综合性调度会、专题调度会、现场调度会、电话调度会等。任务紧迫时，实施日调度。同时还必须建立和健全检查和汇报制度，使情况及时反馈回来，以便随时调整计划，做出最优的指挥调度决策。

第 9 章 技术成熟度

本篇第 5 章至第 7 章已经将系统工程时间维的全过程各阶段各步骤，按最小风险、最经济的原则，逐步从技术不成熟走向成熟作了严格论述，并对每个阶段都给出了应遵循的组织管理准则，本可以搁笔，但现实中工程承担方可能会自觉不自觉地将自己成熟度欠高的技术状态来顶替应标，而委托方不熟悉本篇所严格论述的系统工程预先研究和工程研制原理与判别方法，因而为防止此类现象发生，提出了技术成熟度及其评定标准，供双方确认此项技术真正达到的成熟程度。

然而无论是美国的技术成熟度等级划分与定义，还是中国由此衍生的自己的技术成熟度等级划分与定义，都与中国现实按系统工程预先研究和工程研制的定义所制定的管理规定存在某种程度的交叉，为避免概念上的混淆，特写本章。

9.1 美国的产品技术与制造成熟度

美国国防部为避免产品因不成熟时过早投入大量经费展开研制而造成浪费，提出需对产品所处技术和制造进展到什么阶段、成熟到什么程度进行分类分析后，才能作出决策。美国对产品型号制定了 9 个等级技术成熟度（TRL）和 10 个等级的制造成熟度（MRL）。

9.1.1 技术成熟度

美国国防部对产品型号的技术成熟度划分为 9 个等级，依次为：TRL1，TRL2，TRL3，TRL4，TRL5，TRL6，TRL7，TRL8，TRL9。

（1）TRL1

研究研制者的自我评定：基本原理清晰。

国防部对其的评定：国防部观察到并报道了与该项技术有关的基本原理。

（2）TRL2

研究研制者的自我评定：技术概念和应用设想明确。

国防部对其的评定：形成了技术概念和/或应用设想。

（3）TRL3

研究研制者的自我评定：技术概念和应用设想通过了可行性验证。

国防部对其的评定：通过分析和试验的手段进行关键性功能验证和/或概念验证。

（4）TRL4

研究研制者的自我评定：以部件级原理样机为载体，通过了实验室环境验证。

国防部对其的评定：部件或面包板在实验室环境下，进行了验证。

（5）TRL5

研究研制者的自我评定：以部件级原理样机为载体，通过了模拟环境验证。

国防部对其的评定：部件或面包板在相应的环境下，进行了验证。

（6）TRL6

研究研制者的自我评定：以系统或分系统级演示样机为载体，通过了模拟环境验证。

国防部对其的评定：系统或分系统级的模型或原型在相应的环境下，进行了演示。

（7）TRL7

研究研制者的自我评定：以系统级工程样机为载体，通过了使用环境试验。

国防部对其的评定：系统原型在使用环境下，进行了演示。

（8）TRL8

研究研制者的自我评定：以系统级生产样机为载体，通过了使用环境验证和试用。

国防部对其的评定：通过试验和演示，实际系统能合格胜利圆满地完成任务。

（9）TRL9

研究研制者的自我评定：以产品为载体，通过了实际应用。

国防部对其的评定：证明实际系统成功地完成了所执行的任务。

9.1.2　制造成熟度

美国国防部在武器装备采办中要对产品型号的新材料和新工艺作出制造成熟度评定，划分为 10 个等级，依次为：MRL1，MRL2，MRL3，MRL4，MRL5，MRL6，MRL7，MRL8，MRL9，MRL10。

MRL1：确定基本原理，制造可行性通过评估。

MRL2：确定制造概念。

MRL3：概念验证通过。

MRL4：具备在实验室环境下的制造能力。

MRL5：具备在相关生产的环境下，制造零部件原型的能力。

MRL6：具备在相关生产的环境下，生产原型系统、子系统或部件的能力。

MRL7：具备在典型生产的环境下，生产系统、子系统或部件的能力。

MRL8：通过试生产能力的验证，完成小批量生产准备工作。

MRL9：通过小批量生产能力的验证，完成大批量生产准备工作。

MRL10：通过大批量生产能力的验证，转向精益生产。

9.1.3 制造成熟度与技术成熟度的等级对照

美国对制造成熟度与技术成熟度的关键等级作了对照，如表 9-1 所示。

表 9-1 制造成熟度与技术成熟度的关键等级

MRL 等级	MRL 详细内容	TRL 等级
MRL1	制造成熟度的最低等级。目的是发现实现项目目标所需的制造机会	TRL1
MRL2	描述新型制造概念。将基础研究转化为军事需求解决方案。典型 MRL2 包括鉴定、论文研究、原材料分析和工艺路径	TRL2
MRL3	通过分析或实验对制造概念进行验证。描述可制造和可利用的材料和/或工艺。在实验室环境开发出实验硬件模型	TRL3
MRL4	进入采办的技术开发阶段。确认需要的投资、关键性能参数、专用材料、工艺、设备。具备实验室环境的技术开发能力	至少达到 TRL4
MRL5	采办技术开发阶段的中点。在生产相关环境具备制造原型机的能力。已建立成本模型	至少达到 TRL5
MRL6	原型制造工艺与技术、材料、工具和测试设备都在生产环境的系统和/或子系统上进行了验证	TRL6
MRL7	材料可满足计划中试线日程表的要求。验证了制造工艺和规程。开始研发生产工具和测试设备	在实现 TRL7 的道路上
MRL8	材料、部件、劳动力、工具、测试设备和设施都能满足计划的生产进度表。生产风险监测继续进行。准备开始低速初始生产	
MRL9	材料已能满足计划的生产进度表。在一个低速生产环境中的制造工艺能力可以达到一个适当的质量标准，以满足设计关键特征容忍度。已开发全速率生产环境中成本模型。具备全速生产能力	TRL8
MRL10	制造成熟度的最高等级，通常与采取半寿命周期的生产或维持阶段相关。很少有工程/设计更改，所有原材料、加工、检验与测试设备、设施和劳动力都已到位，并且满足全速率生产要求。精益生产方式到位	TRL9

9.2　我国的技术成熟度评价标准

关于技术成熟度的评价标准，我国有关部门将其划分为九个等级。按照技术成果形式、试验验证环境和验证结果等，各等级描述如下。

(1) 等级一：基本原理清晰

等级一的描述：通过探索研究，发现了新原理、提出了新理论，或对已有原理和理论开展了深入研究。属于基础研究范畴，主要成果是研究报告或论文等。

等级一的评价标准：

1) 发现或获得了基本原理。

2) 基本原理分析描述清晰。

3) 通过理论研究，证明基本原理是有效的。

(2) 等级二：技术概念和应用设想明确

等级二的描述：基于基本原理，经过初步的理论分析和实验研究，提出了技术概念和军事应用设想。主要成果为研究报告、论文或试验报告等。

等级二的评价标准：

1) 通过理论分析、建模与仿真，验证了基本原理的有效性。

2) 基于基本原理，提出明确的技术概念和军事应用设想。

3) 提出了预期产品的基本结构和功能特性。

4) 形成了预期产品的技术能力预测。

(3) 等级三：技术概念和应用设想通过可行性论证

等级三的描述：针对应用设想，通过详细的分析研究、模拟仿真和实验室实验，验证了技术概念的关键功能、特性，具有转化为实际应用的可行性。主要成果为研究报告、模型和样品等。

等级三的评价标准：

1) 通过分析研究、模拟仿真和实验室实验，验证了技术能力预测的有效性。

2）明确了预期产品的应用背景、关键结构和功能特性。

3）完成关键结构与功能特性的建模仿真。

4）研制出实验室样品、部件或模块等，主要功能单元得到实验室验证。

5）通过实验室实验，验证了技术应用的可行性，提出了技术转化途径。

（4）等级四：技术方案和途径通过实验室验证

等级四的描述：针对应用背景，明确了技术方案和途径，通过实验室样品/部件/功能模块的设计和加工，以及实验室原理样机的集成和测试，验证了技术应用的功能特性，技术方案与途径可行。

等级四的评价标准：

1）针对应用背景，明确了预期产品的目标和总体要求。

2）提出了预期产品的技术方案和途径。

3）完成实验室样品/部件/功能模块设计、加工和评定，主要指标满足总体要求。

4）实验室样品/部件/功能模块集成于原理实验样机，验证了技术应用的功能特性。

5）通过原理实验样机测试，验证了技术方案和途径的可行性。

6）提出了演示样机的总体设计要求。

（5）等级五：部件/功能模块等通过典型模拟环境验证

等级五的描述：针对演示样机总体要求，完成了主要部件/功能模块的设计和加工，通过典型模拟环境的测试验证，功能和性能指标满足要求。典型模拟环境能体现一定的使用环境要求。

等级五的评价标准：

1）完成演示样机总体设计，明确样品/部件/功能模块等功能、性能指标和内外接口等要求。

2）完成样品/部件/功能模块等设计，设计指标满足总体要求。

3）完成工装和加工设备实验室演示，初步确定关键生产工艺。

4）完成样品/部件/功能模块等加工，满足设计要求。

5）初步确定关键材料和器件，满足样品/部件/功能模块等验证要求。

6）样品/部件/功能模块等试验验证环境满足典型模拟环境要求。

7）样品/部件/功能模块等通过典型模拟环境验证，功能和性能满足设计要求。

（6）等级六：以演示样机为载体通过典型模拟环境验证

等级六的描述：针对演示样机的验证要求，完成了演示样机的集成，通过典型模拟环境下演示试验，功能和性能指标满足要求，工程应用可行性和实用性得到验证。典型模拟环境能体现使用环境要求。

等级六的评价标准：

1）完成样品/部件/功能模块等典型模拟环境验证，功能和主要性能满足总体要求。

2）完成演示样机设计，设计指标满足总体要求。

3）基本确定关键生产工艺规范，工艺稳定性基本满足要求。

4）基本确定关键材料和器件，通过工程应用可行性分析。

5）完成演示样机加工，满足设计要求。

6）演示样机试验验证环境满足典型模拟环境要求。

（7）演示样机在典型模拟环境通过试验考核，功能和性能满足设计要求。

（7）等级七：以工程样机为载体通过典型使用环境验证

等级七的描述：针对实际使用要求，完成了工程样机的集成，通过典型使用环境下考核验证，功能和性能指标全部满足典型使用要求。

等级七的评价标准：

1）针对使用要求，明确了战术技术性能要求。

2）完成工程化样品/部件/功能模块等典型模拟或使用环境验

证，功能和性能满足使用要求。

3）完成工程样机详细设计，设计指标全部满足使用要求。

4）工艺稳定，工艺文件完整，具备试生产条件。

5）关键材料和器件质量可靠，保障稳定。

6）完成工程样机加工制造，满足设计要求。

7）工程样机试验验证环境满足典型使用环境要求。

8）工程样机在典型使用环境下通过试验考核，功能和主要性能全部满足典型使用要求。

（8）等级八：以生产样机为载体通过使用环境验证和试用

等级八的描述：针对实际使用要求，完成了生产样机的集成，通过实际使用环境下的考核验证，战术技术指标全部满足实际使用要求，性能稳定、可靠。

等级八的评价标准：

1）产品化样品/部件/功能模块的功能和结构特性达到实际产品要求。

2）生产工艺达到可生产水平，具备生产条件。

3）材料和器件等有稳定的供货渠道。

4）完成生产样机生产，功能和结构特性达到使用环境要求。

5）生产样机通过环境试验验证满足使用环境要求。

6）生产样机在使用环境下通过定型试验和试用，战术技术指标全部满足实际使用要求。

（9）等级九：以产品为载体通过实际应用

等级九的描述：技术以其最终的产品应用形式，通过实际使用验证，战术技术指标全部满足要求，具备批量稳定生产能力和使用保障能力。

等级九的评价标准：

1）产品具备使用保障能力。

2）产品具备批量稳定生产能力和质量保证能力。

3）完成用户培训。

4) 完成全产品演示。

5) 产品通过了实际使用环境和任务环境的考核验证,应用设想得到成功实施。

以上等级评价标准中的演示样机、工程样机、生产样机为技术在不同阶段的成果载体。演示样机是指工程研制前,开展演示试验验证主要功能和性能的样机;工程样机是指工程研制过程中,为进行验证试验而制造的样机。

9.3 技术成熟度评价标准和预先研究/型号研制的阶段对照分析

(1) 等级一

第一等级基本原理清晰,对应的是基础研究工作。重心是原理。

(2) 等级二

第二等级技术概念和应用设想明确,对应的是应用研究的前期设想阶段研究工作。仅指只在纸面和仿真中做到基本原理有效,并提出了应用设想——基本结构和功能。重心是应用设想。

(3) 等级三

第三等级技术概念和应用设想通过可行性论证,对应的是预先研究中的应用研究。只证明经过详细分析,其组成的关键部件经研制出实验室样品,在实验室条件下通过验证,可使所设想产品的主要功能成立。这种样品,应用范围可以比较宽,可以不讲究体积质量,其组成部件可以用其他性能相当的代用品替代,只要证明原理可行即可。所以,称为原理试验。这里所指的原理试验,在预先研究管理规定中,称为应用研究阶段的原理样机。重心是应用设想的主要功能可以实现了。

举例来说,作者从前组织激光陀螺研究,想到的是这种陀螺比马达陀螺有优越性,比如可靠性可能要强得多,耗电可能要少得多。但是精度到底怎么样,还无法确定;今后的实际应用范围,是战术导弹用、战略导弹用，还是卫星用，都还不知道。只是先攻关，验证这种构思的概念和原理成立，主要功能有所体现，就行了。如果激光陀螺在攻关到一定程度时，发现由这套概念形成的产品有它的局限性，就要研究是否继续开展第二轮研究，再进行第二轮的技术成熟度评价第三等级的评审。

（4）等级四

第四等级技术方案和途径通过实验室验证，对应的是预先研究的先期技术开发。这时，应用设想明确聚焦到某一具体应用目标上，按已经明确了的产品应用背景和总体指标，把所有包括关键部件和其他部件一起集成起来，预研出产品完整的实验室原理样机，并在实验室条件下通过全部功能验证，证明技术方案可行。这项研究工作完成后，如有需要，可以提出后续开展演示样机的研究的意见。这里所指的实验室原理样机，在预先研究管理规定中，称为先期技术开发阶段的试验样机。这里的重心是按某种具体应用目标，研究出完整的实验室原理样机，即试验样机。但仅仅是主要指标达到总体要求。

其中等级评价标准之六提出了演示样机总体设计要求，在预先研究中，不一定都要走这一步，因为不必要一定做演示样机。

举例来说，如果激光陀螺在前述攻关到一定程度时，发现所形成的产品虽然有它的应用局限性，但可望应用于某类用途上，如用于战术导弹上。这时应用目标就集中了。此时开展的研究成果，做出完整的实验室原理样机，就按技术成熟度评价第四等级，来评审其主要性能是否满足需要。至于能否满足环境条件要求，则在下一步即演示样机中再分两步考核。而在预先研究管理中，有的在先期技术开发课题的任务的试验样机，一并实现了。后面第五和第六等级的技术成熟度评价，在此一并考核了。

（5）等级五

第五等级样品/部件/功能模块通过典型模拟环境验证，在预先研究先期技术开发阶段中，大多数课题通过了典型模拟环境验证，课题就告结束。少数大型课题，由于分系统多，才对样品/部件/功能模块的研究结果，先作检查，使之通过典型模拟环境验证，然后集成起来完成最后整体的典型模拟环境验证，这反映在后面的第六等级中。所以，它们都对应的是预先研究先期技术开发阶段的后续阶段中的研究工作，也称为预先研究先期技术开发阶段的演示验证阶段的研究工作。

原本预先研究的先期技术开发阶段中，有的课题在前述实验室原理样机基础上，进一步做到试验样机即可，不必再做演示样机，可以放手送进型号研制。但是，对一些难度大、综合性强或环境要求苛刻的，要求做演示试验对其进行验证。所以，第五等级和第六等级都是为此而设。第五等级是指样品/部件/功能模块或者说分系统，要通过典型模拟环境试验。第六等级是将分系统集成为一体做出演示样机，要通过典型模拟环境试验。

这里的重心是演示样机所组成的功能模块，即预研管理规定中的试验样机所组成的功能模块，要通过典型模拟环境验证。

之所以有第五等级和第六等级的技术成熟度考核，实质是前述实验室原理样机在实验室条件下，只考核了主要性能。而实验室条件是不充分的，因此才有演示样机的要求。如果实验室条件被认为十分齐全，实验充分，可以跨进型号研制的方案论证与方案验证阶段。这样就不必研制演示样机，或者把型号研制的方案论证与方案验证阶段做出的模样，称为技术成熟度评价标准中的演示样机。然而，在型号研制程序管理规定中，模样不一定是包罗万象的整套产品，而只限于支撑性关键。而且，我们十分反对去研制包罗万象的整套产品。因为，这部分工作可以而且应该放到工程样机中做。

这里所指的样品/部件/功能模块，可以理解成分系统，比如控制系统，也可以理解为分系统中的子系统、孙系统等。

例如，对控制系统而言，它含有陀螺、计算机、加速度计，反馈回路等，但不必什么都研制。控制系统里，只要解决其中陀螺的漂移，其他就都会做了，只需攻陀螺这一关键。所以在预先研究管理规定中，要求在研究任务论证时，把课题任务分成部件、功能块等，分得越细越好、研究得越透越好。眉毛胡子一把抓，什么都分解不清，是不允许的。所以，预先研究的主攻方向和范围就缩小到这部分，其他的可以大胆略去，不做研究，待到进入型号工程样机阶段时再去解决。预先研究的管理者和领导者，必须这样帮助凝练预先研究课题的研究内容。型号研制的管理者和领导者，也必须这样帮助凝练型号方案论证和方案验证阶段研究的课题的研究内容。剩下的工作都在进入型号工程样机阶段时去解决。

（6）等级六

第六等级以演示样机为载体通过典型模拟环境验证。如前所述，这里是将前述部件/功能模块和其他不必作前述研制的部件/功能模块，或者说是各个分系统集成为一体，研制成为演示样机，并通过典型模拟环境试验。这一等级对应的仍是预先研究先期技术开发阶段的后阶段中的演示验证阶段的研究工作。重心是演示样机通过典型模拟环境验证。

在预先研究阶段，这项研究工作不只限于在实验室做验证试验，主要是指在天上环境中完成飞行演示试验。

演示样机在国家预先研究管理规定中，还是属于预先研究的最后阶段的研究工作，不属于型号范畴。

第六等级就是我们说的方案验证的阶段。这是指对于演示样机，前面阶段是初步确定关键生产工艺，到了这个阶段的成熟度考核时要求关键生产工艺规范和工艺稳定性基本满足。

如果前面阶段是初步确定关键生产工艺，设计对工艺误差规定可能因没有经验而不严，到了现在这一步，就必须强调公差设计和工艺设计，并据此开展工装生产和加工设备的配备。

在预先研究和型号研制的安排中，不是把所组成的系统，什么都一一列入做部件/功能模块的研制和试验，也不一定非要全部集成一体进行研制和试验。我们只选其中支撑性的技术做必要的研制和试验。也就是说，我们历来的想法不是百分之百都搞演示样机。所以作者认为演示样机和工程样机不完全是等同的，工程样机是完全齐套的，演示样机实际上是支撑性的关键技术载体。例如，导弹运输车不必要研制演示样机。如果拐弯半径特别重要，只需对此关键进行演示考核。

(7) 等级七

第七等级以工程样机为载体通过典型使用环境验证，这对应了型号研制阶段里，包含了指标论证阶段、方案论证和验证阶段、初步设计阶段的研制工作。

这里，针对使用要求明确战术技术性能要求的工作是分两个阶段的。第一阶段是指标论证阶段，只限于在需要和可能之间初步协商协调平衡的研究工作。凡没有预先研究基础的型号，应当作为未来型号或探索一代型号或预研一代型号去组织开展预先研究。那就一一纳入前面那些从第一等级或第二等级依次开始的技术成熟度考核等级中进行考核。型号第一阶段指标论证阶段完成后，只表明供需双方有了一个初步协商的意见，不是最后确定的指标。还需要通过第二阶段方案论证和验证阶段，研究提出方案，并通过研制突破关键，验证方案无颠覆性问题时，双方才最后承诺和确认战术技术指标。这些研制工作，如果还没有开展，也要再回到前面那些成熟度考核等级中。如果明确了战术技术指标性能要求的工作是在前面已经完成，这里只是作为一个开始研制而考核成熟度的条件，那么就意味前面已经完成了型号的方案论证与验证阶段的研究工作。也就是说，前面完成的技术指标论证阶段的技术成熟度考核则理解为在第二等级进行；前面完成的方案论证和方案验证阶段的技术成熟度考核则理解为在第四等级进行。后者是对开始的型号全面研制的第一次考核。

对应型号全面研制的是第一步——初步设计阶段的工作，完成的第一个产品形态是初样。而这相当于在第六等级进行技术成熟度评审的内容。接下来对应型号全面研制的是第二步——技术设计阶段的工作，完成的第二个产品形态——试样。需通过功能和性能指标的全部考核，满足典型使用要求。这里的重心则是设计研制出试样（试验样机）或工程样机，完成飞行环境考核。

目前，我国的技术成熟度评价标准，由于把型号和一个个分系统分别都作九个等级评价时，没有严格按预先研究和型号研制的各阶段来评价，容易混在一起，形成评价交叉。问题在于：第五等级和第六等级是演示样机，第四等级作为预先研究完成。而演示样机，在预先研究管理中又列在预先研究之尾，而在型号研制中又成了方案制定与方案验证阶段里做的工作。在方案制定与方案论证阶段，我们强调的是完成支撑性技术的攻关突破，这个阶段的产品形态我们叫模样。所以，第五等级和第六等级，既是先期技术开发的一种形态，又成了型号方案制定和方案验证阶段研制的一种形态。两个形态是不完全一样的。现在在管理中处于兼顾状态。而这里的重心又是工程样机，通过典型使用环境验证，具备试生产条件。

（8）等级八

第八等级以生产样机为载体通过典型使用环境验证和试用，对应型号全面研制中正样研制和试验定型。第七等级是工程样机，只解决试生产，产品有些地方尚允许不用工装模具制作。而第八等级是生产样机，是将来生产状态的依据。因此，产品上多余的结构质量、不规范的工艺等都必须排除。还要着力考核不必要的材料消耗是否减少，工艺是否简化，生产效率、生产稳定性、生产一致性是否提高等。这里的重心是完成将提供正式产品的生产样机，具备生产条件，工艺定型，产品生产抽验试验定型和试用。

（9）等级九

第九等级以产品为载体通过实际应用，对应型号全面研制中的批生产定型。此时产品稳定性、一致性、成本经济性、批生产速率和效率显著提高，编制了用户使用手册，系统配套规范。这里的重心是完成批生产样机、产品批生产抽验和批生产定型，使用部门培训，成功运行。

其实，产品到了用户手中后，还存在怎么维护的问题：维护的等级有一级维护，二级维护，三级维护；什么情况下要返厂，什么情况要在现场维护，零备件数量清单和怎么保障等，这里都没有体现。同时，对产品具备使用保障能力的说明也不具体，对于用户，应编制条例、操作规程和使用说明书等。为用户编制使用说明书，研制部门要提供产品技术使用说明书，这些都应在此考核。

9.4　预先研究和型号研制及技术成熟度评价标准的关系

技术成熟度第九等级是为生产一代和装备一代条件是否具备作评价的。达到这一等级后才有生产一代和装备一代。

技术成熟度第七、八、九级是一步一步为全面研制一代的条件是否具备作评价的。

技术成熟度第二、三、四、五、六等级是一步一步为全面研制一代之前研制一代攻关的条件是否具备作评价的。

所谓全面研制与否的区分标准是：战术技术指标和研制工期是否正式全面确认。

技术成熟度第一等级，是对预先研究作评价的。对探索一代，这一等级的评价可能有，也可能没有。

探索一代的研究不一定有型号背景。有型号背景的预先研究为预研一代。

探索一代的技术成熟度评价等级，可以从一级到五级。

预研一代的技术成熟度评价等级，可以从一级到六级。

现实中许多人的思想里，预研一代就是跟着人家后面走。这样，就不含技术成熟度评价等级中第一等级的基本原理评价，甚至不含技术成熟度评价等级中第二等级技术概念和应用设想评价。

探索一代，则有点像自己摸索，所以有技术成熟度评价等级第一、二等级的评价。探索一代，成或败的可能性都比较大，可能不含或含有少量技术成熟度评价等级的第五、六等级，因为这时可能转为型号预研一代了。

对于预研一代，由于有探索一代，或许含技术成熟度评价等级第一、二等级少一点。又因为纳入型号，而含有技术成熟度评价等级第五、六等级的评价了。预研一代，成功的可能性比较大。

探索一代和预研一代，常常不是那么明显地分开的。如有些型号可作为探索一代，也可作为预研一代。

从航天发展的历史与实践经验来看，我们在开展预先研究的时候，总是力求能有型号背景作研究课题立题的牵引依据。因此，通常不是等国家有了某一型号远景需求，才开始组织预研，而是自行论证设想若干未来型号，由此开始课题的预先研究了。在自行论证设想未来型号时，总是力求与相应的使用单位尽可能地沟通，听取他们的意见和要求。

例如，地球同步轨道气象卫星，我们自己先取名风云二号，开始预研后与气象局领导和科研机关商量，请他们论证后提出详细需求指标；然后组织力量开展十几个课题的预先研究，经费由航天系统自行安排。后来气象局又补充提出两项新课题需求，航天系统随即安排。从而使风云二号的性能更接近美国正在研制中的卫星水平。

又如，美国开始研制全球定位系统（GPS）的时候，我们国力有限，发射卫星数量不多。于是就设想研制两颗地球同步轨道卫星，只面向中国本国的导航卫星。利用大雷达做完远距离定位试验后，再逐步和用户沟通。力争纳入型号预研和型号研制。

地地导弹，也有在开展了预先研究课题的过程中有一定眉目后，再向军方汇报，请他们表态支持的，我们称为未来型号，现在也可以仍称为未来型号或称探索一代、预研一代。这在当时，都没有列入型号。

参 考 文 献

[1] 中国航天工业总公司规章汇编［G］．中国航天工业总公司办公厅，
     1978～1995.

[2] ANDREW P S, ARMSTRONG J E J. Introduction to Systems Engineering
     ［M］. John Wiley and Sons Ltd，2000.

[3]   KOSSIAKOFF A，SWEET W N. Systems Engineering Principles and
     Practice ［M］. John Wiley and Sons Ltd，2003.

[4] 维·瓦·保利索夫．五角大楼与科学［J］．外国尖端技术资料，1978，
     (2)：1.

第四篇　计划协调技术

引　言

物质世界，存在于时间与空间之中。时间是不可逆的，光阴一去不复返。"时间是生命，时间是金钱，时间是军队"是人类对时间宝贵的认识。善于利用时间，安排好工作，就会事半功倍；反之，将会误事，甚至耽误了年华。

所以，人类在从事任何实践活动时都必须懂得和学会充分利用时间，安排好工作，其基本方法和措施是科学地组织与制订计划。

本篇正是论述如何科学地编制计划、组织计划、调度执行计划的一门技术——计划协调技术。它是系统工程中一门时间维的科学技术。本篇分3章叙述，第10章为计划协调技术原理，第11章为计划协调技术运用，第12章为多任务计划协调技术。

第 10 章　计划协调技术原理

　　科学地组织与管理是建设现代化强国的重要环节，制定好计划并组织好计划的实施又是组织管理的核心。

　　计划协调技术是系统工程任务中用于组织计划与协调调度的一门技术，它将任务中所有工作及其相互交接关系，按时间维以网络形式加以描绘，通过对每件工作完成工期的估算，采用计算机辅助手段，预先计算出整个任务的完成日期以及直接决定任务进度的各件紧急工作；根据任务期望完成的时间和可能、技术的需求和可能、人财物等资源的需求和可能，通过调整技术方案和人财物的组织协调安排，寻得优化计划；一旦计划执行中有变化发生，也可不断协调平衡，选取届时优化方案随时调整调度，以期完成任务的组织管理技术。

　　1958 年底美国在研制北极星导弹核潜艇中首次试行计划协调技术，称为 PERT。我国对计划协调技术的摸索与试点始于 1961 年，1962 年初在研制一种计算机的任务进程中，采用了计划协调技术：通过编制计划流程图，运用计算机辅助管理，随研制任务进展不断实时调度，使整个计算机研制任务提前完成，产品性能稳定可靠。由于采用计划协调技术管理效果显著，这项技术已广泛运用于科研、生产、基本建设、国防建设、作战指挥等众多领域的计划优化管理与调度。越是复杂的、协调频繁的任务，采用计划协调技术的收效越大。

10.1　任务、工作、事项、流程图

10.1.1　任务与工作

一项任务，不论是工程的或是作战的，都有一个开端，又有一个结束。开端就是按任务的各项指标要求，开始承担这项任务。结束就是实现了这项任务的指标要求。

任何一项任务从开始展开直到最后完成，是一个随着时间推移而逐步进展的过程。此进展过程称为任务的流程。在任务的流程中，包含了许许多多人的各式各样相互协调的不同类型的劳动。有体力的，有脑力的，有科学研究性质的，有研制性质的，有生产性质的，有后勤保障性质的，军事上还有作战性质的……这些劳动统称为工作。每一件工作都有其各自特定的完成内容和完成指标要求，有它自己的开始，也有它自己的结束。换言之，一项任务内部包含着其特定要开展的许许多多件工作。这就是任务的可分性。许多情况下，一项复杂的任务又可以分成许多小一些的任务，小一些的任务又可分成更小一些的任务，这种可分性称为任务的逐级可分性。这些小一些的或更小一些的任务，便称为分任务或子任务。这些分任务、子任务也可视为一件工作，所不同的是较为复杂或系统更综合些。例如，把研制一架飞机作为一项任务，它的发动机分系统就是分任务，而发动机涡轮的研制可以作为发动机分任务的一项子任务，也可以不作为它的分任务而直接细化为发动机任务中的若干件工作。所以，任务的逐级可分性在这里也意味着任务按逐级细化后可以做到逐级负责。当然这个级仅仅是指全局和局部之间的关系，即总体和分系统之间的关系，不一定代表上下级的隶属关系。

10.1.2　流程特性

一项任务中，工作和工作之间有着相互联系规律性。例如要过河就要先架桥；要盖工厂就要先勘察；要设计电台先要把设计指标论证清楚；要装配陀螺，先要把其各个零部件加工出来；军事上的"兵马未到粮草先行"等。也就是说，只有一件工作完成之后或只有几件工作同时都完成之后，才能紧接着开始下一件或同时开始下几件工作。这个特性称为工作的流程特性。在完成一项任务的过程中，能自觉遵循该任务自身固有的流程特性，任务就完成得好而快。反之，欲速则不达，必然导致错误和挫折。因此，在从事一项任务时，必须强调：一定要按工作的流程特性办事，简称按流程办事。

一件工作完成之后，后面紧接着要开始做的工作都称为该工作的后继工作。如果紧接着要开始做的工作只有一件，该工作只有一件后继工作；如果紧接着要开始做的工作同时有几件，则本工作同时有几件后继工作。前面紧挨着的工作都称为本工作的先行工作。先行工作有的是一件，有的同时有几件。一件工作要开始干，非得前面紧挨着的工作做完才行。对于一项任务来说，在任务开始之前，就不考虑它的先行工作；在任务结束之后，也不考虑它的后继工作。而在整个任务的进行过程中，即在整个流程中，所有工作都有它各自的先行工作和后继工作。

10.1.3　事项

每件工作都有一个开始做的瞬时和一个标志完成的瞬时。一件工作如果只有一件先行工作，那么先行工作的完成瞬时就应是这件工作开始着手做的瞬时。一件工作如果同时有几件先行工作，则要等到这几件先行工作都完成之后，才能开始着手做这件工作，即这件工作的开始瞬时才到来。故此瞬时很重要，它既是先行工作完成的标志，又是后继工作具备了先行工作都完成的先决条件后，可以开始着手进行的标志。在这些瞬时，究竟要干什么呢？从工作的流程特性中可以认识到，原来这是从事先行工作的人（或小组、单位）同从事本工作（即先行工作的后继工作）的人（或小组、单位）进行工作交接的标志。在这个瞬时双方要办理交接手续、交接事宜、交接事项。这个工作和工作之间交接的事宜称为工作交接事项，简称事项。

有时，交接双方就是承担者自己（或本小组）。例如发动机研制中，按研制工作流程，先做出几台初样，进行试车，试车成功后，投产正式样机。以上工作分成了两个阶段：初样阶段和正样阶段。为便于互通进展情况和计划的检查，两个阶段作为两件工作。其工作间交接的标志就是初样发动机试车成功，正样发动机开始投产。交接双方是同一家，但履行严格的验收审批手续等事项。这两件工作间交接双方不是双方的人，而是两个阶段间的交接。这类转变标志，也称为交接事项。所以，交接事项的交接双方的含义，应从广义上去理解。

10.1.4 事项的三特性

事项本身也是一件要做的工作。但事项和工作有很大区别，它们的区别在于事项有瞬时性、衔接性和易检性 3 个特性。

瞬时性是指事项本身完成所需工期同工作完成所需工期相比是短暂的，可以忽略不计。

衔接性是指事项起着把有关工作衔接起来承上启下的交接作用。工作通常是由一个人、一个小组或一个单位为主来进行，所协调的问题在内部解决。事项则需靠从事各件先行工作的人同从事本工作的人、或者从事各件后继工作的人同从事本工作的人，相互按事先的约定协调配合才能完成的。

事项的另一个特点是它的容易检查的特性，称为事项的易检性。这个特性也是由它的衔接特性和瞬时特性所带来的。这也是相对于工作而言的。一件工作，在进行过程中，一般比较难于检查其是否完成，只能知道它的完成程度，例如完成的百分数。有时甚至连百分数也难于估准，例如一台计算机的调试工作、一个研究课题的研究工作、一部雷达的校飞工作、一台发动机的试车、飞往某地进行侦察等，只要它们还在调试中、研究中、校飞中、试车中、侦察中，就很难用和别人完全统一的判断标准来准确衡量这件工作的完成情况。也就是说，用工作的过程、工作的内容作为某个时刻工作完成

与否的计划检查评定的标准是不妥的。需要指出的是，切勿用诸如
"进行调试"、"进行研究"、"进行试飞"、"进行试车"、"进行侦察"
这样一类描述工作过程、工作内容，而没有完成标志的、难于检查
的语言作为工作完成的检查评定标志。

　　事项则不同，例如任务书会签、发动机试车成功、器件测试合
格、部队接到反击命令等，和工作相比，事项有着鲜明的衔接性和
瞬时性，以及明显的容易检查的特性。会签了就是会签了，没会签
就是没会签；试车成功了就是成功了，没成功就是没成功；命令接
到了就是接到了，没接到就是没接到。这样，计划的制订和检查就
准确、严格、方便，岗位责任制、协同关系和需要协调的问题在这
里都能比较集中比较明显地反映出来，大大简化了管理工作的语言、
缩短了会议时间，任务完成情况的检查制度或报告制度也可表述得
准确、具体、简练。

　　所以，要充分加以利用事项这个概念及其三特性。

　　至此，可以将任务中所有要做的事情分为工作和事项两类。例
如接力赛跑，各人跑各人那一段，即各干各人那一件工作。而先后
两人传递接力棒的这项短暂事情，就是事项。

10.1.5　事项和工作的符号表示

　　一项任务开始干的瞬时事项，称为任务的最初事项，记作事项
(o)。完成任务的瞬时事项，称为任务的最终事项，记作事项（z）。

　　一件工作有一个开始事项和一个结束事项。工作的开始事项又是
先行工作的结束事项，工作的结束事项又是后继工作的开始事项。所
以，除了任务的最初事项和最终事项外，所有事项都既是一件工作或
几件工作的开始事项，又同时是一件工作或几件工作的结束事项。

　　一件工作，用符号工作（$i-j$）来表示。符号 i 表示本工作的开
始事项，符号 j 表示本工作的结束事项。事项 i 和事项 j 分别记作事
项（i）、事项（j）。画图时规定事项都用圆圈、长方形或其他封闭
醒目图形表示。而在画工作的图形时，则画出其开始事项和结束事

项，并在之间引上一条带箭头的线段，箭头指向结束事项，表示工作进行的方向，见图 10-1。

图 10-1　事项（i）、事项（j）、工作（i-j）的画法

10.1.6　工作流程图

当对确定的任务作全面系统分析后，把任务从最初事项到最终事项间所包含的特有的全部工作和事项，按时序画成图，称为工作流程图。研制一架飞机的原型机的工作流程图如图 10-2 所示。

实际中，一张流程图中的事项数目成百上千甚至几十万，故其幅面往往非常大。

工作流程图由熟悉总体、熟悉技术协调和熟悉计划的人员结合起来，在充分吸取各方面的意见后制成。它能比较全面地反映人们尽主观最大努力对客观规律所能达到的认识水平，集中反映了整个任务内部的系统性、协调性、配套性和整个任务的部署意图，是计划工作的基础。

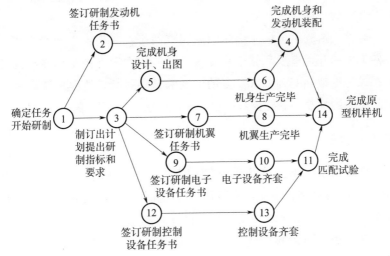

图 10-2　研制一架飞机的原型机的工作流程图

流程图和过去的计划线条图的不同点在于：一是突出了交接事项，构成网络，故又简称网络图；二是为统观全局，按多级工作流程图把工作落实到最底层，大大提高了管理工作效率。

10.1.7　工作流程图的连续性和不可逆性

对一项任务而言，如果沿着工作进程的箭头所指方向从任务最初事项到最终事项所依次经历的所有工作和事项，不出现中断的工作和前后无关联的孤立工作和孤立事项，则此特性称为工作的连续性，也称为工作流程图的连续性。

若工作流程图上出现了不连续工作和事项，则称此图没有形成流程。

时间是不可逆的。工作流程图上的工作，只有随时间的推移而向前推进，不可能逆过来做。工作流程图上任何一件工作 $(i-j)$，其事项 (i) 的实现时刻必定不能迟于事项 (j) 的实现时刻，此特性称为工作的不可逆性，也称为工作流程图的不可逆性或工作流程图的非回路性。

如果工作流程图的不可逆性被破坏了，则此流程图必定有错，是不合格的，称为不合格流程图。

通常，造成不合格流程图的原因有两个：一是粗心大意，把某一件工作的开始事项和结束事项写反了，或在图上把工作箭头画反了；二是把螺旋上升多次反复的实践和认识过程，错误地理解成和时间无关的反复了。在流程图里，只能向前展开，不能构成回路。

10.1.8　线

从最初事项出发连续沿着箭头方向串联可以有许多不同线路"抵达"最终事项。每一条线路都称为一条线。广义地讲，凡是两件以上的工作串联起来也组成线，用符号 L 表示。

在一张工作流程图中，一件工作 $(i-j)$ 的先行工作有工作 (h_1-i)、工作 (h_2-i)、工作 (h_3-i) 等，其中先行工作 (h_1-i)

又有它的先行工作（$g_1 - h_1$）、工作（$g_2 - h_1$）等，工作（$g_1 - h_1$）又有它的先行工作，这样连续先行上去，便可以沿工作的逆进程方向（逆箭头方向）$i - h_1 - g_1 \cdots$ 一直逆推到最初事项（o）。把从事项（i）逆推到最初事项（o）所历经的所有事项和所有工作总称为工作（$i - j$）的先行线或事项（i）的先行线，记作 XL（i）。先行线上所有事项总称为工作（$i - j$）的连续先行事项或事项（i）的连续先行事项。先行线上所有的工作总称为工作（$i - j$）的连续先行工作，或事项（i）的连续先行工作。从工作（$i - j$）的事项（i）逆推时，会有不止一条的先行线，如经工作（$h_2 - i$）逆向推，又如经工作（$h_3 - i$）逆向推等。把这些先行线总称为工作（$i - j$）的全部先行线。把全部先行线上的所有事项总称为工作（$i - j$）或事项（i）的总先行事项。全部先行线上的所有工作则总称为工作（$i - j$）的或事项（i）的总先行工作。

同样，工作（$i - j$）的后继工作（$j - h_1$）也还有后继工作，后继工作又有后继工作，于是可顺着工作的进程方向（顺箭头方向），一直推到最终事项（z），也可以相应地定义出工作（$i - j$）或事项（j）的后继线，记作 HL（j）。同样可定义出连续后继事项、连续后继工作、全部后继线、总后继事项和总后继工作。

10.2　任务工期、紧急线、富裕时间

10.2.1　工作完成工期的估计

工作流程图画出来后，要预先对每件工作完成所需工期作出估计。

工作的完成工期，不是日历上某个日期或时刻，而是完成本工作所需的时间间隔值。用日历日期估计时，一旦先行工作提前或推迟完成了，就影响到本工作的完成日期，使工作直接承担者的责任制难以确定。计划协调技术要求估计工作在具备开始工作条件后所

需的完成时间间隔值，责任明确。

工作完成工期的估计，由工作的承担者根据任务总的意图和要求，在管理工作人员配合下充分听取与工作有关各方的意见后，实事求是、严肃认真地作出。

有经验的承担者对完成工作的工期估计得一般都较准。然而，会遇到有些工作的完成工期难以估计的情况，这时可以对它分别作 3 种情况下的 3 种工期估计来求得。这 3 种情况下完成工作所需的工期分别称为最短工期 a，最长工期 b，最可能工期 m。最短工期 a 是指根据经验判断，工作若处在特别顺利情况下完成时所需的工期，这种特别顺利的情况在所有可能出现的情况中出现的概率约是 1%；最长工期 b 是指根据经验判断，工作若处在特别不顺利情况下完成时所需的工期，这种特别不顺利的情况在所有可能出现的情况中出现的概率也约是 1%；而最可能工期 m，是根据经验认为完成工作最可能需要占用的工期。于是该工作的预计完成工期 T 由式（10-1）得出

$$T = (a + 4m + b)/6 \tag{10-1}$$

估算时间的计时单位用周、天、时、分、秒等均可，具体取什么单位随任务性质而异。一般任务要用天作单位，如果是作战或地震预报，那么时间要用分、秒了。

由于任务中工作划分得详细而具体，又落实到承担每件工作的班组个人，而工作所需工期又是承担者负责，经反复推敲各种主客观因素，对完成本工作时潜力之所在、困难之所在和需要采取的措施在各方面都知道得比较清楚、认识上也比较一致后，负责提出。因此，所估工期较切合实际、准确性较高。

对工作工期的这种估计，如果长年累月地统计积累，将成为各件工作的工时定额，可以为今后新任务的计划流程图编制提供工时定额参考数据库。

10.2.2　找紧急线

将每件工作完成的工期标到工作流程图上，即得计划流程图

（见图 10 - 3）。

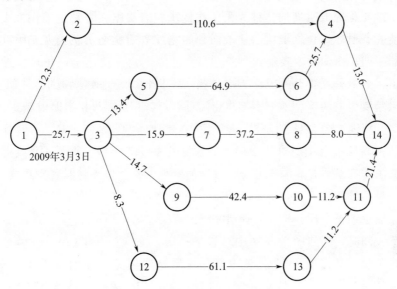

图 10 - 3　计划流程图示例（时间/周）

根据图 10 - 3 可以计算从事项（1）起，沿着箭头所指方向到达事项（14）所经历的每条线上工作工期的总和，分别是：

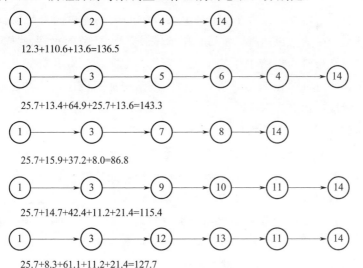

12.3+110.6+13.6=136.5

25.7+13.4+64.9+25.7+13.6=143.3

25.7+15.9+37.2+8.0=86.8

25.7+14.7+42.4+11.2+21.4=115.4

25.7+8.3+61.1+11.2+21.4=127.7

由此可见 (1) → (3) → (5) → (6) → (4) → (14) 这条线路需要花的工期最长，称为紧急线。线上的工作称为紧急工作，线上的事项称为紧急事项。整个任务的完成工期就是紧急线完成所需的工期，图 10 - 3 表示的例子中就是 143.3 周。从这个例子可以看出，如果紧急线上的工作有一件拖了 1 周，整个任务就拖 1 周；如果紧急线上的工作有一件能提前 1 周，整个任务就可能提前 1 周。而其他线上的非紧急工作，例如图 10 - 3 中的工作 (7 - 8)，有时提前 1 周或推迟 1 周对整个任务的快慢几乎没有影响。所以紧急线上的工作都是届时影响任务全局进度的紧急工作，必须对其特别重视。如果领导和各有关方面都能抓住此要害环节，千方百计促其实现，就能达到整个任务按期或提前完成的直接效果。

同时，例如图 10 - 3 中 (1) → (3) → (7) → (8) → (14) 这条线，其完成工期是 86.8 周，比紧急线的完成工期少 143.3 - 86.8＝56.5 周。这就是说线上的工作 [除 (1 - 3) 这件紧急工作外] 在安排着手干时，可以不必紧接着前面的工作完成之后马上就开始干，推迟一段时间也无妨大局。这段允许推迟的时间称为工作安排时的富裕时间。富裕时间最多的那几条线，称为富裕线。

对于工作的承担者来说，上述这个富裕时间，可用来机动安排从事别的事情（包括进修学习、探亲休假等），任务的主管领导也可在这段富裕时间里给工作的承担者安排其他工作。对人员如此，对设备及所有资源也如此。例如一台大型精密加工机床，可以在富裕时间段放心地安排它去承担别的任务，而不影响本任务的完成进度，从而做到人尽其才，物尽其用，大大提高劳动生产率或工作效率。

由于对任务作了流程分析，知道届时谁是紧急工作，哪里有富裕时间，所以，当一个单位同时有几项任务安排时，其领导和管理人员就可以根据重点任务包含着不紧急工作，非重点任务也还包含着届时紧急工作的客观规律，真正做到确保重点，兼顾一般，充分挖掘自己单位的潜力。这比那种"重点任务一概优先安排，非重点任务一律放后安排"的做法要科学。

　　当任务开始的日历日期给出后，如图 10-3 中最初事项（1）的日历日期是 2009 年 3 月 3 日，则任务中所有工作的开始和结束日期也都可以计算出来。

　　因为紧急线的完成工期是 143.3 周，即 1 003.1 天，于是 2009 年 3 月 3 日＋1 003 天＝2011 年 11 月 30 日，见图 10-4。

　　如果把节假日也考虑进去，则本任务预计完成周期为 2013 年 3 月 28 日。这样，计划流程图中，横坐标上标出日历日期后，便得到了带日历日期的计划流程图，如图 10-4 所示。

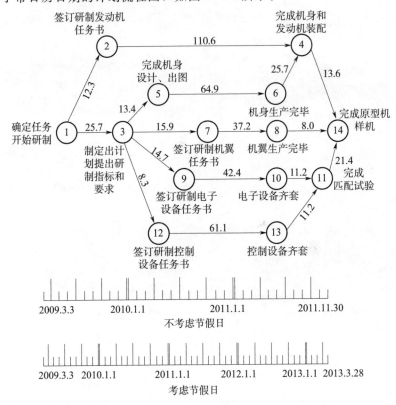

图 10-4　带日历日期的计划流程图

10.2.3   事项的预计最早实现日期和预计最迟实现日期

以图 10-5 为例，这张计划流程图中，工作线上标注的是工作完成工期。（1）→（2）→（3）→（4）→（5）→（11）是紧急线，线上的事项都称为紧急事项，它们预计实现日期都只有一个。事项（2）的预计实现日期是 8 月 1 日（0 时），事项（5）的预计实现日期是 8 月 21 日（0 时），等等。

而非紧急线上的事项就不同了，它们的预计实现日期有一个机动范围，便有最早和最迟之分了。

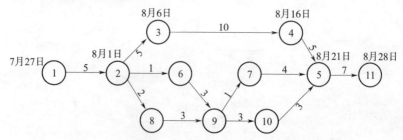

图 10-5   事项的预计最早实现日期和预计最迟实现日期

以事项（9）为例，从事项（1）到事项（9）有两条先行线，只有当事项（9）的各条先行线上全部工作和事项都实现以后，事项（9）才能实现。因此，事项（9）的预计最早实现日期是在如下的安排下得出的：当事项（1）在 7 月 27 日（0 时）实现后，立刻安排干工作（1-2），接着又立刻干工作（2-6）和工作（2-8），又接着立刻干工作（6-9）和工作（8-9），这些工作都按各自的工期完成。这样，一旦这些工作和事项都实现之后，便得到事项（9）的预计最早实现日期。所以，这个日期等于事项（1）的实现日期加上工作（1-2）、工作（2-8）、工作（8-9）的 3 个工期之和，即 8 月 6 日。

事项（9）的预计最早实现日期＝事项（1）的实现日期＋工作（1-2）的工期＋工作（2-8）的工期＋工作（8-9）的工期＝8 月 6日。

抽象出来说，若事项（i）有 n 条先行线，记为 XL_n（i），每条

先行线 $XL(i)$ 的工期等于线上连续先行工作的工期的总和。则事项 (i) 的预计最早实现日期 $T_a(i)$ 就是该事项的各条先行线 XL_n (i) 中,所需完成工期最长的那条先行线(称为最长先行线)的工期 $\max_n t[XL_n(i)]$ 加上最初事项 (o) 的实现日期 $T(o)$,即

$$T_a(i) = T(o) + \max_n t[XL_n(i)] \qquad (10-2)$$

本例中,$n=2$,$i=9$,事项 (o) 即事项 (1)。

事项 (9) 的最迟实现日期,则是在下述安排中给出:在不影响任务总进度下,也就是在确保事项 (11) 于 8 月 28 日(0 时)实现的前提下,把事项 (9) 到事项 (11) 间的总后继工作,即工作 $(9-10)$,工作 $(10-5)$,工作 $(9-7)$,工作 $(7-5)$,工作 $(5-11)$ 都一一相继尽量推迟安排,当这些工作都按各自的工期完成时,事项 (9) 的实现日期便是其最迟实现日期。所以,这个日期等于事项 (11) 的实现日期减去工作 $(9-10)$,工作 $(10-5)$ 和工作 $(5-11)$ 3 项的工期之和,即 8 月 15 日。

事项 (9) 的预计最迟实现日期＝事项 (11) 的实现日期－工作 $(5-11)$ 的工期－工作 $(10-5)$ 的工期－工作 $(9-10)$ 的工期＝8 月 15 日。

抽象出来说,若事项 (i) 有 n 条后继线,记为 $HL_n(i)$,每条后继线 $HL(i)$ 的工期等于线上连续后继工作的工期的总和。则事项 (i) 的预计最迟实现日期 $T_c(i)$ 就是最终事项 (z) 的实现日期 $T(z)$ 减去事项 (i) 的各条后继线 $HL_n(i)$ 中,所需工期最长的那条后继线的工期 $\max_n t[HL_n(i)]$,即

$$T_c(i) = T(z) - \max_n t[HL_n(i)] \qquad (10-3)$$

本例中,$n=2$,$i=9$,事项 (z) 即事项 (11)。

事项 (i) 的机动时间 $S(i)$,就是事项 (i) 的预计最迟实现日期 $T_c(i)$ 和预计最早实现日期 $T_a(i)$ 之差,即

$$S(i) = T_c(i) - T_a(i) \qquad (10-4)$$

关于任务在某个指定日期完成的概率和计划的难易系数,请参

阅作者所著《计划协调技术》[7]一书。

10.3 流程图分类与等效

10.3.1 流程图分类

流程图可按时间标注情况分类，可按工作完成周期的估计性质分类，可按标注工作或事项的方式分类，也可按系统综合程度分类，分述如下。

（1）工作流程图和计划流程图

流程图按时间标注的不同情况可分成工作流程图（未标注时间）、计划流程图（未标注日历日期），以及由此派生出的带日历日期的计划流程图。

承担任务的总体技术人员在任务早期阶段，例如，在初步设计阶段，直接给出计划流程图草案。但实际情况中，总体人员有时还只能先提出一张工作流程图。原因大致有以下 3 个。

1）管理水平落后，没有把经济指标、时间指标作为严格的设计内容加以衡量考核，对设计质量的考核也不注重经济指标、时间指标，致使设计人员很少关心分系统中各件工作所需工期。所以，要由总体人员提出即使是较粗的估计也有困难。

2）有些任务承担单位缺乏稳定的总体工作队伍，没有认识到从事系统工程任务的工作是一门专门的专业，错误地认为只要临时抽调一些懂分系统技术专业的人即可临时胜任。从而导致总体队伍得不到相对稳定、总体人员设计与管理人员不能配合起来积累工期所需参考资源的经验和资料。

3）客观上一些属于新的或前人没有从事过的任务缺乏实践经验，因此从总体全局很难估计分系统内部工作所需工期。

所以，面临上述这 3 种情况，任务总承担单位的总体人员首先提出工作流程图更符合客观实际，以便在统一对工作流程图的流程关系认识后，再同各有关承担者协调，补充工作完成工期的估计，以形成计划流程图。

（2）工作型、事项型、混合型流程图

流程图按标注工作或事项的方式可以分为工作型、事项型、混合型 3 种类型。

工作型流程图是指图上只标注所有工作的名称或代码，而不标注事项名称或代码的流程图。它可以在平时采用的计划线条图基础上演化出来，也可以直接把所要做的全部工作先一一罗列出来，然后根据其相互衔接关系，一件件地衔接起来组织成流程图。工作型流程图比较容易掌握，凡工作交接关系明确、交接责任清楚的任务均可以采用工作型流程图。

事项型流程图是指图上不标注出工作名称或代码，而只标注所有事项名称或代码的流程图。

混合型流程图是既标注工作名称也标注事项名称或代码的流程图，或是以标注事项或工作为主，加标注一部分工作或事项名称或代码的流程图。

事项型和混合型流程图，其交接事项的概念比较严格，岗位责任比较明确，协调关系比较清楚，计划语言比较准确，使更多人容易看懂。因此，系统性强的较大型的任务均多采用这两种类型。

（3）总流程图与多级流程图

任务可以直接分成许许多多工作，一张流程图可以一下子画得十分详细，把所有细小的工作都体现在图上，这种图称为总流程图。任务也可以先分为许多分任务，而这些分任务再可分为子任务。这样一张流程图可以画得概括些、综合些，只画到分任务和一些必要的工作，以突出大的进度协调关系。而具体的细节，即分任务中所有的细小的工作都另画一张流程图。这样，综合性强的这张图称为一级流程图，表示分任务中各件工作的称为二级流程图。如果二级流程图还不够细，可用三级流程图表示。这里，一级流程图和二级流程图的关系犹如总装图和部装图的关系。

采用一级流程图的好处一是醒目，可以抓住要领；二是便于作图与计算。对于任务总承担者光凭一级流程图是不够的，为了把任务落实到作业班（组）或个人，必须辅之以二级、三级流程图等。也只有把工作落实到了作业班（组）或个人，工作或事项才落实、责任才明确，才可以更好地搞清楚任务中事物内在的关系，把各件工作在实现时的潜力和困难分析得更透，把工作的完成工期估得更符合客观现实、更准确。所以，二级三级流程图是一级二级流程图的必要的补充和进一步落实的体现。

任务承担者及其总体设计人员和管理人员应该认识到：把计划工作做细是搞好组织计划和调度的前提，也是衡量他们技术水平的重要标志。

计划流程图分成多级流程图来画，也有利于发挥分系统总体人员的作用，方便于他们的工作。在分级管理情况下，也有利于分级负责。

如果把各级流程图合并总成在一起，就成为一张十分详细的任务总流程图了。在高度集中统一的指挥下和较高的管理水平条件下，总流程图有助于以更高的效率来完成任务。

为了便于管理，总流程图与各级流程图中的工作和事项要实行统一编号。

10.3.2　流程图等效法

把只含一个最初事项和一个最终事项的一张流程图，用一件以最初事项作开始事项、以最终事项作结束事项的工作来代替的方法称为流程图等效法。这件工作称为流程图的等效工作。例如一级流程图中的一件工作，往往是一张二级流程图（或二级流程图的部分），这件工作就是二级流程图的等效工作，如图 10-6 所示。图 10-6（a）是一级流程图中的一件工作（$A-B$）；而图 10-6（b）是一张简化示意的二级流程图（或二级流程图的一部分），其最初事项为事项（A），最终事项为事项（B），这张流程图同工作（$A-B$）等效。

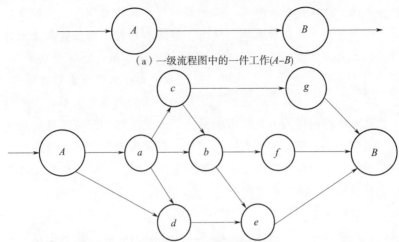

（a）一级流程图中的一件工作(A-B)

（b）二级流程图(或二级流程图的一部分)其最初事项为(A)，最终事项为(B)

图 10-6 流程图与工作的等效

因此，等效工作（A-B）的工期等于二级流程图中整个分任务完成所需的工期，此式称为流程图等效公式。

10.4 流程图作图技巧

10.4.1 工作和事项

如前文所述，工作和事项的区别在于工作是一个劳动过程，要占用一段时间；而事项具有瞬时性，所占用的时间相对来说可以忽略不计。

事项通常是指某一过程的开始或结束、工作与工作间的交接事宜等，因此事项在名称上都必定把瞬时实现的意思体现出来，如"完毕"、"完成"、"定型"、"出厂"、"开始"、"下图"、"齐套"、"下达"、"命令"、"启动"、"点火"、"提出"、"选定"、"签字"等。

一件工期较长的工作，为便于作阶段性考核和检查，可以在工作过程的几个特定阶段设立计划检查点。这样，这件工作便分成了几件工作，这些检查点就是一些事项。

如果遇到一个交接事项，其所需时间不能忽略，那么它就不是事项，而要用作为一件具有交接内容的工作来表示。

10.4.2　广义工作和虚工作

凡不需要花费人力、财力、物力，而纯粹要占用一段时间或间隔一段时间的情况，如进行贮存试验、行军中的休息、刷油漆后等着干燥等，为了在流程图里把这种情况所占用的工期和衔接关系能准确反映出来，也采用工作那样的表示形式。

另外，纯粹为了表示事项与事项之间的一个时间先后的衔接关系时，可以用一件不占时间，不占人力、物力、财力的虚工作来表示。例如为了安全，施工时只有等第 3 层楼的楼顶吊装完毕后，才能开始进行第 1 层楼的内装修，这两个事项之间就用虚工作连接，以表示在时间先后次序上内在的衔接关系。还有铆工工段中，如果有许多铆工在从事铆接，但只有一位划线老师傅统一划线，即舱段的所有铆接的划线工作都由他一个来承担。这种活在交由多个人干时，所有铆工都可平行进行，不一定会有先后关系，但在只有一个划线工统一划线时，在时间上则形成了先后关系，为了表示这种时间的先后关系，就需要加一些虚工作。

虚工作的画法见图 10 - 7，它的箭头线是虚线。

图 10 - 7　虚工作的画法

流程图里的工作是包括了上面两种形式在内的工作，故为广义工作。

10.4.3　平行工作画法

两件或多件开始事项相同、结束事项也相同的工作，称为平行工作。平行工作的工作工期可能相等也可能不等。例如，经开会研

究决定推广计划协调技术，为此一方面要着手同有关方面商量抽调
若干人员来从事此事，同时还要确定一位同志立即着手复制一些关
于计划协调技术的资料，以便在人员组织起来时，马上就可熟悉这
些资料了，见图 10 - 8。

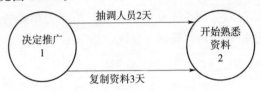

图 10 - 8 平行工作（错误画法）

从图 10 - 8 可以看出，工作（1 - 2）既表示抽调人员，又表示
复制资料；既表示需 2 天，又表示需 3 天。这样，工作分不清，工
期分不清，计算机也无法计算。为此加入一件虚工作，以示区分，
如图 10 - 9 所示。

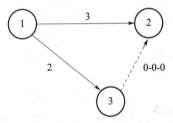

图 10 - 9 平行工作（正确画法）

10.4.4 反复过程画法

画图时，有时会遇到循环反复的过程。例如要研制一个放大器，
当常温下电路的电气性能合格后，就要进行包括诸如高低温试验、
潮湿试验、振动试验、辐照试验等在内的各种例行试验。一般在例
行试验中总会发现放大器设计上的一些不足，然后改进电路并加工
后，再次做各种例行试验，这种循环反复过程有时可能多次。在制
订计划的过程中，就要把这种可能有的反复次数预先估计进去。

如何正确地表示这种循环反复过程呢？以图 10 - 10 中的那个简

单的反复过程为例，图中工作（2-3）、工作（3-4）结束之后，就要反复回去做工作（4-2）、工作（2-3）、工作（3-4），然后才做工作（4-5）；有的还可能要再多反复几次后才做工作（4-5）。对于这种反复过程，显然不能把图 10-10 当做流程画进流程图里。因为它违反了流程的时间不可逆特性，将造成不合格流程。因此，必须把反复过程按时间先后展开成流程，如图 10-11 所示。

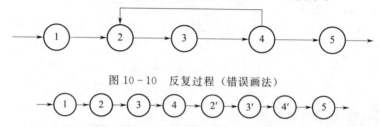

图 10-10　反复过程（错误画法）

图 10-11　反复过程（反复一次）的正确画法

如果反复多次，就连续接下去画多次。

如果反复过程所涉及的这几件工作的工期不太长，也可只用一件工作（2-4）来代替。这时完成工期的估计应把多次反复所花的时间都估计进去。

10.4.5　衍生工作画法

通常只有在本工作完成之后，才能干后继工作。但现实中会遇到这样一种情况：当本工作推进到一定程度，下一件工作就可以提前开始干或必须开始干了，此时称后一件工作是前一件工作的衍生工作。例如检测磁芯的工作，不一定非要一直等到全部磁芯检测完后才开始穿磁芯扳；而是检测了一定数量的磁芯后，就可以开始穿磁芯板了。如图 10-12 所示，在工作（1-3）中间衍生出一件工作。自然，这样是不符合流程图的作图要求的。

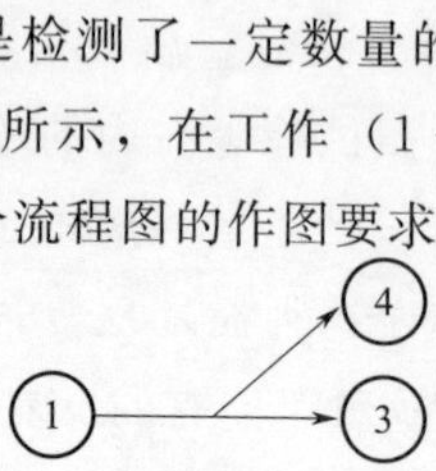

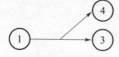

图 10-12　衍生工作（错误画法）

但如果按图 10-13 那样，把衍生工作接到事项（3）之后，那么既不能反映实际做法，又延长了工期，也不妥。

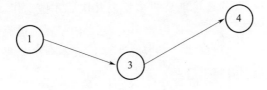

图 10-13　衍生工作（错误画法之二）

所以，应当把工作（1-3）人为地分成两件工作：工作（1-2）和工作（2-3）。这里工作（1-2）就是衍生工作开始干之前，原工作（1-3）已进行了的那一段工作。衍生工作就接于此，画成工作（2-4），如图 10-14 所示。

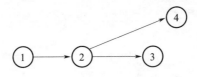

图 10-14　衍生工作的正确画法

10.4.6　交替工作画法

有时候，两件工作是交替地进行着。例如，一面在砌筑墙体，一面对构造柱编钢筋；或一面砌筑墙体，一面需要搭脚手架。对此，可以把这两件工作分别分成几段，即分成几件工作，然后把它们之间的交替规律表示出来。例如要把砌筑墙体分成 3 段，先砌第 1 段，然后砌第 2 段，最后砌第 3 段；把搭脚手架分成两段，先搭第 1 段，再搭第 2 段，而在搭完第一段架子后用虚工作同砌筑第 2 段墙体连起来，表示只有架子搭到这么高，才能继续向上砌筑第 2 段墙体，如此继续。见图 10-15。

前面提到的一位划线老师傅带几位铆工铆接舱体可画成图 10-16。

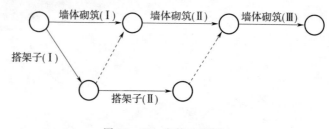

图 10-15　交替工作画法

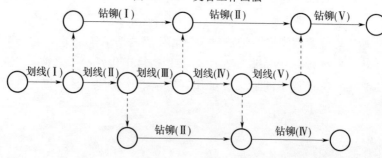

图 10-16　一位划线老师傅带几位铆工铆接舱体

10.4.7　孤立事项的处置

如果一项任务中除了有一个最初事项和一个最终事项外，还有一些事项只有先行工作而没有后继工作，或只有后继工作而没有先行工作，有的甚至先行工作与后继工作都没有，那么这些事项都称为孤立事项。

对于这些孤立事项分 4 种情况加以处理。

1）如果本任务的计划已经开始执行了，那么就有一些事项在画计划流程图时已经实现了，于是出现了多个最初事项。这时可直接把这些事项连同其实现日历日期一起输送给计算机。

2）如果遇到多个最终事项，例如既要出产品，又要出技术文件，此时的画法如图 10-17 所示。

这种情况下，首先应当弄清下达任务时，对此目标是如何要求的。如果都要完成，就将工期长的那件工作的结束事项作为任务的最终事项，而工期短的那件工作的结束事项同此最终事项之间用虚工作相连，箭头指向最终事项即可。

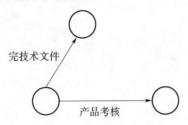

图 10-17　两个最终事项示意图

如果任务提出单位鉴于重要性、紧迫性等方面的考虑，选定其中一件工作的结束事项作为任务的最终事项，此时若这件工作工期较长，则同前面一样处置；若较短，则应对另一件工作作另行计算处理。否则，多个最终事项将导致流程图里所有参数的混乱。

3）在任务的流程中，有时会遇到由某个事项引出的一件没有后继工作的工作，例如写技术报告，这个报告写完了就算完了，没有（属于本任务）接着要干的工作。又例如盖楼房，第一层内部装修完之前，墙上要喷大白粉，喷完大白粉后，马上并没有什么工作要紧接着干。这种孤立事项，当然会给计算机的计算带来麻烦。但由于其后没有紧接要干的工作，因此推迟一点实现无妨大局，为此，可在此孤立事项之后接一件虚工作，虚工作的结束事项连到流程图中任意一个实现日期比较靠后的事项上去（如不够靠后，有可能造成人为的紧急线，故在把握性不太大时可尽量再靠后一点。这样做，富裕时间多留点，也利于充分照顾全局力量的妥善安排），或不加虚工作，而直接把孤立事项并入那个实现日期比较靠后的事项中。

如图 10-18 所示，其中写完（驱动器电路）技术报告那个事项，就用虚工作将它生硬地和（选通电路的）电加工与检验完这个事项连起来。

对于喷大白粉这件工作，则可插空到进入第 2 层或第 3 层内装修时再补干完。

同理，遇到无先行工作的工作时，也可采取同样办法，将此孤立事项同实现日期比较早的任意一个事项用虚工作相连，箭头指向

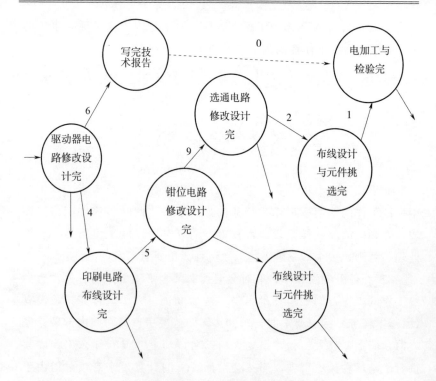

图 10-18　孤立事项的处理

孤立事项或直接把此孤立事项并入那个实现日期较早的事项。

　　由于这件虚工作是处理孤立事项用的，为计划调整和调度时运用方便，便在孤立事项圈的内侧靠近虚线处用黑弓形表示，如图 10-19 所示。

图 10-19　孤立事项的表示

　　4）在对孤立事项进行了以上 3 种处理后，如果在图中或计算机计算过程中（如填写原始工作表时）出现了孤立事项，则此孤立事项必然属于差错之列。其中除画错、写错、计算机出差错外，常常是流程图上漏画了工作箭头线。

图 10 - 20 中左图出现了孤立事项。原来是因为这个孤立事项的先行工作和后继工作都漏画了，见图 10 - 20 右图。

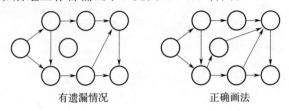

有遗漏情况　　　　　　　　正确画法

图 10 - 20 孤立事项（漏画工作）

又例如，图 10 - 21 出现了孤立事项（6）、（7）、（12）和（18），这张流程图上出现了孤立工作、孤立线、孤立流程。原因是可能漏画了工作，甚至漏画了线和流程。

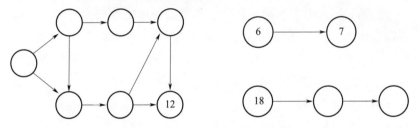

图 10 - 21 孤立工作、孤立线、孤立流程

应当指出，流程图上即使不出现孤立事项，并不等于流程图中没有遗漏的工作或其他差错。因此，每次读取、标画、传递各种工作和事项编号时都要十分细心。

10.4.8 虚工作的运用

有时会遇到工作（甲）的先行工作是工作（乙）和工作（丙），而工作（丁）的先行工作仅是工作（丙）的情况，例如学生学了微积分和学了电工之后，可以学晶体管电路，而学了微积分后，不管电工学与没学，都可以学概率论。

这类情况能不能画成图 10 - 22（a）那样呢？答案是：不能。

因为这样画后，工作（丁），即工作（2 - 5），变成一定要在工作（乙）和（丙）都完成之后，才能开始。为了解决这个问题，可以引入一件虚工作（2′-2），把图10-22（a）改画成图10-22（b）。

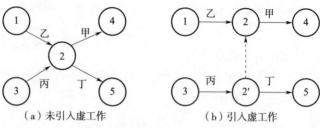

（a）未引入虚工作　　　　　　　　（b）引入虚工作

图10-22　虚工作的应用

可见，虚工作除了前面举例提到的一些用处外，可应用的地方还不少。

但是，引入虚工作切忌草率。不要以为虚工作周期为零，就可以随便添虚工作，随便画虚工作的箭头指向。例如图10-23（a）中，如果随便把虚工作倒过来，变成图10-23（b），结果紧急线从（1）→（2）→（3）变为（1）→（2）→（4）→（5）→（3），紧急线的预计完成周期从16周变为20周，工作间的相依衔接关系也变了：工作（2-3）原来要等到工作（1-2）和工作（1-4）都完成后才能开始，现在变为只要工作（1-2）完成后就可开始；而工作（4-5）反而要等工作（1-2）也完成后才能开始了。

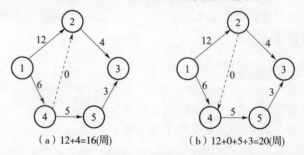

（a）12+4=16(周)　　　　　　　　（b）12+0+5+3=20(周)

图10-23　虚工作的箭头方向不要随便画

这里需要强调的是，箭头指向是表示了虚工作的开始事项和结束事项之间时间的先后关系，它影响到开始事项的总先行工作和结束事项的总后继工作之间的时间先后关系。因此，要正确掌握虚工作的用法，每添加一件虚工作时都要倍加注意。

为此，再举一个简单的例子：设计员要设计 3 件产品，图纸设计完后，要标准化员标准化审查；标准化审查完后，要工艺员作工艺审查。而设计员、标准化员、工艺员人手有限，都只能第 1 件产品做完后再做第 2 件产品，第 2 件产品做完后才去做第 3 件产品。这里给出两种画法，见图 10 - 24 （a）和 10 - 24 （b）。

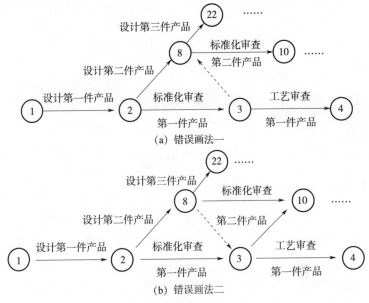

图 10 - 24 虚工作错误应用

这两种画法是不对的。因为图 10 - 24 （a）中，虽然工作（8 - 10）是在工作（2 - 8）和工作（2 - 3）之后才开始，但由于这里还有设计第 3 件产品的工作（8 - 22），因此当引入虚工作（3 - 8）后，还附带引进了一个新的衔接关系，即设计第 3 件产品的工作变成必须在标准化审查第一件产品（2 - 3）完成之后才能开始。这样的画法是不合理的，没有反映原意。

同样，图 10 - 24 （b）中，虽然工作（3 - 10）是在工作（2 - 3）和工作（2 - 8）之后才开始，但对工艺审查第一件产品这件工作（3 - 4）

而言，也附带引进一个新的衔接关系，即必须在设计第 2 件产品 (2-8) 完成之后，才能开始作第一件产品的工艺审查，这也同样是不对的。

正确的画法见图 10-25。

图 10-25 中，由于引入了成对的虚工作 (8-9) 和 (3-9)，(10-11) 和 (10-23)，才把这种衔接关系正确反映出来。

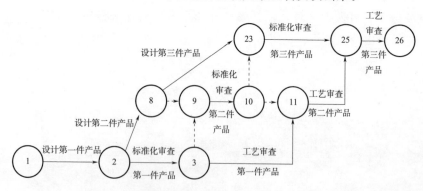

图 10-25　用一对虚工作来表示工作间的衔接关系

10.4.9　作图简化

在流程图绘制中，可以将那些表述得过细的工作合并，以及一些可以省略的虚工作加以化简，这就是作图简化问题。

（1）消除虚工作

流程图中能不用虚工作来表示的，就尽量不要引入虚工作。因此，对于那些可以消除的虚工作应予以消除。如图 10-26 （a）所示，当印刷电路板加工完毕，而且元件也测试完毕之后，无线电焊接加工（电加工）便可开始，经过 3 周便可完成（电加工完）。

现在把虚工作取消，简化成图 10-26 （b）。这里，电加工这件工作用了两条箭头线来表示。这种简化法可能对习惯于计划线条图的人来说比较直观，画起来比较省事，而且事项圈里的名称不需要用太长文字来表示（特别是很多工作箭头线都汇集到一个事项里来的情况，如总装前各个分系统和零部件的齐套这个事项）。但其缺点是图中把本来是一件电加工的工作，用了同样的两件工作来表示，不利于流程图的最优化分析，而且还使人容易误解成两件可以各自分别完成的不相关的工作，所以正确的简化方法应如图 10-26（c）所示。

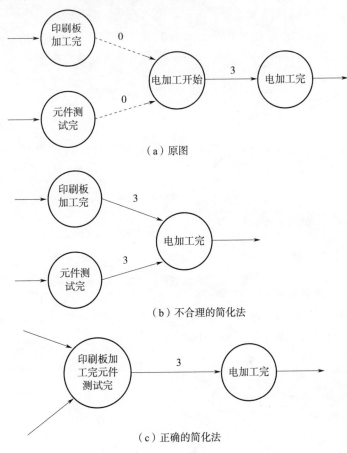

（a）原图

（b）不合理的简化法

（c）正确的简化法

图 10-26 消除虚工作

（2）流程的简化

为了使流程图更加醒目，有时要将流程图上一些过细的工作合并为几件较综合的工作，即将其简化为等效工作。

例如可以将一条线上的几件工作综合成一件工作，如图 10-27 所示。

一个局部流程，也可以简化。如图 10-28（a）所示，其事项

（9）和事项（10）之间的所有事项，同整个流程图中其他事项没有
联系，则这个流程可等效成一件工作（9-10），见图 10-28（b）。

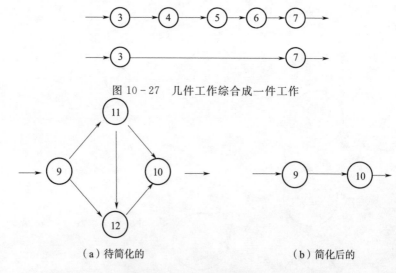

图 10-27　几件工作综合成一件工作

（a）待简化的　　　　　　　　　　　　（b）简化后的

图 10-28　流程的简化（一）

　　如果上述流程中，事项（9）和事项（10）之间的事项中还有同
流程图的其他事项有联系，则在简化时必须保留这种对外的协调衔接
关系。如图 10-29 所示，简化后事项（18）和事项（22）仍应保留。

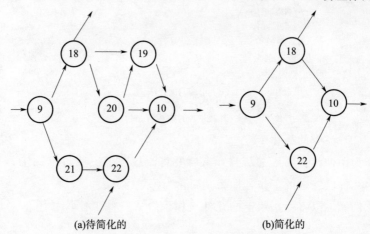

(a)待简化的　　　　　　　　　　　　(b)简化的

图 10-29　流程的简化（二）

10.4.10　流程图的合成

把多级流程图拼合在一起形成一张总流程图，叫做流程图的合成。流程图合成时要注意以下几点：

1）不同级流程图中的同一个事项在拼合后的流程图中只能是一个。如果不画成一个，那么这几个相同的事项应该用虚工作相连。

2）合成前，凡两张以上多级流程图中公用的那些事项，其事项编号最好事先统一给定。合成前的各张流程图中非公用的事项，也最好统一分配一个编号范围，以免合成时号码重复造成失误。

3）将二、三级流程图充实到一级流程图中而制成总流程图时，一级流程图中原代表二、三级流程图的一些大工作，在代之以多级流程图时，应将大工作或大工作组成的线及时取消。

10.4.11　流程图布局

流程图画出来必须让人容易看懂。否则，如果用很长时间才研究明白，就没有足够时间来充分交流情况和讨论问题了。所以，在制作流程图时，应当考虑工作和事项在图上的安排布置，即流程图布局问题。

1）画出的流程图应减少不必要的交叉箭头线，使其更具条理性。例如图 10 - 30（a）中存在着不必要的交叉线，经改进后变成了图 10 - 30（b）。这样，交叉线消除了，图也变得清晰明了。

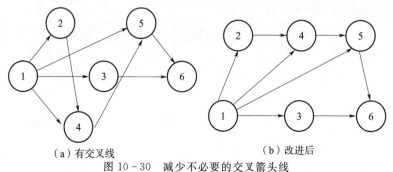

（a）有交叉线　　　　　　　（b）改进后

图 10 - 30　减少不必要的交叉箭头线

2）当表示工作的箭头线，在图上难以用一条直线表示时，例如图 10 - 31（a）中，箭头线（1 - 6）要越过一个事项（8）。此时可以用一条折线段来代替直线段，如图 10 - 31 （b） 所示；或者垂直于时间坐标轴移动一下其中一个事项的位置，如图 10 - 31 （c） 所示。

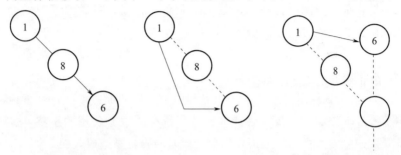

（a）工作箭头越过了事项　　（b）用折线段代替直线段　　（c）移动事项的位置

图 10 - 31　工作箭头线越过事项时采用的画法

3） 在画流程图前，应构思好流程图的布局，使之尽量适应流程图的多变性。办法之一是将流程图的纵坐标按任务的分系统来划分区域。有 10 个分系统，就把纵坐标划分为 10 个区段。区段的间隔不一定相等，视分系统内工作流程展开情况而异。属于哪个分系统的工作，原则上就画在相应区段内。例如规定电源系统画在第 8 区段内，那么有关它的许多工作都在这样一个纵坐标高度的区段内。这样，即使计划有调整，电源系统内部有变更，它仍然保持在第 8 区段，由此而画出的图既比较条理，又减少了交叉线，看起来一目了然，容易找到有关的工作和事项。

4） 一张带日历日期的计划流程图，按横坐标上所标定的日历日期把事项和工作一一对应画上去时，有时同一分系统中有些事项由于实现日期比较接近，使这些事项都拥挤在一起，难以标画；或者即使画上了，也显得折线段较多，事项间条理性较差。因此，可采用不等时间间隔的横坐标，哪里事项密度大，把那里的横坐标时间单位取小些即可。

10.4.12　流程图Ⅱ型表示法

画计划流程图时，用一个圆圈（或封闭线）表示事项，用两个

圆圈（或封闭线）和一条箭头线表示工作的表示法统称为流程图 I
型表示法。

如果把工作都用封闭曲线表示，箭头线不再表示工作，而仅表
示工作和工作之间或者工作和事项之间的时间先后衔接关系，则为
流程图 II 型表示法。

用 II 型表示法来绘制任务中的工作和事项时，要遵循如下画法。

1）工作用封闭曲线表示。箭头线表示工作和工作之间或工作和
事项之间时间先后的衔接关系。箭头所指的工作或事项，其开始时
刻应在箭尾处的工作或事项完成之后才开始。工作的名称、编号
（单位码、系统码、次序码）和完成工期写在封闭曲线内，见图
10 - 32（a）～图 10 - 32（b）。

2）任务最初事项的后继工作多于一件时，则最初事项（o）仍
应保留，单独画成一个事项圈，见图 10 - 32（c）。

任务最终事项的先行工作多于一件时，则最终事项（z）也要保
留，单独画成一个事项圈，见图 10 - 32（d）。

3）一个事项具有多件先行工作和一件后继工作时，图上不画此
事项，直接画多个先行工作圈和一个后继工作圈，相互间用多条箭
头线相连，以表示时间先后的衔接关系，见图 10 - 32（e）。

4）一个事项具有一件先行工作和多件后继工作时，图上不画出
此事项，直接画一个先行工作圈和多个后继工作圈，相互间用多条
箭头线相连，以表示时间先后的衔接关系，见图 10 - 32（f）。

5）一个事项同时有一件以上的先行工作和一件以上的后继工作
时，在作图时此事项圈仍予保留，见图 10 - 32（g）。

6）箭头线的头部与工作或事项圈相衔接之处，表示工作或事项
在此处开始。箭头线尾部与工作或事项圈相衔接之处，表示工作或
事项在此处结束。凡箭头线上不标注时间值的，表示后继工作或后
继事项可接着进行。箭头线上标注了时间值的，表示后继工作或后
继事项应推延开始的时间值，见图 10 - 32（h）。

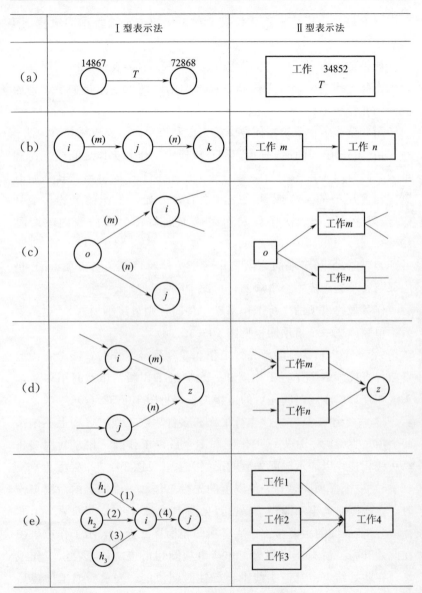

图 10-32　Ⅱ型表示法与Ⅰ型表示法

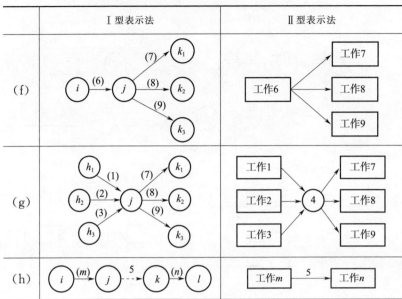

图 10-32　Ⅱ型表示法与Ⅰ型表示法（续）

为了对Ⅰ型表示法和Ⅱ型表示法加以比较，见图 10-33～图 10-36。

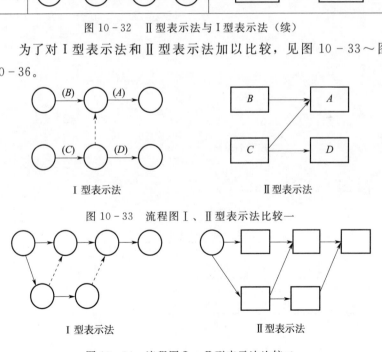

图 10-33　流程图Ⅰ、Ⅱ型表示法比较一

图 10-34　流程图Ⅰ、Ⅱ型表示法比较二

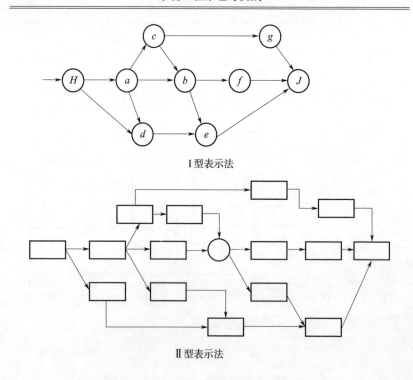

I 型表示法

II 型表示法

图 10-35　流程图 I、II 型表示法比较三

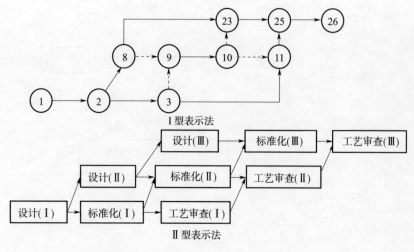

I 型表示法

II 型表示法

图 10-36　流程图 I、II 型表示法比较四

采用 II 型表示法的优点是图上一件工作用一个工作圈代替，便于管理和计划的调整，但使用时必须对事项的概念掌握得比较好。

10.5　计算机计算的基本程序

10.5.1　事项编号

一张事项总数超过了几百个的流程图，为了便于管理和计算，就要对事项进行编号。

编号的最基本原则是流程图中不同事项取不同编号，以示区别。

为使事项查找方便、提高作图效率与管理效率，通常采用一串数码进行编号。前几位为一组，定为事项编号的单位码；中间一组定为事项编号的系统码；最后一组定为次序码。如图 10 - 37 所示，单位码就是本事项的主要承担单位的代号；系统码是说明本事项属于哪个分系统（或至少和哪个分系统有关）的代号；次序码是指事项在分系统里所依次排列的次序号。例如一项研制飞机的任务，可以把有关研制生产发动机的各件工作的交接事项都编上同一个分系统代号——系统码，表示这些都是和发动机这个分系统有关的事项。

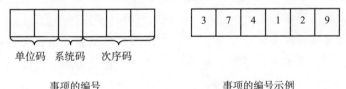

事项的编号 / 事项的编号示例

图 10 - 37　事项的编号

数字编号的每一位都是 10 进制，当然也可用 2 进制。这 3 组数码的位数视任务不同而事先固定。因为计划流程图的横坐标代表时间，而纵坐标大致按不同分系统分区段表示，所以事项在分系统中的次序号可以自左到右一个一个地编，再自上而下一行一行地编。

为适应流程图的更改，在编这些次序码时，可事先适当留出一些数码。

制定这样的编号规则的好处是：

1）根据事项编号在图上找出某个事项很方便。这是因为，可以从事项编号知道事项属哪个分系统，或至少和哪个分系统有关，是处在相应的哪个区段里。再根据序号自左至右，自上而下排列次序，很快即可从图上找到。这也有利于根据计算机计算结果，很快制作出带有日历日期的计划流程图。

2）如果要了解该事项的主要负责单位，从编号的单位码即可知道。同样，整个任务中某单位所负责的全部事项及其最早实现日期、最迟实现日期和机动时间等均可由计算机迅速按单位码归类给出。

为了进行事项的编号，事先应当编制出单位与其代号的对照表和系统与其代号的对照表。

10.5.2 工作编号的提取顺序——园扫法及原始数据表

一旦工作流程图画出后，就要把所有工作及其编号一件件列出来，送给各件工作的承担者进行工作完成工期的估计；一旦计划流程图（包括草图）画出来后，也要把所有工作及其编号（更多的情况下，就是用工作的编号代表此工作）连同完成工期的估计一件件列出来作为原始数据之一送给计算机去计算计划流程参数。

由于流程图上事项个数很多，工作件数也很多，流程关系错综复杂，所以从图上用手工方式提取一件件工作编号时，容易发生遗漏等差错。因此必须十分细心，并建立严格的校对制度。同时，在提取方法上，也要条理化，可采用如下提取法则。

1）当给流程图上每个事项一一编号的时候，应同时依次把事项编号登记在原始事项表中，见表10-1（事项业已实现者还应填实际实现日期）。当流程图上全部事项号码编完，这张原始事项表也登记完毕。这件工作要做得十分细心，要建立严格的校对制度。

因为给事项编号的工作是以分系统为单位依次进行，分系统内又是自上而下地一行一行进行，每行内又是自左至右一个一个地进行；因此除了事项查找方便外，这些事项在原始事项表中的编号次序，如果撇开单位码不看时，它们的数码几乎都是一批批从小到大地断断续续地排列着的。

表 10 - 1　原始事项表

事项编号			实际实现日期		
单位码	系统码	次序码	年	月	日

2) 从流程图上提取工作编号填写原始工作表（见表 10 - 2）的法则是：先从原始事项表上把第 1 个事项的编号记入原始工作表中第 1 件工作的开始事项编号的位置里，然后在流程图上找到这个事项，看这个事项是哪些工作的开始事项，于是把那些工作填上，即把这些工作的结束事项填上。而填这些工作的结束事项的次序是设想有这么一个起始矢量，它以该事项为原点，以平行于横坐标而和时间方向相反的方向作矢量起始方向，然后按顺时针方向扫描一周（360°），此矢量便先后扫过一件件箭头向外的工作，按此先后为序，扫到一件就在原始工作表里填一件（即填上结束事项编号，开始事项是相同的）。箭头指向本事项的工作则不填。从而把以本事项作为开始事项的工作全部填完。接着，再从原始事项表中找第 2 个事项，也如此园周扫描一遍……这样，一直到原始事项表上的事项抄完，全部工作就圆扫完，即得原始工作表。

表 10 - 2   原始工作表

工作编号		工期
开始事项编号————结束事项编号		
	—	
	—	
	—	
	—	
	—	
	—	

按照这种提取法则，制作原始事项表和原始工作表时不易产生差错，制表效率较高，校对起来也十分方便。这个提取法则称为圆扫提取法。

当然，完全采用计算机辅助时，是不会产生差错的。

若计划流程图已做出，则应将工作的工期同时填入原始工作表。这张表和原始事项表中事项已实现部分的事项编号及其实现日期合在一起称为原始数据表，它是计算机计算全部流程图参数的基本输入数据。

10.5.3   编排工作顺序表和事项顺序表

由于每项任务的流程各不相同，千差万别，而提供给计算机计算的原始数据表中，工作和事项的先后排列次序是不规则的，其先后排列次序也可以是任意的。因此，计算机在进行各种参数计算前，首先要把工作和事项衔接的先后排列次序加以整理，编排出便于计算机计算的一张工作顺序表和一张事项顺序表。有了这两张顺序表后，接下来的运算，一般熟悉计算机的人员自己就可以进行了。因此这里侧重于介绍计算机如何把原始事项表和原始工作表变换或工作顺序表和事项顺序表。

10.5.4　线的段数、事项的秩数、工作的秩数和合格流程

假定 $E(n_0)$—$E(n_1)$—$E(n_2)$—…—$E(n_p)$ 代表计划流程图中的一条线，其中，$E(n_0)$，$E(n_1)$，$E(n_2)$，…，$E(n_p)$ 是线上的事项，$E(n_0)$ 代表任务的最初事项，$E(n_p)$ 是任务中的某一事项，$E(n_i)$—$E(n_{i+1})$ 代表流程图中的一件工作 $(n_i$—$n_{i+1})$ $(i=0,1,…,p-1)$。此时这条线上包含 p 件工作，$p+1$ 个事项，p 称作这条线的段数。

于是，事项和工作也有办法编顺序号了。给事项和工作编顺序号叫做给事项和工作编个秩数（或叫秩）。

某一事项的秩数（秩）就是该事项的先行线中段数最大的那条先行线的段数。最初事项的秩定义为零。

某工作的秩数（秩）就是该工作开始事项的秩。

事项 (i) 用 $E(i)$ 表示，事项 (i) 的秩用 $r[E(i)]$ 表示，r 代表秩；工作 $(i-j)$ 用 $E(i)-E(j)$ 表示，工作 $(i-j)$ 的秩用 $r[E(i)-E(j)]$ 或 $r[i-j]$ 表示。

先以一条孤立的线为例，如图 10-38 所示，线 (0) → (3) → (6) → (7) → (19) → (28) 的段数为 5，工作 $(7-19)$ 的秩数是 3，工作 $(19-28)$ 的秩数是 4，事项 (28) 的秩数是 5。

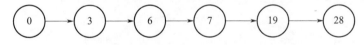

图 10-38　一条孤立的线

凡线上包含的所有事项在线上仅出现一次者，称之为合格线。一条孤立的合格线的段数正好等于它所包含的事项数减 1。

若线上的事项重复出现一次以上，则称此线为不合格线。一条孤立的不合格线的段数是无法限制在它所包含的事项数以下的。不合格线表示这条线已形成了回路，而回路是不符合流程不可逆性这个规律的。而合格线则表示、也仅仅表示线合乎流程的不可逆性，线上没有回路。

当流程图中所有可能形成的线都是合格线时，则称此流程图为合格流程图。否则，称为不合格流程图。

流程图上的事项总数如果是 $n+1$ 个，那么合格流程图中每个事项的秩都是一个不大于 n 的非负整数。

在不合格流程图中（即带有回路的流程图中），至少有两个事项的秩数做不到不大于 n 的非负整数。

图 10-39 中，事项（2）、事项（3）、事项（4）组成回路，这就成了不合格流程（不合格线），事项（5）的秩可以是由线（1）→（2）→（3）→（4）→（5）得出，即等于 4；也可以是由线（1）→（2）→（3）→（4）→（2）→（3）→（4）→（5）得出，即等于 7；也可以是由线（1）→（2）→（3）→（4）→（2）→（3）→（4）→（2）→（3）→（4）→（2）→（3）→（4）→（5）得出，即等于 10……由此可见，事项（5）的秩可以是无限大。

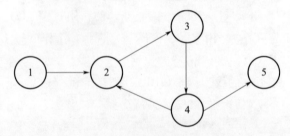

图 10-39 不合格流程

计算计划流程图中各种参数的关键在于把排列得不规则的事项和工作（原始事项表和原始工作表），按秩数大小的顺序从小到大地重新编排。经重新编排后，所形成的新的事项表称为事项顺序表，新的工作表则称为工作顺序表。由于这两张表体现了流程的特性——秩数，所以按这两张新表计算计划流程图中各种参数时就很容易。

如果流程图是不合格的，那么计算机应设法找出导致不合格的回路，以帮助人们迅速查出表上或图上的错误。

计算机给事项和工作编上秩数的计算程序称为计算程序 A。

10.5.5　计算程序 A

计算程序 A 的首要任务就是给工作和事项都编上秩数。

计算程序是：令全部事项的临时秩（记作 $p.r.$）都等于零，通过做一遍 A 运算，使原始事项表中每个事项都一一对应重新有一个新的临时秩数。所谓 A 运算，就是依原始工作表中工作排列的先后，对每件工作开始事项的临时秩和结束事项的临时秩加以比较，若后者大于前者，则转而去做下一件工作的这种比较；若后者不大于前者，则将后者（结束事项）的临时秩变换成前者的临时秩数再加上 1 的新临时秩（把前者临时秩加 1 送入后者的临时秩中），变换后再转入做下一件工作的这种比较，见图 10-40。

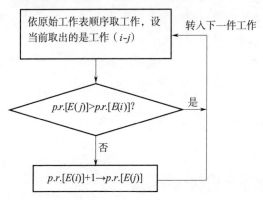

图 10-40　A 运算

原始工作表中各件工作轮完一遍 A 运算后，表中各个事项便得到一遍临时秩数，并向真正的秩数逼近一步（事实上，事项的临时秩在作了一遍运算之后，有的逼近一次，有的已逼近数次，有的在这一遍未能得到逼近机会，有的秩数不变了）。

于是，以事项所具有的新的临时秩为依据，再对原始工作表中的每件工作依次再作第 2 遍 A 运算，得出所有事项的第 2 遍临时秩。

这样，一遍遍地不断做 A 运算，可以不断得到事项新的临时秩。

假如任务是由 $n+1$ 个事项组成，依原始工作表的次序对工作一遍又一遍地作 A 运算，如果经过了最多是第 $n+1$ 遍的 A 运算后，全部事项的临时秩数不再增大，这时，就认为这张流程图是合格的，全部事项的秩就是这一遍的临时秩。因为这遍和上一遍的临时秩相等，所以全部事项的秩也是上一遍的临时秩。

各个事项的秩用程序 A 运算确定以后，合格流程中每一件工作的秩即可以以各自开始事项的秩来表示。于是，就可以把任务的全部工作按其秩的大小次序，从小到大地重新编排列表，计算机在编出这张工作顺序表后，可以很方便地进行计划流程图中所要参数的计算。

在进行 A 运算的过程中，算到第 k 遍（k 不大于 $n+1$）时，如果包括第 k 遍在内的每一遍中都至少有一个事项的临时秩在增加，而且至少有一个事项的临时秩在经第 k 遍 A 运算后达到 $n+1$ 或大于 $n+1$，那么这时就可得出流程是不合格的结论。

所以，程序 A 也是用以检查计划流程图流程是否合格的计算程序。

10.6 最优化

10.6.1 计划流程图的最优化

在计划编制和执行过程中应该对任务的计划流程图加以分析，力求使任务在进度上的、在技术方案和人财物等资源的组织安排方案上种种需求和实际可能最优地协调匹配，称为计划流程图的最优化。

使任务完成工期最短，或使任务完成日期最符合所期望的日期，就是计划流程图时间最优化的目的。

如果在完成一项任务时，希望投入的资源最少，或者只可能投入某一限量的资源，或者在不同日历日期上分别只可能提供若干资源，那么，这项任务在这种实际可能提供的资源分配下，如何合理组织使任务尽量提前或尽量按期完成，就是计划流程图资源最优化的目的。

　　因为任务完成所需的工期和所需的资源是相互制约的，因此实际中，计划流程图的时间最优化和资源最优化不能完全分开。它们仅仅是在时间最优化和资源最优化不能兼顾时，有所侧重考虑而已。

　　另外，在寻求最优化的过程中，有时计划流程图的部分流程可以作多种方案上的调整。从而可以从许多不同流程方案中，选取一种最优的方案，使时间最优或资源最优，或时间资源兼顾下为最优。这就是计划流程图的流程最优化。

10.6.2　检查工作完成工期的估计

　　计划流程图初步编制或修改出来，并计算了各种参数后，应再次检查任务中每件工作特别是紧急工作的完成工期填制得是否正确。如果发现填写失误或估得不妥，应及时更正。如果工期估计无误，必要时也还要进一步探讨是否有更好的流程组织安排方式，使完成工期可以缩短。

　　例如，从产品的设计到生产，中间要经过标准化审查、工艺审查、图纸资料传递等许多环节。有个单位在画了计划流程图后发现，这些中间环节竟长得可以和产品的设计工期或生产工期相比拟了。其中，图纸资料的传递工期竟长达两个星期。分析其原因，原来资料收发者为提高自身的工作效率，改成等待图纸资料收得数量较多后，集中发走一批的收发方式了。他当然并不了解这种工作方式在遇到紧急工作时会使整个任务白白推迟两个星期！因此，要改变这种收发方式，使之遇到紧急工作能分秒必争地完成。这样，传递图纸资料的工作完成工期由两个星期的时间改为几十分钟。

　　对每件工作完成工期的核查，还包括经过一段时间实践后，对工作完成工期是否有了新的估计。例如某建筑施工队，刚试用计划协调技术时，施工员凭过去多年组织施工的经验，对每层的墙体砌筑估了 18 天；经过精心组织施工之后，砌一层的进度大大提前，于是再砌上面一层时，墙体砌筑工作的计划指标就改为 7 天……直到最后，4 天就完成了。可见随时注意调整工作的完成工期是重要的。不能一成不变地光凭过去的经验，因为每幢建筑物所需技术难度不一，施工队伍当前能力水平（如新老工人更替等）也会变化。

每当工作完成工期的估计有了调整，就可能给计划流程图的有关参数带来新的不平衡，紧急工作、紧急事项也可能变了。因此，对于负责编制计划和指挥调度的人应当尊重客观规律，迅速适应这种变化，用辛勤的劳动使整个任务组织得更加严密，促使任务提前、高效地完成。

但是，如果工作完成工期的估计不存在填写错误、估计错误或调整修改的问题，切忌不要为了迎合任务完成的人为指定日期，不顾客观规律，而以主观意志随便去改变工作完成工期的估计。这对首次试用计划协调技术又缺乏统计数据的单位，尤其重要。

10.6.3 把串联作业改为平行或交叉作业

为了缩短整个任务的完成工期，要着重研究紧急线上每一件工作是否一定要按照计划流程图中已表示的那样一件衔接一件地串联作业；有没有可能改变组织安排方式，使串联作业改为平行作业或交叉作业，以大大缩短工期。

例如盖楼，一层一层往上砌砖，一直到主体砌筑完，安装好屋顶后，再自上而下一层层进行内装修，这是串联作业的安排。如果在第 3 层顶灌缝后，在第 4 层放线（下一步是砌筑第 4 层）的同时第 2 层开始铺设水泥地面（下一步是第 2 层墙面抹灰）等工作，即改为平行作业，整个楼房的建筑工期便可缩短。

另一方法是对工作，特别是紧急工作，进一步分细，然后分析这些小工作改成平行作业或交叉作业的可能性，以缩短工期。

例如，图 10-41 的上图中，第 2 层砼地面和第 2 层墙面抹灰是紧急工作，加上养护一共需要 25 天。为此把 9 天砼地面的工作细分成 3 个 3 天去干，第一个 3 天干第 2 层东侧，第 2 个 3 天干第 2 层中间，第 3 个 3 天干第 2 层西侧。这样，墙面抹灰的工作可以不必等第 2 层砼地面全部全养护完后才抹第 2 层墙面，可以在第 2 层东侧先开始抹灰，即实行交叉作业，见图 10－41 的下图。这样安排之后，工期便从 25 天缩短为 19 天。

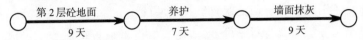

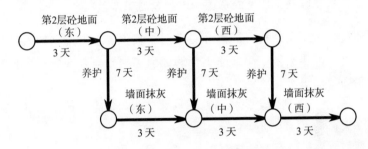

图 10－41　采用交叉作业示例

人们常说的提前做好准备，就是把串联改为平行或交叉作业的做法。研制一件产品，将其工装毛坯提前备料甚至提前进行粗加工就是交叉作业的例子。

以上这种在遵循本任务自身特有的流程特性前提下，把串联作业改为平行或交叉作业的方法，在计划流程图时间最优化中是最常用且很有效的方法。

以上叙述的是为缩短任务完成工期而采取的办法，如果要求任务按某个指定日期完成，即没有必要把进度提前，则可把平行工作或交叉工作改为串联工作，使单位时间内所需的人财物等资源节省下来去从事其他任务，使资源更好地发挥其效用。同样，非紧急工作有富裕时间，因此可以把它们的完成工期适当放长些，也就是说，可以把本来是平行或交叉的工作改为串联工作，以节省出人财物等资源。

10.6.4　通过增加人财物的办法来缩短工作工期

通过增加人财物等资源的办法来加强紧急线，从而缩短任务完成工期的道理很容易被人们理解的。

例如要砌墙，每天投入 30 人，10 天才能完；若每天投入 45 人，则 7 天就可完成。

又例如，一台仪器有 3 种电路，由一个人设计后，分别由他人——接手下道工序时，工期较长；如果设计工作由 3 个人平行承担，则整个任务工期就会缩短很多。

10.6.5　把非紧急工作上的资源调剂到紧急工作上

通过挖潜，充分利用富裕时间，把那些非紧急工作上的人财物调剂到紧急工作上来，使紧急工作的完成工期缩短，继而整个任务工期也随之缩短了。

如图 10-42 所示，室内装修中墙面抹灰，每天需抹灰工 50 人，要干 9 天；

顶板刮腻子，每天需抹灰工 25 人，干 3 天；

门窗套抹灰，每天需抹灰工 10 人，干 4 天；

门窗安装，每天需木工 15 人，干 2 天；

门窗台预制板安装，需瓦工 10 人，干 1 天。

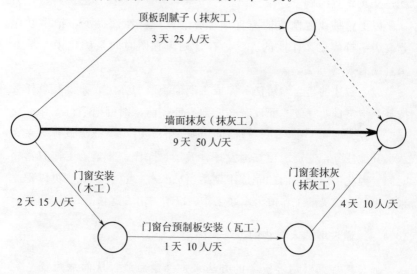

图 10-42　室内装修的部分流程图

由于墙面抹灰是紧急工作，若每层都能缩短工期，则整个楼房建筑周期也可缩短。

经计算得到如图 10-43 所示的方案，即可用 8 天去完成，而每天抹灰工只需派出 75 人。这里把非紧急工作顶板刮腻子从原计划的 3 天每天 25 人，调整为每天 10 人，8 天完成；而门窗套抹灰则由 4 天每天 10 人，调整为每天 8 人，5 天完成。

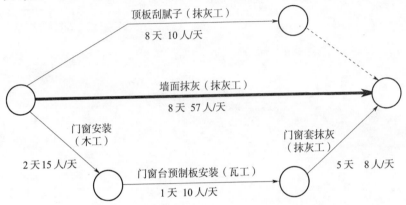

图 10-43　把非紧急工作上的资源调剂到紧急工作上

如果这个施工队的抹灰工另外还有 6 人在这段时间里有空闲，即每天有可能派出 81 人，则能否再提前 1 天，即用 7 天完成呢？

令 x_i 代表第 i 天顶板刮腻子的人数，y_i 代表第 i 天墙面抹灰的人数，z_i 代表第 i 天门窗套抹灰的人数，则可列出下式

$$
\begin{cases}
\sum_{i=1}^{7} x_i = 75 \\[2mm]
\sum_{i=1}^{7} y_i = 450 \\[2mm]
\sum_{i=1}^{7} z_i = 40 \\[2mm]
x_i + y_i \leqslant 81 \ (i = 1, 2, 3) \\[1mm]
x_i + y_i + z_i \leqslant 81 \ (i = 4, 5, 6, 7)
\end{cases}
$$

式中，x_i，y_i，z_i 均是非负整数。

　　满足这个方程的解有很多，因此可以进一步补充约束条件，选择一个最优的或比较好（优化）的安排方案。

　　例如，门窗套抹灰工作仍以每天 10 人，4 天完来安排。将上式进行数学求解后，可得出至少 20 组（每组还分许多种安排方式）可供选取的安排方式，任取其中两种解为

$$\begin{cases} x_1 = x_2 = x_3 = 15 \\ x_4 = x_5 = x_6 = x_7 = 8 \\ y_1 = y_2 = y_3 = 66 \\ y_4 = y_5 = y_6 = y_7 = 63 \\ z_4 = z_5 = z_6 = z_7 = 10 \end{cases}$$

$$\begin{cases} x_1 = x_2 = 20 \\ x_3 = 21 \\ x_4 = x_5 = x_6 = x_7 = 4 \\ y_1 = y_2 = 61 \\ y_3 = 60 \\ y_4 = y_5 = y_6 = y_7 = 67 \\ z_4 = z_5 = z_6 = z_7 = 10 \end{cases}$$

　　这些解中哪一个为最优呢？可以进一步考虑一些约束条件，如抹灰工在干这 3 件工作时，如何编组（以老带新、主辅配合、有利健全岗位责任制），如何尽量使工作相对稳定等，使解的范围进一步缩小而进行选择。

10.6.6　合理利用富裕时间，促使资源均衡利用

　　如果一个承担工作的单位忽忙忽闲，大家为事业多做贡献的积极性就不能充分发挥，设备利用率、工时利用率也不可能高，劳动纪律容易松弛，劳动生产率就很低。

　　若按这种忙闲不均的情况来制定该单位的建设规划和定点外协规划，那么由于其未曾对工作的流程细加分析，便常常用最大需要量来确定其自身的和外协的规模。这样，在建成投产后，就会造成

严重忙闲不均现象。所以，不论制定规划，还是制订计划都要仔细研究各种资源的均衡利用，以便经常地、持久地使资源得以充分发挥其作用或效益。

因此，合理运用富裕时间，促使资源均衡利用是至关重要的。

下面通过一个简单例子来阐明上述基本思路，某个小组同时要承担 A，B，C 3 件工作，这 3 件工作可以同属一项任务，也可分别属于不同任务。其中工作 A 是紧急工作，每天需投入 11 台铣床干 10 天，于 3 月 1 日（0 时）开始到 3 月 11 日（0 时）结束。另两件为非紧急工作，B 工作每天需投入 8 台铣床干 6 天，有 5 天富裕时间，可在 3 月 1 日（0 时）到 3 月 12 日（0 时）之间安排；C 工作每天需 9 台铣床干 4 天，有 7 天富裕时间，可在 3 月 1 日（0 时）到 3 月 12 日（0 时）之间安排，见图 10 - 44。

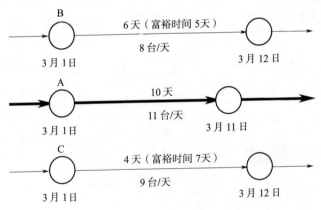

图 10 - 44　在同一时间段里承担 3 件工作

由于 A 是紧急工作，小组在安排时便按此执行。而 B，C 两工作，若都挤在 3 月最初的几天，那么铣床的需要量如表 10 - 3 所示，前 4 天每天需投入 28 台铣床，紧接着的两天每天要投入 19 台铣床，后面 4 天每天要投入 11 台铣床。这样资源的利用是不均衡的。如果用最大需要量 28 台来定其规模，不就太浪费了吗？此时可以利用工作 B 和工作 C 的富裕时间使工作交替安排，如将工作 C 安排在 7 日至 10 日，而工作 B 仍不动，于是每天需投入的铣床数为：前 6 天是 19 台，后 4 天是 20 台，这样资源的利用就较均衡了，规模便从 28 台降为 20 台。

如果工作 B、工作 C 的活可以分别按 7 天、5 天安排，同时 3 月 12 日这些铣床没有其他任务，则可按表 10-4 那样安排，最优化后每天需要的铣床数是 18 台，比最初的安排少 10 台。

如果预先又有一件工作 D 需在 3 月 6 日那天占用 4 台铣床，而又希望工作 C 尽量早些完成，可按照表 10-5 那样安排。

上述这个方法称为削峰填谷法。

表 10-3　计划平衡表（一）

工作编号	工作量（台日）	日历日期 3月										
		1 日	2 日	3 日	4 日	5 日	6 日	7 日	8 日	9 日	10 日	11 日	12 日
A	110		11	11	11	11	11	11	11	11	11	11	
			11	11	11	11	11	11	11	11	11	11	
B	48		8	8	8	8	8	8					
			8	8	8	8	8	8					
C	36		9	9	9	9							
							9	9	9	9			
最优化前每天投入的（台）数			28	28	28	28	19	19	11	11	11	11	
最优化前每天投入的（台）数			19	19	19	19	19	19	20	20	20	20	

注：表中实线表示工作周期，虚线表示该工作具有的富裕时间，实线和虚线合在一

起表示该工作可以机动安排的时间范围。线上方的数字表示最优化前每天投入的力量，线下方的数字表示最优化后每天投入的力量。

表10-4 计划平衡表（二）

工作编号	工作量（台日）	1日	2日	3日	4日	5日	6日	7日	8日	9日	10日	11日	12日
A	110		11	11	11	11	11	11	11	11	11	11	
			11	11	11	11	11	11	11	11	11		
B	48		8	8	8	8	8	8					
			7	7	7	7	7	7	6				
C	36		9	9	9	9							
									1	7	7	7	14
最优化前每天投入的（台）数			28	28	28	28	19	19	11	11	11	11	
最优化前每天投入的（台）数			18	18	18	18	18	18	18	18	18	18	14

表10-5 计划平衡表（三）

工作编号	工作量（台日）	1日	2日	3日	4日	5日	6日	7日	8日	9日	10日	11日	12日
A	110		11	11	11	11	11	11	11	11	11	11	
			11	11	11	11	11	11	11	11	11	11	

续表

工作编号	工作量（台日）	日历日期 3月											
		1日	2日	3日	4日	5日	6日	7日	8日	9日	10日	11日	12日
B	48		8	8	8	8	8	8					
								2	7	7	7	7	18
C	36		9	9	9	9							
			7	7	7	7	3	5					
(D)	(4)						(4/4)						
最优化前每天投入的（台）数			28	28	28	28	19	19	11	11	11	11	
最优化前每天投入的（台）数			18	18	18	18	14	18	18	18	18	18	18

　　所以，削峰填谷法是将富裕线上的工作富裕的时间、资源、人力、财力调剂到紧急线的工作上，充分利用富裕时间使同一时间段内所占资源、人力、财力最均衡。

　　以上，只是举了一个简单的例子来说明最优化的一个基本思路。在流程图里，由于诸工作所处的流程关系更复杂，工作数目也更多，先后相互衔接的几件工作其富裕时间又是相互制约的，因此计算和要考虑的问题就更多了。这就需运用工作开始事项和结束事项分别的最早、最迟实现日期及工作最早准结束日期和工作最迟准开始日期；或工作的先紧后紧富裕时间，先紧后松富裕时间，先松后紧富裕时间和先松后松富裕时间。

10.6.7　流程最优化

通过重新组织计划、改变计划流程，也可以达到优化的目的。

例如　有 3 件产品（甲、乙、丙），都要依次经过 4 道工序，它们所需加工的工期长短不一，见图 10-45。每道工序都是干完第 1 件产品的活，再干第 2 件，最后干第 3 件，见图 10-46。那么，怎样安排这些产品的加工，使总的工期最短？在总的工期尽量短的前提下，怎样安排这些产品的加工，使各工序在干这 3 件产品时，能尽可能地连续进行，或者说使每件产品加工时能尽可能地连续进行？

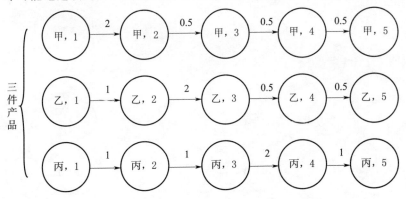

图 10-45　3 件产品，每件都要经过 4 道工序（单位：小时）

解法如下：将产品按甲、乙、丙的次序安排加工画出流程图（图 10-47 的第一张），求得总的加工工期是 9 小时。还可按甲、丙、乙，乙、甲、丙等次序安排加工，即共有 3！＝6 种安排方式，可画 6 张流程图来加以比较。

用计算机将这 6 张流程图中的工期都算一遍（或用作图法手工计算），其中的 3 种如图 10-47 所示。可以从 6 种安排中得到按丙、乙、甲的次序加工时工期最短，只有 6 小时，比按甲、乙、丙的次序加工工期缩短了 33％，见图 10-48。

从图 10-48 可以得出，第 1 道工序在加工丙产品后，紧接着可连续加工乙产品，最后加工甲产品，第 2 道工序、第 3 道工序、第 4

道工序也是连续地加工产品。每道工序的工人是连续不断地工作的，没有停停干干的断续现象。

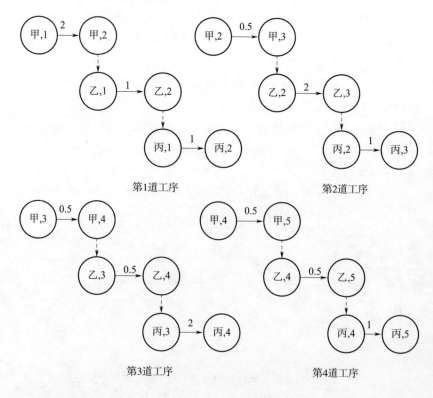

图 10-46　工序流程图

　　但此时 3 件产品在加工时每件产品各自的工序是否连续呢？丙产品是连续地进行的；乙产品在加工到第 3 道工序，在半小时的间隔后才加工第 4 道工序；甲产品也在加工到第 3 道工序，在半小时间隔后才加工第 4 道工序。

　　如果一定要在这 6 小时之内，使乙和甲两产品的加工工序中间没有间隔，那么可以将乙和甲两产品的开始加工时刻分别推迟半小时，即乙产品在丙产品第 1 道工序加工完后等半小时再开始加工；甲产品则在乙产品已推迟后的第 1 道工序加工完后即开始加工。

　　以上分别是计划流程图时间、资源和流程最优化的一些简单例

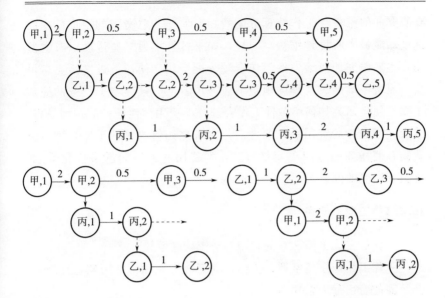

图 10-47 产品按甲、乙、丙，甲、丙、乙，乙、甲、丙三种次序安排生产

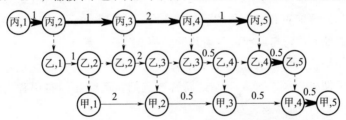

图 10-48 产品按丙、乙、甲次序安排生产

子，在复杂系统工程中，计划流程图的最优化除了综合运用一些技巧和计算方法外，更多的是需要由任务承担人发动相关各方集思广益，对各种建议进行计算分析，从"纸"上进行各种模拟，使计划工作具有科学预见性，使编制的计划和作出的调度指挥决定都是最优的。

10.7 费用优效

对于一项任务，如果打算多投入一些费用以加快其进度，就需要研究如何给各件工作合理分配费用，使任务总费用的增加最少而进度却能最大程度地缩短。同样，如果打算推迟一些进度以节省费用，也要研究如何给各件工作合理分配费用，使任务进度推迟得最短，而费用却能最大程度地被节省。再者，一旦确定了任务的完成工期，便应研究如何给各件工作合理分配费用，使任务的费用最省。或者，当任务的费用一旦确定后，应研究如何给每件工作合理分配费用，使任务的完成工期最短。这类费用和工期间的最优化问题，称为费用优效问题。

10.7.1 工期和费用

工作的完成工期和它的费用有着密切联系。

一件工作如按通常惯例去做，其完成工期称为常用期，记为 t_0，其所需的费用称为常用费，记为 C_0。

如果增加一些费用，以加速完成此工作，则费用每增到一个数值，工期便缩短到一个数值。把第 i 次时，工作的完成工期称为第 i 次速成期 t_i，把与此相应的费用称为第 i 次速成费 C_i。

如果花更多的费用，使工作的完成工期最大程度地缩短，则此极限工期称为最终速成期 t_m，简称速成期，而所需的费用称为最终速成费 C_m，简称速成费。

如果为了节省费用而推迟工作的完成工期，费用每减到一个数值，工期便推迟到一个数值，把第 i 次时，费用减到 C_i 称为第 i 次缓成费，相应的完成工期 t_i 称为第 i 次缓成期。

与速成期、速成费相仿，费用几乎不能再节省时的极限情况，称为最终缓成期、最终缓成费，简称缓成期 $t_{\bar{m}}$、缓成费 $C_{\bar{m}}$。

一件工作在不同费用值下，有不同的完成工期值。这些一一对应的数据称为工作的工期-费用数据，简称期费数据。

把工作的工期-费用数据画在直角坐标系内，横坐标代表时间，纵坐标代表费用，即可绘出工作的工期-费用特征点，简称期费点，如图 10-49 所示。

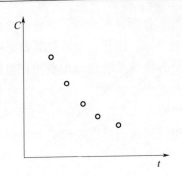

图 10 - 49　工作的期费点

这些期费点有的是离散的，有的则可连成连续曲线或接近于连续的曲线，称为工作的工期-费用曲线，简称期费曲线。

如果把离散点连成折线，这种折线也是工作的期费曲线。

工作期费曲线斜率的负值称为期费率 g_i，表示工作在某一完成工期 t_i 下，每缩短（或增加）一个单位时间，需增加（或减少）的费用，即

$$g_i = -\left.\frac{\mathrm{d}C}{\mathrm{d}t}\right|_{t=t_i} \tag{10-4}$$

如果工作的期费曲线可用一直线近似表示，如图 10 - 50 所示，则期费率 g 可以表示为

$$g = \frac{C_m - C_0}{t_0 - t_m} = \frac{C_0 - C_{\bar{m}}}{t_{\bar{m}} - t_0} \tag{10-5}$$

如果工作期费曲线用数段折线段近似表示，期费数据分别是 $t_{\bar{m}} - C_{\bar{m}}$，$t_{\overline{m-1}} - C_{\overline{m-1}}$，…，$t_0 - C_0$，$t_1 - C_1$，$t_2 - C_2$，…，$t_i - C_i$，…，$t_{m-1} - C_{m-1}$，…，$t_m - C_m$，如图 10 - 51 所示，相应的期费率为

$$g_i = \frac{C_i - C_{i-1}}{t_{i-1} - t_i} \ (i=1,\ 2,\ \cdots,\ m)$$

$$g_{\bar{i}} = \frac{C_{\overline{i-1}} - C_{\bar{i}}}{t_{\bar{i}} - t_{\overline{i-1}}} \quad (\bar{i}=1,\ 2,\ 3,\ \cdots,\ n) \tag{10-6}$$

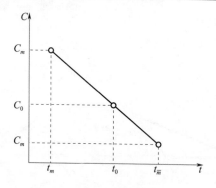

图 10 - 50　工作期费曲线为一条直线

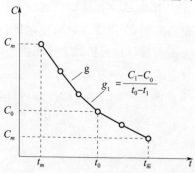

图 10 - 51　工作期费曲线为一组折线

如果某工作的常用费和缓成费相当接近，此工作的完成工期即使延长很多，也节省不出太多的费用，则称此工作为不宜缓成的工作。

如果某工作的常用期和速成期相当接近，此工作的费用即使增添很多，也缩短不了太多的工期，则称此工作为不宜速成的工作。

不宜缓成又不宜速成的工作称为不可调工作，其期费率不具有研究的意义。在考虑费用优效时，这些工作的工期和费用是不作调整的。

10.7.2　多重紧急线段

如果从某一紧急事项（i）出发，随时间进程有多条线抵达另一紧急事项（j），这些线的完成工期都相等，且没有富裕时间，会形成多条紧急线段，称为多重紧急线段，见图 10-52。

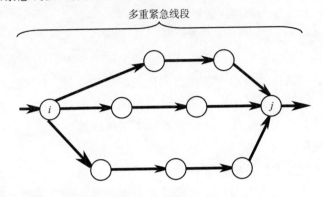

图 10-52　多重紧急线段

多重紧急线段中的每一条线段都称为多重紧急线段的一条链。多重紧急线段只有两条链者称为两重紧急线段，有 3 条链者称为 3 重紧急线段。

一项任务如果多处存在多重紧急线段则称为多段多重紧急线段，如图 10-53 所示。这项任务的这条紧急线称为具有多段多重紧急线段的紧急线。

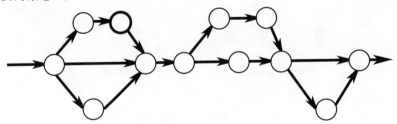

图 10-53　多段多重紧急线段

10.7.3　直接费用的费用优效原理

一项任务的总费用可分成两类：直接费用和间接费用。直接费用是指用在每件工作上，可由每件工作单独核算的费用。间接费用是指与整个任务全局有关而不分摊给每件工作的费用。

　　解决任务费用优效问题的方法称为费用优效方法，它所遵循的一些基本原理称为费用优效原理。

　　当给每件工作合理分配费用并调整工期后，任务实现了费用优效，称任务的这一费用和其相应的完成工期符合费用优效条件。所有符合这种条件的费用和工期组成任务的期费数据。这些期费数据在费用－时间坐标系上形成期费点，如同工作的期费曲线一样，也可画出任务的期费曲线。可以根据任务进度的需要和费用的可能从中选择最优方案。

　　任务的总费用是由直接费用和间接费用合成，直接费用通常是随着工期的缩短而增加，间接费用如管理费等通常是随着工期的延长而增加；直接费用和每件工作直接有关，而间接费用和每件工作并不直接有关。因此总费用的期费曲线由直接费用的期费曲线和间接费用的期费曲线叠加而成，如图 10－54 所示。

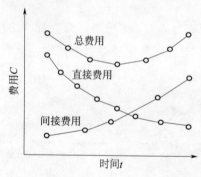

图 10－54　任务的总费用、直接费用和间接费用

　　由于任务的直接费用与任务的计划流程图上每件工作直接相关，因此只需要讨论直接费用的费用优效问题，即直接费用的费用优效方法及其基本原理，以及直接费用的期费数据和期费曲线的形成即可。

　　一项任务若按常规安排，即每件工作均按常用期和常用费进行，此时任务的完成工期称为任务的常用期，所需的直接费用称为任务的常用费。然而，任务按常用期完成所需的直接费用有可能比常用费低，这是因为对于那些有富裕时间的工作，可以通过延长其完成工期使费用节省出来。

设想一项任务的每件工作均按速成期和速成费进行，此时任务的完成工期称为任务的速成期，所需的直接费用称为任务的盲目速成费。之所以称为盲目速成费，是因为在使任务按速成期完成时，没有必要把其中大量的工作都按速成期安排，并按昂贵的速成费去支付。所以将任务中的所有工作均盲目地按其速成期和速成费来安排是很不经济的。

为了得出任务直接费用的全部期费数据，直接费用的优效方法如下：

先找出一组期费数据，例如任务的常用期－常用费，速成期－盲目速成费等。围绕这组数据，按后面将介绍的费用优效原理，调整任务中某些工作的费用（工期），使任务的费用（工期）发生相应变化从而同它的工期（费用）一起符合费用优效要求。再从任务的这一新安排出发，按照费用优效原理，从任务中寻找一件或数件最合适的工作，调整它的费用（工期），使任务在费用增加最少的条件下，工期缩短最多；或费用减少最多的条件下，工期延长最少。于是便得出第 2 组期费数据。用上述同样的办法，运用费用优效原理，接着再寻找任务中一件或数件最合适的工作，调整它的费用（或工期），使任务的工期进一步缩短或延长，得出第 3 组期费数据。依此类推，便得出了一组符合费用优效条件的期费数据。这时任务直接费用的期费曲线也就形成了。

每形成一组上述期费数据时，都必须遵循费用优效原理。这种直接费用的费用优效原理可归纳为以下 6 条。

原理 1：处理简单紧急线的费用优效原理。一项任务的完成工期要缩短，应从缩短紧急线入手。由于紧急工作的期费率大小不一，因此，为了最有效地发挥费用效果，应首先将费用补充分配给期费率最低的紧急工作，然后依次给次低者。而在这种费用补充分配过程中，应随时注意多重紧急线段的形成。一旦形成，应运用费用优效原理 2 和 3，重新寻找期费率最低者。

例：如图 10-55 所示，工作（1-2）常用期为 7 天，期费率为 120 元/天，期费曲线略；工作（2-5）常用期为 4 天，期费率为 20 元/天，期费曲线略；工作（1-3）常用期为 4 天，期费率为 100 元/天，期费曲线如图中所示，速成期为 2 天，缓成期和常用期一致；工作（3-4）常用期为 5 天，期费率为 60 元/天，期费曲线如图中所示，速成期为 3 天，缓成期为 6 天；工作（4-5）常用期为 6 天；期费率为 80 元/天，期费曲线如图中所示，速成期为 4 天，缓成期为 7 天。在增加费用以缩短工期时，首先应调整工作（3-4）。

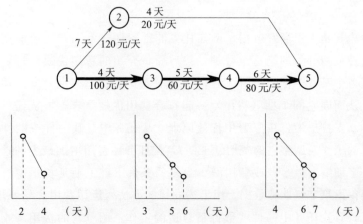

图 10-55　根据费用优效原理 1，增加费用时应先调整工作（3-4）

原理 2：处理具有多重紧急线段的任务的费用优效原理。要对多重紧急线段的完成工期进行压缩，则必须同时对各条链上的工作进行相等工期的压缩。否则工期压缩不下来，费用不能优效。多重紧急线段每压缩一个单位时间，其所需增添的费用称为多重紧急线段的期费率，它是各条链上待压缩工作的期费率之和。为使费用优效，每条链上所压缩的工作都分别选该链上届时期费率最低的紧急工作，并把它们的期费率之和作为多重紧急线段的期费率。

例：工作（1-2）、工作（2-5）、工作（1-3）的常用期、期费率、期费曲线和速成期如图 10 - 56 所示，工作（3 - 4）和（4 - 5）为不可调工作。在增加费用以缩短任务工期时，首先应调整工作（2 - 5）和（1 - 3）。

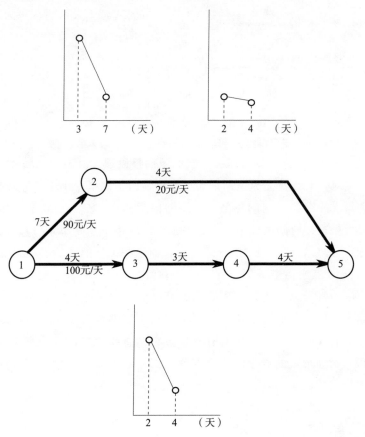

图 10 - 56　根据费用优效原理 2，增加费用时，应同时调整
工作（2 - 5）和工作（1 - 3）

原理 3：处理多段多重紧急线段的任务时的费用优效原理。对于具有多段多重紧急线段的任务，在允许增加费用而希望工期缩短时，费用首先补充分配给期费率最低的紧急工作或多重紧急线段。这里每一段多重紧急线段均作为一个期费率的比较单元，和各件紧急工

作一起参与比较。

例：图 10-57 只注明了两段多重紧急线段和一件工作（3-4）的期费率，在增加费用时应首先选双重紧急线段 1→3 缩短其工期。

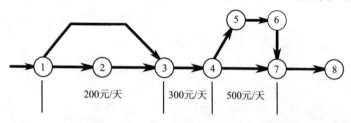

图 10-57 根据费用优效原理 3，增加费用时，应选多重紧急线段 1→3

原理 4：工作工期每压缩一次的限制量原理。对工作（$i-j$）进行压缩时，其预计完成工期最大可缩短到的工期不得小于其速成期，而它每次压缩的时间间隔值——压缩幅度——不能大于以下工作中先紧后松富裕时间的最小值：这些工作的结束事项是事项（j）或事项（j）的总后继事项中的任意一个，而这些工作的开始事项是除事项（j）及其总后继事项以外的任一事项。当工作（$i-j$）的压缩时间间隔值等于以上工作中先紧后松富裕时间之最小值时，便形成多重紧急线段。若要进一步考察任务完成工期继续缩短、费用优效下的任务直接费用，则应按具有多段多重紧急线段的任务的费用优效原理，对新形成的流程图中全部紧急工作和多段多重紧急线段的期费率进行比较。

例：如图 10-58 所示，工作（1-2）、工作（2-3）、工作（1-3）的常用期分别为 4 天、3 天、9 天。工作（1-3）的期费曲线为分两种情况，图 10-58（a）中工作（1-3）的速成期为 9 天，补充增加费用时，可将工作（1-3）从 9 天压缩 1 天而按速成期 8 天安排；图 10-58（b）中工作（1-3）的速成期为 6 天，由于工作（1-2）和工作（2-3）合起来的工期为 7 天，工作（1-3）只能压缩到 7 天。

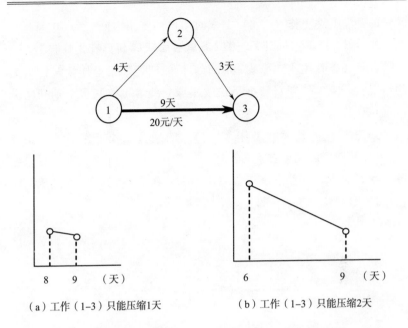

（a）工作（1-3）只能压缩1天　　　　（b）工作（1-3）只能压缩2天

图 10 - 58　根据费用优效原理4，工作工期每压缩一次的限制量的两种情况

　　例：如图 10 - 59 所示，工作（$i-j$）的速成期可达 4 天，但由

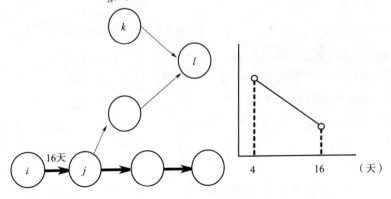

图 10 - 59　工作（$i-j$）的每次压缩幅度与工作（$k-l$）的关系

于存在工作（$k-l$），事项（l）是事项（j）的总后继事项之一，而
事项（k）又不是事项（j）的总后继事项之一，因工作（$k-l$）的先
紧后松富裕时间〔注：工作（$k-l$）及其先行线上的先行工作都紧

紧靠前开始而在工作（$k-l$）完成时留出的富裕时间]为 10 天，因此工作（$i-j$）不能一下子压缩 $16-4=12$ 天，而只能先压缩 10 天。

以上 4 条费用优效原理适用于工作的期费数据呈连续线性关系的情况。若工作的期费数据呈连续多段折线，可按其多个期费率分段进行计算。

如图 10-60 所示，工作（$1-3$）的期费曲线见左下图，工作（$3-4$）的期费曲线见右下图。当增添费用，缩短任务工期，寻求任务的期费曲线时，首先将工作（$3-4$）压缩到 6 天，再依次压缩工作（$1-3$）和工作（$3-4$）。

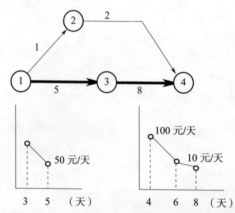

图 10-60　工作期费率呈连续多段折线时的任务费用优效问题

若工作的期费数据为离散点，它们虽然也可以连成期费曲线，从虚拟的期费率进行类似计算，但由于离散点间不存在工作安排的实际可能性，故工期的压缩是跳跃式的。因此，任务中遇有这种情况时，不能简单按期费率的大小来确定给哪件工作先分配直接费用的增添费。

原理 5：处理具有离散期费数据工作的任务的费用优效原理。任务紧急线中若具有离散期费数据的工作，当任务增添直接费用以缩短工期时，不能简单按期费率最小来确定给哪件工作先补充分配费用。应当考虑紧急线上可能有这样的一些工作：它们的期费率虽然偏大，但它们压缩若干单位时间后所增添的费用仍小于具有离散点工作的跳跃式压缩所增添的费用。如果这样的工作存在，则应先压缩这些工作中期费率最小者。若继续增添费用，进一步寻求任务的下一组期费数据，则继续考虑期费率偏大者中之次小者，这样一组组地补充分配下去。如果到了费用再继续补充分配下去，这些期费率偏高的工作因压缩工期所增添费用之总和将超过跳跃式压缩所增添的费用时，就不再给期费率偏高的工作分配费用了。这时，把刚才补充分配给那些期费率偏高的工作的费用全部抽回，用以补充分配给那些具有离散期费数据的工作，使其工期作跳跃式压缩。这时，期费率偏高的那几件工作由于抽去了增添的费用又恢复到压缩前的工期。如果再继续寻求下一组的期费数据，则对这件刚跳跃压缩了工期的工作，就不再考虑其抽出增添费用和恢复压缩前工期的问题了。

　　下面来证明原理 5 的最后一句结论：假定紧急线上有两件工作 $(i-j)$ 和 $(k-l)$，工作 $(i-j)$ 具有离散期费数据，可从 t_2 跳到 t_1，$t_2 > t_1$，它的虚拟期费率为 $g_{(i-j)}$；工作 $(k-l)$ 具有连续期费曲线，它的期费率为 $g_{(k-l)}$，且 $g_{(k-l)} > g_{(i-j)}$，工作 $(k-l)$ 的期费率是紧急线上所有工作中期费率大于 $g_{(i-j)}$ 的最小者。

　　当任务直接费用增添到使工作 $(i-j)$ 从所需工期 t_2 可以跳到 t_1 时，其所增添的费用为 $g_{(i-j)} (t_2 - t_1)$；而在此之前任务的一组数据，由原理 5 可知，是工作 $(k-l)$ 压缩了 Δt 时间，且满足下列不等式

$$g_{(k-l)} \cdot (\Delta t + 1) > g_{(i-j)} \cdot (t_2 - t_1) > g_{(k-l)} \cdot \Delta t \qquad (10-7)$$

　　［如果出现原理 5 所提到的，除工作 $(k-l)$ 压缩外，还有另几件期费率偏大工作中的次小者也作了压缩，其结论也一样，读者可自行证明。］

　　当任务直接费用继续增添，寻找新的一组期费数据时，有两种可考虑的途径：一种是在工作 $(i-j)$ 的工期跳到 t_1 的基础上，再增添等于 $g_{(k-l)}$ 的费用，使工作 $(k-l)$ 压缩一个单位时间，则任务

工期从工作 $(i-j)$ 工期未跳时算起，则工期共缩短了 (t_2-t_1+1)。另一种途径是把工作 $(i-j)$ 从所需工期 t_1 又返回 t_2，把费用 $g_{(i-j)}\cdot(t_2-t_1)$ 抽出，再添入和第一途径同样多的费用 $g_{(k-l)}$，用此费用 $g_{(i-j)}\cdot(t_2-t_1)+g_{(k-l)}$，或比此费用更少的费用，来压缩工作 $(k-l)$ 的工期，则工作 $(k-l)$ 所能压缩的时间 $\Delta t'$ 为

$$\Delta t' \leqslant \frac{g_{(i-j)}\cdot(t_2-t_1)+g_{(k-l)}}{g_{(k-l)}} = \frac{g_{(i-j)}\cdot(t_2-t_1)}{g_{(k-l)}}+1 \qquad (10-8)$$

因为 $g_{(k-l)} > g_{(i-j)}$，所以

$$\Delta t' \leqslant t_2-t_1+1 \qquad (10-9)$$

由此可知，第 2 种途径压缩的时间 $\Delta t'$ 比第一种途径压缩的时间 (t_2-t_1+1) 小，故以第一种途径为费用优效。所以当工作 $(i-j)$ 的工期跳到 t_1 后，不能按第 2 种途径那样再把工作 $(i-j)$ 的工期又退回到 t_2 去。

现举例说明费用优效原理 5。如图 10-61 所示，紧急工作 $(1-3)$ 的常用期为 7 天，速成期为 5 天，期费率为 40 元/天；紧急工作 $(3-5)$ 的常用期为 9 天，速成期为 6 天，是离散期费数据，虚拟的期费率为 20 元/天。随着直接费用的逐渐增加，工期逐渐缩短的优效情况是：先压缩工作 $(1-3)$ 一天，即第一速成期为 6 天，增加费用 40 元，得出一个期费点；再把工作 $(1-3)$ 的压缩量退出，增加的费用 40 元也一并退出，使工作 $(3-5)$ 跳跃式压缩 3 天，增加费用 60 元，得出又一个期费点；再接着压缩工作 $(1-3)$ 的工期，得出新的期费点。

原理 6：延长工期、最节省费用的原理。如果工作的常用费和缓成费相差较大，则应考虑延长工作的完成工期，以节省直接费用的问题。优先考虑延长的工作应是那些在相同的工期延长量下，节省费用最多的工作，对于具有连续费用曲线的工作即为期费率大的工作。

若不允许延长任务的完成工期，则除富裕线上可用上述方法使富裕工作的富裕时间减少以节省费用外，还可应用于紧急线上。每

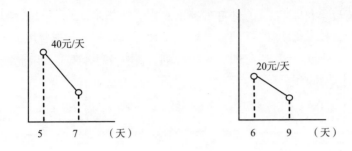

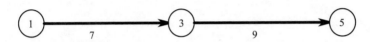

图 10 - 61　根据费用优效原理 5，费用增加时，先压缩工作（1－3）1 天，
再把工作（1－3）延长 1 天而压缩工作（3－5）3 天

当一件紧急工作的完成工期有了延长，则必须用另一件或另几件紧
急工作缩短同样数值的完成工期来补偿。优先延长的工作是期费率
最大者，而同时优先缩短的工作是期费率最小者。对于多段多重紧
急线段的情况，也可由此类推。

　　例 1：如图 10 - 62 所示，工作（1 - 2）、工作（2 - 3）、工作
（3 - 6）是富裕工作，其常用期分别为 5 天、6 天、7 天，期费率分
别为 60 元/天、40 元/天、10 元/天，缓成期分别为 7 天、10 天、10
天。这 3 件工作共有 3 天富裕时间，故可延长周期以节省费用，首
先延长的是工作（1 - 2），可延长 2 天；再次可以延长的是工作（2 -
3），可延长一天。这时已形成双重紧急线段，如要继续延长，则要
同时从两条链上各取一件工作。

　　例 2：如图 10 - 63 所示，工作（1 - 4）、工作（4 - 5）、工作（5
- 6）都是紧急工作，它们的常用期分别为 6 天、8 天、7 天，速成期
分别为 4 天、5 天、4 天，缓成期分别为 8 天、10 天、10 天。在紧
急线的完成工期不变的情况下，把紧急工作（4 - 5）的完成工期延
长 2 天，可以省出 200 元，把紧急工作（1 - 4）的完成工期缩短 2

天，需要多付 40 元，合计可节省 160 元。

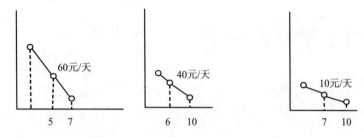

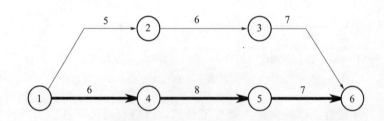

图 10-62 根据费用优效原理 6，延长富裕工作工期，节省费用

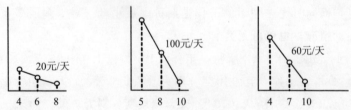

图 10-63 根据费用优效原理 6，调剂紧急工作以节省费用

第 11 章　计划协调技术运用

11.1　运用计划协调技术的组织管理程序

11.1.1　综述

运用计划协调技术组织管理任务时，必须建立和健全严格的岗位责任制以及一套相应的组织管理的规章制度。

由于任务性质及其复杂程度不同，各部门、各单位的现状也不一样，所以一切都要从各自实际出发，因地制宜，并在实践中不断补充完善。

类似建造若干栋几千平方米楼房这样一类任务，几位有实践经验的施工员在任务承担者和职工支持配合下，便可借助于计划流程图很好地组织施工了。

然而，像组织一颗人造卫星的研制这样的大型任务，由于参加研制的部门和单位很多，工作和工作之间的相互制约性很强，因此岗位责任制应当更加严格，组织管理的规章制度也应更加严密。这里不仅涉及计划管理本身，还涉及设计管理、技术管理、财务管理、物资管理、行政管理以及干部职工的人事管理等一系列制度和规定。例如，各种计划报表制度、技术文件的审批颁发制度、日常研制工作中技术和计划的协调制度等都涉及任务负责人、工作的承担者、有关的管理人员，以及相关各方面的管理业务。所以，应该从整个组织管理工作更加科学化的角度着眼，把更能发挥计划协调技术作用的规章制度和相应的组织管理机构建立和健全起来。

11.1.2　工作表、事项表及其管理程序

　　在中等复杂程度的系统工程中可以参考采用工作表、事项表及其管理程序。

　　工作表和事项表是在当任务经过全面的系统的分析、任务细化成许多工作和事项之后，由工作的承担者和事项的负责者共同参与填制的表格。

　　工作表和事项表分别见表 11 - 1 和表 11 - 2。

表 11 - 1　工作表

开始事项编号-结束事项编号
42403 - 42408

工作名称：驱动器设计

工作完成工期的估计：11 周

工作直接承担：张□□　　　（2008 年 6 月 8 日）（电话 568689）

工作承担单位：四室二组　单位负责人：林□□　　（2008 年 6 月 8 日）（电话 568689）

工作内容：
　　根据技术文件 134JX74819 设计驱动器，使之时延达到 2 纳秒，驱动功率……体积……质量……功耗……给出原理图，技术说明书，全套技术文档含加工工艺、检验要求和测试方法，评审结论，工作总结，验收结论。

备注：
　　工作中主要困难是功率管 2W123 击穿电压低。

计划进度要求及实现情况：
工作的计划开始日期2008 年 7 月 26 日
工作的计划结束日期2008 年 10 月 27 日
富裕时间　6 天

任务负责人：陆××
2008 年 6 月 10 日

工作的实际开始日期2008 年 7 月 28 日
工作的实际结束日期2008 年 10 月 26 日

任务负责人：陆××
2008 年 10 月 26 日

表 11 - 2　事项表

事项编号：42408

事项名称：驱动器设计完毕

事项直接负责人：张□□　　　（2008 年 6 月 8 日）（电话 568689）

事项负责单位：四室二组　单位负责人：林□□（2008 年 6 月 8 日）（电话 568689）

事项实现标准：

　　根据技术文件 134JX74819 设计的驱动器，时延达到 2 纳秒，驱动功率……体积……质量……功耗……均已达到；原理图给出，技术说明书签字，全套技术文档所含加工工艺、检验要求和测试方法归档，评审结论签字，工作总结签字，验收结论签字同意验收。

　　此事项经组长林□□组织人员检查、核对无误，签字后，即告实现。

备注：

计划进度要求及实现情况：

本事项计划实现日期2008 年 10 月 27 日

　　　　　　任务负责人：陆××　　　（2008 年 6 月 10 日）

本事项实际实现日期2008 年 10 月 26 日

　　　　　　任务负责人：陆××　　　（2008 年 10 月 26 日）

（本事项预计最早实现日期＝2008 年 10 月 24 日；预计最迟实现日期＝2008 年 10 月 31 日；机动时间＝7 天）

　　工作表的用途是明确工作的具体内容，估计工作完成工期，说明完成本工作还缺哪些条件或存在哪些困难，以类似于合同的形式建立起工作的岗位责任制。同时，此表也是工作完成的考核标准之一，也是计划和技术管理的考核标准之一。

　　事项表的用途是明确事项的实现标准，确立检查事项完成与否的岗位责任制，并给每个事项规定统一编号。事项表可以使工作承担者准确地了解他所承担工作的开始标准和完成标准，以便做好工作间严格的交接事宜，并在准确理解了所承担工作的工作量之后，估计好工作的完成工期。

　　这两种表是对计划流程图的必要补充。

　　事项表中的事项直接负责人和单位负责人都要本人签字。

事项的编号是在绘制了任务的计划流程图之后，由计划人员统一给出。

事项的预计最早实现日期、预计最迟实现日期及机动时间都是根据画出的计划流程图计算出来的。事项的计划预计实现日期则是由任务负责人（或经任务负责人批准，由协助其进行技术和计划协调的办事机构成员，下同）在分析权衡了与此事项先后有关的所有工作（总先行工作和总后继工作）后给出。此日期必须介于事项的预计最早实现日期和预计最迟实现日期之间，需征求工作承担者和事项负责人的意见后集中决定，作为计划下达。事项实现之后，则由事项负责人提出实现报告，由任务负责人检查后填写。

如果对于有些工作之间的交接事项，各方早已配合默契、协调很好，则事项表的填制工作可以大大简化。

工作表中的工作编号是根据事项编号由计划人员统一给出。

工作完成工期的估计，是由工作直接承担人填写，必须做到严肃认真。填写前，除应弄清楚工作内容及其开始事项和结束事项外，还要了解和领会整个任务从总体技术和总体进度上对本工作的要求；填写时要与计划管理人员和各有关方面的管理人员和保障人员磋商，要同从事本工作的全体人员仔细分析各种有利和不利的因素。

工作开始事项的预计最早实现日期和最迟实现日期、工作结束事项的预计最早实现日期和最迟实现日期没有列入工作表，可查阅事项表。工作表中只给出了工作的计划开始日期和工作的计划结束日期，以及由这两个日期之差比工作预计完成工期大的值即计划中留给本工作的富裕时间。这3个值是由任务负责人在分析权衡了此工作先后有关的所有工作（总先行工作和总后继工作）后给出，此日期的制定同样需征求工作承担者的意见，作为计划下达。

工作的计划开始日期应当处于工作开始事项的预计最早实现日期和该事项的预计最迟实现日期之间。但有些情况下甚至可以比该开始事项的预计最迟实现日期还迟才真正开始，这个开始日期又称为准开始日期。此时，该工作的先行工作的结束日期是不能迟于该工作开始事项的预计最迟实现日期的。也就是说，如果本工作和它的先行工作之间有交接事宜要办的话，则必须先在不迟于该工作开始事项的预计最迟实现日期之前，即在诸先行工作的计划结束日期之时办完交接事项，才在准开始日期全面开始。

工作的计划结束日期也应当处于工作结束事项的预计最早实现日期和它的预计最迟实现日期之间。但在有些情况下，甚至也比该事项的预计最早实现日期还早就能完成，这个完成日期称为准结束日期。如果本工作和它的后继工作之间有交接事宜要办的话，则它办完交接事宜的真正结束日期必须推迟到该工作结束事项的预计最早实现日期，即在其后继工作的计划开始日期之时办完交接事项的移交手续。

工作的实际开始日期和工作的实际结束日期，则均由工作承担者提出报告，经任务负责人检查后填写。

随着任务的不断进展，计划的进度也可能要调整，工作的安排可能有变更，工作完成工期的估计也可能有新的认识；因此，需要对事项表和工作表上所填的内容加以必要的调整或更改。

对于所有即将开始的工作和事项，组织管理人员要提前（一两周或数天）再次通知到工作直接承担者和事项直接负责人，并提前督促检查他们的准备情况。

计划流程图可以展示在内部网或公共场合供有关人员查阅或浏览，每当工作表或事项表上填上实际实现日期的同时，计划流程图上相应的事项处也应标上一个实现标志，例如画一面小红旗，这在无形中成了一场无声的竞赛。

为了适应计划执行中临时情况的变化，除及时更改工作表、事项表外，还采用调度单应急。

为了及时协调计划和技术上的问题，任务负责人应亲自主持召开定期和不定期的调度会。例如，会议每周一次或两周一次，有的甚至每日一次。会上对整个任务目前进展、存在问题及下一步工作的准备情况进行全面检查，着重讨论的是紧急工作和紧急事项。会议事先由各有关方面做好准备，提供材料和建议，并对建议的预期效果进行必要的分析和计算。会上的发言要求突出主题，言简意赅，讲究效率。对情况要迅速集中掌握，对影响全局的工作要高度集中统一地加以指挥调度，不得各行其是。各有关方面或各级、各层次都要本着局部服从全局的原则来保证所承担工作和所负责事项的如期完成。当然全局也要照顾到各个局部存在的特殊问题。

凡是协商一致后做出的决议或民主集中后做出的决定，都必须强调把检查其执行的措施及检查人姓名作为决议或决定的一个必不可少的内容。

对于较复杂的系统工程，由于工作常常被分散到全国各地许多部门去做，因此需要有一套畅通的通信系统和邮递系统作保证，工作表、事项表和调度单等的格式种类及管理程序都要更为严格和完善，任务总负责部门的管理机构内部也要有更严格的分工和配合。

11.2 推广中的几个问题

计划协调技术是一种科学的组织管理技术，要采用它，必须加强领导，加强思想工作，建立严格的各级岗位责任制，建立强有力的集中统一的指挥调度系统。同时，要求管理工作必须做得更加深入细致、更加全面、更能体现事物客观规律。

在推广计划协调技术时，最好采用短期集训的办法，事先准备好讲稿材料，用5～10天的时间采取边讲授边座谈方式，先培养一批能初步应用计划协调技术的骨干，使他们日后能正确地指导大家有步骤地转到这种管理办法上来。集训人员当中，应当有领导人和有关业务的负责人参加。领导不仅要起到带头作用，还要挑选对管理工作有较强事业心和责任感的各有关业务机关和重要部门的负责人及骨干一起参加，组成上下一套推广的骨干队伍。

面上的普及工作十分重要，可以采用讲大课的方式进行，使大家懂得计划协调技术的作用和基本原理，熟悉和掌握其中的专用术语和作图技巧，并积极按其规章制度去办。

　　由于计划协调技术是一种新的管理技术，一开始以选择工期较短、任务复杂性较小、外部依赖条件较少、且比较重要的任务做试点对象为宜。这样做有利于受到各级领导的重视，很快得到试点经验，取得对整个过程的感性认识。通常组织领导得力的千人以上的单位，从确定试点对象到第一次调度会约一二十天。再经过建立和健全一套规章制度和一段时间的巩固，大家就会对计划协调技术更加熟悉，也知道由此将带来哪些变革，这时就有条件全面推行了。当然，只要领导得力，各管理部门配合好，在大型系统工程上实行或在单位内部全面推行也都是可以的。

　　在试点初期，计划协调技术骨干所面临的工作是相当多的，他们要了解汇集许多比过去细得多的情况；要熟悉过去不够熟悉的业务；要制作计划流程图，甚至还要亲自作计算；又要逐步建立与推行一套新的管理办法；再加上由于是新的管理形式，他们可能还要承担过去由几个人分别承办或几个管理部门分别办理的事情。因此，特别是在新的管理形式未建立起来之前，他们的工作量一般比过去日常工作量要大好几倍，需要领导和广大群众热情关心和支持。此阶段，部门和单位的行政和技术领导必须亲自主持此项工作开展。

　　因为应用计划协调技术管理时，会出现很多新情况，引起很多新问题，所以加强领导、及时解决问题是顺利进行试点的重要条件。在集训学习期间，领导要组织好参加学习的人员，并带头认真学习。在进行试点时，领导要亲自动员布置，亲自参加任务分析和流程图的编制，讲明总的意图，亲自组织研究缩短紧急线、寻找最优化方案，亲自主持定期的调度会议，亲自改革一些管理机构，亲自确定一些新的规章制度。这样做以后，领导就能很快地深入熟悉业务，大大提高领导水平。因为计划协调技术作为一种工具，首要的服务对象是领导者、决策者。

11.3　计划协调技术与系统工程总体

　　计划协调技术是为保证整个系统工程任务的完成而科学地安排优化计划并在执行中及时改变计划实施调度的手段。所以，实施计划协调技术必须有总体概念，必须明确系统工程任务各部分之间的责任关系和时序关系。一项大系统工程任务由大系统、中系统、小系统组成，一级对一级负责，因此，计划也是一级对一级制定。只表示工作与工作流程之间的衔接关系的是工作流程图，加上每件工作完成工期后，形成的是计划流程图。一级工作流程图对应的是一级计划流程图，二级工作流程图对应的是二级计划流程图，三级工作流程图对应的是三级计划流程图。一级工作流程图或一级计划流程图中所表示的一件工作，在二级工作流程图或二级计划流程图中由许多工作组成。图中的每一件工作，都代表了一位责任人或某个责任单位的一位责任人，没有责任人是不能允许的。

　　优化计划的编制，是以研究/设计系统人员所制定的技术流程图或称为工作流程图为基础，然后以科技管理人员为主，与研究/设计系统人员，人事、财务、物资、基建等诸多方面人员结合，按优化目标进行综合协调，制定出优化计划。一个部门/单位，如果承担多个型号、多项预先研究项目与课题，则要进行人财物多方面的跨型号、跨预研项目的综合优化，在行政单位的统一领导下进行协调。

　　制定出一张计划流程图，制定者会体会到管理的行程几近过了一半。

　　当进行管理与日常调度时，从一级到末级的计划流程图的计划执行情况都可报给系统工程的总管。总管要掌握全盘所有工作的进展情况，其主要的精力放在了计划流程图上的紧急线，每天只需了解紧急线上的届时紧急工作的完成与否即可。如果是优化计划，可能同时出现多条紧急线，将有多件紧急工作，总管需要关注其是否按期完成。如果不能按期完成，需问这件工作的负责人要推迟多少时间才能完成，由技术系统人员去核准其具体实施进展。于是，技术管理和计划管理人员所要决策的是调整计划流程抢回进度，还是调整其他各种人财物等措施，保证总计划的完成。如果计划提前了，技术管理和计划管理人员还要决策是否进一步优化计划，调整制定新的执行计划。

遇到某件工作完成工期把握不大的，计划管理人员在计划制定中可以在工期安排上给予一个弹性富裕时间，这是计划制定的艺术。

按计划协调技术组织开展的任务，只要各方面都配合好了，工作做细了，计划的完成是有很大把握的。它实质上是在计算机仿真下的计划管理。

11.4　计划协调技术与航天计算机辅助设计与制造一体化集成

航天计算机辅助设计与制造一体化集成（AVIDM）的目的，是把总体和各个分系统的设计与制造参数能统一在一个计算机辅助设计体系中，使某一分系统的参数变动时，从总体到其他相关分系统都能立即知道输出给它们的这一参数已经变动了。总体和分系统为此做出相应的调整，从而缩短设计制造工期，并防止由于其他分系统不知道该参数改变而引发的贻误。也可实现异地联网设计。作者两次在航天 CAD/CAM 工作会议上讲述了这个概念，会后又与CAD/CAM 中心的同志进行了讨论，希望他们提出一个可行的方案。后来设计出了建立统一框架、编制统一数据流字典的数据流方法，率领 CAD/CAM 中心，经过一年努力，形成了现在全航天都采用的AVIDM。

AVIDM 中的数据流实际上是一个设计流程。由于希望记录每次参数的变动，以备选择方案时可以比较以往哪个最好，因此它没有采取循环操作运算。这一优点正好和计划流程图中时间不可逆规律相吻合，所以二者是可以结合为一体的。

11.5　计划协调技术的管理人员素质培训

采用计划协调技术实行管理对工程技术人员和管理人员的技术水平要求相当高，要求他们有科学技术的基本功底和运用计划协调技术的知识，因此计划协调技术的应用中要不断进行人员培训。如果不采用计划协调技术这套现代化管理方法，就会退到 20 世纪 20 年代落后的线条图管理。20 世纪 80 年代初许多科技管理骨干人员都进行过计划协调技术培训，后来全航天重点型号都采用了这样的管理，许多型号总师经过培训都增强了指挥调度与管理的有序性和科学性，促进了研制进程。

11.6　结束语

采用计划协调技术来编制计划实施指挥调度的部门和单位，由于领导坚持在第一线，发动了群众，又有严格的岗位责任制，任务划分得很细，工作之间的协调关系搞得很清楚，对每件工作完成时的困难原因和潜力之所在以及完成工期都作了仔细分析，加上计算机辅助，因此效果是十分显著的。

它使领导胸中有全局，工作能主动，事先知道一项任务中每件工作的轻重缓急及进度要求，了解当前应抓的紧急工作和提前要做的准备以及面上工作的安排情况及潜力；

它使整个任务的组织指挥有条不紊，忙而不乱；

它使计划工作有预见性，能防患于未然，并可事先考虑和选取最优的组织实施方案；

它使使用人员迅速掌握工作流程特性，巧妙安排工作，缩短周期，合理使用人财物等资源；

它使复杂任务迅速分清条理，周密地组织起来，防止漏洞和缺项；

它能更好地吸收群众的智慧，发扬民主管理和群众路线的作用，健全各级岗位责任制，并有力地组织和推进劳动竞赛；

它使计划工作得以快速调整，适应变动频繁的各项任务；

它使指挥调度有更大的回旋余地，可更充分地组织相互支援；

它明确了任务中的紧急工作，缩短任务的工期；避免不加分析地只把技术上的关键当做全部紧急工作而贻误任务的完成工期；

它可以帮助找出许多部门和单位的潜力所在及薄弱的环节；

它使部门和单位内部不少过去经常处于情况不够了解也不够及时的环节，有了主动性；

它使一个部门或单位在同时承担多项任务时，得以统筹兼顾综合平衡，防止"单打一"的低效做法；

它使不同的方案可以作出适当的比较，使方案中一些不妥当的设计或组织安排得以提前纠正；

它以一个通俗醒目的方式把全局和局部一并交给了全体人员，使各件工作得以迅速协调，使全体人员了解总的组织安排意图，统一思想，统一行动，搞好大力协同；

它使管理工作语言简练，会议时间短，议而有决，有检查，办事效率高，还能系统积累管理资料，以利总结提高；

它使我们可以逐步转到现代化大生产的科学管理轨道上来，所以，计划协调技术使组织管理工作向科学化跃进了一大步。

它之所以成为组织管理工作的一个飞跃，主要技术原因有：第一，对任务的计划管理建立了数学模型——流程图；第二，进行模拟试验，使计划工作有预见性；第三，实行反馈，使情况及时被了解，使工作中的偏差或变化及时得到调整；第四，寻求最优化，把不同技术、不同人财物等资源，不同进度所形成的各种组织计划方案加以分析比较，择优选取。有了以上这些基础，再加上充分运用和发挥计算技术和通信技术的强有力的辅助作用，便使组织管理工作发生了质的飞跃。

同时，就计划协调技术的管理方法本身而言，它是在全面建立严格岗位责任制基础上的一个动员群众、组织群众、更充分地发挥群众路线作用的有力工具。

采用计划协调技术收效显著，且易掌握。所以，国家许多部门都曾发文，规定在重大工程中推广。计划协调技术是科学地制定和执行计划的现代组织管理的核心。因此，其普及和推广仍至关重要。

附1：

钱学森给作者撰写《计划协调技术》书稿的回信

第　页

家渠同志：

　　三月三十一日的长信和书稿早已收到，俟寿过，书稿只能说是翻了翻而已。但我感到书写得有交班，是本好教科书，会起到应有的作用。将来系统工程学会如果能搞起来，出丛书，你的书可以是一本。

　　王寿云同志对你的书写了点他的意见，我附上，供你参考。

　　我想的一个问题是如何把组织管理工作进一步发展下去？计划协调技术（简称计协）已经二十年了，它是管单项任务的。一个车间还有一套计划平衡技术（简称"计平"），那是搞车间生产安排，把多项任务要排好使每台设备既充分发挥效益，又最快地完成生产任务。我想计协和计平也要综合起来，计协现在是平面上作业计协和计平结合，就是把每个车间画在一个平面上，则以计协和计平结合就是立体作业了。不知这是否已

第 2 页

经有人考虑了。

　　再就是自动化。也就是叫电子计算机自动地发出调度单。也就是使电子计算机输入前一周期生产情况后，自动地调查计划，及时发出调度指令。

　　我看美国人在搞以上的事。参见 AW/ST, 1979.3.5 期，35页。

　　我想七机部应该有门专业单位研究这件事，即完全致组七机部的生产研制程序，作到完全自动化。我也想国防科学技术大学系八系应该干这件事。

　　（亦参见 AW/ST, 1978.10.30, 11.20, 11.2 三期及 Scientific American, 1975年2月号, 22页）

　　我们是把这件事干到底！

　　　此致

革命的敬礼！

钱学森
1979.4.15

第 12 章　多任务计划协调技术

前面阐述的计划协调技术适用于单项任务的计划协调，多项同类项任务的安排，或多项事项/工作不过于繁复的任务安排也可以采用。

一个单位面临的任务往往是多项的，当面临复杂多项任务时，需要解决下面的命题。

一个单位同时承担 M 项任务 P^m（$m=1, 2, \cdots, M$），每项任务 P^m 都有自己最早开始的日期 $T^m(0)$，即任务 P^m 的最初事项 $m(0)$ 的开始日历日期，任务 m 的最终事项 $m(z)$ 有 n 条先行线 $XL_n^m(z)$，则任务 P^m 的预计完成日期 $T^m(z)$ 为

$$T^m(z) = T^m(0) + \max_n t[XL_n^m(z)] \qquad (12-1)$$

式中　t——M 项任务中某一项任务的开始时刻按零计时，到任务完成的时间间隔值；

T——指当该项任务开始的日历日期定为 $T(0)$ 后，经时间间隔 t，完成任务时刻的日历日期 T，故

$$T = T(0) + t$$

日历日期可以按天计，也可以按月、周、时、分、秒计，视不同任务而定。为了叙述方便，下文中按日计，即以一天为一个时间单元。

若任务 P^m 的合同完成日期记为 $\overline{T^m(Z)}$（$m = 1,2,\cdots,M$），则希望所有任务 P^m 的预计完成日期满足

$$T^m(Z) \leqslant \overline{T^m(Z)} (m = 1,2,\cdots,M) \qquad (12-2)$$

然而它们受到各种约束条件的限制，叙述如下。

每一项任务 P^m（$m=1, 2, \cdots, M$）中的每一件工作用 $m(i \wedge j)$ 表示，其中 i 为工作的开始时刻，j 为工作的结束时刻；完成该件工作 $m(i \wedge j)$ 需要占用的时间间隔值称为工作完成工期，记为

$t^m(i \wedge j)$。

在完成该件工作^m($i \wedge j$）的过程中，需要投入人力和设备，人力资源用 R 表示，不同人的姓名用符号 φ 表示，$\varphi = 1$, 2, …则 R_φ 表示姓名为 φ 的人；设备用 S 表示，设备的编号用 ξ 表示，$\xi = 1$, 2…则 S_ξ 表示编号为 ξ 的设备。

完成一件工作^m（$i \wedge j$）的工期 $t^m(i \wedge j)$ 按时间单元（例如日）一个单元一个单元地顺延着进展，依次分别记为 $t_1^m(i \wedge j)$，$t_2^m(i \wedge j)$，…，$t_k^m(i \wedge j)$，…，$t_z^m(i \wedge j)$。每个时间单元 $t_k^m(i \wedge j)(k = 1, 2, \cdots, z)$ 都要投入各种人力 R_φ^m 和设备 S_ξ^m，在 $t_k^m(i \wedge j)$ 那个时间单元，投入的人力和设备分别记为 $R_\varphi^m(t_k)$，$S_\xi^m(t_k)$。如果某人 φ 在 $t_k^m(i \wedge j)$ 那个时间单元中，整整一个时间单元都在为任务 P^m 工作，则 $R_\varphi^m(t_k) = 1$；若此人在 $t_k^m(i \wedge j)$ 那个时间单元中不投入工作，则 $R_\varphi^m(t_k) = 0$；若此人在 $t_k^m(i \wedge j)$ 那个时间单元只投入部分时间为任务 P^m 工作，则 $0 < R_\varphi^m(t_k) < 1$。故 $R_\varphi^m(t_k)$ 满足

$$0 \leqslant R_\varphi^m(t_k) \leqslant 1 \qquad (12-3)$$

同样，设备 S_ξ 在时间单元 $t_k^m(i \wedge j)$ 投入到任务 P^m 的工作情况 $S_\xi^m(t_k)$ 满足

$$0 \leqslant S_\xi^m(t_k) \leqslant 1 \qquad (12-4)$$

对于某个特定的人 R_φ，在一天中可以从事单独的一项任务中的若干件工作，也可以从事多项不同任务中的多件工作。即他在某一日历日期 T，能为 M 项任务提供的工时为

$$F_R(\varphi, T) = \sum R_\varphi^m(T) \qquad (12-5)$$

式中，$T \in \{\min T^m(0), \cdots, \max T^m(z)\}$ ($m = 1, \cdots, M$)，且 $0 \leqslant F_R(\varphi, T) \leqslant 1$。

对于某台特定设备 S_ξ，可以每天都在从事单独的一项任务中的若干件工作，也可以每天从事多项不同任务中的多件工作。即它在某一日历日期 T，能为 M 项任务提供的工时为

$$F_s(\xi, T) = \sum S_\xi^m(T) \qquad (12-6)$$

式中，$T \in \{\min T^m(0), \cdots, \max T^m(z)\}$（$m=1, \cdots, M$），且 $0 \leqslant F_S(\xi, T) \leqslant 1$。

如果一件工作的 $^m(i \wedge j)$ 工作量是可累加的，完成它的总工作量 q^m 为

$$q^m = \sum_{k=1}^{z} R_\varphi^m(t_k) \cdot R_\varphi^m(e) \cdot S_\xi^m(t_k) \cdot S_\xi^m(e) \qquad (12-7)$$

式中　　$R_\varphi^m(e)$，$S_\xi^m(e)$ ——分别是某人 φ 和某台设备 ξ 的能力系数；

　　　　$k=1$，z ——分别表示工作 $^m(i \wedge j)$ 开始的第一天和完成的最后一天。

对于某个特定人 R_φ 来说，他每天的工作量满足 $\sum_{m=1}^{M} R_\varphi^m(T) \leqslant F_R(\varphi, T)$。若此人在某天不承担某一项任务 P^m，则 $R_\varphi^m(T) = 0$。

对于某台设备 S_ξ 来说，它每天的工作量满足 $\sum_{m=1}^{M} S_\xi^m(T) \leqslant F_S(\xi, T)$。若此设备在某天不承担某一项任务 P^m，则 $S_\xi^m(T) = 0$。

我们追求的进一步目标有：

用人最少（$\min \varphi$）的科研生产组织方案；

用设备最少（$\min \xi$）的科研生产组织方案；

设每台设备折合价为 C_ξ，用设备的费用最低（$\min \sum C_\xi$）的方案；

每个人员的薪酬为 C_φ，用人费用最低（$\min \sum C_\varphi$）的方案；

不同人员操作不同设备，人机费用最低（$\min \sum C_\varphi C_\xi$）的科研生产组织方案，即直接成本最低的组织方案；

将间接成本和利率计入，总成本费用最低的组织方案；

进一步还要寻求全过程所需流动资金最均衡的组织方案。

希望每个人的工作尽可能饱满，即在 M 项任务整个日历日期内，$F_R(\varphi, T)$ 对时间求和为最大

$$\max \sum F_R(\varphi, T) \qquad (12-8)$$

希望所有人的工作尽可能饱满，即在 M 项任务整个日历日期内，$F_R(\varphi, T)$ 对时间 T 和每个人 φ 求和为最大

$$\max \sum \sum F_R(\varphi, T) \qquad (12-9)$$

希望每台特定设备的工作尽可能饱满，即在 M 项任务整个日历日期内，$F_S(\xi, T)$ 对时间求和为最大

$$\max \sum F_S(\xi, T) \qquad (12-10)$$

希望所有设备的工作尽可能饱满，即在 M 项任务整个日历日期内，$F_S(\xi, T)$ 对时间 T 和每台设备 φ 求和为最大

$$\max \sum \sum F_S(\xi, T) \qquad (12-11)$$

寻求动态日历日期时段下，所有任务项目提前完成的富裕时间最多，即 $\max \sum_{m=1}^{M} \left[\overline{T^m(Z)} - T^m(z)\right]$，$T^m(z) \in$ 动态日历日期时段。

调整每项任务计划的开始日历日期和每项任务中工作的机动时间，使每个人、每台设备的工作尽可能饱满和均衡，当然每日负荷不能大于其每日可供的最大负荷。同样，设备的操作是和人相关联的。给出每项任务预计完成日历日期，应不大于每项任务合同规定的完成日期。还要分析如果个别合同完成日期推迟，是否在人员和设备利用率、资金周转上会更有利。

这就是多任务计划协调技术的命题。它需要附加许多特定的约束条件，运用计算机复杂图形描述技术，采用综合调度平衡算法、演化算法和综合研讨厅的决策方法解决。

附1:

钱学森1983年给作者关于计划协调技术向多项任务发展的指示

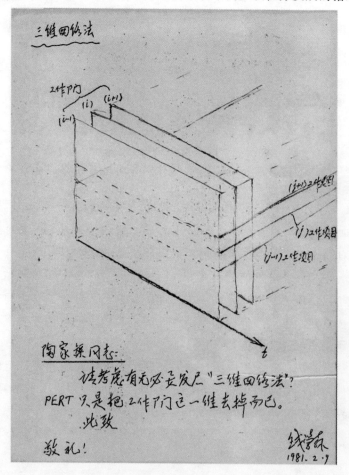

参 考 文 献

[1]　陶家渠. 对计划协调（审定检查）技术的初步研究，1962.

[2]　陶家渠. 计划协调技术手册，1964.

[3]　钱学森，许国志，王寿云. 组织管理的技术——系统工程［N］. 文汇报，1987 - 09 - 27.

[4]　陶家渠. 计划协调技术的Ⅱ型作图法［G］//七机部科学技术委员会管理论文集，1979.

[5]　陶家渠. 计划协调技术［G］//中国科协. 系统工程普及讲座汇编，1980.

[6]　陶家渠. 计划协调技术——组织管理工作的一个飞跃［G］//系统工程论文选集. 北京：科学出版社，1980.

[7]　陶家渠. 计划协调技术［M］. 北京：国防工业出版社，1980.

第五篇　开创性科技的组织与管理的实践

引　言

　　本书前四篇分别论述了系统工程思想与方法、系统工程总体、预先研究与工程研制、计划协调技术，构成了完整的霍尔（A. D. Hall）三维结构体系。前四篇的内容侧重于理论，只是举了少量实例作为对理论的简单说明，而本篇将着重讲述这些理论在实践中的应用。本篇以时间先后为顺序，以利读者对航天技术发展路线进行系统性的连贯思考。因为作为系统工程三维结构时间维的计划协调技术领域的实践，有其自身系统的连贯性，故单列一章进行阐述。

　　作者在撰写这部分内容时，采取了问答的形式，目的是结合全书前四篇的一些理论方法，将许多系统工程技术发展与组织管理中，人们经常会遇到的诸多现实问题列出，然后用史实一一回答解决的方法，并进而归纳出一条条上升为理论的规律；从而将理论与实践相结合，更生动地阐明开创性科学技术的技术路线的形成和组织管理方法。

　　为了生动而准确地阐述历史事实，作者采取了回顾历史的叙述。全篇的主要目的是希望告诉读者，系统工程不仅仅是众多复杂科学技术的综合集成，还必须随之科学地组织人才队伍和科学地、恰到好处地设计出需采取的管理形式。这两者是系统工程前进中 2 个并行的车轮，缺一不可。

　　诚然，航天事业是在党中央、国务院、中央军委领导下，所有从事航天和关心航天人共同造就的事业，是许许多多热爱祖国、服从国家和航天事业需要的人们共同献身的事业。在航天系统工程的实践中，虽然许多亲身经历的同志已撰写了不少回顾，但很难见到更系统的早期历史回忆和总结。限于个人经历，本篇叙述的是作者亲身经历，尚认为感受颇深的史实，力图通过这 40 余例史实告诉读者：新领域开拓创新前进道路是曲折艰难的，必须从国家大局凝聚智慧，同时需要无止境地学习求教、拓宽知识。因此，依靠各级领导、依靠广大科技员工，坚忍不拔、百折不回，是可望取得成功的。同时，作者力图通过前四篇和本篇的实践史实告诉读者：钱学森开创的中国系统工程、系统科学，以及以系统学到系统观的理论体系，是在他的领导下，全体航天职工通过航天工程大量成功和失败的实践，不断总结规律逐渐升华形成的；而系统工程理论又不断指导着航天工程的宏伟实践，创造出举世瞩目的成就。理论和实践只有这样相互促进，方能不断发展。

第 13 章　航天系统工程科技开创之路

13.1　航天开创期十大专业

问题与思考：一项系统工程在研究之初，需要从总体上进行系统分析和分解，怎样初步分解系统，并为其配备引领者呢？

国防部第五研究院（简称五院，下同）成立之初，钱学森院长将导弹武器系统划分为十大专业，成立了十大研究室，选择了对口专业的引领人：从北京航空学院选了屠守锷，从哈尔滨军事工程学院选了任新民、梁守槃、庄逢甘、朱正等；王诤副院长从通信兵部电子科学研究所选了梁思礼、朱敬仁、吴德雨、冯世璋，从机械部军工七二四厂选了李乃暨等。组成的十大研究室有：六室为总体室（主任任新民），七室为空气动力室（主任庄逢甘），八室为结构强度室（主任屠守锷），九室为发动机室（主任梁守槃），十室为推进剂室（主任李乃暨），十一室为自动控制室（主任梁思礼），十二室为控制元件室（主任朱敬仁），十三室为无线电室（主任冯世璋），十四室为计算机室（主任朱正），十五室为电子元器件室（主任吴德雨）。

可见，一项系统工程需要划分为若干学科专业，学科带头人需要从对口专业领域中精心挑选。这样的人才挑选方式，没有党中央的大力支持是做不到的。

13.2　自力更生起家

问题与思考：一项大系统工程的开创中，占第一位的指导思想是什么？

1957 年我国开始自行设计地地导弹东风一号和地空导弹红旗一号。

1957 年 3 月 20 日决定自行设计射程为 400 千米的地地导弹 521；9 月 6 日改称 522，射程改为 500 千米；同时还准备研制射程达 2 000～3 000 千米的导弹。1957 年 3 月 20 日，决定自行设计射高为 20 千米的防空导弹；并想在分析瑞士的奥立空导弹、美国的黄铜骑士导弹、波马克导弹的基础上，自行设计研制一种更先进的地空导弹；还准备研制无人驾驶飞机 520。

1958 年，在"大跃进"思潮影响下，8 月设想研制的东风一号导弹射程改为 2 000 千米；10 月 7 日的方案是：直径为 2.2 米，射程为 1 725 千米，推进剂用酒精加液氧，同时试验煤油加液氧，射程要比苏联援助的 P-2 导弹远得多。10 月设想研制红旗一号地空导弹射程为 250 千米，作战高度为 30 千米，马赫数为 4，采用以硼氢为燃料的冲压发动机，采用指挥制导加主动末制导的制导方式，选择了比外国射程还远的地空导弹作指标，比苏联提供的地空导弹 B-750（543）远得多。

1959 年东风一号导弹的设计先后提出 3 种方案。首先提出了高指标，推进剂为液氧加煤油，射程为 3 000 千米；1959 年 12 月改为中指标，推进剂为硝酸加煤油，射程为 2 000 千米；还有一个低指标，推进剂为液氧加酒精，是苏联提供的地地导弹 1059 的改进型，射程为 1 200 千米。而地空导弹准备独立设计 2 个型号，增加了飞航式地空导弹型号，采用冲压发动机。为了飞行试验考验冲压发动机，提出研制一种临时飞行器，命名友谊一号试验器。

1960 年 5 月，东风一号的推进剂改为 TΓ-02 硝酸方案，展开了预先研究。同年，红旗一号和友谊一号试验器展开方案论证和预先研究。

后因仿制的地地导弹 1059 称为东风一号，便把此前的东风一号称为老东风一号。因仿制的地空导弹 543 称为红旗一号，便把此前的红旗一号称为老红旗一号。

　　为了开展自行设计，1959 年分别向中国科学院、化工部、一机部、冶金部等部门委托安排了众多科研协作项目，例如耐高温金属陶瓷（用于弹头、发动机喷管），耐高温陶瓷涂层，天线罩微晶玻璃，高温绝热材料（用于固体发动机、冲压发动机内壁），耐高温增强塑料（用于导弹天线），耐腐蚀增强塑料（用于耐过氧化氢及发烟硝酸），耐高温超高强合金钢，合成橡胶，二甲基联胺（高能燃料）等。到了 1960 年，全国性科研协作网已经初步形成，和 136 个单位建立了经常性协作关系，委托出去的项目达到 702 项。

　　可见，自力更生起家，头脑发热固然不好，但解放思想很有必要；可以在寻找自己发展的技术路线中，揭示我国在前进道路上需要开拓的领域，并反复思索自己第一步的跨度。同时需要强调的是：中国航天不是仿制起家的，是自力更生起家的；是在带动着全国与航天事业有关的科技工业一起自力更生起家的。所以起家立业必须树立"自力更生"、"解放思想"的指导思想。

13.3　地地导弹系列化发展的技术路线

　　问题与思考：研制一个系列产品的系统工程，首先要建立系列化发展的技术路线。怎么确定中国自己的技术路线？怎样批判和汲取他国的技术路线，不断研究寻求中国自己的技术路线？怎么一步步过渡走上中国自己的技术路线，攻克国外不能突破的难点？怎么发挥举国之力，缩短与发达国家的差距，走中国自己的技术路线？怎样发挥集体智慧？

　　在钱学森的领导下，分析了美国从近程导弹一步跨到洲际导弹的技术路线，认为美国跨步太大，导致久攻不克，决定不采取美国这种大跨度的技术路线。

　　（1）坚持自行设计

　　如前所述，从 1957 年到 1959 年，我国一直在探索自行设计地地导弹的目标和途径，先后几次更改了射程、推进剂方案和制导方法。

从 1958 年开始，苏联同意提供 P-2 导弹，它是德国 V-2 火箭的改进，但射程稍远，为 500 千米；后来又提供了射程更近的潜地导弹 1060，但只提供了使用说明书和供仿制生产的图纸，不提供设计资料。那么，中国发展地地导弹系列的技术路线是怎么走的呢？

1958 年 2 月我国确定仿制苏联 P-2 地地导弹，称为 1059 型号，后国产型号改称东风一号；1960 年 8 月采纳了 1959 年老东风一号的低指标方案，即改进 1059 自行研制东风二号。因为这时高指标和中指标 2 个方案的技术途径和路线尚未成熟，而低方案射程虽近，但可以先研制出来，为此要求学习 1059 的资料。

然而在仿制与改进的同时，仍然以主要科研力量沿着 1957 年开始的老东风一号高、中指标，继续开展预先研究，探索指标和技术途径。甚至在 1962 年东风二号首发失败，上级要求暂停老东风一号预研时，仍未停止分系统预研。

（2）寻找自己的发展道路

钱学森带领大家经过好几年的技术途径摸索，跨过东风一号、东风二号的技术途径，形成了中国自己的技术发展途径。

1960 年开始，按认识论规律，论证了从近程、中程、远程到洲际导弹系列循序渐进发展的技术跨度。接着对这一系列导弹相互间的技术和工艺状态的衔接关系作了周密的论证分析。对导弹中各个专业技术领域，中国应分别采取什么技术路线都一一提出了众多技术方向性问题，经分析论证后，作出了回答和选择，例如多级火箭采用并联还是串联的问题，弹体直径的选取问题，选择固体火箭还是液体火箭的问题，发动机推力的选取问题，推进剂的选取问题，制导系统和控制系统的种种技术路线问题，执行机构的技术路线问题，弹头再入问题等，都事先把这一系列问题摆出来，放手提请大家研讨，计算分析，再做必要的相关试验探索，最后确定中国在上述各专业方向上的技术路线。

为了说明此情况，下面分别列出美国和苏联所走的道路，然后分别介绍我国相应专业领域的技术路线。

①美国 20 世纪 50 年代至 20 世纪 60 年代战略导弹发展情况

a. 宇宙神

A，B，C 试验型；

D 训练型——地面无线电-惯性混合制导；

EF 作战型——全惯导；

1951 年开始，1959 年 9 月定型；

1957—1962 年共进行了 87 次研制性飞行试验；

推进剂采用液氧煤油。

b. 大力神 I

1953 年开始，1959 年首次发射成功，1962 年装备，先后共进行了 65 次研制性飞行试验；

无线电-惯性混合制导；

推进剂采用液氧煤油；

地面制导雷达、地面计算机。

c. 大力神 II

1960 年 6 月开始，1963 年研制结束；

全惯性制导；

可贮存推进剂；

弹上计算机。

②苏联 P-2（近程）

推进剂采用液氧酒精；

横向用地面无线电定向波束瞄准制导，纵向用电解积分仪解算时间。

用采用上述推进剂的火箭发射了卫星，并在很长一段时间里还在采用电解积分仪。

（3）我国发动机和推进剂选取的技术路线

由于我国固体推进剂与液体推进剂的研究条件和技术成熟度还有一定的差距，所以优先采用液体推进剂，加快发展固体推进剂。

当时，苏联已用液氧酒精推进剂的火箭发射了卫星。

美国选用的推进剂有五六种组合，例如他们更早的导弹和正在研制的洲际导弹（宇宙神、大力神）都主要采用液氧煤油推进剂，还在安排研究采用液氢液氧推进剂的发动机和硝酸加偏二甲肼推进剂的发动机等。

从美苏的主流推进剂来看，当时都在选取液氧的配方方案。那么，我国选取什么样的推进剂呢？如何进行选择？

我国没有选用液氧酒精。理由是如果打仗，这些导弹拉到战场上，必须在现场花很长时间加注液氧，作战反应太慢；加注液氧后，会发生蒸发现象，要求很快将导弹打出去，使得战机被动；再者，酒精是用粮食造的，当时我国处于国家困难时期，人民都吃不饱，所以也不行。

因此，美国采用的液氧煤油推进剂和苏联采用的液氧酒精推进剂，都不符合我国实际情况，不能选取。为此，决定集中考虑的配方是：加注后可以在阵地上放置很久、随时待命发射、比冲很高的可贮存液体推进剂——硝酸-偏二甲肼。

可见，中国的道路是一切从实战出发的中国特色道路。

硝酸-偏二甲肼可以贮存，有利实战。但是，苏联人不研制采用这种推进剂的几十吨大推力的发动机，只有2吨多的小推力发动机。这是因为他们曾研制过的大推力发动机由于燃烧不稳定，发生了非常可怕的爆炸，那次失败后他们规定只能做3吨以下推力的发动机。苏联建议我国不要走这条路，告诫说可储存推进剂毒性很大，会对人体造成积累性中毒。而美国人当时正在探索在洲际导弹的改进时采用可储存推进剂。

在钱学森的带领下，我国研究人员经研究认为还是跳过外国上述发展的路子，直接走可贮存推进剂的道路。

其实，钱学森在美国时曾参与了美国早期采用可贮存液体推进剂的几种探空火箭和导弹的研制，有成功经验；而且苏联提供的地空导弹发动机采用的是可贮存推进剂，只是推力小，只有2.5吨。

所以，我国研制小推力发动机有成功的把握。然而研制 70 吨以上大推力发动机则是全新的。发生燃烧不稳定的问题，必须要认真对待，一定要找出其形成的原因并攻克它；还要研究解决推进剂积累性毒性问题。

这时，美国人正在研究 680 吨大推力发动机，采用了大燃烧室、大单喷管的发动机方案。那么，我国东风三号导弹需要 75 吨左右推力的发动机，是不是也需要研究大燃烧室、大单喷管的发动机方案？经研究我国当时的技术水平还没有能力研制出这么大的燃烧室和大单喷管的发动机。不过，能否避开难度，用多管并联同时点火的方法去解决呢？也就是将 4 个 20 吨左右的小推力发动机捆在一起，同时点火，合成一个约 75 吨推力的发动机。以后的东风四号和东风五号也可继承这种发动机，一举多得。然而，如果点火不能同步，就会前功尽弃。

中国的路怎么走，首先必须解决 4 个关键技术问题：毒性问题，发动机同步点火问题，选择不同混肼推进剂问题，以及爆炸问题。

可见：我们不是盲目实践，而是有目的、有选择地展开研究的。

于是，钱学森率领大家摸索这 4 个关键技术有没有突破的可能，从而形成中国的技术路线。

关于毒性问题，1961 年初，钱学森找到了军事医学科学院，从基础理论着手系统研究可贮存推进剂对人的危害，通过对老鼠长期的毒性积累效应的研究，研究毒性防治和应急救护等。一年后，对可贮存推进剂的毒性和防护的研究结论是："只要注意，不可怕。可以防护。"

4 个发动机并联同步点火要求控制偏差很小，也影响到将来东风五号的技术发展途径。钱学森请发动机过程研究所所长梁守槃带领青年人用红旗二号 2.54 吨推力的发动机，先试验 2 个同步点火，再试验 4 个同步点火。1962 年进行了 3 次试验，都取得了成功。

第 3 个问题是推进剂性能试验。推进剂没有沿用苏联地空导弹的配方，钱学森请梁守槃组织探索研究，安排了混肼-1 号、混肼-2

号和甲基肼三种推进剂一齐上马，后来还有其他配方的研究。1963年得出了最后的结论。

第 4 个问题是研究大推力发动机并解决爆炸问题。1958 年开始预研老东风一号发动机，由于人手不足，直到 1960 年下半年，一分院发动机设计部仿制的 1059 导弹发动机（从 1958 年开始）到 10 月通过了试车，1059 发动机改进的预先研究也已在 1960 年 3 月作了安排，因而可以腾出精力，投入力量加强老东风一号大推力发动机的预先研究，并考虑爆炸难题。

在 1960—1963 年这段时间里，为了深入探讨论证中国液体火箭发动机的技术发展途径，钱学森利用多个星期天下午与专家们开专题小会进行反复研究；还在科学技术委员会地地型号组和发动机专业组的多次会议上反复进行了研究；他花了很多时间和精力亲临第一线到三分院、一分院，同那里的领导、专家、技术人员——梁守槃、任新民、刘传儒、王树声、王之仁、颜子初、孙敬良、马作新、张贵田等进行研究讨论。从 1960 年中后期开始，钱学森更关注燃烧机理和关键技术的突破。对于大发动机研制与爆炸问题，作为发动机燃烧的理论专家，钱学森请发动机过程研究所所长梁守槃和发动机设计部主任任新民等研究燃烧不稳定的机理，燃烧室的降温，燃烧室燃料喷咀设计、喷咀分布、燃流控制等问题，并进行许多局部性能的试验验证。

在此期间，安排了 5D10 发动机预先研究，目标推力为 18～19 吨，更换推进剂后，达到 21～22 吨；安排了 5D11 发动机预先研究，用以解决燃烧不稳定等问题，这是后来东风三号四机并联发动机的单机，以期先用硝酸加混胺，随后改为硝酸加偏二甲肼，提高比冲。1963 年 5D10 发动机通过 17 吨推力的 30 秒试车。

在有了上述研究基础后，于 1963 年形成了向中央报告的地地导弹技术发展途径中的发动机分系统的技术路线的基础。

可见，外国失败的事，中国人不能迷信，要从中发现问题，自行克服解决，走中国自己的发展道路。为此要善于分析任务的关键，并善于把任务分解，并组织不同专业队伍协同研究，这是成功的关键。

可见，领导者是始终走在技术探索的前沿、率领大家跋山涉水的组织、指挥、管理人。

1963 年制定出的发动机的技术路线只是指明了发展方向，不等于技术的实现，接下来就是具体贯彻落实。

1963 年 7 月 13 日，聂荣臻听了钱学森的汇报后，也强调"一分院发动机设计部和三分院发动机过程研究所要密切配合，共同进行研究"。

可贮存推进剂中，我国油肼-40 燃料在发动机上试车性能比当时美国 JP－X 燃料性能优越。

1964 年年中，5D10 发动机推力达到 18～19 吨，完成了四管并联试验。

1964 年前后，开展了发动机供应系统压力脉动使燃烧室形成脉动推力后导致全弹共振的研究。这比 1967 年美国针对阿波罗 6 号、8 号，土星-Ⅴ第Ⅰ、Ⅱ级发动机的被称为 POGO 不稳定现象的研究都早一步。

1964 年底，东风三号单管发动机提前 1 年推力达到 21.8 吨，完成了预先研究。1965 年 9 月进行了 47 次试验，通过了 135 秒试车。1965 年任新民副院长亲临一线，设计人员到现场三结合，双管发动机样机原计划一年，结果 27 个工作日就完成了任务。接着在 1:1 的尺寸下，继续做性能最佳、性能更稳定的大量研究设计工作。由于他们工作过硬，试验的次数和时间比国外都充分，于 1966 年 6 月完成全弹试车，1966 年 12 月首次飞行试验基本成功。1969 年 2 月讨论定型，1975 年 3 月两弹结合冷试成功，完成定型。

中国独立自主开创的东风三号，正是由于严格按程序办事，型号研制阶段从 1965 年 3 月完成初步设计到 1966 年 12 月首次飞行，只用了 1 年零 8 个月。这种发动机通过了充分的试验证明是很出色的。

可见，成功来自扎实工作。

发动机试验之所以做得如此充分，是因为吸取了东风二号试验失败的教训。1962 年 3 月东风二号试验失败，5 月总结出主要原因之一是动力装置起火，是由加注管和预燃室震裂等可靠性问题所致。查阅 1961 年到 1963 年间此发动机实际试车次数，发现均未完成计划。那时为了提高比推力，未及时解决燃烧室结构强度问题，走了弯路。于是 1963 年 9 月到 12 月开始回过头来采取活门式冷却系统解决结构强度问题，并做了大推力试车。然而，此时发动机性能仍未能达到设计要求，1964 年只好决定东风二号导弹先以低指标定型。把导弹射程达到 1 200 千米作为改进型开展预研，措施当然是提高发动机推力。这样，1964 年 6 月起东风二号一连 8 次试射成功。1965 年周恩来总理在听取汇报后指出，导弹战略目标没有达到，因此射程达到 1 200 千米后再定型，改称东风二号甲。1964 年 10 月，我国第一颗原子弹爆炸成功；1966 年 10 月东风二号两弹结合试验成功，导弹于年底定型。

东风三号发动机研制队伍，正是吸取了东风二号的经验教训，不断提高自行设计水平和质量，做了充分的试验。1966 年 4 月通过了长程大推力验收试车。发动机从 1960 年预先研究计算起到 1966 年交付使用，共用了 6 年时间，这是很了不起的 6 年。

可见，失败是成功之母。

所以，1960 年到 1963 年，钱学森和大家在一起讨论所形成的第一代战略导弹系列的发动机的一整套想法，扼要地说就是东风三号加一级火箭成为两级，就是东风四号远程导弹；有了东风四号，再加一级固体发动机，就可以发射卫星，因此我国没有实现洲际导弹前就可发射卫星。接着，把东风三号的四个发动机捆绑在一起，作为第一级，再加第二级，成为东风五号洲际导弹。中国人用自己的智慧，利用一种发动机基本型，就从东风三号、四号，发展到东风五号，此时，东风五号发动机的推进剂采用了四氧化二氮。接着用这个发动机，演变成长征一号、长征二号、长征三号、长征四号运载火箭。而我们发动机的试车时间秒数比全世界同类发动机的试车秒数都多，因此也最可靠。

我们正是这样靠自己的胆略和智慧，很快做出了从中程、远程到洲际导弹所需的发动机。

可见，要真正走出中国自己的技术路线，不是照搬照抄。

这里还要提一下，为什么东风四号导弹做运载火箭时，二级发动机在大气层外工作，其喷管设计长度理应延长一段，而我们没有这样做呢？

因为在 1963 年上报的地地导弹系列技术发展途径中，没有肯定东风四号是否作为一个型号。东风五号洲际导弹是毛泽东主席在 1958 年定了的，而东风四号只说明是为洲际导弹提前开展两级分离技术而安排预先研究。东风四号是否需要作为武器型号研制，要视当时国际形势由中央决定。所以，1964 年 1 月提出东风四号试验弹的预先研究，是 1961 年开始的（老）东风三号多级方案探索预研的继续，只解决东风五号两级分离技术的预研，是一项大型预先研究的预研工程，而不是正式型号研制。

东风四号纳入正式型号研制，是 1965 年中央专门委员会决定后开始的。

东风四号于 1965 年 6 月开始初步设计，然而到 1966 年由于东风三号发动机可以提高比推力和推力，宣称射程接近东风四号，使东风四号遭到了下马威胁；到了 1968 年东风五号也说能代替东风四号了，东风四号再次遭到下马威胁。而 1969 年 1 月又决定用东风四号发射东方红卫星，这就是长征一号运载火箭。

1969 年 11 月东风四号首发失败。1970 年 1 月 30 日第二发成功。

1970 年 4 月 24 日，东风四号发射东方红卫星成功。1971 年 3 月东风四号发射实践一号卫星成功。

由于东风四号用途不同，二级发动机推力指标需要反复调整，只生产一套模具反而可以快速应对多种变化，成为二级发动机延伸喷管始终没有人愿意研究的理由。

东风四号于 1971 年 5 月正式确定提高射程，于是全面开始改进。在研制过程中发生了弹头离地前爆炸，使我们明白弹头技术还未过关。导弹到 1982 年才定型，其制导精度达到了当时的最高。

可见，即使方向明确，实际的道路也还是不平坦的。

（4）在制导与控制方面的技术路线

1958 年 10 月 7 日，讨论东风一号方案时，制导控制拟采用三个自由度陀螺平台和计算机方案。

然而，苏联提供的近程导弹——1059 导弹的制导系统，采用沿无线电波束飞行的横偏校正制导和纵向采用电解积分仪作时间机构的惯性混合制导。我国仿制后自行设计的第一个型号——东风二号，仍然沿用这种混合制导方案。这种沿无线电波束制导的方案要求导弹发射场的正前方具有非常平整的场地，导弹要摆好，雷达要架好，还要校验雷达 2 个波束形状的对称性。因为，波束碰到不平地面要发生畸变，畸变后导弹沿着波束中间线飞行，就会偏离命中目标。

然而，中国不像苏联有那么多平坦地面，波形受地面反射影响严重，阵地选择十分困难，瞄准操作也十分困难，导弹改变射击方向更加困难。同时，苏联的电解积分仪也不好用，且精度有限。因此实战中不能使用苏联人的制导系统，需要想别的途径。

当时，美国在研制中的 2 种洲际导弹都采用了以雷达测距测速制导为主、辅以惯性制导的方案，苏联也在探索类似美国的途径，这种方案成为了国际热点。因此，我国也安排了无线电雷达测距测速制导方法，开展方案研究和关键技术的预先研究。但是，它们首先要经受住无线电干扰的考验。

所以，我国从实战出发，考虑不选择美国和苏联主流的几种无线电制导途径，大胆下决心选取美国还处于努力探索中的途径——全惯导方案，这是美国下一步最先进、最想搞的方案。当时美国还没有采用弹上计算机，钱学森又亲自率领大家一步一步引导到割掉"无线电尾巴"，采用最新、最难的全惯性制导的技术路线的深入分析其可行性的大讨论中。

　　钱学森引导大家考虑当时从苏联买来的近程潜地导弹的全惯性制导方案。但由于它射程很近，对于射程稍远一些的近程地地导弹，这种制导精度已明显达不到要求。更何况，我国将来要从中程、远程发展到洲际导弹，这条路能走通吗？

　　1960 年 4 月的一个星期天，钱学森邀请几位专家——惯性器件研究所的郝复俭、控制研究所的黄伟禄、陈德仁等，一起在他的办公室开会讨论地地导弹控制系统未来全惯导中的惯性器件的发展方向和发展途径，请大家敞开思想发表看法。

　　钱学森先询问了大家对 1060 潜地导弹全惯性制导中的惯性陀螺和加速度计的性能的掌握情况。钱学森发现由于大家刚接触 1060 潜地导弹的资料不久，尚需深入消化，于是布置大家尽快熟悉这套制导系统，并研究能否改进提高精度，以便将来用于全惯性制导。

　　钱学森接着问："惯性器件是不是都是用 $F=ma$ 的原理？"他要大家放开思想，海阔天空地畅谈。大家发表了各自的看法，一直讨论到美国杂志上讲到的一种振梁式加速度计的构想原理。正在谈论中，钱学森办公桌正前方飞来一只苍蝇，停在空中，嗡嗡地发声，赶也赶不走。钱学森突然问大家："它为什么会停在那里，是什么原理？"沉静了一会，黄纬禄说："苍蝇翅膀底下有个振子，振子震动时用谐波敏感自身的姿态，并发出嗡嗡的声音。"钱学森接着问："我们做这个振子行不行？"黄纬禄回答："做一个音叉，然后敏感，从中测量谐波分量。"钱学森问能做吗？他们回答："振子好做。"然后，大家就没往下说，等钱学森再提问。钱学森想了想，说："陶家渠，你说说。"作者想当时使用的电子管的计算机体积很大，说："我担心后面的电子电路可能很难，因为需要利用傅里叶分析计算，从谐波中分析出有关信号，主要难在体积会很大。"钱学森问："你说说，有多大？"作者估计后，指指钱学森办公室的大保密铁皮柜说："至少需要相当于那个高铁皮柜的三个大小的计算机。"这么大的体积，怎么能装进导弹里呢？因此，这个方案变得不可取了。钱学森就宣布散会。这次会上对此没有作出结论。

经过类似这样的多次讨论，才逐渐把方向确定到全惯性制导上，但必须通过实践来验证这条道路是否真正能走通。为此，在最终下决心前，必须先摸清机电转子式陀螺、加速度计的技术深层问题，以及控制方法问题。

1961 年二院蔡金涛副院长带领 12 所掀起控制系统方案大讨论，林金、宗绍录、刘纪原、吴美蓉、王泰楚等提出了纵向采用双补偿、横向采用坐标转换的方案，其他同志也提出了无线电制导等多个方案，并将这些方案汇集编成一本书。

1961 年除了安排提高东风一号制导精度预研课题、无线电制导和地面计算机预研课题外，还专门安排了阵风补偿控制、高精度陀螺仪积分仪、加速度计、小型计算机等的预研。

1962 年 3 月东风二号导弹首次飞行，导弹起飞后飞行不稳定，大幅度摇摆，试验失败。5 月总结出了经验，认为在自行设计时对控制系统深层次技术问题还有认识不到之处，控制系统工作不稳定的主要原因是：设计时没有将整个箭体作为一个弹性体来考虑，没有给出严密的一、二、三阶箭体弹性振动数据，从而使惯性器件敏感火箭绕质心的姿态角和横向弹性振动的扭转角不加滤波，一概放大而去操纵伺服机构，稳定系统设计参数选择不当，从而使飞行稳定系统失常，也因此认识到需要建设全弹振动试验塔。

1962 年到 1963 年期间，我们开展了用 3 个六分陀螺、液浮陀螺、高精度加速度计以及三轴稳定平台来修正导弹本身干扰因素的单补偿和修正阵风等弹外因素的双补偿控制的预先研究。同时，继续开展东风三号脉冲连续波多个雷达测距测速方案的预先研究，以及地面全半导体晶体管的计算机——这是中国首台半导体计算机，器件全是国产的——的预先研究，还安排了井下发射对控制系统的要求研究等。

1963 年下半年，在最后确定地地导弹的制导控制技术途径时，虽然当时惯性器件正处于不断攻克之中，还是决定强调全惯性制导是地地导弹的发展方向，要加紧研究；指出了苏联 1059 无线横偏校正制导抗干扰性能低，且不适合中国地形下的作战；对于无线电雷达制导的途径，因其抗干扰性能差，故置于全惯性制导之后，作远程导弹的过渡。

由于这条以全惯性制导为主线的技术路线，方向虽然明确了，但还需要有过硬的实际数据作支撑。因此，钱学森在贯彻此技术的道路上，进一步引领大家开拓前进。

可见，一条技术路线或技术途径的制定不是一蹴而就的。

1964 年钱学森到 12 所和大家共同讨论如何解决弹性振动问题，决心要"杀出一条血路"。

同时，继续安排了惯性制导和无线制导研究，惯性陀螺积分仪和振弦式加速度计研究，超小型数字机方案论证，火箭撬等预先研究等。

对"纵向采用双补偿，横向采用坐标转换方案"的预先研究，刘纪原率领工程组同志连续数年坚持开展了大量研究与试验工作，从理论推导、系统实现到各种地面试验，突破并验证了该方案的可行性。

同年，陀螺预先研究的精度已做到比东风二号提高 1 倍。

钱学森下定决心，以战略上决定我国近程导弹要"割无线电尾巴"，不采用苏美的无线电制导，让中国的弹道导弹不再受到对方无线电干扰。而 1964 年 6 月东风二号改型要求提高命中程度到纵向公算偏差 2 千米、横向 1 千米，这也面临能否如期实现的困难。

1965 年二炮提出山地地形条件下导弹不能使用的问题，12 所便组织了山地电波试验，结果证明苏联对称波束制导方法不能使用。事实上，我们早已认识到了这个问题，这实际上是推翻了东风一号和二号制导方案，不过正在研究的东风三号的新的无线电制导方法可以在山地使用。

12 所陈德仁副所长组织一室林金、宗绍录以及二室刘纪原、吴美蓉、孙凝生等年轻人提出了"纵向采用双补偿，横向采用坐标转换"方案，建议用于东风二号改型提高制导精度。当时纵向采用双补偿称为半搬方案，因为横向仍要采用无线电方案。加上横向采用坐标转换后，无线电部分就不要了，故称为全搬方案。然而这时遇有不同意见，担心新方案不能完成任务。于是最后上报五院党委会，刘纪原等年轻人都到会。钱学森在听取不同意见后，支持了年轻人的方案，上报聂荣臻，经其同意后，列入正式任务。终于经努力此方案在两弹结合飞行试验中取得了精确命中预定目标的好成绩，并定型交付部队。这是中国人自己的创造，有效地提高了武器的实战能力。

为了作出全惯性制导这一重大决策，钱学森慎之又慎。在正式作出决策之前，他和作者单独讨论了多次。最后一次是讨论如果不用无线电制导，会不会影响到我国人造卫星的发展，因为那时国外都是用无线电制导发射卫星的。直至 1965 年 4 月终于决定改为全惯性系统，去掉无线电横偏校正系统。此后陆续加紧安排了静压气浮空气轴承、三轴静压气浮陀螺、双轴空气静压气浮陀螺、静压气浮陀螺加速度计和三轴稳定平台的预先研究，并为位置捷联惯导和平台惯导打基础。为了给惯性器件动态性能试验打基础，还着手筹建了弹道式导弹惯性制导系统检验基地（火箭撬）。1965 年 8 月 12 所3 个无线电研究室人员大部分转入了二院无线电研究所。

1965 年中国科学院承担了液浮陀螺的研制。为了使科学院尽快开展液浮陀螺研究，一院派出的惯性器件研究所朱敬仁副所长为首的小组向科学院充分交底，把过去几年有关研究成果的 66 份资料、整套设备和 8 项元件全部提供给科学院。

可见，一条技术路线或技术途径的大方向指明后，还要坚持克服重重艰难险阻，才能攀登高峰。

导弹"割去无线电尾巴"后，必须将地面对导弹控制所采用的车载计算机微型化、轻量化，并放进导弹里。这就必须把半导体器件集成化，于是进入到集成电路发展阶段，着手研究用这些集成电路制成的弹上计算机。

虽然早在 1961 年就已安排了弹上微小型计算机的预先研究，

1963 年上报中央的地地导弹发展技术途径中也已明确此事，但钱学森认为五院二分院下属的计算机所和半导体研究所要从半导体电路跨入集成电路的研究，力量已显不足，跟不上需要。于是，钱学森建议转由中国科学院抽调有关研究所的专家组建集成电路和微计算机于一体的微电子研究所。他同科学院商量后，报请中央专门委员会。1964 年 12 月周恩来总理主持中央专门委员会予以批准。1965 年 1 月科学院很快从计算所、电子所、物理所、东北物理所、西北计算所、应用化学所等 6 个研究所挑选与抽调人才，组建成立了弹上计算机及微电子研究所。后来其建制由中国科学院转入国防科委，再转入七机部，即 771 所。

　　771 所和 12 所由于相互间专业不熟悉，对计算机的指标总是提得不够好，于是，组成了对计算机指标参数在相互深化理解中不断完善的结合队伍。双方很快进入角色，一年半后，771 所研制出了中国首台用国产设备加工出的国产集成电路的东风五号弹上计算机，接着又很快为潜地导弹研制出了 P - MOS 器件和 N - MOS 器件的计算机，还完成了 CMOS 器件的计算机用于 1980 年向太平洋发射的东风五号洲际导弹。这些都是 20 世纪 70 年代的事情了。20 世纪 80 年代初，771 所研制出了相当于 Z - 80 的芯片等。20 世纪 80 年代末，美国人得知中国在这么早就有了自己的高水平的计算机，也为之震惊。几十年来，一代又一代更加微型化抗核的高性能计算机，至今仍保持着百分之百的可靠性优秀记录，保证了历次导弹、运载火箭、载人航天、月球探测的飞行成功。

　　为了提高制导精度，又不停顿地安排了捷联惯导和惯导平台及其器件的预先研究。为了加强惯导平台的研究，1975 年还从五院502 所把陆元九副所长调到一院惯性器件研究所任所长。

　　可见，在本单位力量单薄时，要站到国家高度提请国家组织强强联合的研究队伍。

　　(5) 在操纵机构方面的技术路线

　　我们没有采用苏联的空气舵，而走了从燃气舵开始，到摆动发动机、摆喷管等技术路线。

（6）我国地地导弹系列技术发展途径

经过一个又一个专题的研讨论证和综合，我国到 1963 年初对地地导弹系列今后 10 多年内配套的技术发展途径大方向已经清晰。为集思广益、细化完善，使更多骨干统一思想和行动，1963 年中，又发动大家修改完善，最后党委通过上报中央，从而形成了我国地地导弹系列技术发展途径。

在技术上，它包括 14 个方面：固体液体的安排，液体推进剂的选择，推力的选择，惯性和无线制导的安排，惯导的各种方案，操纵机构，弹头，多级火箭的并联与串联，弹体直径，推进剂箱的增压，弹体结构材料，可靠性，缩短准备时间，武器系统的移动性。

在进度上，它分三步实现：

第 1 阶段，以研制单级火箭为中心（东风二号，东风三号，两级火箭预研）；

第 2 阶段，以研制多级火箭为中心（洲际，形势需要则研制中远程东风四号，中近程固体导弹）；

第 3 阶段，以提高远程导弹战术技术指标为中心（洲际的，环球的，星际航行）。

在钱学森领导下制定了我国地地导弹的技术发展途径，报中央批准，成为我国在相当长的一段时期内的长期研究任务。

（7）制定了技术发展途径后继续前进

然而，地地导弹系列技术发展途径大方向的明确不等于现实实现。同时，也还有一些专业领域，当时迫于实践不多、数据不足，其技术发展途径怎么走还不是非常明确，需要在随后多年在进一步探索中去证实结论；而且，在已经明确了主要发展路线的一些专业领域，也还有许多当时尚不认识的深层次技术问题，有待在实践中去发现暴露，并加以理解和解决。

发动机和控制系统方面已在前面阐述了。这里再着重介绍洲际导弹弹头再入的烧蚀问题和弹头突防问题。洲际导弹弹头再入的烧蚀问题远比中程导弹问题难得多，因此，1963 年技术途径与方向提出后，仍需要用更多时间在实践中去探索中国自己的技术路线应如何正确地选择。它还涉及烧蚀机理的突破，需要研制高速气动力气动热等测量手段。弹头壳体材料、壳体制造技术路线的确定需要与国内许多工业部门研究院工厂一起共同探索。再者，弹头的突防是对抗反导弹的手段，它还涉及突防机理的突破，比如需要研制高速气动热的烧蚀与产生等离子体现象的测量手段；弹头减小雷达散射截面技术的研究；再入真假目标的特性研究及其测量手段的研制；弹头抗核机理的研究；弹头机动技术的研究；壳体材料、壳体制造技术路线的确定等。所以，这时钱学森腾出精力，重点组织大家继续探索，直到 20 世纪 60 年代后期。

（8）试验设备先行原则

地地导弹的技术发展途径中，需要强调的是试验设备要配套跟上。1960 年，由于没有抓紧建设 AT−1 风洞和 101 试车台等，影响了设计工作的进展。1961 年 1 月 26 日召开的五院党委扩大会，把设备设计提高到与导弹型号设计同等重要的地位，并在技术力量上充实了空气动力研究所和试验站等主要试验基地。五院党委扩大会提出：“试验设备先行，无论通用或专用试验设备都必须走在设计工作的前面。但设备的建立又是有目的的，必须紧密围绕型号所需，不能来自参考资料而凭空设想。”后来，在试验设备先行的指导思想下，建设了许多试验设备，创造了许多试验条件。

所于 1960 年曾提出将民主德国帮助建设的高亚声速风洞改建为跨声速风洞，苏联专家不同意这个提议。空气动力研究所不迷信，经过 2 年 10 个月取得了成功，在计算空气动力学方面也提出了比苏联更高效的算法。

可见，许多作为新技术支撑的试验设备，不是靠列装型号带动的，必须在预先研究阶段，由预研型号、未来型号的需求来带动。作者把这类试验设备和条件研制，称为预研工程。这类试验设备和试验条件的预研工程要先行。

（9）一切为洲际导弹奠基

至此，我国第一代地地导弹的技术发展道路基础已奠定。毛泽东主席于 1958 年 6 月 21 日指示要研制的东风五号洲际导弹，作为地地导弹技术发展途径中的核心，也有了基本条件。

东风五号于 1964 年 1 月开始方案论证。1965 年 3 月经过方案大讨论，确定控制系统用平台计算机，确定了推进剂、一级发动机的总推力、二级主发动机真空推力和游动发动机真空总推力。1966 年 6 月，确定了第一级并联四个和第二级推力相同的发动机，1967 年为满足发射返回式卫星，第二级推力下降 10 吨。1969 年底第一级和第二级发动机推力又有提高，是指标要求变化所致。1971 年 9 月首发，部分成功；此后第二发失败；第三发发射返回式卫星失败；1975 年 11 月第四发，发射返回式卫星成功，这就是长征二号运载火箭。1973 年 9 月决定指标分两步走。1980 年 5 月东风五号洲际导弹全程试验成功。

1964 年，钱学森还领导开展东风六号环球导弹的预先研究，以及补燃发动机预研等。

至此，中国第一代弹道导弹系列形成。简言之，以我国自行研究设计的中程导弹为基础，加一级构成中远程导弹；在此基础上，再制成洲际导弹。中远程导弹加一级固体级，可以用来发射我国第一批人造卫星，而洲际导弹则可兼顾发射重型返回式卫星。导弹在直径、发动机推力等方面都有很强继承性。这一中国式的技术发展战略，大大节省了经费，缩短了研产周期，使中国迅速跻身国际先进行列。

可见，技术发展途径只是指明方向，而实现过程中还有大量艰巨的任务要做，才能证实方向的正确。

然而，方向十分重要。作者曾经在七机部第一届科学技术委员会上总结航天 25 年历史的发言中说过："要做对的事，比做事做对更重要！"我们可以开展许多课题研究和许多型号研制，也可以很辛苦很劳累。但我们缩短了与国外的差距了吗？我们超过外国了吗？

我们真正能战胜敌人了吗？我们有创新吗？所以，发展方向的正确选择是比辛勤劳累更重要。这是领导者的第一责任，是系统工程总体工作者和系统工程总体部的第一使命。会拉车不会看路，如同戴着眼罩的牛马。

预先研究始终是在一个总的战略思想意图下开展的。这个战略意图就是在特殊系统工程系列中，寻找和实现中国自己发展的道路。总体工作者和总体部要有远见卓识和宏大胸怀，从这个战略意图里去寻求和开拓中国自己的创新之路。

13.4　固体火箭发动机

问题与思考：各专业怎么样靠自己摸索起家呢？

对于固体火箭发动机，我国并不局限在苏联双基药及其改性的领域，20 世纪 50 年代一开始就尝试美国人想做的聚硫橡胶的推进剂。但怎么合成，各种组分是什么，配比是多少，全要自己摸索。于是兵分三路与国内许多研究生产单位合作，广泛探索，并从中不断积累经验，摸索规律。1959 年靠试管烧杯用 10 个手指捏制出第 1 根聚硫橡胶和高氯酸铵复合的小药条，在 1959 年国家"十年大庆"五院的庆祝会上，现场点燃作为献礼。虽然往后的路还很长，但毕竟显示了中国人自力更生自强于世界民族之林的意志。此事，苏联当然是不知道的，我们从苏联也得不到帮助。1958 年 10 月五院刘秉彦副院长曾作为中国政府代表团导弹组组长去苏联商谈，被苏联断然拒绝。

1961 年下半年，聚硫橡胶药柱浇铸直径达 300 毫米。

到 1964 年组建了固体发动机研究院，开始全面研制，后历经多次搬迁。1967 年 2 月固体发动机研究院承担了长征一号运载火箭末级固体发动机研究，选用聚硫推进剂，成功地发射了我国第一颗人造卫星。此后，相继于 1977 年突破了中能推进剂基础配方，又突破了高能推进剂的配方研究，预先研究一直做到直径尺寸达米级的试验，试验成功后型号顺利上马。

由于没有国外现存产品参考，只能全凭中国人自己探索，期间中国科学院许多研究所，特别是大连化物所给予了很大的理论和人才支持。固体火箭是危险产品，曾经有研制新颖固体推进剂的同志因爆炸而不幸牺牲。许多危险的时刻，学科带头人总是让他人退下，自己冲在第一线去做危险性尝试。

在钱学森的带领下，组织了全国的大力协同：冶金部研制了黑色和有色金属材料；一机部研制了推进剂装药生产线 158 工程，以及封头成型加工设备；建设部研制了纤维材料；纺织部研制了大型复合材料缠绕机；化工部研制了化工材料等。到 20 世纪 70 年代开始为固体洲际导弹预研高能推进剂，许多配方成分都是由中科院、化工部协同研究。他们在研究与研制过程中，不断前来恳请钱学森指导和解答疑难。

可见，航天事业是国家的事业，不是航天部门单一的创新行为。

在我国固体发动机特别是配方和小发动机预先研究的基础上，1966 年开展了型号的预研，1967 年转为研制巨浪一号潜地导弹，并为开创我国第二代战略导弹打下了基础。

1981 年 1 月固体火箭首发失败，6 月 17 日第 2 发成功；1982 年 10 月 12 日潜地导弹试验成功。至此，中国具有了第 2 次核反击能力。

现在，我国几代先进的固体推进剂直至世界最先进的高能推进剂及其发动机都已研产成功，我国各类先进导弹所用的固体火箭发动机已经处于世界先进之列，这是一代又一代航天人自力更生、努力开创的结果。

可见，总体提出研究命题十分重要。在此前提下，依靠中国人民的智慧、勤奋和不怕牺牲精神，依靠全国各行各业专长的力量，发挥社会主义优越性，大力协同，就一定能办成大事。

13.5　液氢液氧发动机

问题与思考：怎么开展基础应用研究和应用基础研究？

液氢液氧发动机方面，钱学森早在 1959 年在中国科学院力学所超前安排了液氢液氧发动机的预先研究，先从基础研究和应用基础上进行突破；然后于 1965 年转入一分院发动机设计部开展液氢液氧发动机的预先研究；1970 年进入设计研制；1976 年正式转入长征三号运载火箭型号研制；经过努力，1984 年成功地用于发射我国第一颗地球同步通信卫星东方红二号。

可见，基础研究和应用研究要由航天部门从总体需求上提出研究命题，委托或提请科学院和高等院校先期组织跨专业技术骨干突破。

13.6　石英加速度计

问题与思考：在外部条件即将成熟时，怎样不失时机地开拓新技术？

前面提到 1960 年钱学森主持讨论振梁式加速度计的技术方案时，作者曾说尺寸要 3 个铁皮柜那么大因此装不进导弹，当时的条件不成熟因而行不通。但到了 1969 年年底，钱学森又重新提出来，他在一张用过的信纸背后给作者写了一封信："……家渠同志，现在半导体已经发展到了可以做得非常小了，你看现在是不是应该 抓一下了。"作者心里一怔，自己早已忽略的事，钱学森还惦记着。作者马上着手组织研究，正在苦思之时，正巧有人介绍一种石英加速度计，于是安排研究。先请 119 厂进行研究，后来转由研究半导体电子元件的 691 厂研制，并同时请 33 所进行研制。最后两个单位相继突破并研制成功。这就是我国 20 世纪 70 年代投入力量研制后得到广泛应用的石英加速度计的前期。

可见，一项带方向性的预先研究任务，可能会因其概念产生时的条件不成熟而推迟，但不能因此而放弃，要伺机而动，一旦条件成熟，立即采取行动。这样才能从思想创新走到实物实现创新的大跨步。

13.7　可靠性研究

问题与思考：系统工程中从总体到分系统的可靠性问题，怎么开展？

为加强可靠性研究和试验方法研究，特别是如何科学断定各类导弹打靶试验的数量呢？

美国地地导弹定型一般进行 70～200 次靶场试验（含试验弹），而发动机试车一般 70～80 次，消耗发动机 30～40 台；地空导弹大约发射 150～300 次。苏联地地发动机的初样一般要 30～40 台始能定型；靶场试验则是地地导弹 100 次，地空导弹 200 次以上。

钱学森认为做好仿真与模拟是一条重要出路，他十分重视这方面的建设，与二分院 706 所反复论证，组织研制设备或暂时引进。

同时，钱学森认为理论工作十分重要。为此，他点名从哈军工请卢庆骏教授来主持可靠性与试验方法研究。由他们研究分析给出东风型号导弹试验定型所需打靶的发数，大大节省了我国导弹试验的数量。

可见，学科带头人在本部门不具备可选择的人才时，要从外部引入。

13.8　卫星与运载火箭

问题与思考：领导者怎样分配精力，分步骤地领导突破各项技术？

关于卫星，早在 1953 年，钱学森就研究了星际航行可能性。

1958 年，中国科学院成立以钱学森为组长、赵九章和卫一清为副组长的领导小组，负责筹建人造卫星、运载火箭及卫星探测仪器和空间物理的设计、研究机构。1961 年 6 月，在钱学森、赵九章等的倡导下，中国科学院举办了星际航行座谈会，钱学森在第一次座谈会上发表了题为"今天苏联及美国星际航行火箭动力及其展望"的讲话。1960 年到 1963 年，科学院在国家自然灾害结束后，继续安排了预先研究。1965 年 1 月 8 日，钱学森正式向国家提交报告，建议早日制定我国人造卫星研究计划并列入国家任务。4 月 29 日，国防科委向中央专门委员会作了报告，提出在 1970 年或 1971 年发射质量为 100 千克左右的我国第一颗人造地球卫星的设想；中央专委于 1965 年 5 月 4 日～5 日和 8 月 9 日～10 日两次会议上批准规划方案。钱骥完成了东方红一号卫星方案总体设想。钱学森为研制卫星关键技术贡献了智慧，例如 1966 年 6 月下旬，承担第一颗卫星发射任务的运载火箭长征一号为解决滑行段喷管控制问题而进行的滑行段晃动半实物仿真试验中，出现了晃动幅值很大的异常现象。钱学森在现场认定，在近于失重状态下原晃动模型将不成立，届时流体已呈粉末状态，晃动很小，不影响飞行。

1970 年 4 月 24 日，质量为 173 千克的我国第 1 颗人造地球卫星发射成功。

其间，我国运载火箭在上述长征一号和长征二号基础上，安排了长征三号运载火箭第三级液氢液氧发动机的研制；同时，安排了运载火箭第三级常规发动机的研制。于是形成了长征系列运载火箭，入轨精度高，对发射不同轨道卫星的适应能力强，经济性能好，火箭综合技术性能达到世界先进水平。卫星事业也蓬勃发展起来。

可见，领军人才在一个阶段解决了当时的主要矛盾后，要不失时机地超前着手部署解决新上升的主要矛盾。

13.9 地空导弹武器系统的发展

问题与思考：针对系统工程系列产品，怎样分析作战需求？怎样分析战术技术的主要矛盾？怎样结合中国实际形成自己的技术战术指标？怎样构建善于攻克主要矛盾的总体专业队伍？怎样确定技术发展路线？怎样在面临繁重任务时构建多支队伍，怎样保存这支队伍的实力？怎样通过资料研究和仿制，跨入掌握自行设计阶段？怎样超前安排未来有前景的技术？

（1）早期指标

1957 年我国开始自行设计地空导弹，3 月 20 日，决定自行设计射高 20 千米防空导弹。调研了美国黄铜骑士、奈基、波马克，瑞士奥利空等地空导弹的性能，并与高校、科研院所等单位商讨指标方案。

1958 年在比较了国外上述地空导弹性能后，受"大跃进"思潮影响，10 月，又提出研制射程为 250 千米，作战高度为 30 千米，马赫数为 4，采用硼氢为燃料的冲压发动机，指挥制导加主动末制导的红旗一号。

1958 年苏联答应提供给中国的地空导弹 B-750，其射程远远小于我国 250 千米的地空导弹指标。

1959 年，我国继续开展自行研制地空导弹的研究，并着手研究为远程地空导弹巡航飞行用的冲压发动机。

1959 年上半年苏联防空导弹 B-750 资料陆续到达我国，国家确定一机部（后调整为三机部）各工厂承担仿制，五院作为总体设计单位参加。下半年，三机部开始挑选仿制工厂，按苏联图纸组织生产，任务代号为 543。年底国防部第五研究院一边学习 543 生产资料（没有设计资料），一边派工程技术人员下厂协助仿制，承担仿制中技术问题的处理，钱文极担任 543 总设计师。那时，苏联人在工厂现场是不允许我们改动图纸的。1960 年 3 季度苏联突然撕毁协议，撤退专家；五院下厂的技术人员组织成总设计师系统，履行生产文件更改审批和超差代料审批等设计技术责任。

（2）自行设计的指标调整、队伍调整和反设计

1960 年 1 季度开始，五院除派小部分技术人员到三机部下厂外，主要技术骨干在钱学森领导下，在全五院范围内开展了新一轮各类导弹技术途径研究探索的大讨论。地空导弹的独立设计按战术地空型号和飞航地空型号两个型号做准备。地空导弹的途径与方案在一、二分院和三分院同时分别论证。

1960 年初，苏联派来的冲压发动机专家到三分院帮助设计直径为 500 毫米的冲压发动机燃烧室。为了冲压发动机的飞行试验，准备研制一个临时飞行器，命名友谊一号，由屠守锷负责。这样，一、二分院主要负责红旗型号的研制；三分院主要负责友谊一号飞行器的研制。

红旗一号地空导弹设想作用距离定在 250 千米，采取类似美国波马克导弹所依托的国家半自动化防空体系①。这一体系在五院二分院五支队研究，由五院王铮副院长总负责。作者当时是钱学森学术秘书，协助他主管地空导弹等工作；同时协助王铮副院长主管半自动化防空体系的建设。

在对射程 250 千米地空导弹途径和方案的论证中，作者认为我国地空导弹的这项指标提得不当，应该进行修改。苏联 543 地空导弹射程虽近，却是合理的。因为我国当时的任务是针对台湾来进攻的飞机，特别强调保卫上海等沿海地区。而半自动化防空体系这种网状伸展布局，不可能在海里安置雷达，无法体现其对导弹的预警和制导作用的优点。况且如此远的射程，一旦敌机在我外围佯攻，我地空导弹起飞后经过长距离飞去迎战，敌机发现后可提早机动逃跑，使我地空导弹白白浪费。再者，当时我国连小功率的电真空器件都做不好，更不要说用于弹上末制导雷达的大功率器件了。因此，

---

① 由分散在各地的雷达组网，加上计算机、通信、指挥系统组成的体系。

1960 年 11 月，作者在每周五下午定期向钱学森的汇报会上，提出了红旗一号存在的上述问题，建议其下马，另行研究战术技术指标。由于事关重大，钱学森当时并没有立即表示同意。一两周后，王诤副院长召开国家半自动化防空体系工程会，会后他问起作者的工作近况，作者顺便也向他阐述了对老红旗一号的看法。他表示赞成，说道："你在钱院长那里（工作），向他仔细报告。"1960 年 12 月，作者写了一篇《对地空导弹战术技术指标的看法和建议》。钱学森最终同意老红旗一号的下马，1961 年提请党委研究决定老红旗一号不按 250 千米的指标研制，后来友谊一号也不作为地空导弹研制，只作为发动机单项研究。

那么，地空导弹到底要按什么战术技术指标研制？钱学森吩咐作者每周 4 天在二分院，参加二部和 23 所的方案讨论，时间长达数月。二部组织大家畅所欲言，年轻同志在一间大办公室的墙上贴满了各种方案设想。后来，聂荣臻说"五院要安安静静，不要轰轰烈烈"，指的可能就是这种大字报。其实，大字报是很有意义的。因为当时主要参加讨论的都是刚毕业的大学生，在学校有的学得深些，有的学得浅些，在一起交流很民主，大家热情都很高。

当时作者在钱学森身边协助他工作，钱学森先后批准作者可以阅读苏联提供的各类导弹的技术资料。在当时保密很严的情况下，连地地和地空型号总体设计人员都不能交叉阅读和通气，因此给作者这个权限是很特殊的。期间作者一边抓紧学习苏联 543 资料，一边看《制导》一书。《制导》这本书，是钱学森从美国带回来的唯一一本指导导弹设计的书，这也是当时美国导弹丛书中唯一一本已经出版的书。国外其他的资料主要是阅读《M/R》等杂志，这是些关于导弹和火箭方面商业化动态报道的杂志，广告多、技术含量少，信息量也很少。后来，陆续看到了一些美国的研究报告。

二分院在讨论地空导弹的方案时，发现有好多人对 543 的一套设计思路不了解。作者从自身学习的体会和同周围同志的交谈中，感到应该让不下三机部工厂参加仿制而仍在单位内从事导弹研究设计的骨干，集中精力赶快学透苏联导弹使用说明书资料。由于苏联提供给我们的只有生产图纸和使用说明书，没有设计资料，所以我们应该在学习 543 资料的同时，去揣测苏联人是怎么设计的，为我国地空导弹自行设计寻找可取之处。使我们自己也能够进行设计，这称为反设计，钱学森同意了作者的想法，由王诤副院长负责主管五院下厂同志那一方面的业务；技术后方一旦经过反设计消化掌握了苏联导弹的资料，对三机部工厂在仿制中遇到技术问题的处理也是强有力的支持。所以钱学森和王诤副院长商量后，称之为"吃透543、爬楼梯"。

作者传达了钱学森的指示，大家都表示赞成。于是掀起了一个学习高潮。因为使用说明书只是一些基本的概念性内容，大家就开始研究导弹空气动力数据、飞行弹道的算法、命中概率的算法等苏联资料上没有的技术。这样，也加深了对苏联导弹的设计思想的理解。后来，一分院也采取了这样的做法。

1962 年 6 月，二分院在贯彻"仿出 543，摸透 543"中，对工厂仿制中曾出现的和缺乏理论依据的问题，整理确定出共计 1 105 个课题进行反设计。

"吃透 543，开展反设计"、"爬楼梯"的初衷是消化掌握设计思想、掌握技术、提高能力，不是想跟着苏联的道路走。

可见，正确确定总体研究的目标指标是至关重要的。一步走对，步步对；一步走错，步步错。

1960 年 3 季度苏联撕毁协议，撤退专家。7 月明确东风一号和红旗一号是既定战略任务。8 月五院第 6 次党委会决定全院迅速实现由仿制为主到自行设计为主，由全面铺开到缩短战线，由力争外援到自力更生的三大转变。①

1960 年 9 月钱学森因一人身兼所有导弹的总设计师忙不过来，

---

① 此前，五院参加仿制的人员有 2 590 人，参加自行设计的人员有 3 192 人。为此，仿制人员要缩减到 1 000 人。

而不再担任所有导弹的总设计师和型号设计委员会主任。五院设 2 个型号委员会，在党委领导下专管型号设计工作。地地导弹型号委员会由一分院林爽副院长担任主任，地空导弹型号委员会由二分院钱文极副院长担任主任，协助钱学森工作。543 下厂仿制的总师改由徐馨伯担任。

同时，五院成立科学技术委员会，由钱学森任主任。下设的地空型号组由钱文极任组长，屠守锷任副组长，当时的任务是研究地空型号的技术发展途径。

钱学森规定作者每次都要到会参加地空型号的讨论，钱学森自己也经常参加讨论。在地空导弹战术技术指标的论证中，一、二分院在技术上的意见发生分歧，一分院主张射程远，二分院强调如果射程远了，雷达制导精度达不到，长期未能形成一致看法。作者认为地空导弹的主要矛盾是制导精度，制导精度上不去，射程再远，打不中飞机没有用；而射程不是主要问题，地地导弹的射程要远得多。作者感到问题出在一分院地空导弹总体设计队伍太弱、过于年轻，专业知识结构组织得不合理。一、二分院研究力量失衡，已严重影响工作，妨碍了地空导弹的长远发展。最后作者将自己的看法汇报给了钱学森。

1961 年 11 月作者将上述观点写进了《对地空导弹特点的认识——建议调整总体设计队伍的意见》一文，呈钱学森。钱学森看后只说了三个字："知道了。"

后来作者再次向钱学森报告说："这样下去地空导弹将会停滞不前，我的意见是更换设计师系统人选，整个设计任务交给二分院为主，总体交给二分院二部。"1 周后，主持五院党委工作的王秉璋院长找到作者，说："陶家渠，你说的把两个分院的二部调整的意见，我同意。你就代表我们去两个分院做工作。你一个人去，最后将意见带回，提交五院党委决策。"刘瑄、张钧、屠守锷、刘从军、叶正明、张怀忠、董启强、钱文极、蔡金涛、吴朔平、吴展、何午山等领导分别听了作者的调整理由后，都表示同意，而且认为要动赶快动。作者回来汇报 10 天后，五院发文下令调整。

一分院二部留一部分同志加强二分院的二部，大部分同志到上海成立弹体研究所；二分院地地导弹控制系统所归一院。上海机电设计所全所迁到北京一分院二部所在地，建立机电设计院。从此一、二这两个分院变成了型号院，这就是型号院的由来。

型号院成立后，钱学森可以腾出更多的时间考虑型号的发展方向等技术问题了。作者原先协助钱学森担任一、二分院之间的设计技术协调工作就不需要再做了。

可见，学科带头人的责任之一是需要选择善于解决主要矛盾的专业人才和组织机构。选择和实现技术路线，组织保证是第一位的。

1963 年，钱学森主持研究制定《我国地空导弹武器系统技术发展途径》，突出了以雷达精度为重心的技术发展路线。路线中将导弹武器系统分为近程肩扛、低空近程、中空远程、高空远程 4 类。作者在最后定稿中又强调必需发展多手段的光电抗干扰措施，还特别写明将相控阵雷达研究（美国还在构思讨论中）列为今后主要发展的一个方向。报告上报中央后，得到了批准。1964 年 5 月 16 日国防科委批示同意。

发展相控阵雷达是作者在 2 年前向钱学森建议要超前开展的工作。1962 年安排了铁淦氧器件的预先研究，作者也多次去铁淦氧器件组了解进展，期望无线电研究所不因型号任务繁忙而放松这一周期长的研究。实际上，所里很支持这项研究，随着他们取得的成就，逐步由研究组发展壮大为研究室。铁淦氧器件后来用在了反导弹雷达和地空导弹雷达上。

可见，一项具有潜在应用前景的先进技术，看准了发展方向后，就要长期支持其研究，不要急功近利，只求眼前，看不到长远。

（3）543 仿制成功

1963 年 6 月，仿制 543 导弹试射成功。1964 年 3 月，仿制 543 引导站进入靶场，用了近 1 年时间，到 1965 年初引导站性能试验结束。同年第 4 季度，543 仿制导弹和引导站的对接试射成功。1965

年定型委员会决定定型并投入批生产。国产的 543 改称为红旗一号。原先的红旗一号改称为老红旗一号。1964 年第二条地空导弹生产线上海基地也完成了战斗弹总装。

可见，仿制为我国自行设计新型号奠定了材料、元件、工装设备、工艺知识技能和纪律、设计思想、设计技术、测试规范和设备条件等基础，促进我国自行设计配套队伍的形成。

(4) 红旗二号

1960 年开始了红旗二号的预先草图设计。1960 年底成立地空型号设计委员会，主管型号设计工作。1962 年 2 月五院第九次党委扩大会议指示：地空导弹以控制系统的研制周期为主要根据，确定型号研制周期。1962 年 2 月调整地空型号工作部署，延长红旗一号方案阶段的周期。以上都是在不断调整中开展总体方案探索和安排许多预先研究课题研究的。1963 年地空导弹技术发展途径制定，上报中央批准后，正式开展研制。

虽然 1964 年 1 月已明确 543 改进型号的指标研究以抗干扰为重点，但在发动大家讨论红旗二号地空导弹战术技术指标和方案中，还是出现了不同的意见。1964 年 2 月，形成 3 种方案，一是小改，二是中改（相当于后来的红旗三号指标），三是大改（导弹采取气动鸭式布局控制）。后来集中为两种意见，一种注重射程，另一种注重电子对抗。系统总设计师拿不定主意，征求作者意见时，作者表明自己倾向后者。作者说："如果你们实在不好决定，只好一并提请五院党委决定。"为此，作者向钱学森呈交了《对红旗二号地空导弹设计指标和方案的意见》一文。1964 年 7 月 8 日，五院党委在二分院6 号厂房举行扩大会，听取二分院领导与地空总师系统汇报。席间钱学森再次询问作者的意见，作者扼要阐述了对 2 个方案的看法和支持加强电子对抗的方案的理由。随后五院党委决定，红旗二号指标定为射高二十几千米；将电子对抗作为我国自行设计第 1 个地空导弹的首位任务，由作者执笔起草研制报告。五院党委将报告上报中央，经批准，1968 年红旗二号定型。报告中还提到，若有余力，还会执行中改方案，力争 1970 年定型（这是后来的红旗三号方案之一）。

1964 年 10 月 19 日聂荣臻同意地空导弹型号按不同射高，分三步走的安排。

1965 年 1 月，七机部成立，三机部地空导弹工厂划归七机部。

1965 年 4 月 19 日，由国防工办委托七机部主持会议，对红旗二号方案再次进行讨论。由于原三机部地空导弹研制生产力量的加入，确定红旗二号任务安排在 139 厂和 786 厂生产，二院承担总体任务。二院的设计队伍则集中力量进行红旗三号研制。同年 6 月 29 日，红旗二号第一状态战斗弹试验成功，引导站精度和抗干扰能力比 543 优。1967 年红旗二号投入批生产。

可见，一个从中国实际出发符合作战需求的战术技术指标体系的确定至关重要。一旦明确目标，实现起来势如破竹。

（5）红旗三号

红旗二号进展顺利，开展研制不久后接着开展了红旗三号战术技术指标和方案论证。这是攻击目标为高空高速飞机的地空导弹，瞄准的是美国还在研制中的 RS-71 飞机，号称 3 倍声速。但有意思的是我国导弹定型后，美国 RS-71 还没有研制成功，而 RS-71 即使研制成功，其指标也都没有达到那么高，这使得红旗三号"无用武之地"了。

红旗三号 1964 年开展了预先研究。1965 年 9 月经过 3 个方案比较后，决定将 3 个方案合在一起，由二院研制。

1964 年毛泽东主席指示钱学森开展反导弹任务（640 工程）研究（这一部分将在后面阐述）。因此，地空导弹武器系统面临着众多的型号任务。上海机电二局 1961 年成立后，一边组建，一边着手准备仿制 543 地空导弹。后来，它在业务上划归给了七机部，1964 年完成了 543 战斗弹总装。这样，我国第 2 条地空导弹设计生产线正趋建成。

于是，七机部对地空导弹研究队伍作了一次大调整。二院一部分研究单位建制和人员去上海，成为上海地空导弹设计力量的主体，承担红旗三号除制导站外的全部研制任务；二院无线电研究所从事红旗三号制导站任务的骨干力量去西安 786 厂，加强工厂设计所，从事红旗三号制导站任务，因为那里生产研制手段很强，能更快速发展。这样，二院则全力以赴研究反导弹武器系统，同时开展中低空地空导弹研制。

"文化大革命"期间，七机部被军事管制。按毛泽东主席的指示，航天年轻人员都要下放到军垦农场去锻炼。临行前，钱学森向军管会打招呼："陶家渠留下。"这样，作者进入军管会生产组。全组 10 人负责协助军管会组织日常科研、生产、计划、人事、财务和基本建设等。

不久，赶上国防科委的军工科研新体制改革。1968 年 10 月国防科委为贯彻毛泽东主席加强雷达的批示，提出要把 786 厂下属的设计所全部划归国防科委十一院建立从事炮瞄雷达的研究所。国防科委要求驻航天的军管会派一个代表，代表军管会到 786 厂去贯彻毛泽东主席的指示。钱学森问作者的看法，作者说："786 厂的地空导弹雷达设计所这么好的队伍，有原工厂设计所的骨干，还有二院迁去的骨干，不能走。"钱学森又说："你到那看着办。"后来，军管会杨国宇副主任找作者谈话，说："我和钱副部长商量了，你就代表军管会去谈。"同去的有 3 个人。

到了西安，前去的一位参谋代表国防科委宣读意见。然后，作者表态说："我坚决拥护毛泽东主席的指示，地空导弹的雷达特别重要，制导雷达是贯彻毛泽东主席指示的重要组成部分，因此应该全面考虑。"我们就这样一直坚持着，开批判我们的会也没有放弃。作者抓紧做骨干的工作，征求每个人的想法与意愿。钱学森指示作者，"如果定下来分，骨干全回北京，原 786 设计所骨干也都到北京。"最后，据理力争顶住风浪，决定除个别有困难的人员留在西安外，所有地空导弹制导站骨干都到北京。来北京后这些骨干临时住在二院招待所等候，找二院军管会商量，二院军管会觉得也很难办，最后决定全部到上海二局上海有线电厂落脚，成立 804 所，西安 786 厂设计所所长王其扬仍任所长，二部去 786 厂的陈恕庸当副所长。就这样保住了实力，也保住了这支曾经做出地空导弹抗干扰辉煌战绩的队伍。

1969 年，经上述调整，上海已形成了配套的地空导弹武器系统的研究队伍。上海二局领导请钱学森对他们今后工作提点希望和嘱咐，钱学森要作者代表他同上海二局领导讲点建议，作者写了《地空导弹武器研究中，今后要注意加强的四个主要技术问题》一文，这四个主要问题是指建立总体，加强制导雷达，加强仿真，加强系统抗干扰。

在抗干扰方面，迁去上海的有王其扬、吴有亮、陈恕庸、赵兴华、陈维钏等许多骨干；后来上海二局总体部也很重视抗干扰，建立了小组，在陶本仁等同志率领下开展了很多工作；上海 803 所周鼎新同志等也开展了光电对抗的工作。

红旗三号于 1969 年试验成功，1971 年定型。

可见，寻求技术发展途径并达成共识，是多么艰难；组建一支系统工程研究队伍，又是多么曲折；而且系统工程的技术指标途径和科技队伍这两者之间，又是多么相辅相成地影响其形成和成长的过程。这样的情况下，坚持不懈，不断适应，不断调整，达到稳定就显得尤为重要。

13.10　靶机——高空高速靶弹

问题与思考：怎样自力更生、自己创新，打破国际封锁呢？

在我国成功仿制了红旗一号地空导弹武器系统后，又成功地自行设计研制了红旗三号地空导弹武器系统。这是可以打击高空高速飞机的新型地空导弹。为此，需要为打靶提供高空高速靶机。当时中苏关系破裂，苏联原来提供的中空中速靶机已所剩无几，满足不了需要，急于从国外进口。于是向法国订购中空中速靶机。然而正当按合同履约交付时，法国受美国压力而终止了合同。

消息传来，作者便自己独立思索，提出并设计了高空高速靶弹方案。呈报钱学森后，他指示作者带图纸资料去酒泉试验靶场会商（这时酒泉靶场隶属五院）；若靶场同意再前往上海弹体研究所具体研制。1967 年上海弹体研究所开始研制，定名为图强一号。这类高空高速靶弹的射高比国外更高，成本又低，更能考核打高空高速飞机的地空导弹红旗三号的性能。至今这类靶弹系列已发展到图强九号。

可见，只要自力更生，办法总比困难多。对于科技组织管理者，提出创新思想和意见、创新方案，是其职责所在；把提出的方案转交给基层去实施，这种主动地促进事业发展的责任心很重要。

13.11　抗干扰

问题与思考：怎样在对敌斗争中发展自己呢？它的技术发展路线有什么特殊呢？它的研究队伍组织形式是怎么样的呢？在开展此类研究的实际中会遇到的最大困难是什么？怎样从组织上用制度去保证呢？

1960 年，作者向钱学森汇报工作时，几次建议开展电子对抗研究。钱学森对此也很重视。但由于作者当时还提不出一套具体措施，就没能变为行动。1961 年 10 月前后，作者在查阅苏联提供给我国的电子系统研究院基本建设设计任务书（8109 工程）时，无意中发现他们在制导雷达研究所的编制中提到了"抗干扰研究室"的名称。但遗憾的是仅仅出现了这几个字，具体从事什么任务、配备什么设备、需要什么专业水平的人才等，均未写入。看来苏联有这种机构，只是不愿意向我国提供。为此，专门向钱学森作了报告。随后，作者在 1962 年 2 月写了《开展抗干扰研究的意见》。其中组织措施是：导弹型号设计师系统要加强抗干扰指标和性能研究；在总体设计部和各从事无线电系统研究所的总体室建立电子对抗研究室或研究小组；设计部（所）一级有兼职电子对抗的技术领导负责；技术上垂直指挥。钱学森同意作者的观点，并指示作者去组织队伍落实。队伍中的成员现在可以回忆起来的有二部的路平、陈训达、顾尔顺、陆怡放、陈恕庸、计世藩、陈定昌、陈育红等，无线电研究所的赵兴华、曹汉麒，末制导方面有黄培康、范永清、吴银洲，所部级领导有张履谦、何午山、陈怀瑾等。徐馨伯、吴展、李润滋、蒋通同志也很关心这项工作。作者便与这些同志们讨论具体工作的开展，然后形成执行计划，经请示钱学森同意后开展。形成了航天电子对抗最早的专职队伍。万事开头难，大家在摸索中前进，但此时要得到专业外各方面的理解支持还很不容易。

1959 年 10 月 7 日，我国地空导弹部队打下美国 RB-57D 高空侦察机后，美国采取了对策，改派 U-2 高空侦察机来犯。1962 年，我地空导弹采取对策击落了敌机。

1963 年美国 U-2 高空侦察机安装了预警设备，测知我地空导弹雷达开机和工作状态，便发出预警告知飞行员使其立刻机动躲开，企图使我地空导弹难以应对。国防部五院是导弹技术研究人才最集中的地方，军队打仗中遇到问题，就会请我们帮助解决。空军为此经由国防科委向五院提出请求，五院在钱学森负责、由作者协助，报经二分院主管领导后，即找地空导弹总师系统和抗干扰组的同志们专项研究对策。抗干扰组会同二部总体室，经弹道分析与仿真，采取战术反侦察措施，给出了战法。1963 年和 1964 年 2 次击落了敌机。然而 1964 年在击落敌机前，敌机的机上设备瞬间将信息传回台湾，于是美国知道了我军的战术，就加装了有源干扰系统。我方则对击落的敌机上的预警设备加紧剖析。此刻，敌人抢在我们前面，装上了欺骗式干扰系统。1964 年下半年后，入侵大陆，使我战法失效。空军经国防科委再次向五院请求技术支持。作者得知后想起了 1960 年期间地空导弹方案大讨论中的一种易行的设想。此时，该措施已打算用在红旗三号的一种候选方案中。作者想到能不能提前采用，于是找到二院进行研究。

一方面，作者决定由二部承担制导回路总体计算，并启动大型抗干扰飞行试验工程，由路平、黄培康任正副组长。他们自1964年10月—1965年3月历时半年，在20基地进行抗干扰飞行试验，动员了空军1个中队，对改进的红旗一号地空导弹武器系统进行系统的抗干扰试验，并模拟U-2飞机上装的几个系统，使其可能的各种干扰完全失效，使我方在技术上抢在敌人前面。另一方面，作者没有等上述试验最后完成，决定请二院加工生产应对美国的新应急措施。但遗憾的是二院不可能在很短时间内完成此生产和制导站的应急改装任务。于是，便毅然决定请二院派二部从事抗干扰的骨干带队一起去786厂落实。二院确定陈恕庸同志带队前往786厂。12月12日作者主持召开会议，任务代号为"双十二任务"。786厂洪民光副厂长兼总工程师和设计所王其扬所长、周培德等同志也曾有过这个改进想法，所以大家积极性很高，工厂的技术与生产条件也好。786厂承担制导站加装任务，不到一个月就突击完成了。随即于1965年1月9日，空军用此又击落了U-2飞机。后又于1967年9月4日再次打下了U-2飞机，严惩了敌人。1月9日我方得到了敌机上的电子对抗系统，并破译了它。将其作为前述抗干扰飞行试验的补充内容，还很快针对它提出了新的抗干扰措施。

然而1966年—1967年8月，我军又失利。五院向空军通报了在1964年曾做过的抗干扰试飞结果和措施。空军迅速通报给地空导弹部队。1周后的1967年9月4日，空军击落了第5架U-2飞机。这是我国地空导弹又一次电子对抗的胜利。

在地空导弹设计队伍大调整后，由熟悉无线电专业的同志任总设计师，电子对抗得到了重视；加上抗干扰小组的建立和研究任务的开展，从而促进了抗干扰技术的具体开展。

由于国防部五院在电子对抗工作中取得了较好的成绩，特别是1964年、1965年打下U-2飞机，钱学森向国防科委报告了五院电子对抗开展的情况，建议国防科委四局重视这项工作。于是国防科委阎木心局长主持，于1966年5月4日在京西宾馆召开了会议，制定了电子对抗的研究规划，安排了研究任务。会后，作者写了《抗干扰研究的指标、任务及进一步组建队伍的方案》。经钱学森批准，据此对原已建立的抗干扰队伍作了一次调整充实。除了安排无线电对抗任务外，还开展了从激光雷达到激光引信的几项激光工程。计世藩、陈定昌承担了激光雷达的工程，从此地空导弹电子对抗增加了光电对抗的内容。钱学森很关心激光雷达的进展，1976 年还专门听取了陈定昌同志在上海光机所和他们一起开展研制工作的进展汇报。

1965 年，786 厂隶属七机部后，炮瞄雷达的电子对抗任务也列入日程。越南前线的抗干扰任务特别严峻。1965 年作者与 786 厂炮瞄雷达室的领导王越和周培德讨论加快新雷达工程研制，还建议他们研制一种新体制雷达。他们当时比较保守，感到有困难。后来他们在建制归兵器部的十多年后，最终研制成功了。

可见，发展武器，一切为了打胜仗。一切从实战出发去思考，一切从敌变我变得更快去思考，才能指导武器系统的发展。

"文化大革命"后期，地空导弹和海防导弹研制队伍隶属八机部，其间研制了反辐射导弹导引头，开展了激光与红外的许多光电子工作和对抗研究工作。

1976 年，"文化大革命"结束后，七、八机部合并，作者将地空、海防导弹所有电子、光学的预先研究任务作了整顿调整，把分散的低水平课题一律停掉。为抢回"文化大革命"丧失的时机，使大量装备部队的导弹在电子对抗中被赋予新的生命，作者组织了大规模的集中主要力量的电子对抗研究。大家齐心协力，突破了许多关键问题，取得了卓越的成绩。同时，各研究院总体部和光电系统研究所的总体室，都从新型号体制和新的光电系统体制上，强调了电子对抗的重要性，充实加强了电子对抗小组的力量，并采取了相应的具体措施。

导弹武器电子对抗的能力，首先在于新研制的导弹武器是否具有相当好的电子对抗能力；同时还在于投入作战使用中，能具备随

"敌变而我变得更快"而扩充电子对抗潜在可能性的能力。

当我们对电子对抗工作提出更高要求时，却遇到了困难：导弹总设计师系统为了首先确保自己承担的型号任务的完成，对电子对抗任务指标的制定不可能自觉地一高再高。这就是说，导弹型号在确定指标时，要明确规定电子对抗能力并加以实现；还要使武器在研制成功后，具有增加抗干扰的潜在能力，并超前安排，使武器在敌变我变中增添新的实战能力。所以电子对抗具有两层任务。在研究单位内部也要相应把这两支力量组织搭配好。但是仅此还不够，危机感的压力和自觉性的动力还不够，总不太愿意自我揭短。不过，从另一侧面讲，设计师们也担心总是强调自己的武器还经不起某种干扰的消极因素，会影响正在艰巨研制中的设计师系统大"部队"的"军心"。然而，矛和盾如果不在对抗中促进，就不会快速地成长。因此设想建立一支队伍，专门研究一系列针对我们自己导弹系统的干扰设备，使我导弹失效，然后促使我们的导弹设计师们把导弹系统救活，促进各导弹武器总体和有关分系统研制厂所的抗干扰研究组的抗干扰研究工作的开展，进而达到深层次抗干扰能力。作者归纳为自我干扰及对策研究，用以指导航天电子对抗的进一步研究。因为中国当时的国力还不可能像美国那样用高价格或其他手段，获得敌对方的产品实物，然后用军事工业的快速制造实力去仿制，再采取针对性极强的有效干扰措施的那种方式。因此，作者于1982年底提出了《组建电子对抗研究所的建议》。

1982年军方针对加强电子对抗的工作开了会。为落实这次会议的精神和七机部会前上报拟承担的繁重的电子对抗科研生产任务，作者建议召开航天第一次电子对抗技术会议。会前作者起草了《关于加强航天部抗干扰队伍建设和组织措施的建议》，以便将"文化大革命"结束后恢复和加强电子对抗工作的一套做法总结为指导航天电子对抗的文件，以便进一步明确各级领导责任、型号设计师系统责任、总体部（所）电子对抗总体室（组）的职责、无线电专业所（厂）抗干扰组（室）的职责，并提出了建立电子对抗研究所的必要性及其职责以及他们和无源干扰特性研究所的分工。作者还起草了电子对抗技术研究的 10 条指导思想，近期战术导弹应加强的抗干扰技术研究的 9 个项目和对卫星与战略导弹的电子对抗要求；还着重要求导弹设计师系统对已定型和在研型号的抗干扰性能做出评价，安排改进措施，供大家讨论取得一致后贯彻。会前，根据国防科工委要求，张钧部长明确李绪鄂副部长任部电子对抗领导小组组长，作者任电子对抗办公室主任。总参和国防科工委机关领导都与会做了重要指示，多位部领导都参加了会议。会后，电子对抗小组胜利地完成了各项任务，赋予我国现役的各种型号的地空导弹和海防导弹全新的电子对抗生命。

1983 年，航天电子对抗研究所成立，直属于部，具体业务如何开展落在作者身上，首先要面对的是如何落实第一次电子对抗会各单位提出要研制的数百种干扰机和干扰模拟设备。所以要做系列化、标准化、通用化梳理，最后归纳分类。1983 年召开第二次电子对抗会议，作者总结形成了干扰模拟技术研究工作应遵循的 6 条原则，作为会议主要议题。

1984 年、1985 年，航天部电子对抗领导小组换届，组长由鲍克明副部长担任，科研生产司由作者分管。作者邀请总体部（所）专职从事电子对抗的同志和电子对抗研究所的同志进行讨论，深入交换意见。讨论中提议总体部（所）从事专职电子对抗的同志只限于向电子对抗研究所同志提供本型号对外暴露的信号特征，其余留给研究干扰的同志去揣测研究。讨论的另一主题是将研制多种模拟机手段系统地上升为导弹武器典型的电磁干扰环境模拟的手段，以及导弹武器在这样的干扰环境下抗干扰能力的实施和监测。大家认为方法可行也易操作，也可促使导弹武器系统的总师系统面对一个抗干扰能力尚需努力的局面，促进电子对抗的深层研究。这是一个系统工程，不是短期一二年的工作。因此要有一个经常性的联络组织形式去定期开展研究，该组织后确定为联络员小组。

联络员小组于 1985 年成立，由电子对抗研究所张玉峰任组长，负责经常性工作。小组后来还起草了电子对抗规划。他们的工作很有成效，1990 年评为航天部预先研究先进集体。

20 世纪 80 年代中期，我们系统地组织了航天部内外单位的隐身反隐身的研究；一院 15 所开展了伪装技术的研究，有的项目达到或超过国际先进水平。

1990 年航空航天部电子对抗领导小组组长由白拜尔副总工程师担任，作者任副组长。同年，召开了第六次电子对抗工作会议。

作者代表部电子对抗领导小组向大会作了题为《电子对抗八年总结》的报告，对 8 年来全航天在电子对抗工作中所取得的巨大成就作了总结，并对能取得这样成就所采取的技术路线、组织管理体系、规章制度和具体措施加以总结，以指导今后的工作。会议评审与肯定了联络员小组经多年努力研究提出的《四级典型电磁干扰环境》，完成的《面空和反舰导弹武器系统典型电磁干扰环境实施纲要》和《战术导弹武器系统抗干扰性能指标的制定与检测方法》。后来相继研究完成了《无线电制导战术导弹武器系统抗干扰性能评估工程》和《光电制导战术导弹武器系统抗干扰性能评估工程》。

至此，航天电子对抗在"自我干扰及对策研究"的总指导思想下，终于成为了一门系统的、定量的、有流程的、制度化的学科与技术。

我国航天电子对抗研究工作在不断发展中形成了涵盖从无线电、红外紫外光、可见光到强弱激光的频谱领域，包括消极无源和积极有源的光电对抗的系统工程。并把早期的电子对抗，拓展为以目标特性和环境特性为基础的识别与反识别对抗技术，拓展为核爆炸环境下电磁波传播对抗和内外核电磁脉冲的对抗技术，拓展为强激光下的对抗技术，拓展为弹头再入物理现象和发动机喷焰物理现象为基础的各种对抗技术，拓展为隐身和反隐身的对抗技术，拓展为伪装和反伪装的对抗技术，拓展为反辐射弹和反反辐射弹的对抗技术。从而构成了我国大光电子对抗系统工程，同时也构成了我国光电子从系统对系统的对抗到体系对体系的对抗的大光电子体系对抗系统工程。

13.12　海防导弹技术发展途径

问题与思考：对于系统工程系列产品，怎么根据中国国情选择其发展道路呢？在论证战术技术指标体系中，怎样分析我国在一定历史阶段内，国家综合军事体系作战力量对本系统工程发展的制约？在论证战术技术指标体系中，怎样分析制约本系统工程发展的技术本质因素？然后在上述制约中寻求中国自己的技术发展途径，并超前预埋新技术？

关于海防导弹，当时苏联提供给我们两个型号：一个是 544，另一个是 542。544 是舰对舰导弹；542 是岸舰导弹武器系统，配套地面要两部雷达。

由于三年自然灾害，国家将海防导弹的仿制推迟，1962 年三机部又重新开始仿制。

在论证中国海防导弹系列技术发展途径时，总体部是一分院四部，经验不多，当时三分院还不是型号院。四部同志提交了好几份型号发展途径的构思，钱学森都不满意。钱学森问到作者怎么开展时，作者讲了 5 条技术发展途径的建议：1）对于 542 岸舰导弹，中国不必仿制，也不必参照研制。因为它载机老式、体积大、飞行高度低不下来，易被拦击；架设在岸上的雷达体积很大，易被轰炸，技术不先进，国家为此投入很多精力去仿制不值得。因此岸舰导弹应该在 544 导弹基础上发展。2）544 舰对舰导弹不可能打得很远。因为受地球曲率半径限制。当时我国建造大型舰船力量弱，空军力量弱，尚未具备超视距探测能力。所以，当时的舰对舰导弹最大射程有限。3）导弹不采用 542 雷达制导方式。飞航段拟采取惯性制导（当时地地导弹还没有最后确定惯性制导），导弹飞行接近敌舰时，采取末制导引导导弹命中敌舰。4）发展抗干扰技术和各式各样的末制导手段，使得作战时对方很难应对。5）不采用普通飞机发动机，而采用可储存推进剂发动机。另外要采用固体发动机，把导弹做得更小巧。还要研制冲压发动机，这是因为海上军舰速度慢、机动差、跑不掉，冲压发动机进气道设计能适应，而海防导弹用冲压发动机可以做到贴海面超声速飞行，提高突防能力。

于是，钱学森决定由作者起草撰写《我国海防导弹技术发展途径的报告》，报告呈钱学森阅后，批示同意，作为五院科学技术委员会大会主要文件，向大会报告并提交大会讨论。作者在大会上的报告，经专家们讨论同意，补充了一条建议，即导弹应当快速灵活机动零长发射。报告在科技委讨论通过后，提交五院党委会审批通过，于是报送党中央。党中央批准后，按此开展研究和研制。

为了实现上述目标，1965年从各研究院抽调各相应专业人员组成海防导弹总体设计部（三部）以及许多研究所和工厂，成立新的海防导弹研究院——第三研究院，专门进行海防导弹研制生产。中国的海防导弹型号从此起飞。当时，美国人连海防导弹都没有，超声速导弹就更没有了。

三院在贯彻《我国海防导弹技术发展途径》的初期，也存在过认识上的曲折。

1965年4月23日，在由国防工办委托七机部主持的会议上确定海鹰一号的研制，由三院抓总，导弹由三机部320厂制造和总装。会上海军还提出了研制岸舰导弹的要求，于是9月6日开始又研制海鹰二号。1970年海鹰一号飞行试验成功，海鹰二号完成定型试验。

对于超低空飞行，三院开始有些畏难。三机部320厂领先试验了低飞，对三院震动很大，也很快研制出来了。

关于冲压发动机的研究，我国从20世纪50年代末开始始终坚持研究，到1963年已进行了66次试验，到1964年已纳入新型反舰导弹方案，这比欧美20世纪90年代才提出低空超声速导弹要早得多。由于技术完全靠自己摸索，几经曲折。超声速反舰导弹在研制初期遭到了三院一些同志的反对，认为外国超声速飞机（$Ma>2$）到了低空其速度小于410米/秒，而我们要求在低空达到$Ma>2$是不可能的。梁守槃、王树声费尽口舌还是没有成功，最后向钱学森汇报并提请出面支持。后来即使在 1970 年和 1985 年的两次关键时刻，仍有反对意见，但最终还是坚持下来了。用冲压发动机的超声速超低空导弹于 1987 年完成鉴定性试验，1992 年打靶鉴定合格。那时欧洲各国才意识到是发展方向，开始研制与我相同的导弹。因此，我国是世界上第一个用冲压发动机研制超声速超低空海防导弹的国家。

用固体发动机的海防导弹，于 1971 年 2 月开始方案论证，一直预研到 1977 年，三分院白手起家，研究了小推力长时间工作的固体发动机。1977 年国家正式批准立项，1985 年完成设计定型试验。

对于上述各种导弹，三分院研制了各种各样的末制导头，大大提升了电子对抗的能力。

至此，我国海防导弹按照中央批准的海防导弹技术发展途径，已远远超过了所预期的目标。

可见，设想战略技术发展的途径，必须从如何对作战有利的角度进行考虑。

可见，有不同的看法是件好事。它可以使所做出的决策少犯错误或不犯错误，使决策更趋完善。也可以促使执行者更加谨慎、更加努力地去加速实现既定目标。

13.13　超视距雷达

问题与思考：怎样对制约系统工程系列发展的技术拦路虎发起一次又一次的攻坚战呢？

在作者撰写的《海防导弹第一代系列发展技术途径》中，提出限制导弹射程提高的主要理由是雷达受天线高度限制对敌舰目标的作用距离不能加大。因此，如何增加雷达对海上目标的超视距能力，是一项需要长期关注的大事。

1963 年夏天，钱学森收到武汉大学电波教研室一位教授写来的信，信中说他们曾一度从武汉发现了大连港外的船只。钱学森责成作者去抓超视距雷达。第一次组织了三院雷达研究所开展研究失败了。"文化大革命"期间，钱学森又提出在天津大会战中，请三院继续在那里安排开展超视距雷达研究，结果第二次研究也失败了。1983年哈尔滨工业大学建制归属航天部，刘永坦教师向作者讲述了他正在开展的几项研究，并准备开展天线波束压缩研究。作者建议他研究超视距雷达，给他讲了设想的2种方案。他当时并没有做出决定，回哈尔滨1个月后同意研究超视距雷达。作者报经刘纪原部长批准，拨出经费。刘永坦制定出方案初稿后，作者请了科技委陈怀瑾、张履谦、陈敬熊等专家，连同方案初稿中引用的参考资料，逐字逐句地对方案进行审查和补充完善。最终，这部雷达研究成功。

为了寻求超视距雷达的发展途径，我们先后奋斗了20年，3次组织攻关，终于获得成功。

可见，突破一项国防急需的关键技术，需要的是百折不回的毅力。失败是成功之母，从失败中探索寻找可行途径，并坚持不懈。在有了突破方案后，需要请相关专家鼎力进行指导，避免走弯路。在预先研究任务一开始要争取使用部门的理解和支持。同时，这种成败风险极大的预先研究项目，主管预研的人员承担的压力比承担课题任务的同志大得多，需要排除各种压力和干扰，支持基层去实现。

13.14　反导 640 任务

问题与思考：怎样在有矛必有盾的对敌斗争下，发展全新的攻防武器？全新的技术发展路线怎么从体系与总体出发综合考虑呢？

1964年2月6日，毛泽东主席指示钱学森："有矛必有盾，搞少数人研究这个问题（攻防武器）。"随即钱学森让作者组织了以宋健为首的5人总体组进行论证，3月23日，国家明确反导任务由五院抓总，总体组扩建为直属502室，从事总体论证。期间钱学森每一两周都会去参加发展方向研究和方案讨论。总体论证最后形成了以导反导、死光、超级大炮、预警、识别五大方面，即 6401、6402、6403、6404 和 6405 五大工程。1965 年 6 月 30 日，成立反导弹武器研究所，宋健任所长。同年的 8 月 1 日任务转至二院。

关于以导反导，开始沿用红旗代号，后来反导弹导弹武器系统发展为低空反导和高空反导 2 个型号。

"文化大革命"中宋健受保护，因此 640 大总体工作实际上由作者配合钱学森推进。

1974 年正式上报国家纳入型号研制。之后 2 个型号的计算机、战斗部、发动机都研制成功，反导靶场已建成投入使用，反导弹导弹独立回路弹和大型捆绑助推器已发射成功，制导雷达即将组装。

"文化大革命"结束后，640 反导工作因一些同志的反对而下马，但继续保持攻坚任务。先是陈定昌、后转黄春平、后又转回陈定昌负责。他们一直坚持到现在，完成了许多反卫、反导的工作。

可见，走强国之路，要有战略家的思想。

关于死光，即强激光武器，当时人们已经认识到其重要性了。因此科学院安排在上海光机所开展强激光研究，很快便做出了以钕玻璃为工作物质的强激光，与国际水平相近。后来，又安排了效率高的二氧化碳激光。对于激光在大气中的传播规律，由上海光机所龚智本承担研究任务，后来发展为安徽光机所。此项基础研究在初期工作条件差，遇到了很多困难，作者曾数次帮助他们向国防科委反映，促进了研究工作的开展。

科学院力学所还研究了气动激光，可惜当时有气流抖动不易瞄准。为此，作者总结出了技术发展路线：强激光要将强光产生器和目标精确瞄准相结合，去寻找工作物质和技术发展道路。大连化物所研究了效率高的固体激光器。中国科学院为了国家的事业，一波又一波地向前推进。开展了此项工程研究，也由此派生出了许多丰硕成果。

可见，寻求一条正确的技术路线是很不容易的。仅从几项技术指标寻找路径，而不是从系统工程完整的技术指标体系上去寻找路径，必定要犯技术发展路线上的错误。

关于超级大炮的探索，五机部组建了超级大炮总体所，还投入几个所承担部分任务，大家做了许多工作。但经过多年艰苦奋斗，这条路线的效果仍比不上反导导弹。因此，作者后来建议任务终止。

由此看出，在发展战略和技术途径探索中，需要有掌控大总体技术发展大方向的人，其业务水平和组织能力尤为重要。

关于预警雷达，电子部十院研制建设了预警雷达和目标特性测量雷达，对导弹暨弹头进行了测量；航天遥测研究所研制了世界上第二台高速高水平磁带记录器，取得了很好成绩。为配合上述研究，作者提出研制 1 颗卫星，经二院二部的努力，历时 3 年，卫星于1981 年入轨。

关于对真假弹头的目标识别工作，最初组织了科学院力学所、物理所、电子部 22 所、七机部二院的同志展开研究。为识别而开展的研究工作，遇到了力量分散、缺少总体思考的不足，也遇到了技术上对真假目标的特性缺乏基础研究实测数据的困难。为此，作者建议全部力量集中归七机部管理。力量集中后，作者说服各方立即将研究所的重点研究方向作了调整。为了建设好这个所，为它专门多方筹集资金，创造了基建和设备的开创条件，使其工作打下牢固基础。

可见，创业不易，维持扶植更难，需要具有远见的战略谋略。

13.15 反导的气动热

问题与思考：怎么样不失时机地安排好基础研究这项先行工作呢？

对于弹头再入产物的各种热学、力学现象，最初在力学所安排了电弧风洞等，后来作者同北京空气动力研究所庄逢甘所长商量，也请他们开展。这些工作为弹头设计研究、反导设计研究和突防设计研究，打下了基础。

可见，不从基础抓起，想突破难点是沙滩上建楼。只有早日下决心扎扎实实打好基础，才是出路。

13.16　抗核加固

问题与思考：面对一个全新的领域，怎样从机理到工程，构建崭新的队伍与开展研究呢？

反导弹的任务需要掌握核战斗部核杀伤导弹的机理，必须了解被杀伤导弹的抗核机理和能力。导弹突防需要抗核，也要了解核杀伤机理和自身抗核机理。为此，专门请一、二院和771所等单位各挑选对口专业人员参加，组成核效应试验和核加固研究队伍。作者为他们讲授了1周的培训课，内容包括核爆炸产物、爆高、效应公式、抗核加固等。为了研究高空核爆炸对电离层、雷达、通信等的影响，作者受钱学森、朱光亚的委托制定了高空核试验方案，经两位领导审查批准，正待上报中央实施时，因我国政府禁止了大气层外核试验而告停。

可见，一项总体的指标，常常超出单一总体研究单位自身力量，要组织跨总体的专项预先研究系统，从机理到实践结合起来不断提高。这些具有共性的技术、超出总体部的大总体职能，要在更高一层构成总体技术指挥与指导。

在核效应与抗核加固研究中，二院李振家、任加林，一院刘德成、戴启璋，771所宋钦歧、邵全法等同志都忘我而无私地工作。弹头所戴启璋在卡车上用手平举着原子反应堆核辐照后的材料，行驶20千米运回所里。为了研制微电子集成电路器件，771所宋钦歧一次又一次地做辐照试验，身体白细胞越来越低了。在地下核爆炸后，771所邵全法冒着生命危险，冲进地下核爆心附近辐射非常强烈的环境中，把参加核效应试验后经受了考验的抗核加固计算机抱了出来。

这是一项对健康有碍的工作，作者为这些研究人员申请了特批的营养补助。从事这项研究人员的自觉自愿的献身精神永远留在大家心中。

可见，一项新研究工程的形成，是需要有一批具有献身精神的优秀人才去共同奋斗的。

13.17　试验弹

问题与思考：系统工程大总体的试验，次数有限、成本高昂、工期不允许拖得很长。那么怎样把分系统需要充分研究的一系列试验，不全部置于总体系统工程中安排试验，而单独先行安排试验呢？

为取得更多机会考验地地导弹弹头性能，直接用昂贵的导弹型号去做大量飞行试验无疑是不合理的。为此，作者提议研制用近程东风三号导弹改装成试验弹。论证出的方案，国防科委和二炮审查后都同意，但由于当时基层个别技术员认识不上去，未能实施。

为地地导弹弹头突防，作者提议研制目标特性测量雷达。论证方案都已完备，国防科委也支持，也因遇到类似情况而未成形。

可见，缺乏智慧和对新技术理解形成的阻力，容易误事。

可见，管理工作在推荐新技术时要用很大的精力做面面俱到的说服工作，缺了一个环节都不成。

13.18　突防仿真

问题与思考：攻防是一对矛盾，怎样减少成本高昂的试验次数，以及弥补不能充分做实际试验的不足呢？

在地地导弹地空导弹和海防导弹研制过程中，钱学森始终不渝地狠抓仿真和模拟研究及其设备的研制，从而使我国比外国导弹的飞行试验所用导弹数量大大减少，为国家节约了大量经费，节省的导弹又可提供给部队进行训练和装备。

以己之矛攻己之盾，建立自我攻防的对抗仿真，可以大大提高自身战斗力。

在建设了反导弹仿真实验室后，建立突防仿真实验室就具备了前提条件。为此，建议借鉴反导仿真实验室经验，建立突防仿真实验室。

可见，有矛必有盾。从反导仿真实验室的建设，就联想突防实验室的建设。从地空反飞机仿真实验室和海防导弹突防实验室的建设，可以以己之矛攻己之盾，实现很多攻防对抗试验。

13.19　大型地面计算机

问题与思考：对于关键分系统的发展，怎么寻找主力突破呢？

作者多次请计算机研究所几位所领导出来勇挑重担，承担每秒百万次计算机的研制任务，但一直未能做通工作。当时长沙工学院建制归航天部，遂商请慈云桂老师承担，他很爽快地答应了。他们在"文化大革命"全校停课期间，动员全系教师，努力实干。一年后，长沙工学院归军队编制，但研制工作还在继续。研制工作捷报频传，发展为后来的银河系列计算机。

可见，对于一项新技术的突破，需要选好有决心有能力突破的带头人才。

13.20　动压马达陀螺和捷联惯导任务

问题与思考：对于有前景的新技术，怎样力排干扰而推进工作呢？

惯性器件研究所袁万显同志在研究的动压马达陀螺，被许多人认为不是主流方向而得不到支持。作者给所里做了说服工作，下拨专项经费，坚持支持这项研制工作，最后研制取得了成功。动压马达陀螺出来后，在推广应用中又遇到了困难，后来介绍给二院二部用在出口的战术地地导弹上，一下子打开了局面，后来在更多型号中得到了应用。

可见，预先研究的科技管理者要牢牢把握技术发展方向，不能迷信。必要时，需向有关的专家做说服工作。

支持有发展方向的幼苗的研究，要从工作条件、生活条件、专业配套的力量组织，一直关心到出了成果；而且，不能只限于成果的突破，还要帮助成果真正推广，使之站稳脚跟、巩固阵地。

13.21 激光陀螺和光纤陀螺

（1）激光陀螺

问题与思考：当研究主力没能坚持研究下去时，怎么寻求发挥新生力量继续开展研究呢？

激光陀螺是控制研究所很早领先研究的，当时的积极性也挺高，干得也不错。但后来不知何故积极性下降了。作者就支持长沙工学院高勃隆老师也来干，他干劲十足，从把厕所改成一间实验室起家，坚持到最后做到全国领先。

可见，持之以恒地踏实苦干攻坚很不容易。

（2）光纤陀螺

问题与思考：当主力队伍不愿从事本该研究项目时，怎样另行组织力量开创前进呢？

关于光纤陀螺的研究，作者几次三番仍不能说服研究陀螺的主力研究所开展研究工作。作者只好在全国组织南北两路开展预先研究，两路队伍在竞赛中相互交流、提高研究深度，结果都取得了很好的成果。

可见，认准是发展方向的事，组织两路强强联合攻关，能起到相互促进和交流学习相长的效果。

在上述激光陀螺和光纤陀螺的预先研究过程中，激光陀螺除自身研究外，必须要攻克精确地半入射半反射光的膜的制造，光信号的检测器件的研制等；光纤陀螺自身研究外，也必须要攻克保偏光纤的研究与制造，光信号的检测器件的研制等。这些都还需要系统地对各项技术加以组织和管理才能突破。

可见，预先研究的使命是在全国范围内，组织这方面的科学技术和工业基础的发展，开创新材料、新工艺、新器件、新方法、新理论，为国家奠定基础性研究的工作。

13.22 毫米波精确制导预研工程和研究师系统

问题与思考：怎样组织有前瞻性、但研究周期超过 5 年的预先研究工程的开展呢？它的组织形式应该是怎样的呢？

20 世纪 80 年代，为保护发射导弹的母机或地面发射装置和雷达站，战术导弹开展了打了不管的技术研究，因此，专门组织了毫米波精确制导专题的预研。

由于工程较大、持续时间较长，超出了一个五年计划的管理周期，为稳定研究队伍，专门向国防科工委作了报告，形成一个小专项。同时，在预先研究管理条例中，为这类构成系统工程的研究，规定了一套如同型号研制那样的设计师系统，称为预先研究师（简称研究师）系统。由于当时航天各级领导重视对型号研制队伍人员的奖励，作者提出对研究师队伍的奖励不得低于型号研制队伍的意见，列入航天正式制度。

可见，预先研究不是急功近利、唾手可得的研究，需要持之以恒的连续攻关，故稳定研究队伍至关重要。因此，对他们在成果、职称评定等方面给予关切是领导预先研究者的责任。而预先研究师系统是对大型具有工程性预先研究的有力组织形式，也是稳定预先研究队伍的有效措施之一。

13.23 遥测的统一

问题与思考：专业任务按各型号系统分别要求、分散承担后，必然形成多品种，怎样构成系列化呢？系列化时，首先要解决的是什么问题呢？怎样论证这个问题呢？怎样统一形成系列化呢？

20世纪80年代初，航天部遥测分散在各院（基地），总体部有遥测总体，各院（基地）还有各自的遥测设备研究所，种类繁多，不利产品稳定、批产、提高性能和降低价格。靶场装备时，因规格各异，也不利军队建设。作者立意将对遥测设备组织统一形成系列。

作者组织召开会议，请各家总体部遥测总体室和遥测设备研究所与会，提出各自的未来型号需求。结果，各家提出的指标连主项分类都参差不齐，形不成系列化。为此，召开了第二次会议。首先，要求各单位负责遥测的同志结合各自导弹型号，列出遥测系统的全套指标体系项目。这个考试从第一天早上持续到第二天早上两点，直到人人交齐答卷。答得最好的是遥测研究所曾万盛同志。最后形成了共同的遥测指标体系项目基础。接着按此体系项目，要求各单位填写出各自型号的具体指标参数值。当然，最后还要归纳决策，这样做后，统一工作顺利得多。

后来，在贯彻执行中又遇到了困难，战略遥测研制单位强调自己的个性不愿意统一纳入。于是，作者从战术遥测着手打开局面，支持最优秀的两家在竞争中择优，结果3651厂占领了全航天和靶场地面战术遥测设备市场，并进而推广到航空、兵器等领域。弹上遥测设备也结合型号各自完善，随之形成基本序列。

后来，战略遥测研制单位看到了系列化的甜头，也提出高端技术指标，终于形成了新一代的遥测系统和地面站。

可见，总体部遥测总体室的同志要了解未来型号是什么，对研究未来型号的遥测需要有自己的想法，以引领未来型号的超前发展和创新。

可见，熟知自己所从事任务指标体系的条款，对于分系统任务的承担者和总体部该分系统任务书的提出者，是重要的业务建设。

可见，系列化的工作的前提是对指标体系的认知与共识。

可见，事物总是在曲折中前进的，领导者需要有耐心，方向对了，水到渠成。

13.24　国产集成电路推广和关键设备研制

问题与思考：前进道路是平坦的吗？

20 世纪 80 年代初，771 所研制出国产集成电路，性能与 Z-80 相近。刘纪原副部长要求向航天行业全面推广，结果只推广到了统一遥测的数据处理系统。在推广到原本主要推广对象的地地导弹控制系统时，遇到了阻力，他们当时不愿意用国产集成电路。因为比国产集成电路性能稍稍好些的 8086 产品，被美国推广到中国来了，清华大学翻译了 8086 使用手册。其实，国产集成电路是完全适用于导弹的。他们选择用外国的性能略微高些，以表示设计之先进。当然 771 所研制的国产集成电路的开发工具友好程度未跟上，使用麻烦些，也是一个原因。如果坚持国产化原则，也没有克服不了的困难。因为 771 所起家的时候，用的全是国产集成电路生产设备，完成了我国洲际导弹所需的弹上微电子计算机。

20 世纪 80 年代中，作者在日本访问期间设想与日本公司商讨转让二手电子束曝光机。当时日本举国组织突破了电子束曝光机，宣布向美国说"不"，在国际半导体展览会上竟然一律不说英语。但日本也还是不转让给中国电子束曝光机设备。

改革开放后，我国进口了一些国外的半导体生产设备，比国内原先的设备性能要好。但美国对中国大陆限制，甚至比卖给台湾的微电子设备性能低了 2 个档次。因此，作者先后两次立志组织中国半导体关键设备——电子束曝光机的研制。虽然组织了全国最优秀的力量，可惜两次都在会审的中途失败，贻误了国产化进程。

可见，只从本单位、本部门眼前利益，不从国家整体利益提出问题和解决问题，就是本位思想。

13.25　计算机辅助设计和辅助制造技术

问题与思考：设计制造手段的现代化怎样推进？它应采取什么技术路线和组织形式？

在航天领域必须广泛使用计算机，这是中国航天组建一开始就已明确了的事。钱学森始终强调并亲自抓。后来宋健副部长、刘纪原副部长也一直致力于为全航天合理配置高性能计算机，制定了高、中、低档相结合配套使用的方案，并投资建设相应的硬件。

为了在航天各个专业领域使用计算机辅助设计，组织各院制定了全航天的计算机辅助设计的发展规划，将计算机的需求量汇总，采购性能更好的计算机，以利对外商统一谈价。然而，规划制定出来后，发现经费过高，无法全面实施，只能局部兑现。后来，又用了一个五年计划的时间制定了规划，结果还是因投资经费浩大，未能自上而下全面实施。但是由于已自上而下制定了规划，各级领导深知其对促进设计能力提升的意义；同时，国外这时计算机发展很快，过了没多久，性能提高了，价格降低了。因此，许多研究院开始自筹经费购置计算机了。5 年下来，原先因投资浩大不敢问津的事，却自发地自下而上地实现了。

可见，通过制定一项发展战略规划，从而提高各级领导的认识水平非常重要，它会变成各级领导的自觉行动。

关于软件，长期以来，在各院都始终保持了计算机研究所或总体部计算机室。他们除了对上述硬件承担编制全院规划、采购、维护外，还不断进行着应用软件的外购选优和自行开发。

国际上计算机硬件和软件发展迅速。而我们分散在各院的人员，力量和智慧毕竟有限。因此需要在航天部统一指导下，定期组织大家交流和相互学习。

当时国外的结构设计软件 Nastran 正向全球大面积推广。作者专门组织了队伍，请一院强度研究所从事结构强度设计的湛潜同志

（他原先在北航讲授结构强度设计课）主持中国结构分析软件
（GFX）研究。经过一年半的努力终于成功了，性能和 Nastran
相当。

　　为了使各个系统单位能共享最好的软件，节省经费，统一软件
维护服务，需要全航天按学科分类，培养一批对各种学科分析软件
的全面功能有深刻理解的"学科通才"专家，以指导分散在航天分
系统专业的一大群"运用开发"设计专家，结合各自专业进行应用
开发。因而需要组成一个全航天双重组织体系的计算机辅助设计队
伍（体系），并决定成立一个"航天计算机辅助设计和辅助制造
CAD/CAM 总体组"。由于湛潜同志的这个团队在结构分析软件上已
取得成功经验，因此安排他们接着开展研发这项更多学科专业的大
分析软件工作，当然学科专业方面人才队伍还要扩大。于是从一、
二、三院，以及空气动力研究所和 771 所选拔了优秀骨干加入，为
航天各系统研制高于设计的按学科分类的计算机辅助设计软件。

　　当时国际上计算机作图正在从二维向三维发展。正值浙江大学
校长来访航天部，他们三维作图研发力量强，于是将三维作图软件
由总体组委托他们参与联合开发。

　　此时，作者产生了一个需要顶层软件的想法，即要求航天
CAD/CAM 总体组在继续开发各种学科的大型专业分析软件的基础
上，开发一个构通各种学科大型专业分析软件的顶层框架软件。这
样的软件，将使总体和分系统在设计过程中，如果一家参数有变更，
另一家即可随之跟进、调整设计参数，提高设计速度，减少批次参
数的混乱失误；构成总体和分系统、分系统和分系统之间的协同设
计，使所有分析软件集成为一体，相互之间做到接口统一，数据流
畅；使全型号工程实现全面进入计算机辅助设计水平，整套 CAD/
CAM 成为一套很好实用的体系。

　　为此，作者召开了两次会议，提出上述设想意见，供大会讨论
以统一认识。但两次会议均未能使各院统一理解。第二次会议后，
作者与总体组湛潜组长进行了商讨，看他有没有办法实现作者的这

一构想。他经过一个多月的苦思冥想，终于找到一个具体体现这一思想的实施方案，称为航天一体化集成计算机辅助设计与制造软件 AVIDM。

经过一年多的努力，这套软件开发成功了。不久之后，我们去美国麦道飞机公司访问。有趣的是，我们这套软件的开发思路和队伍的组织形式都和美国麦道飞机公司采取的几乎完全一样，不过他们已开始着手将其商品化了。

可见，从航天战略发展的需要出发，经过深思熟虑，是可以走出独立自主的技术路线的。

在开发 AVIDM 的同时，我们组织开发了许多学科分析软件，有的国产化了，有的可以购买就先买来用。这样，在型号上全面推行计算机辅助设计的条件就具备了。

在选择 AVIDM 的试点单位时，我们找了三院，这是因为他们计算站（所）和总体部领导都很积极支持。因此，在举办了各院人员参加的培训班后，在三院实行试点。三部领导的魄力很大，组织了整个三部力量在所有海防型号推行，取得了很好成效。有一次他们在和国外谈判出口型号时，上午对方提出对战术技术参数进行改动的要求，下午他们就将全套设计方案成册提供出来，显示了三院在 CAD 设计方面的实力。

三院成功后，我们再次对 AVIDM 软件实行了推广。用三院的事实说服了一院，使他们理解了 AVIDM 集成框架的重要地位。一院院长一声令下，集中各部（所）骨干，用 2 周的时间制定了行动计划。

在三院、一院贯彻实行 AVIDM 一套方法的过程中，从三院、一院派往 CAD/CAM 总体组的成员起了很好的联络员和技术指导作用。

这时五院的认识还没有跟上，一年后，他们终于在自己实践的失败教训中体会到了推行 AVIDM 集成框架的必要性，进而也进入了在 AVIDM 集成框架下开展 CAD/CAM 的阶段。

在接下来 CAM 的推广过程中，三院也起了带头作用。

可见，新预研成果的普遍推广，会遇到不理解的阻力，要耐心引导，并树立样板，因为榜样的力量是无穷的。

后来，作者把 AVIDM 推广到继电器、电连接器的计算机辅助设计与制造中。后来进而把 AVIDM 推向多学科机电磁热集成一体化设计的更高高度，成效显著，可以实现一次产品设计、一次产品生产准备手段设计、一次加工、一次成功、达到符合上天标准。从此，不再需要反复修改设计，反复制作多轮工模夹具等，大大节省了成本、缩短了周期。

在近十年实践中，我们又体会到还有许多需要深入开展的工作，例如多学科平行综合集成设计、6σ 公差设计，设计中把计划协调技术结合进去等。

可见，新技术永远不会停留在原有的水平上。如果停滞不前，即使一时先进也要落伍。

由于开发复杂的软件是一项强度超高的脑力劳动，当时组织软件开发项目的领导都会主动关心软件开发人员的工作和生活，在经济上给予补助和奖励，使他们克服许多家庭和个人的困难，持之以恒地奋战。虽然当时给予他们的补助并不算多，但对鼓舞大家的士气是很有作用的。

这里需要强调的是，并不要求软件开发项目的领导或组织者去具体编程，他们是把握发展大方向的人，就像一场交响乐表演中的指挥，而不是演奏家。指挥的责任是探索未来需求和现状之不足，当然演奏家也可以探索未来需求和现状之不足。但演奏家往往会由于自身认识有限而不能做到高瞻远瞩，那时候也可能成为阻力。而指挥总是可以站在很高的角度组织、协调其他高明的演奏家来完成表演。

可见，领导者的责任是制定政策和选用人才。所以领军人才需要具备的能力是：能够把握发展方向，善于制定政策和善于组织、选拔和淘汰人才，组织不同学科专业人才，选拔能解决主要矛盾和矛盾主要方面的人才，淘汰相对落伍的人才。

13.26 计算机自动化测量与控制技术

问题与思考：怎么样汲取其他行业的成功方法，为我所用呢？

航天由各类导弹、运载火箭、卫星型号及其配套的地面系统组成。每个型号都有各自的测量与控制设备，其中总体、分系统、子系统、部件等都有专用的测量与控制设备。因此，提出一个命题：能否研制一个通用系列，以适应大家采用。这就需要规范计算机品种、规范接口，提高质量与可靠性，缩短研制周期等，也就是说，需要打破原先的各自孤立行事，要跨型号实施通用。

在寻找上述命题的解决途径时，作者发现核工业中采用的计算机自动化测量与控制技术（CAMAC）可望用于航天的系列化建设。于是请来了原子能研究所同志给相关人员讲课，作者也参加了学习。在弄懂原理并结合航天实际情况研究分析明确适用后，才下决心通过试点推广。

为此需要建立一个总体机构，即 CAMAC 总体组，由他们与各型号总体部门协调，形成统一接口规范和机箱尺寸规范等，然后安排机箱研制和各专用测量模块插件研制。后来 CAMAC 发展成为 VXI 总线等，最终建立了总线概念和各功能模块的专项研制。这项工作的推行，既照顾到各类型号的特殊性又要走向规范统一，因此需要有铁腕决策者，一次不行，两次，一年不行，两年，直到取得成功。

可见，系列化的工作，必然涉及原分散单位的习惯和局部利益，因此需要据理说服、铁腕决策、强力推行，才能势不可挡达到目标。

13.27 国内 C 波段通信卫星

问题与思考：技术路线的调整与关键技术攻关突破如何做到相

辅相成？

　　我国第一颗人造地球卫星东方红一号于 1970 年 4 月发射成功后，1981 年 1 月开始研制第二颗通信试验卫星，全球波束，为全球通信服务。1984 年 4 月 8 日取得成功。关于下一步通信卫星怎么发展，作者认为应当加速发展国内卫星通信，把卫星天线改为对准中国版图的国内波束天线，通信用户的业务量一时不足就开辟电视广播；然后把二次变频改为一次变频。为此，急需安排这 2 项技术的预先研究。

　　为争取早日突破，组织了五院 504 所和 501 部并行开展天线的预先研究。当时的情况是，504 所不愿意做，501 部天线室愿意接受这项研究，又联系 508 所协助他们，2 个月后居然研究出来了，请任新民副部长去观看了。后来 504 所又赶紧努力，争取到了上型号研制。

　　星上转发器接收机的方案本来采用二次变频，作者建议改为一次变频。504 所认为：研制不出来。要做的话，就得到德国去买，时间至少也要 3 年。作者认为太慢了，便向任新民副部长报告说："原理很简单，中国人自己就可以研制出来。如果你给我组织竞赛的权利，用不了几个月我们就可以搞出来。"在任新民副部长的支持下，作者征求二院无线电研究所意见，他们表示愿意干。于是 1984 年 9 月，无线电研究所和 504 所展开了竞争。但为请五院提出主要技术要求，以及鉴定试验与验收试验等条件准备，周折了 4 个月。

　　无线电研究所的第一个样机历时 3 个月，于 1985 年 3 月研制出来了。任新民副部长请 504 所的同志前来观看，他们看到后提出增益幅度波动没有控制在 0.1 分贝内。无线电研究所马上进行了调试，调试好后，504 所的同志说："还是不行，这是上天用的，必须满足高温低温条件。"作者于是请 504 所的同志回去后把高温低温条件提给无线电研究所，大家继续攻关。请 504 所的同志来看的目的是激励他们加油，然而他们竟然不愿意提供环境参数。作者将这个情况报告给任新民副部长，他又兼总设计师才使得 504 所提交了环境参数。过了 3 个月，1985 年 6 月，504 所和无线电研究所都表示已经研制出来了。评比时，两家的性能基本打平，504 所的略差一点。至此，通过给无线电研究所投入了 8 万元钱，而换来了 504 所自力更生、急起直追，使这项关键技术的预先研究在不到 1 年的时间内突破。剩下就是上型号研制了。

既然 504 所已经基本赶上，作者决定还是由 504 所接下去纳入型号正式研产。就这样形成了国内通信卫星东方红二号甲。它很快于 1986 年 2 月 1 日上天，之后连续发了好几颗通信卫星，促进了国家通信与广播电视的发展。

可见，随着国内外环境的演变，我们原定的指标方案不是不可调整的。对于关键技术的突破，通过竞争可以缩短周期，提高质量，为发展抢到了时间。

13.28　风云二号气象卫星的预先研究

问题与思考：怎样与用户使用部门密切结合发展新型号？

1969 年 1 月，周恩来总理指示：要搞我国自己的气象卫星。任务于 1970 年下达，1988 年 9 月 7 日我国风云一号太阳同步轨道气象卫星发射成功。这种卫星不仅研制周期长，在其绕轨道运行过程中，只有到中国上空时才能观测到中国上空的气象。因此想到，如果在赤道同步轨道上有一颗卫星，就可整天连续观测中国上空的气象，这就是后来的风云二号的雏形。为了提前组织风云二号预先研究，除参照国外卫星外，作者专门去请国家气象局提指标。作者找到时任国家气象局局长的邹竞蒙，说："你们如果需要地球同步轨道的气象卫星风云二号的话，咱们一起赶快搞起来。你们从指标上论证，提出指标要求；我们即可组织队伍开展预先研究，预研经费由我们支付。"他非常赞成作者的想法。作者又说："你们气象局组织个小队伍，研究在同步轨道上卫星到底干什么用？你要我们在同步轨道上研究的有效载荷是些什么仪器设备，将用于测量哪些气象因素？然后咱们开会，交换意见。"邹竞蒙局长说："行。"于是，风云二号的研制就这样开始了。

他们经过对气象机理的分析提出各项指标；我们坚持请他们务必做到测到数据后能反演气象中的物理现象。于是，他们继续不断论证指标，弄准一项提一项；我们就安排经费开展相应的预研。作者决定在第一轮中开展 6 个课题，并下达了计划。然后，请他们回去继续论证，我们回来请五院也继续深入研究，过一段时间再交换情况，就这样我们共开展了十余个预先研究课题。一年多下来，研究工作进展比较顺利，大部分课题接近突破，已具备了开展研制卫星型号的条件。

正当作者希望由他们向国家申报开展卫星型号研制时，气象局的同志找到作者说："我们还要在星上增加几个仪器，你们如能做得比较好的话，对地球上的水汽和云层高度我们会测得更准。"作者问他们有依据吗？他们说："从气象学的角度有一套计算方法的，但也不是很有把握。"他们告诉作者，这也是美国正想用在气象卫星上的，增加了这样的遥感仪器后，中国气象卫星和国际先进水平就会相差无几了。作者在几番考虑之后，决定冒风险赶超，当即增加课题。就这样前后配套地列出了 21 个关键预研课题，当时把它们称为风云二号支撑性课题，纳入预先研究计划。由于双方配合默契，花了两年半的时间，顺利地完成了所有的预先研究。因此，在国家正式批准风云二号气象卫星型号上马时，全部 21 项关键技术已经预研成功。风云二号可以迅速上马展开。作者认为这是中国卫星预先研究中最完整、攻关最为完备、完成最出色的为未来型号组织的预先研究。

风云二号是我国从预研转型号结合最好的卫星，其指标最接近国际水平，进入型号研制原本应该是最顺利的，型号研制完成的时间周期也是可以百分之百地掌控的。

1989 年下达的风云二号研制任务，可惜由于气象卫星任务由五院转交给上海八院，出现了一些波折，推迟到了 1997 年 6 月才成功。但是它完全不像有的卫星，在预研不充分的情况下硬要上型号，结果进度一拖再拖。

可见，使用部门从应用机理这个根本提出对卫星的要求，从而开展预研，是加速中国创新发展道路的根本。

13.29　提高相机分辨率

问题与思考：怎么在现有型号基础上，提高有效载荷性能，安排预先研究形成性能大幅度改进的新型号？

为了研究如何提高星上相机分辨率，作者到五院 506 室，了解他们的预先研究工作。他们说有人提出要为其后继卫星研究分辨率高好几倍的相机，经费要 1 000 万元。那个时候 1 000 万是一笔非常大的数目，所要解决的技术问题还很多，几年内还研究不出来——事后证明也是如此。506 室王忠堂、杨秉新等提出将卫星的有效载荷改为新的相机，分辨率能提高几倍，可以在 1 年时间内研制出来，比研制分辨率高好几倍的相机至少快 3～4 年。

他们提出需要投预研经费 70 万，但不能保证一定能成功。如果成功，卫星原则上只需更换相机，其他部分不动，就可以将分辨率提高。在听他们讲了原理之后，作者当时内定再另外预留了 80 万，豁出来与他们共同承担风险，请他们正式行文严格履行手续后，安排预研。他们不到一年就研制成功了，拍摄的相片很清晰。我们一起到用户单位，请他们看照片，他们对照片的效果很满意，并同意这样的卫星。

后来作者还是增拨了内定预留的 80 万经费，请他们做得更完善。

五院在开展型号研制时，对其他方面也进行了改动，资金投入增加了，进度因此也推迟一些。其实，如果严格把关，其他部分不必要进行太大改动。不过，这已经属于型号研制业务，不由我们管理了。或许他们想搞得更好些，因为更高分辨率的相机还没有赶上来。

可见，新的技术，需要很快得到支持。研究成功后需要很快告知使用部门，取得他们的支持。

13.30　CCD 相机

问题与思考：怎样保证预先研究与型号研制的紧密结合？怎样做好扎实的指标和方案论证？怎样以自己领先的工作和预先研究成果参与竞争？

国土普查卫星若依靠卫星返回后回收胶卷的工作方式，卫星在天上只能工作数天，寿命很短。苏联为此发射了几十颗卫星。我国从事领导组织预先研究的同志，就一直在想卫星在天上的寿命能不能再长些，能不能不采用回收胶卷的方式？当时恰逢国外开始研究 CCD 器件，771 所黄敞总工程师积极主张中国赶快开展研究这个器件。国外 CCD 器件研制出来后 504 所购买了几块，在预研课题中安排做了一个小相机，不用回收胶卷，相片从天上拍后直接发送下来。完成地面样机后，又搭载上天去做试验，拍摄到辽河流域的图像很清晰。

于是，作者建议为卫星研制新型的实时传输相机，这样可以天天看到图像，节省卫星数量。不过当时研制出的相机分辨率还低些，希望得到使用部门支持予以安排。隔了 1 年后，包括 508 所在内的另外 2 个研究所称也完成了方案，也期望安排预研。

有一天，国防科工委机关领导给作者打电话，说："这 2 个研究所完成了相机方案，是否任务交由他们承担，你们意见如何？"作者说："对于我们已取得的预先研究成果，建议严格按照航天卫星预先研究的程序办理。他们方案到底搞得怎样要组织审查。组织审查要有手续，按规定你们发文由航天部科技司来组织。"他经请示表示同意，会议召开的日期由三家共同商定。

为做好会前准备，作者认为主要还是要真正为用户单位着想，应该拿出一套完整的 CCD 相机正式要求的技术指标。据此各家均可公正参加竞争。为此，和五院张国富副院长商定，把给出正式技术指标要求的任务布置下去，并告知参加竞标的各方。

为开好方案评审会，作者和五院张国富副院长请 508 所做好方案充分论证准备，先后作了两轮审查。要求 508 所将相机关键技术一一列出，反映自己已突破的成果；同时全部用 CAD 将图纸画出。

在 3 个研究所都做好了充分准备后会议召开。会议由作者主持，讲了卫星对相机的基本要求，并邀请王大珩院士作为专家组组长评审。由于五院 508 所针对相机一共提出了 28 项关键技术，除光学玻璃加工外，其余各项都先后在上天的卫星上得到了考验。他们计算出的传递函数指标最好，并给出了全套 CAD 装配图纸，工作远远走在前头，设计性能远优于另 2 个所。王大珩院士作了公正裁决，同时用户单位同志与会了解了实际情况后，将任务交由 508 所研制。

在正式纳入型号时，王希季院士提出 CCD 相机指标还要再提高一步。

可见，扎实搞好预先研究，掌握核心技术，才能立于不败之地。

可见，预先研究项目的管理，必须事先建立严格的管理制度。前面举了气象卫星的例子，这里又是一个例子，都说明：我们靠技术、讲道理、讲科学、讲程序，就能规范自己的行为和克服前进中的困难。走预先研究程序是一项法宝，是需要掌握的窍门。中国航天多少年来，正是这样实践的。

13.31 双星导航卫星

问题与思考：怎么通过试探验证，形成自己的技术路线？

正值美国人开展全球定位系统（GPS）时，作者考虑如果要发展我国的导航卫星系统，由于我国每年能发射卫星的数量有限，在经济上还承担不起研究像 GPS 那样的拥有众多数目卫星的系统。虽然对于原子钟关键技术，我们在"文化大革命"时期就和科学院联合在不断研制中。当时美国有一个双星导航的方案已被放弃，它只适用于中国附近地区的导航，不适用于全球，但我们地球同步轨道的通信卫星已有基础。因此，我国可以对双星导航的方案进行试探，定位精度低些，从需求估计还可接受。当时正值铁道部运输任务繁重，希望能提速，缩短两列火车间的行车间距。于是由李绪鄂部长出面找铁道部商量，研制双星导航卫星。为了证明方案基本思想的合理性，作者请五院 503 所童凯同志进一步消化资料后，安排在云岗利用卫星地面站作远距离原理性复核试验。结果取得了成功。他把结果告诉了国防科委科技委陈芳允委员，陈芳允又请国防科委测通所又做了一遍验证试验。于是在他们的共同促进下，从原本为铁道部研制尚需向国家申请的计划，径直转变为国家任务了，后命名为北斗一号。

可见，发展卫星事业是和时间赛跑，寻求自己可能发展的路线，缩短与国外差距。

13.32　卫星地面站研制和通信广播卫星波段选取

问题与思考：怎样开拓卫星应用的研究，确定符合中国实际的指标和技术路线？

1984 年 4 月东方红二号通信卫星发射成功，作为试验性卫星，通过水利部卫星地面站传输信号，完成卫星通信的初步试验。这时的用户并不多。中央书记处听取邮电部汇报后提出能否设想1985 年—1988 年加快解决边疆地区看卫星电视问题，并指出："地面接收站的研制，除了电子部外，航天部也有力量，都可以干，择优支持，开辟天线市场。"1984 年李鹏副总理决定成立国务院电子振兴领导小组通信广播专业组。1984 年底航天部张钧部长召集会议，研究能否加快研制地面卫星接收站，以转发/转播中央电视节目，使家家户户看上电视。作者发言表示："全航天部动员精兵良将集中力量，可以很快实现。"于是由作者组织研究队伍，参加的有 6 所 6 厂。为了降低成本，使更多老百姓看上卫星转发的电视，作者提出了天线不必随动跟踪、天线可以简化的技术方案，采用 C 波段。

然而，这时对卫星采取什么频段有不同看法。广电部和电子部建议采用 Ku 波段，认为这样天线小，成本低，大家才能买得起，电子部 9 个研究所还专门联名上书阐述理由。航天部和邮电部建议采用 C 波段方案，强调 C 波段是国际上成熟的技术，我国已掌握了；而 Ku 波段在国际上技术尚未成熟，我国一时尚难掌握。对于电子部提出的 C 波段单台电视接收地面站要 100 万元，我们认为远不会这么昂贵。为此，我们按自己所制订的方案，利用在云岗的大天线，做了等效接收试验，收到了电视信号，验证了我们的方案的合理性。

李鹏副总理了解了争议双方的不同意见后，于 1985 年 1 月 7 日表示电子部、邮电部和航天部，大家先分头研制一套 C 波段电视接收地面站，看看电视质量和成本究竟如何。

C 波段电视接收地面站，由航天部最先研制出来，方案很简捷；电子部和邮电部则做得复杂且昂贵。仔细对比后，航天部的图像质量稍低一些，但完全可以满足老百姓观看一般电视节目。因此，李鹏副总理经实地观看，于 1985 年夏天决定："通信（广播）卫星采取 C 波段；研发 23 套电视接收地面站，在'七一'前供老少边地区老百姓观看。"

可见，对于不同的意见，用事实说话是最好的决策。

国务院电子振兴办将任务分配给了电子部、邮电部和航天部。航天部最先并提前完成了任务。邮电部研究所由于在天线设计和委托加工上走了弯路，受到了批评后很着急。航天部得知后向国务院电子振兴办表示可以协助他们多承担些任务，邮电部随即将 8 套电视接收地面站的任务交给我们，从而保证了邮电部任务的按期完成。

电子部则没能如期完成任务。

承接了邮电部 8 套电视接收地面站任务后，作者组织航天力量在 2 周之内即为邮电部完成了产品生产任务，并运到大西北边远地区现场建站并调通完成电视转播。拉萨站电视开通后，西藏自治区领导还专门从拉萨给作者打了感谢电话。邮电部邮电研究院总工亲临我们的调度会，对我们调度效率很信服，对我们全力支援他们完成中央规定的任务表示感谢。

C 波段地面站研制出来后，老少边区的老百姓看到了中央的电视节目，李鹏副总理的决策得以实现。李鹏副总理还专门为此在航天部小礼堂召开了表彰大会，电子部、邮电部、航天部领导都到会。李鹏副总理表彰"航天部是一支特别能战斗的力量"。随后，在航天部招待所召开了以上 3 个部对各省市的地面站订货会，财政部派人审核批准定价。航天部提出一台 6 万元；电子部表示"与航天部售价一样"；邮电部的价格则降不下来，要 10 万元。由于当时电子部和邮电部的地面站搞得过于复杂，所以成本高。后来，他们也采用了航天部的方案。表彰会后的订货会上，航天部签下了 1 000 台，独占鳌头。在地面站任务研制全过程中，刘纪原副部长给了 70 万外汇指标，我们的几个厂、所和计量站因此添置了测量验收电视信号的专用设备。1 000 台任务完成后，原始投入的成本和外汇购置的仪表费用全部都回收回来了，还有不少净利润。

在开展电视接收地面站的同时，刘纪原副部长又要作者组织卫星地面通信站，首先使航天部在全国各地的单位利用卫星构成通信网。作者组织了遥测研究所、504 所进行攻关，也完成了任务。

可见，根据国情，走中国自己的卫星技术发展路线是十分重要的。针对需求确定指标，并制定巧妙的方案，在攻关过程中科学地管理与组织力量，是加速研制进程的重要保证。

13.33　微重力试验卫星

问题与思考：怎么在发现差距后奋起直追？

作者在日本访问日本宇航中心时，有一位日本朋友赠送作者一本书，是日本在卫星上做了许多微重力下的试验，他们把在真空和失重条件下，液体和固体相互物理化学反应作用和地面不一样的情况写进了教科书里。这是基础研究，日本走到我们前面了，我们中国也要做。作者回来立即跟五院预研处同志说："咱们赶紧要做微重力基础试验研究。"五院预研处的郑尚敏和于家瑛两位同志立即安排在返回式卫星上搭载试验。这就是我国卫星搭载方面研究工作的开始。

由于作者当时正在组织砷化镓微电子器件的攻关，于是想到砷化镓单晶材料的制备中，可否在微重力条件下使晶体长得更好。作者于是同黄敝去拜访中国科学院林兰英老先生。林老是半导体方面的专家，听到作者的请求，欣然答应。她提出了在卫星上生长砷化镓单晶的炉子。作者通过五院找到 510 所为林老专门研制了星上的炉子，取得了成功，也进一步发现了星上还有剩余表面张力对外表长晶的影响。由于搭载成功，就进一步开始了在空间环境下，开展各种搭载试验和新产品的生产，以及为外国人做搭载试验。这样，我国开始了在天上试验农作物种子变异、茵类与药物培养等。

可见，不甘落后的，才是有希望的。从事预先研究的科技工作者和管理人员，应当视缩短与国际差距、超过国际水平、增强综合国力为己任。

13.34　砷化镓器件

问题与思考：怎样开辟一项新技术项目的研究？在组织一项全新技术项目研究时，随着研究进展，怎样及时发现已组合的团队中专业人员的专业知识面的局限性，怎样及时发现现有组织的团队依靠自身力量已不足以胜任，从而怎样吸纳所缺专业人才参加研究？

通信广播卫星的关键技术是转发器，而我国在转发器的研究中主要卡在了低噪声砷化镓微波器件和高功率砷化镓功率器件上。这也是整个航天技术的拦路虎。

关于砷化镓器件，世界水平最高的是日本的 NEC，连美国军方也买他们的。作者去联系采购时，他们反应冷淡，于是发愤组织科研力量自己研制。

当时 771 所刘佑宝同志正在研究超导器件，已取得不少成就，在国际上发表许多论文，在超导器件上已有建树。但与砷化镓器件相比，后者前景更大，更急需，因此动员他出来挑大梁。他正准备出国深造，作者动员他留下，他答应了，转而主攻砷化镓。

于是论证了方案，经刘纪原副部长批准后开始预研。771 所总工程师黄畅很支持，他的不少硕士生和博士生都投入了研究。

为了开展自主研制，我们去国外进行了考察。回国后，作者在全航天组织了 2 支砷化镓研究队伍。一支队伍研究砷化镓电池，另一支队伍研究砷化镓接收器件和功率器件，并向刘纪原副部长作了汇报，得到了他和部科技委的全力支持。

在攻克砷化镓器件过程中，邀请 510 所协助测量砷化镓单晶品质和砷化镓加工后工艺品质，3 个微波整机研究所不断提出对器件指标的具体要求，哈工大作了砷化镓功率器件的放大器设计和砷化镓材料制备新方法研究，203 所专门制作微波测试架进行微波功率测试。以上组成了以 771 所为主的跨单位的专业配套的协同团队。随着技术问题的一点点深入，不掌握的知识和技术也随着一一出现，不少都不是已组织起来的研究人员力所能及的，因此要增加 771 所以外的专业人才。人才的组织和经费的支持由科技司负责。其中遇到最大的困难是功率器件一测试就被烧毁。究竟是器件问题呢，还是测试方法问题？分析寻找了好几轮，最后竟然发现最早的那批工艺制造的芯片已经达到性能，才了结了许多被怀疑或被要求不断精益求精的局面。

可见，随着一项全新技术研究工作的不断深入，将暴露出新专业知识人才的不足，需要补充和调整人才结构。而这项技术的组织指挥领导者的视野需要高于研究组组长。否则，研究组组长将限制在自己的团队里挖潜，不利于加速发展。

鉴于航天部大举展开砷化镓研究，作者专门给国防科工委写了发展砷化镓器件的重要性的报告。消息传到电子部后，电子 13 所和 55 所也立即行动开展砷化镓研究。

不久，771 所自行研制国产的砷化镓功率器件，按卫星的空间辐照环境条件要求达到指标。771 所研制的低噪声的砷化镓器件，已做到国外当时实验室研产的高水平了。

砷化镓太阳能电池的预研安排在上海电池研究所，也取得了很大成果，比硅太阳能电池效率更高。但五院总体部不愿意用，理由是质量比硅电池重。幸好王希季副院长支持，认为由于电池效率高后，电池阵的面积小了，卫星整体的结构质量还是轻了。电池研究所研制的太阳能电池后来还出口到欧洲为他们的卫星所用。

可见，对于认准的技术，只要持之以恒去推进，团结一心去奋斗，成功一定会早到来。

可见，总体设计人员需要不断扩大专业知识面，及时掌握自己所管辖领域专业的发展动态。

13.35 巡航导弹

问题与思考：怎样放长线钓大鱼，面对多种型号用途，抓住支撑技术开展预先研究？怎样在发展到一定的技术成熟阶段，集中于某一类型号取得突破？在型号配套研究中又怎样注意发现技术缺项及时补救，以求总体协调均衡发展？

巡航导弹的研制中有两大关键技术，一是发动机，二是地图匹配制导。冲压发动机在三院成立前就已经开始研究了。而地图匹配制导则是三院在 20 世纪 70 年代末开始研究的，由华中工学院的几位教师配合。作者要求华中工学院的教师首先把美国人的相关资料全力消化、推导。他们很认真地对所搜集到的资料研读之后，对其中的公式作了推导，一一指出并更正了其中的错误。匹配制导的计算工作量很大，需要使用每秒 1 000 万次的计算机，而华中工学院当时还没有这样的计算机。作者联系到了国内当时正处于调试阶段的高速计算机，免费为他们提供支持。于是，华中工学院的这几位教师一连十多天在计算机旁边进行计算，终于得出了结果。他们把所有结果连同上百万字的资料都交给了三院。他们这种真干、实干的精神感染了作者，坚定了作者继续支持他们的决心。因此，作者提议让华中工学院这部分教师组建成一个图像所，并得到了教育部的赞同。后来图像所工作颇有成效。

可见，对外国成果要有彻底了解和真正掌握的毅力，才能去伪存真，自主独立发展。对科学研究无私奉献的人，一定会得到大家的更大支持。

为实现地图匹配制导，需要有预先给出的地图。为保证全天候地图的获取，专门安排了一项预先研究，从而使地图匹配制导任务可以配套实现。

可见，及早发现重大漏项并纠正很关键。

可见，一项技术往往不是一家可以承担，需从全航天高度组织其他家的专业人员共同完成。这就是航天科技管理部门的技术先导和组织管理工作。

其实，在更早一些的时候，地图匹配的预先研究是分别安排在研究地地导弹和巡航导弹的 2 个不同单位进行的。由于巡航导弹的飞行高度低，雷达技术容易先实现，就决定重点先放到研究巡航导弹的三院，以求由此突破，再行推广。

可见，一项技术预先研究开始时是为多种用途而展开，利于使指标体系更能顾及全局。在攻关中途可以适当集中兵力，从容易处着手，首战必胜，以求迅速拓展。

13.36　第五代计算机

问题与思考：新一代技术产品的技术路线怎么选择与确定？

20 世纪 80 年代中期，作者去日本访问时，正值日本举国组织研制出了性能优于美国的电子束曝光机，并制造出了 64 K×64 K 的超大规模集成电路。在东京的国际半导体展览会上，日本企业的讲解员出乎意料地一律不讲英语，只讲日语，大大激怒了美国人。

在这个背景下，日本又转而举国组织第五代计算机研究，并公开号召世界上优秀的计算机科学家都汇聚日本共同研究（美国政府为此很着急和恼火，迅速制定了对策，使日本尝到了苦头。这是后话）。

作者此前看过日本有关第五代计算机的书籍资料，还看到一位美国人写的报道："日本人在搞第五代计算机；我们美国人不能落后于日本，也要搞第五代计算机。"所以，作者利用去日本考察的机会，顺便了解日本研究第五代计算机的应用背景。作者去日本考察后得出的大致结论是日本第五代计算机目标背景尚不够明确，倾向性较大的目标是用于语言翻译机。

作者随即决定全航天开会研究中国航天第五代计算机的发展方向和途径，请各院预研处、各院相关部所：总体部，以及从事控制、制导、计算机、情报的专业所的同志都来进行讨论。后来参会的有 14 个研究所。作者在会上讲了自己的想法，也请大家发表看法，一起研讨中国第五代计算机发展之路。3 天的会议讨论后，请大家回去查阅更多资料作进一步理解，并结合各单位任务提出对第五代计算机的需求，考虑一院、二院、三院、八院的导弹以及五院、八院的卫星哪些地方会用到第五代计算机，半年后回来再开会。

会上 771 所沈绪榜同志在发言中提到他曾看到一则报道，美国潘兴导弹中的计算机听说是 64 个运算器并行运算的，但没有证实。对此我总想找那篇关于大攻角下滑翔飞行的潘兴导弹上的计算机的报道资料了解个究竟。会后不久，作者了解到其计算机并非 64 个运算器。

在第一次会后，作者决定组织二院的蔡祖贻和哈工大教师同时对美国麻省理工学院和斯坦福大学的全部有关第五代计算机资料浏览一遍，提出看法。这时刚巧蔡祖贻博士来看望作者，作者对她说："请您看看这方面的资料，分析一下美国人在研究什么，已经开展了什么，又是怎么干的，提出您的看法并建议中国应该怎么搞。到下次全航天开会研究第五代计算机时，请您做个报告。"在她的努力下，只用了 2 个多月就把麻省理工学院的所有相关的资料浏览了一遍，提出了看法。她将几篇重点文章交给作者阅读，作者也从中进行了学习。哈工大也做了对斯坦福大学的资料的研究分析。于是，作者对美国 NASA 和 DARPA 在围绕 5 项用途的目标下，对第五代计算机的体系结构将可能演变的趋向，又有了一些深入的理解。

第二次会议上，蔡祖贻作了报告。作者也提炼出美国人虽然不叫第五代计算机，但是正在航天计算机方面做五件事情：第一件想在天上建造一个微电子无人工厂，从提炼、单晶、圆片、刻蚀到制成集成电路，然后把集成电路送回地面；第二件是军事上想从杂物背景掩盖下识别物体；第三件是图像处理；第四件是智能处理；第五件是空间机器人。

作者认为我国航天不能像日本那样去研究民用的计算机；虽然美国正在研究的计算机不称为第五代，但与军用和航天比较接近，可参考美国的 5 件事应用背景的思路来发展我国第五代计算机。

对于美国人的第一件事——建造空间半导体工厂，作者分析了半导体的每个生产环节后，认为计算机可以做成分布嵌入式，不会太复杂，自动化程度下不一定非要用第五代计算机。仅就天上制作砷化镓器件是否可比地面有优势，还值得探索研究。

美国第五件事是空间机器人功能，大家认为这一时还用不上第五代计算机。

这样，为了探索我国第五代计算机的体系结构的技术路线，历时两年半，有时多达 28 个研究所在一起讨论，每半年开一次会，每次研讨会都会持续 2～3 天时间。每次会上作者都会讲自己所理解的第五代计算机，钱学森也提出了他的看法。经过大家反复论证研究，才明确了中国航天第五代计算机的需求背景是从 3 个方面的应用背景去探索它的体系结构，即围绕砷化镓晶体制造，巡航导弹地图匹配图像处理，复杂背景下的目标识别这三方面的具体运用中去深入探索论证是否能找出中国第五代计算机的用途和技术路线。于是，组织开展了这 3 个方面的进一步探索。

在组织论证和寻找中国第五代计算机的途径期间，由国防科工委科技委副主任聂力和国家科委副主任朱丽兰联合主持的国防科委和国家科委为 863 开展第五代计算机研究的——中国第五代计算机技术路线研讨会上，作者发表了对发展第五代计算机工作的看法："建议国家分兵两路去探索自己的第五代计算机技术路线：民口建议集中力量从研究翻译机中寻求中国第五代计算机的体系结构之路，军口建议集中力量围绕军事、航天类似 NASA、DARPA 的 5 条用途着手探索并行计算机的体系结构之路。"

航天部这时按前述三个方面应用背景，设想了 5 个课题：1) 请科学院自动化所和计算所结合信号智能处理，寻求五代机的体系结构；2) 由三院 35 所结合反坦克任务，寻求在树林、山体、沙漠半掩中的坦克里进行形体识别的任务，探索采用五代机的需要及其体系结构；3) 分析科学院半导体所林兰英在空间生长半导体晶体中所需计算机及其体系结构；4) 在空间制造集成电路的微电子生产线所需采用计算机，是否需要五代机及其体系结构；5) 对智能末制导图像匹配处理的计算机，是否将采用五代机及其体系结构。

后来将上面的 5 个课题合并为 3 项。

第一项是在天上制作砷化镓器件。为此作者和黄敝一起去找科学院的林兰英，她很高兴做这件事。砷化镓半导体送到天上生产，在无重力下单晶长得比地面确实好。但得出的结论是没有必要一定在天上制作砷化镓，第一项研究到此为止。

第二项是复杂背景下的目标识别。请研究末制导的雷达所到边陲地区，拍摄被复杂背景遮挡下的目标照片，回来进行识别处理，从中分析出是否需要第五代计算机。雷达所拍了不同环境中坦克被沙丘遮挡的照片，人眼虽能认出，但计算机如何识别？雷达所找到科学院自动化所研究识别计算。结果还是没能解答为什么必须用第五代计算机。

第三项是巡航导弹地图匹配图像处理。因为计算容量和速率越来越高，采用并行计算更有利，所以考虑将巡航导弹地图匹配图像处理放在首要位置。

这样，经过大量实测、实验、野外测量、分析计算，最终的结论是：类似美国人的 5 类目标中，其中 4 类尚不必采用突破冯·诺依曼体系结构的第五代计算机；而弹上、星上图像处理的计算任务将采用并行计算机，是我国第五代计算机发展之路。

于是，作者动员刚从国外回来 771 所的黄士坦投身于这项研究，为导弹各类匹配制导的图像处理直接研究平行计算机的体系和计算机芯片，作为第五代计算机的主攻之路。他欣然答应。

确定上述发展方向，开展研究后的第二年（1992 年），作者看到美国人在《国家关键技术计划》和《国防关键技术计划》里，对于未来计算机的主要研究方向和重点也正是研究超并行计算机，说明我们和美国人在计算机的发展方向上的思维是一致的。

后来，黄士坦很快研制出了 1 亿次/秒的弹上计算机，接着又很快研究出 10 亿次/秒导弹上用的计算机，国产数字信号处理（DSP）芯片……路走出来了，也用在武器型号研制中了。

可见，预先研究的组织和探索是可以大有作为的，而一条技术发展路线的确定，不是一两个所级单位就能制定的。要从更高的层次，在力求全面深入研究分析国外动向的基础上，结合中国未来发展的需求，提出中国自己的发展方向和技术路线，并实施之。

可见，心中时时想着要突破的技术，一旦看到了机遇，应及时抓住。

13.37 海湾战争的启示

问题与思考：怎么从国外战争中学习指导我国武器系统的发展？

海湾战争时，美国把伊拉克打得毫无还手之力。问题在于伊拉克抗干扰能力差，美国把他们的飞机和雷达打掉了，夺取了制空权，便可在他们头上肆意轰炸。美国还曾轰炸了我国大使馆，引起国人极大的愤慨。由此，作者想到如果我国面临这样问题该怎么办？由于制空权依赖于飞机起飞的基地，所以集中力量打击机场和航空母舰是有效的防御手段。这不是普通导弹的命中精度所能完成的，必须命中跑道，这就要求精度指标必须至少达到 3 倍方差，落在跑道之内；导弹射程也不能是近程必须达到中程。所以，问题归根结底是制导精度要达到发发命中跑道。

可见，战争是教科书，使我们抛弃幻想，睁开眼睛看见了危机，促使我们去思索。

13.38 卫星导航技术用于制导和快速定位定向

问题与思考：怎样借用国外技术，抢先安排我国应用技术的开展？

关于卫星导航技术用于制导、导航，国外已有不少报导，我国也已着手双星定位导航的预研。关于卫星导航技术对航天各方面的潜在应用有哪些方面，作者组织了专题讨论，给 4 个研究院预研处和 8 个研究所的同志分析了应用前景，安排了预研。利用采购的 GPS 接收机，开展多基地雷达和导弹分散布阵的异地定位定向的预研，导弹地面发射车快速定位定向的预研，导弹和卫星定位的预研等，为我国北斗导航卫星的未来应用打好基础。

我们布置上述预研任务后，由于美国人不提供高速飞机和导弹上用的 GPS 接收机，买回来了民用 GPS 商品没有高动态性能。后来，控制研究所王玫之掌握了 GPS 接收机的高动态技术性能。这样我们只要能研制出来，就有用武之地了。

期间，作者率领代表团访问俄罗斯，了解了他们的 GLONASS 的情况，看到了他们体积甚大的地面导航接收机。他们指出 GPS 和 GLONASS 接收机只在微波部分不同，两星信息有可能兼容。回国后不久，遥测研究所韦其宁同志用集成电路制造出了美俄兼容的接收机，收到了美俄的导航定位信号。

导航算法是遥测研究所、控制研究所等自己钻研并请教武汉测绘学院摸索得出的。

为了制造出全集成电路的兼容接收机，关键技术是基带芯片。时值 772 所正在筹建预定制的门阵列集成电路生产线，准备赴国外通线验收进口设备，在国外生产几块电路进行考核。借此机会，作者请遥测研究所把集成电路分解为若干块功能模块，请 771 所博士生和遥测研究所结合，学习掌握这些功能模块后，设计成微电子集成电路，拿去国外的设备上考核。她出国后，夜以继日一直干到临上飞机前终于完成，并带回了国内。就这样，事隔不久中国有了 GPS 和 GLONASS 兼容的接收机的基带芯片和接收机。这也为后来北斗导航卫星、GPS 和 GLONASS 三兼容的接收机基带芯片和接收机打下了基础。

可见，利用国外技术先开展应用研究，回过头来，促进中国自己卫星的应用研究和器件国产化，不失为一种发展自己产品应用的重要途径。又可见，在基层研究人员中蕴藏着许多很好的想法，上级机关要率先调动他们的积极性、激励他们的聪明才智，为国家做出贡献。

13.39　提高战术导弹命中精度的预先研究

问题与思考：怎样突破原有的思想束缚？怎样将新武器型号战术技术指标构思与使用部门结合？

刘纪原副部长有一次问作者提高导弹制导精度有没有惯性制导

以外的方法，作者受到了启发，于是组织了卫星导航技术用于战术导弹制导的预先研究。

预研成功后，计划司答应拨出二枚导弹作预先研究的飞行演示验证。试验由黄春平负责，打出了很好的精度。在预研行将完成时，作者找部队机关领导汇报，并得到了他们的支持。

可见，突破了惯导是唯一制导手段的束缚后，各种新的手段将会涌现出来。

13.40　反航母导弹预研工程

问题与思考：怎样从我国作战需要出发构思新颖武器系统？怎样组织核心技术联合攻关？怎样取得领导部门和使用部门的支持？

美国发动了海湾战争，显示出美国空军力量在战争中的重大作用。美国的飞机在天上机动来机动去，主动性很大。而我国之前一直用地空导弹去反飞机，只能事到临头去拦截。

对此联想到地空导弹的射程不可能很远，加密布防的数量将会很多、代价很大；用机载空空导弹拦击也很费力，不如打击飞机起飞的机场和航空母舰效果好。

为打击航空母舰，射程必须增大，采用再入机动，制导命中精度在数米以内。于是围绕此设想组织一院和二院开展关键技术预研。

弹头研究所负责弹头总体，空气动力研究所负责气动力和气动热，材料研究所负责弹头材料攻关，跨越重重难关后终于取得成功。

设想远距离航母的目标发现和跟踪定位由多种手段同时完成。制导系统精度高、难度大，组织了三个研究所竞赛，所需研制的大功率器件委托科学院研制。

在技术路线和技术方案已近乎全部走通，即完成了"探索一代"阶段任务时，向军方提出开展配套预研和研制型号的设想建议，得到了部队机关的支持。这并非全面铺开预研，仅挑选有预研必要的少数几项支撑性技术作深入预研，即只开展有预研价值的课题。

可见，时刻关心中国在未来对敌斗争中应发展什么样的战略性武器，是引领航天技术发展的出发点。组织这种新颖武器的先期构思和方案研究，以及组织支撑性技术的突破，常常会先于军队的需求，一旦形成构思设想应尽早得到军队的理解和支持。所以，需求与可能的结合，不是等来的，而是为了中国国防实力努力争取来的。

可见，对于发展战略研究，预先研究管理部门可以提出而且应该提出很多好主意；总体部门和总体工作者更应该提出更多好主意。

13.41 硅微波功率器件

问题与思考：怎样在激烈竞争中负重挺进？

航天九院成立之初，国防科委硅功率器件研究中心负责人朱恩君闻讯来访，提出希望把他们的研究团队归属九院，继续开展工作。

朱恩君曾是电子部 774 厂半导体功率器件的总工程师，在改革开放之初出国深造，回国后立志要为国家制造出硅微波功率器件。他曾数次找作者寻求支持。由于他的研究处于预先研究早期，属应用研究阶段，只能给他提出器件指标需求，协助他向国防科委业务机关申请科研经费。然而，由于技术问题久攻不克，经费支持力度不足，但他仍坚持在一家联营公司维持着研究。了解了他的研究进展后，作者建议他放下其他课题，集中精力突破微波功率器件。由于我国硅功率微波器件这时呈现空缺，雷达发射机没有国产微波半导体功率器件。因此，请他请示电子部刘剑峰副部长和国防科委张学东副主任，允准后转来九院继续研制。

经一年半努力，器件研制成功，制作工艺简单，可靠性高，性能超过美国。

正当研制出的硅功率微波器件要取代进口器件提供给某雷达应用时，总装业务机关与雷达研制单位商量后，提出希望不改变他们原有的设计，让我们把管子耐冲击烧毁的优良指标下降到和进口管子相同。同时，总装业务机关提出另组织 2 个研究所也投入研制，开展硅功率器件竞争。降低耐冲击烧毁指标并不难，我们不到几个月就将性能调低。此时雷达研制所又提出我们国产管用的管壳高度比进口管壳稍高，要改用进口管壳。我们又赶快订货，外商还为在进度和价格上对我们做小动作。几个月后，管壳到货，我们又率先研制出来了，成品率高且调试工作量小。此时又向我们提出环境条件要达到耐高温达 300 ℃。我们原本是按我国航天标准 120 ℃的条件制作的，地面雷达不会有 120 ℃的高温。但他们还是坚持这个指标。我们又接受下来，很快又解决了。在到了批产供应时，又在订货上为难我们。最后还是总装机关支持拿到了订单。

可见，竞争是严酷的。国产器件要顶着进口器件的性能和价格上的竞争，还要过硬地经受住来自用户的压力。

13.42　　组织有限竞争

问题与思考：怎样加速研究？

例如，20 世纪 80 年代初，星光制导技术难度大，我们组织了各有所长的 4 个单位开展预研竞争，并于 1987 年按统一测试大纲组织联合测试，取得了一定的效果。

又如，卫星取回的相片，需经数据处理后才能应用。当时，急需对卫星相片进行预处理，而技术上尚无把握。为此组织了 4 个部内单位和高校参与预研竞争，从而大幅度提升了图像处理水平，加速了卫星图片的应用。

可见，随着航天事业的发展，不断有新需求和新命题提出，要求趁早攻关突破，力求缩短与国际的差距，形成自己的特色。因此，组织航天内部或联合航天外部力量进行有限竞争，有利于激发热情、相互学习、取长补短。

13.43　　注解

本篇叙述的是系统工程管理实践中的一些案例，主要介绍了航天发展初期和中期作者亲身实践的一些案例和体会。

20 世纪 90 年代以来，特别是 21 世纪前后，中国航天事业又跨上了新的台阶。例如仅仅用了 18 个月的时间，通过向银行贷款，研制出了长征三号捆绑火箭，并走向了国际市场，为国外发射大卫星；坚韧不拔地开创了反导反卫星的高技术；克服重重困难开创了世人瞩目的载人航天工程以及月球探测工程；还有许多高性能的新型运载火箭、民用卫星、军用卫星、武器型号等，这里均未予介绍。

13.44　小结

航天事业是在党中央、国务院、中央军委领导下，所有从事航天和关心航天的人们共同造就的事业，是许许多多热爱祖国、服从国家和航天事业需要的人们为之共同献身的事业。

任何一项大系统工程的开拓与创新，都必须从发展战略高度回答钱学森提出的"在每个历史阶段应该干什么，不干什么，怎么干"的大命题。这一大命题包含了系统工程自身系列化的划分，系统工程一代系列任务的发展战略与技术发展路线的如何形成、制定与实施，新颖专业技术的开拓与技术体系的组织结构的如何形成、制定与实施，未来型号的需求如何形成与牵引专业的发展，专业技术自身如何发展并如何推动未来型号的发展，这两者又如何相辅相成等等。

本章通过中国航天早期和中期四十余例子中曾遇到的具体的技术发展与组织管理问题是怎么解决的经验与法则，回答本书前面四篇系统工程原理是怎么在具体一项系统工程中应用与实践的，以及在实践中遇到什么样的具体问题的，又是采取哪些具体的经实践证明为行之有效的组织管理方法的；而且系统工程原理也正是在不断实践不断探索中经过总结逐渐发展形成的。

同时也告诉读者：新领域的开拓与创新，需要从事系统工程总体工作者，不管其身处何种不同岗位，都要无止境地学习求教、不断拓宽自己的知识；都要从国家大局凝聚智慧；都要不畏前进道路上的艰难曲折，奋勇前进。对于一项系统工程的事业，需要紧紧依靠各级领导、紧紧依靠广大科技员工，努力运用系统工程思想和方法，坚韧不拔、百折不回，把国家各方面的积极性都调动起来，才可望取得成功。

系统工程这门科学的组织和管理的技术，一定能在建设强大国家中发挥出十分重要和巨大的作用。

第 14 章　计划协调技术的实践

14.1　计划协调技术的由来

问题与思考：所有任务的进展和完成都和时间关联，如何充分利用时间、发挥时间资源，应当采取什么方法？怎么从国外片断消息中构思中国自己的方法？

1961 年 5 月，作者从美国杂志上看到一则只有 2 行英文的报导，说北极星导弹采用 PERT，能使计划进度按期完成。便向钱学森报告希望重视此事。他让作者去了解一下报道的具体内容，作者遂和情报所的同志一起寻找更多信息，可惜只找到 3 篇文章，其中的两篇仅占 1/4 版面，另一篇也只有 1 页，有一张流程示意图，画了工作和节点（事项），给出了工作完成周期与 3 种估计值间的计算公式。文章是这样描述管理过程的：每周一上午北极星导弹的项目经理一上班就打开办公室屏幕，边看计划流程图，边问所有与会合同单位的承包人各自工作的完成情况。他只要求所有合同单位的承包人回答完成的是与否，不必讲述其他的话。如果遇到工作完不成的情况，他只要求合同承包人向他汇报这件事情他们能否解决，何时能完成，而不必回答怎么解决。他们还采用计算机辅助这种管理。于是北极星导弹按计划如期完成。

单靠这些片断信息，作者不清楚那台辅助管理的计算机是否很复杂，也不知道美国人到底是怎么用计算机去辅助管理与计算这项计划，能事先预算出任务完成日期的软件是什么更是一字未提，也不明白为什么管理中只讲上述几句简捷的话就起作用了。至于工作工期的计算公式美国人未加推导，只说是理所当然地就想到了这一公式，缺乏科学依据。

对此，作者只能猜测，只能根据我国计划管理的式样提出一种想法。于是，起草了一份题为《对计划协调（评审与检查）技术的初步研究》的报告，建议选一个单位开展试点。钱学森看后，让作者在院科技工作会议第四组科学管理组上作了主题发言，与会代表均表示赞同。

钱学森说："我们这套技术就称为计划协调技术。"

可见，我们应当重视国外成功的管理经验，在只可能得到有限信息时，不要坐以待毙，要结合国情自己去完善开创。

14.2　计划协调技术的试点

问题与思考：新颖管理方法会打破归的管理模式、管理体制、管理习惯，怎么入手？

1962 年初，五院党委决定开展计划协调技术试点。钱学森和二分院吴朔平副院长商量后决定计划协调技术在 706 所刚开始研制的东风三号地地导弹的我国首台晶体管计算机任务的计划管理中试点。希望通过这台计算机的研制过程，考察采用计划协调技术后，能否按时完成或加快进度。当时这台计算机首次采用完全国产的半导体器件，技术上当时是相当复杂的。而这也是计划协调技术在我国的第一次试点。

当时，影响这台计算机任务完成的技术难点是磁芯存储器。所以，706 所所有的人员都认为按惯例影响计划进度的是磁芯存储器的研制，抓计划的进度主要是针对磁芯存储器。于是用计划协调技术画了 1 张有 800 个事项节点的计划流程图（又称计划网络图）。当时用来计算计划流程图上工期的计算机速度很慢，所以开始阶段靠人计算。计算结果表明：计划流程图上影响整个工期进度的是电源变压器，而不是磁芯存储器。此前没有任何人想到计划问题会出现在电源变压器上，结果恰恰是电源变压器的进度被忽视了。据此在计划中把电源变压器重新作了安排，计划就很顺利地提前一年多完成了，参见本章附图 1。

人们自然会想到采用计划协调技术后研制的计算机质量如何？况且这是我国第一台晶体管计算机，用的也是第一批国产晶体管。事实上，计算机研制出来后，很快就调试成功了，它比后来 20 世纪 80 年代中期加拿大的大型计算机的平均无故障时间更优。因为 706 所的这台车载计算机，后来因为东风三号导弹不采用无线制导而未列入装备，"文化大革命"期间被常年放置于室外，直到 20 年后的 1984 年送给了青岛海洋学院。计算机运到青岛加电后，一切工作正常不出问题。

我们讲编制计划时的概念是时间，而不是关键技术。计划编制中，当然还希望任务周期缩短或局部时间稍长而换取人、财、物在安排调度上更为恰当和优化。

试点中 706 所同志开发了计算机辅助计算计划流程图的时间诸参数的算法软件。

实践证明采取这套方法体现出它在管理上的科学性和协调性，也证明它加速了任务完成进程，加强了岗位责任制，从而也极大地提高了产品质量。

这样，作者设想的这套计划协调技术方法的试点圆满成功。

对于上文提到的美国人想当然得出的工期计算公式，作者始终持谨慎态度。试点过程中，随时注意有没有产生不符合公式计算规律的现象发生，结果没有发生。由于对此公式，总还是不放心，1963 年，作者专门到中科院数学所请教数学家们能不能证明，但还是未能给出。2 年后，华罗庚推广统筹法时，仍沿用这个公式，做了一个含糊其辞的说明，没能给出证明。后来，作者又花了很多时间去验证这个公式，分析了航天许多不同性质的工作及其完成时间的规律，例如各类技术设计工作，车铣刨磨、焊接、切割、冲压、铸造、化工、斗车铲土倒土等各类加工过程，最后认为采用 β 函数最逼近于各种不同工况完成工期估计值的概率分布。几十年来，未遇到例外。

　　试点表明，任务指挥员只要依靠计划流程图其计划就可优化，对任务中各件工作不必时刻指挥调度，可由各工作承担人自觉主动地执行。而且，任务指挥员不需要每天对所有事情都过问，也不需要去调度。如果一项任务有上千件工作，理论上每天只有一件紧急工作会影响任务的进度，其他所有工作都不会影响进度。也就是说，任务指挥员每天只需要关心紧急工作的进度，它挂"红旗"就表示完成了，当天规定履行计划检查的管理程序就通过了。所以，一项大工程最困难的在于编制计划流程图，计划流程图一旦制定，剩下的只要每天检查几件紧急工作完成与否就可以了。所以，应该采用这种简单的科学管理方法。

　　试点工作是在东风三号导弹地面计算机的研制过程中开展的，这是国家重点任务，完成周期和质量不得有任何闪失。所以，试点的风险是极大的。这一套采取计算机辅助管理的制度和原来的管理制度和习惯不同，其试点成功是在各级领导和广大技术工作者和管理工作者的全力支持下取得的。

　　可见，一项不成熟的管理设想，必须经过试点从实际中加以检验。而新的管理方法的试点，首先要从上而下取得共识和支持，因为它一旦失败会影响到被试点工程的管理和任务的完成。也只有自上而下地接受这种管理方法，并一起贯彻这种管理方法所规定的要求和约束，才能使试点得以开展，不断克服前进中的困难，并获得最后成功。

14.3　计划协调技术的推广

　　问题与思考：一项新的管理技术在推广中遇到困难时，怎么应对？

　　1964 年作者写完计划协调技术试点总结和在全航天推广计划协调技术的讲稿，正要推广时，钱学森让作者暂停推广工作。原来这时林彪批判罗瑞卿搞"尖子路线"、"不突出政治",计划协调技术是由美国人的管理方法演变来的,一旦推广,必定会受到打压。

1974 年"文化大革命"处于混乱时期的时候,很多人都下放到农场去了,钱学森还在领导我国第一颗卫星的研制。那时他向周恩来总理汇报发动机在 101 试验站点火成功了,周恩来总理听了很高兴。过了一段时间,钱学森又去汇报发动机点火成功了,总理就问他后面还有多少次。他受到启发,回来告诉作者:"画一张计划流程图,完成一件工作,就插上一面红旗。这样就可以从图上一目了然地知道距离最后完成任务还差多少,大家心里也就有底了。"

粉碎"四人帮"后不久的 1978 年 8 月,钱学森请王寿云秘书到作者家,转告钱学森的指示:"现在到了叫陶家渠出来推广计划协调技术了"。于是,作者开始撰写推广讲稿,准备推广计划协调技术。

一个月后,钱学森、许国志、王寿云在文汇报上发表了第一篇有关系统工程的论文《组织管理的技术——系统工程》。文章中写道:"1958 年美国北极星导弹研制的计划管理中,首次采用了计划协调技术,把电子计算机用于计划工作,获得显著成功,加快了整个系统研制进度。1963 年,我国在国防尖端技术科研工作中,进行了类似的试验,为在我国大型系统工程的计划工作中推广应用电子数字计算机作了开创性的尝试。"

由于推广面越来越广,对讲稿需求量很大,就准备出书。作者将书稿呈请钱学森过目。他看后回信:"这是一本好书。将来系统工程出丛书,这是一本。"并希望增加优化方法的内容,作者照办了,参见本章附图 2。

1980 年,中央电视台组织了《系统工程普及讲座》,钱学森、宋健等同志参与了授课,钱学森安排作者讲第 9 课——计划协调技术。

其间,钱学森被很多部门请去讲述系统工程时就推荐了计划协调技术,并和当时的航天部领导讲要推广此项技术。接着,全国许多部委和省市邀请作者前去讲授计划协调技术,听众共计约 3 000 人。

可见，计划协调技术的推广是钱学森力挺的结果。

可见，一项新的管理技术必将对上层建筑带来变革，而上层建筑自身能否主动适应时代变革对能否支撑与促进新的管理技术成长具有决定性作用。

14.4　全面推广的几个典型

这里阐述计划协调技术在全国全面推广中的几个典型例子，帮助理解推广中的几个关键环节的作用，进而用事实说明计划协调技术的用途、作用和意义。

14.4.1　盖楼

问题与思考：一项新的普遍适用的管理技术，在推广中怎么样由浅入深地使人很快理解和接受？

航天部机关西办公楼是请解放军工兵来盖的。一天，作者找到工兵指挥盖楼的负责人，问他是怎么指挥的。他说他每天到工地上，请大家立正稍息，然后环视一周工地，便决定哪几个人接着干这几件活，哪几个人干那几件活，所有指挥都是现场临时发挥的。每进展一步，到现场观看后，边看边想就地指挥。

作者告诉他："我教你画计划流程图，施工会更快。"那时，盖一层楼需要 14 天。结果，他按计划流程图指挥，第一层用了 11 天，第二、三、四、五层都用了 7 天完成。工期大大缩短的窍门在于分析了盖楼步骤中耽误工期的是每层楼的洗手间。因为洗手间有水管和污水管，楼板不能用预制板吊装，需用水泥浇灌，为此还要搭模子板。所以建议他集中指挥洗手间施工进度；而其他人这时不要站着等候，安排大家砌墙垒砖。这样，洗手间盖一层需要 7 天，其他活不用 7 天就都可以完成。把人手一分配，工作饱满了，一层楼 7 天也就完成了。

唐山大地震后，天津震后恢复由李瑞环市长抓城市盖房建设。

天津市科委请作者去给天津有关施工部门讲计划协调技术怎么用于盖楼。结果由于采用计划协调技术后，楼盖得很快。

可见，在推广中选取最通俗易懂的案例是十分重要的。

14.4.2　东风五号弹头的计划协调

问题与思考：新的管理技术新在哪里？在提高管理水平上能否使主管业务的领导者和管理部门成员亲身直接感受到其优越性？

遵照钱学森的指示，陈连昌副部长让作者去一院弹头技术所帮助他们在东风五号弹头任务中采用计划协调技术制订计划流程图。

影响进度的因素从很大程度上来自于管理的不科学。管理者不知道应该在哪个环节进行管理，哪些环节更容易耽误时间和造成差错。例如，在给他们编制几项计划的过程中，发现对于每项研究任务，各个研究所从事技术的同志兢兢业业地工作，时间都掌握得很好。结果，时间的耽误却发生在所与所之间的文件资料的传递上了。原来，文件资料从这个所的保密室送到那个所的保密室的过程中，保密室的同志认为自己每收到一个文件都要送一趟，工效太低。为了提高工效，当收到的文件积累得足够多时，才送去对方研究所。这个问题的出现是计划管理者的责任。类似这样的例子还有好多。计划协调技术就要防止此类现象产生。

有一天，陈连昌副部长收到一院的告急，请他主持开会研究东风五号弹头再入的降落伞投放染色剂问题。事情是一院弹头技术所承担的东风五号弹头在再入时，其降落伞要落入海里，需要投放海水染色剂，将海水染成黄颜色，以便直升飞机容易找到弹头。弹头技术所向陈连昌副部长报告称这项工作计划拿不下来，希望陈连昌副部长赶紧开会，研究怎么突破这个关键问题。作者拿已经为他们制定的计划流程图一看，图上这件工作不需要马上开会研究解决，因为它还有 3 个月的富余时间。这也就是说，陈副部长可以在 2 个月后再来解决也不迟，于是告诉一院不妨自己解决。

可见，不要以为下级部门认为这个问题不解决就会影响工期。

有了计划流程图，各级领导只需从相应的计划流程图上就可以关注计划完成的情况，同时每天最多考察几件紧急工作的进度即可。领导的精力就可以解放出来去抓大事。所以，计划协调技术，首先是为领导科学管理系统工程服务的。

可见，新的管理技术的认识和效果，必须首先体现为主管业务的领导能在管理效率与效果方面的直观感受上。

14.4.3　长征四号发动机

问题与思考：新的管理技术在贯彻过程中，主要操劳者是谁？新事物的推广一定会遇到阻力，表现何在？原因何在？

1979 年底任新民副部长遵照钱学森的指示，派作者去上海给市政府机关和上海航天局讲课，并到局属工厂和研究所进行指导。

作者到上海四个工厂四个研究所等讲授计划协调技术后，指导他们制定示范性计划。计划出来后，大家都感到整个管理变得有条理了，省劲多了。然而，推广之初阻力重重，原因主要是计划协调技术将改变原有计划与调度的办法，而原有计划与调度人员尚未完全理解新方法的实质，存有一种新方法一旦实施，自己是否会下岗的担忧。但是，经培训使大家逐渐理解后，再接着开展工作就好办了。在上述各单位示范性计划成功后，他们都分别总结了很多经验，合作出版了一本书。

这里，仅举一个长征四号火箭发动机的例子。上海新新厂和发动机所承担长征四号发动机的加工，他们当时的调度室是以临时安排为主的管理方式。每天视进展情况和每位工人的工作忙闲情况，下达第二天的派工单。这种情况有可能产生由人为因素带来的工作分配不均衡不公正的偏向。

于是作者和他们一起画出计划流程图，并挂在车间黑板上。工人们前来询问这样做的目的，作者说谁干完了活，就给谁贴红旗。对于工人们来说这是一张光荣榜，所以不用机关天天调度，随着一面面红旗被贴上去，整个车间每个人都变得很勤快。用他们自己的体会说："这等于一张作战地图，大家心里都明白了，调度的公正性也表明了。指挥调度的同志把整个计划分解给我们大家，别人做完了，我赶紧接上去干，不能因为自己耽误了工期。"

所以，这个计划流程图是把管理调度人员的智慧和功劳表示在图上，它是管理学中的模拟仿真。

真正提前把干活工人的积极性、技术人员的积极性调动起来，大家都按这张图及其说明，去完成各自的节点计划，自动地接力工作。这样的计划运作，计划人员不用慌乱，大家都在整齐有序地紧张工作。

如果计划流程图画错了，怎么办？画错了其实并不要紧，计划流程图好就好在允许随时修改随时纠正。

技术流程图的绘制是不能马虎的，是很辛苦的。长征四号发动机的技术流程图，是新新厂总工程师兼发动机所副所长孙敬良花了整整 11 天才画出来的。然而，他这张 11 天画的图起了一年的作用。一年内，管理上的事不多了，大家自觉行动了，最终发动机提前完成了。

可见，一项新的管理技术，应当能把工程项目从领导到群众的所有人员的积极性都能自动地调动起来，这将是威力无比的。

可见，一项新的管理技术在实施时必然会遇到阻力，做好细致耐心的解释工作，坚持下去就会成功。

14.4.4　洲际导弹

问题与思考：新的普遍适用的管理技术，在实际运用到一项具体工程中时，计划调度管理人员是否只需掌握管理技术就够了？计划协调技术能否保证重大复杂的工程如期实现？

洲际导弹运载火箭向太平洋发射全射程试验的任务，计划定于 1980 年 5 月完成。由于海上测量船队进度赶不上了，到 1979 年底进度变得不能保证了。

钱学森给国防科工委张爱萍主任和陈彬副主任报告说："找航天部

的陶家渠来（上海）让他用计划协调技术，试试看可不可以把那个进度赶回来。"经任新民副部长同意，把作者派到上海，希望作者能够将远望一号和远望二号两艘测量船5个月完成不了的计划在3个月内完成。

远望一号测量船刚从海上试航回来，已经靠码头了，发动机到底有什么问题还不清楚。远望二号测量船的发动机还有点问题，要调到海上去航行试验；远望二号测量船上的雷达和遥测设备已经安装，还正在调机，整套精度如何还没有结果；船上的经纬仪还没有安装，船上所有设备共用的唯一一台计算机，还在石家庄15所，尚没有调试出来。待计算机运来上船装好后，要对所有电子测量设备联调、标校。海上船只摇晃，要求所有跟踪导弹的设备都能在软件帮助下克服，保持精度。而由于计算机未到，一切软件都没有调试。[①]

在这样的情况下，作者把这2条船上的所有作业，重大关键设备的进度，相互间协同配合的需求，特别是它们的关联性，每个项目负责人的能力和完成的把握性，统统都要在优化的计划流程图上准确反映，这样才能实现科学计划和调度。作者将为他们安排好的工作计划公示在上下船必经的过道上，让所有人都知道自己每个单元时间将执行的工作。每天对他们计划的调整部分，都事先告知本人。例如，因为有些作业与当天天气有关，如果晚上天气晴，经纬仪和雷达要对准天上的北斗星标定精度；如果晚上天气不晴，则要安排其他任务。那个时候，测量船上只有一台大型计算机可以用（没有其他计算机），编写软件的同志只能排队等候在这一台公用的计算机上工作，因此各人使用计算机的时间需要有序安排。由于当时编写软件的同志并不能准确确定自己需要多少计算机机时，作者在同每一位编写软件的同志谈话了解后，在分配给他们使用计算机机时的同时，还背着他们预留出了一部分机动机时。

---

① 远望一号测量船原来制定的计划封面、远望二号测量船原来制定的计划封面、远望号船在江南码头和海上联合试验实施的原来制定的计划封面参见本章附录2。

远望一号和远望二号测量船在计划执行中，不可能事事如愿，要按计划协调技术原理及时协调调度。在计划执行中曾出现过一次问题。有一天，远望一号船原计划应从船坞里撤下来，到黄浦江上去，结果因一项设备未能完成，腾让不出船坞，因此远望二号测量船就进不了船坞。这样，远望二号测量船的计划进度要大大耽误了。而远望二号船又是总计划中的"短线的短线"。作者于下午 6 点得知情况后，意识到整个计划将产生一连串进度推迟的问题。当晚 6 点到 11 点是一个工作单元，后半夜全面工作怎么调整安排？第二天、第三天等，又怎么重新安排？作者从下午 6 点开始调整计划，因为手头没有计算机辅助，只能靠手工画图，标出各种设想方案并作时间计算。为此对每天下雨怎么安排，不下雨怎么安排，作了更紧凑的安排；一些原先有富裕时间的工作，压缩了富裕时间。直到晚上 10 点终于找出计划重新安排调整的方案，不会影响全局进度。作者兴奋极了。然而这时又非常担心原先图上的一项项工作，会不会在作者不断调整中被擦掉。幸亏作者对测量船上的设备仪器的基本功能和需要安排的工作都熟悉了，否则，不可能短期协调出优化的计划方案。

可见，从事特定工程的计划与指挥调度的人员，只熟悉计划协调技术的管理知识是不够的，必须熟悉所主管技术系统的技术业务。

后来，国防科工委又把测量船队和补给船队的出海准备计划，把所有赴海上远航的船队，包括测量船队、补给船队、护航舰队的近海演练计划，以及洲际导弹运载火箭的全程试验计划全交给作者组织调度。作者在科工委张爱萍主任、陈彬副主任、钱学森副主任、张贻翔副主任的支持下，全国与试验有关的单位：海陆空军二炮、工业部门科学院所等单位一律都按照作者制定的并经党中央批准的计划执行与指挥调度。如海军几月几号几点钟，船队将完成主副食品入舱等；几月几号几点钟，舰船在青岛外海区域集合演练；几月几号几点钟，到达太平洋预定的地点待命；于几月几号外交部向世界发布公告；几月几号几点钟，导弹武器系统出厂；几月几号几点钟完成技术阵地测试；几月几号几点钟完成发射阵地测试；几月几号几点钟发射第一发、几月几号几点钟发射第二发；几月几号几点钟分布全国的地面测量台站完成什么什么任务；民兵何时上岗看守电线保证通信畅通无阻等。

作者在计划中预留了三天的机动时间，计划执行结果，预留的三天机动时间没有动用，整个任务如期完成。

可见，采用计划协调技术制定好周密的计划，可以保证重大工程项目如期完成。

对此国家高度重视，于 1981 年全国 9 个国家主管部门联合下达文件规定：所有国防重点型号一律采用计划协调技术，并附了我们在洲际导弹运载火箭试验的计划图，参见本章附图 3。

　　附 1：1962 年在二分院 706 所用计划协调技术管理东风三号导弹计算机研制计划的计划网络图，由三张照片组成。图中任务原计划在 1966 年 6 月完成，采用计划协调技术的结果，进度一再提前，到 1964 年下半年研制任务就完成了。

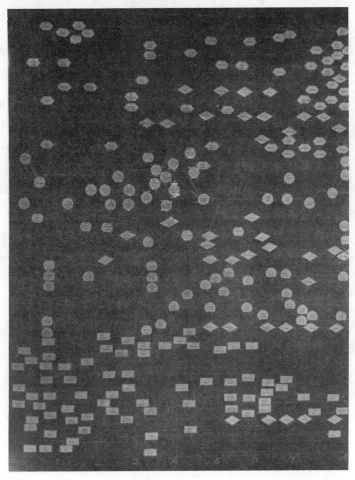

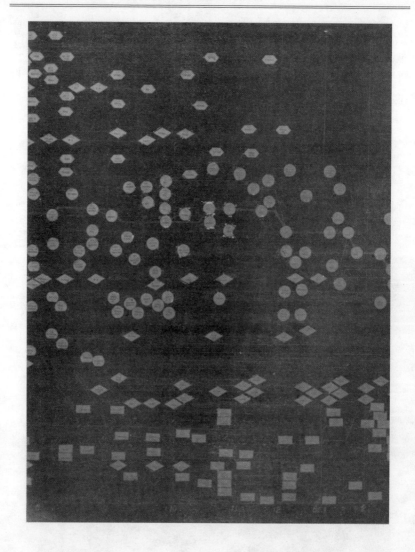

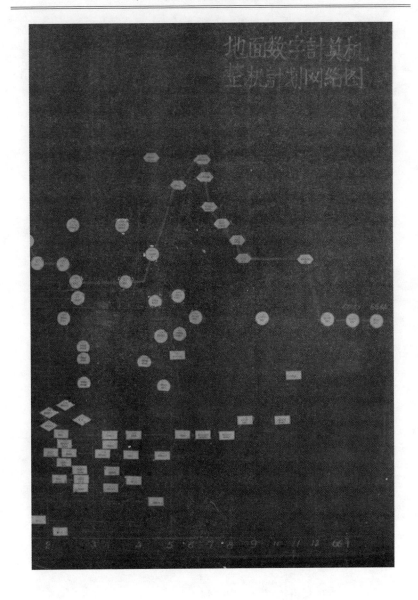

　　附2：远望一号测量船原来制定的计划；远望二号测量船原来制定的计划；远望号船在江南码头和海上联合试验实施的原来制定的计划。钱学森将此计划交给作者，要求作者用计划协调技术，用3个月时间完成原来5个月才可能完成的计划。作者做到了。

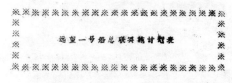

（1979. 10. 25～1980. 1. 15）

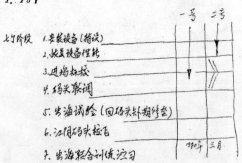

（一九七九年十月二十五日～一九八〇年二月十日）

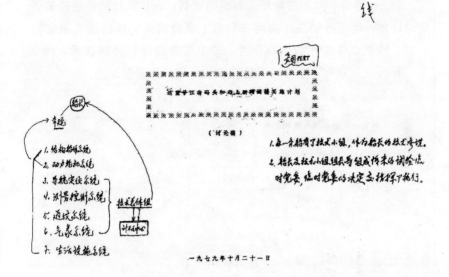

　　附 3：洲际导弹运载火箭向太平洋发射的试验任务的计划，采用计划协调技术，准确地按计划日历日期如期完成。可以看到按图中我国政府事先向世界各国公布的预定日期，如期发射。

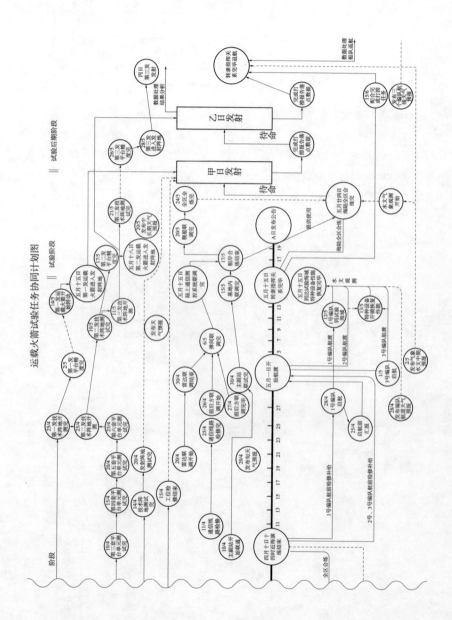

运载火箭试验任务协同计划图

参 考 文 献

[1]   五院科学技术重点研究项目，1959 - 02.

[2]   科技工作要点，1960.

[3]   1960 年至 1964 年科研工作总结.

[4]   1961 年科技工作若干问题总结，1962 - 02.

[5]   东风二号第一发遥测弹试验工作报告，1964 - 05.

[6]   三分院液体发动机研究所报告，1964 - 07.

[7]   对预先研究工作的安排，1964 - 07.

[8]   聂荣臻听取五院汇报后的指示，1964 - 08 - 04.

[9]   1965 年 1966 年研制计划纲要.

[10]   聂荣臻对五院工作的指示，1964 - 10 - 19.

[11]   陶家渠 . 严密的组织 瞻前的谋略——中国导弹、卫星的先驱者钱学森 [C] //钱学森科学贡献暨学术思想研讨会论文集 . 北京：中国科学技术出版社，2001 - 12.

[12]   王树声 . 回顾钱学森同志对导弹发动机研究的关怀 [C] //钱学森科学贡献暨学术思想研讨会论文集，北京：中国科学技术出版社，2001 - 12.

[13]   航天工业部 . 航天事业三十年，1988 - 04.

[14]   航天部政治部 . 航天精神讲话 1988 - 10.

[15]   航天传统精神概论 [M]. 北京：宇航出版社，1990 - 11.

[16]   中国航天工业总公司 . 航天春秋——航天 40 年回忆录文集，1996 - 09.

[17]   陶家渠 . 对地空导弹战术技术指标的看法和建议，1960 - 12.

[18]   陶家渠 . 调整总体设计队伍的建议，1961 - 11.

[19]   陶家渠 . 开展抗干扰研究的意见，1962 - 02.

[20]   陶家渠 . 对计划协调（评审与检查）技术的初步研究//国防部五院科技工作会议文件，1962 - 10.

[21]   五院 . 国防部第五研究院工作条例（暂行），1962 - 11.

[22] 陶家渠. 我国海防导弹的技术发展途径//国防部五院科学技术委员会会议文件, 1963 - 02.

[23] 陶家渠. 计划协调技术手册, 1964 - 02.

[24] 陶家渠. 对某地空导弹设计指标和方案的意见, 1964.

[25] 陶家渠. 抗干扰研究的指标、任务及进一步组建队伍的方案, 1965 - 03.

[26] 陶家渠. 高空高速靶弹方案, 1965 - 10.

[27] 陶家渠. 研制高空高速靶弹的建议, 1965 - 10.

[28] 钱学森. 开展半导体惯性器件时机成熟 (给陶家渠的函), 1969 - 10.

[29] 陶家渠. 地空导弹武器研究中要注意加强的主要技术问题, 1969 - 10.

[30] 陶家渠. 组建识别研究所的报告, 1971 - 02.

[31] 陶家渠. 抗核加固技术 (讲义), 1972 - 02.

[32] 陶家渠. 开展试验导弹研制的建议, 1972 - 05.

[33] 陶家渠. 首次高空核试验方案总体设想, 1972 - 06.

[34] 陶家渠. 建议组建目标和环境特性研究所的报告, 1972 - 08.

[35] 陶家渠. 核模拟源的指标论证, 1978 - 04.

[36] 钱学森, 宋健, 陶家渠, 等. 系统工程普及讲座汇编, 中国科协, 1980 - 02.

[37] 陶家渠. 计划协调技术——组织管理工作的一个飞跃 [C] //系统工程论文选集. 北京: 科学出版社, 1980 - 06.

[38] 陶家渠. 计划协调技术 [M]. 北京: 国防工业出版社, 1980 - 07.

[39] 陶家渠. 组建电子对抗研究所的建议, 1980。

[40] 陶家渠. 航天计算机自动测量与控制系统 (CAMAC) 总体安排, 1981—1987.

[41] 陶家渠. 航天计算机辅助设计/计算机辅助制造 (CAD/CAM) 工作的总体安排, 1981—1992.

[42] 陶家渠. 改进航天科研生产管理的几点想法 [C] //七机部科学技术委员会第一届年会文集, 1981 - 08.

[43] 陶家渠. 七机部预先研究工作暂行管理规定, 1981.

[44] 陶家渠. 航天预先研究五年工作总结, 1981, 1986, 1990.

[45] 陶家渠. 电子对抗研究的技术路线, 1982.

[46] 陶家渠. 超视距雷达的研究意见, 1964, 1969, 1982.

[47] 陶家渠. 东方红二号卫星实现国内实用通信和广播卫星的意见, 1983.

[48] 陶家渠.系统工程.国防科工委干部学校,1983-10.

[49] 陶家渠.我国卫星地面电视接收站的指标、技术路线和方案,1985-09.

[50] 陶家渠.建议探索双星导航定位卫星的意见,1985-09.

[51] 陶家渠.遥测体制的模块化和系列化,1985.

[52] 陶家渠.砷化镓器件的研制,1986-04.

[53] 陶家渠.开展微重力应用研究,1986-07.

[54] 陶家渠.第五代计算机的特点及其在航天领域的应用分析,1986-09.

[55] 陶家渠.航天微电子与计算机三十年发展的总结,1987.

[56] 陶家渠.航天第五代计算机的技术路线,1987-06.

[57] 陶家渠.航天部国防科学技术预先研究工作管理办法,1987.

[58] 陶家渠.航天 CAD/CAM 的集成化框架体系,1988-09.

[59] 陶家渠.成立航天 CAD/CAM 总体组的意见,1989.

[60] 陶家渠.电子对抗研究总结,1990-07.

[61] 陶家渠.对若干导弹的战术技术指标的分析研究,1990.

[62] 陶家渠.弹头研究设计论文集序,1992.

[63] 陶家渠."八五"航天预先研究发展战略研究报告后记,1992.

[64] 陶家渠.强化管理,任重道远[C]//二十一世纪中国社会发展战略研究文集.北京:北京长征出版社,1999-11.

[65] 陶家渠.中国航天创业之路,2003-05.

跋

歌曲《我的祖国》歌词写得好："风吹稻花香两岸……朋友来了，有好酒；若是那豺狼来了，迎接它的是猎枪。"

我们要建设强大的国家，就是为了保证国家的统一和安全、人民的幸福和安康、国民经济的繁荣昌盛，除了要与世界各国和谐相处，还要时刻准备"猎枪"应对"豺狼"。这正是我们从事国家各项事业的根本出发点和归宿。

系统工程是集科学技术大成的组织和管理的技术，请牢记碳原子因排列不同，可以变成润滑的石墨，也可以变成坚硬无比的金刚石。组织和管理的力量是无比强大的，它能使 $1+1 \gg 2$，国家社会主义建设迫切需要掌握其原理并熟练运用系统工程的人才。

指导国家进行社会主义建设，需要严密的组织和瞻前的谋略，要从战略上回答每个历史阶段应该干什么，不干什么，怎么干。

为了进一步发扬钱学森的科学思想体系，为了整个国家、国民经济发展、国家安全与统一，钱学森 20 世纪 90 年代初报请中央考虑建立运用系统工程理论和方法的总体部，如今快过去 20 年了。离周恩来总理提出在国民经济中要采取航天总体部的办法管理，那就更久远了。所以我们应该奋起直追，结合中国社会主义建设实际，不断开拓发展系统工程的科学与技术，为国家强大和人民富裕安康去开创新的征程，艰苦奋斗、激流勇进、开拓创新。